全国各类高等院校食品加工工艺专业“十二五”规划与创新系列教材

食品生物化学

主　编　李淑琼　李　霞　孙宝丰
副主编　王　静　李　磊　刘红梅
参　编　刘俊梅　周　鹏　杨　丽

中国商业出版社

图书在版编目(CIP)数据

食品生物化学／李淑琼，李霞，孙宝丰主编．—北京：中国商业出版社，2015.8
ISBN 978－7－5044－8918－0

Ⅰ.①食… Ⅱ.①李… ②李… ③孙… Ⅲ.①食品化学－生物化学－高等职业教育－教材 Ⅳ.①TS201.2

中国版本图书馆 CIP 数据核字(2015)第 052713 号

责任编辑：蔡凯

中国商业出版社出版发行
010－63180647 www.c－cbook.com
(100053 北京广安门内报国寺 1 号)
新华书店总店北京发行所经销
涿州市华建印刷有限公司印刷

* * * * *

787×1092 毫米 开本：1/16 印张：22 字数：430 千字
2015 年 8 月第 1 版 2015 年 8 月第 1 次印刷

定价：45.00 元

* * * *

(如有印装质量问题可更换)

前言

民以食为天，我们每天都摄取各种食品，随着经济社会的发展，人们越来越重视食品的营养健康、工艺设计、食品安全工程等问题。2015年4月24日国家颁布新修订的《中国人民共和国食品安全法》并于2015年10月1日起施行，这对食品生产、食品检测、食品工程设计与研发、食品加工储藏与运输、食品质量管理等各个环节都有更高要求。为此我们结合食品加工工艺专业教学情况，特邀请一批具有丰富经验校院老师编写本套教材，以适应本领域创新应用型、技能型人才培养需求，整套教材具有突出应用创新、技能过硬、注重情境环节、理论系统全面等特点。

本教材编写宗旨是以适应经济社会发展，培养应用技能型人才为目的，突出了以应用为主，技能过硬，注重情境环节，理论系统全面的职业教育特点。

本教材是高职高专食品加工与工艺专业的教学用书，也可供相关专业师生、食品行业各层次及各工种不同岗位的人员阅读和参考。内容选材以实际需要为原则，从食品工业技术角度，扼要阐述食品生物化学的基本知识与理论，以及营养物质在食品加工中的化学变化及其对质量的影响。

本教材内容完整、浅显易懂、实用性强，在知识点拨中把相应复杂内容极其简单化。教材特别注重实践方向的培养，共选了二十个实训实验，每一个实训实验都非常注重动手操作方面的内容，还配有大量的操作和实物图片。各校可根据实际情况对教材内容取舍，部分内容可作为学生的阅读材料。

全书共十个模块，包括绪论、水分和矿物质、糖类、脂类、蛋白质、核酸、酶、维生素、物质代谢、食品的色香味、实训实验内容。

本书由四川省工业贸易学校李淑琼、天津职业大学李霞、天津职业大学孙宝丰担任主编，副主编由沧州职业技术学院王静、河南牧业经济学院食品工程学院李磊、河南牧业经济学院食品工程学院刘红梅担任，参加编写的还有四川省工业贸易学校周鹏、杨丽及沧州职业技术学院刘俊梅。具体分工为：李淑琼编写绪论及模块十实训(项目六、七、八、九、十九、二十)，李霞编写模块三、四、五，孙宝丰编写模块十实训(项目十、十一、十二、十三、十四、十五、十六、十七、十八)，王静编写模块八，李磊编写模块六及模块十实训(项目一、二)，刘红梅编写模块一及模块十实训(项目三、四、五)，周鹏编写模块二，杨丽编写模块七，刘俊梅编写模块九。全书由李淑琼统稿。

本书在编写过程中得到各编者所在院校的大力支持，在此表示衷心的感谢。编者还谨向有关参考文献的专家和作者表示衷心的感谢。

由于编者水平有限、时间仓促，书中不妥之处在所难免，恳请读者批评指正。

编　者

2015 年 8 月

目 录

❖绪　论

◆基础理论和知识

1. 食品的概念及基本要素。
2. 食品生物化学的概念、研究对象和内容。
3. 学习食品生物化学的作用。
4. 食品生物化学的学习方法。

◆基本技能及要求

1. 掌握生物化学和食品生物化学的概念。
2. 了解食品的概念及基本要素。
3. 了解食品生物化学的研究对象和内容。
4. 了解食品生物化学的学习方法。

◆学习重点

生物化学和食品生物化学的概念。

◆学习难点

食品生物化学的概念。

◆导入案例

近年来，生物工程受到很大重视。利用基因工程技术生产贵重药物进展迅速，包括一些激素、干扰素和疫苗等。基因工程和细胞融合技术用于改进工业微生物菌株不仅能提高产量，还有可能创造新的抗菌素杂交品种。一些重要的工业用酶，如α－淀粉酶、纤维素酶、青霉素酰化酶等的基因克隆均已成功，正式投产后将会带来更大的经济效益。

◆讨论

为什么生化可以在医学、农业、工业和国防方面得到如此广泛的应用？

任务一　食品的概念及基本要素

中国的古话“民以食为天”，道出了饮食的重要性。人类为了维持生命和健康，保证其生长发育和从事各种劳动，必须每天摄取各种营养物质。

1.1 食物：人类为维持正常生理功能而食用的含有各种营养素的物质统称为食物。如果蔬、肉类、蛋类、谷类、豆类等，其中有的是天然动植物，有的是经过加工后的食物制品。

1.2 食品：经过加工的一切食物统称为食品，但通常也泛指一切食物为食品。目前人类中的绝大多数食物都是经过加工才食用的。

1.3 作为食品应具备的三个基本要素：

1. 营养功能。食品的基本成分包括人体营养所需要的糖、蛋白质、脂类、维生素、水和矿物质等，它们提供人体正常代谢所必须的物质和能量。食品的营养价值不仅取决于食品的种类和来源，很大程度上受食品加工和储藏的影响。

2. 感官品质。食品的感官特性包括食品的色、香、味、形等，它具有刺激食欲、促进消化、增加摄食乐趣的作用；食品的感官特征也是判断食品质量的重要指标。

3. 安全卫生。食品中不应含有可能损害或威胁人体健康的有毒有害物质。食品中可能存在的有害成分有天然有害成分和非天然成分，如残留农药、兽药、重金属等有害物质的污染、滥用食品添加剂带来的危害，食品天然成分引起的过敏反应及转基因和辐射等食品新技术给食品安全带来新的挑战。

任务二　食品生物化学的概念、研究对象和内容

2.1 生物化学的概念

2.1.1 生物化学：又称生理化学，是利用化学和物理化学方法在分子水平上研究有机体的生命现象，即研究分子结构、动植物细胞和细菌细胞的化学变化和物理化学变化，并分析它们的调节和组织。首先是物质交换、食物的分解及向化学能转化并成为细胞物质构成一部分的过程，进一步研究对象包括催化作用因子，酶（酶科学）及分子信息载体，核糖核酸和脱氧核糖核酸（分子遗传学、基因工程学、生物外科）。

2.1.2 食品生物化学：食品生物化学是食品科学中一个重要的分支，是从食品工业技术的角度，以人和食品的关系为中心，阐述生物化学的基本内容和与食物质量有关的化学和生物化学知识。它不仅把作为食品的生物物质当作自然物来研究，还把这些生物物质放在食品加工和贮存中来考虑，以最大限度地满足人体的营养需求和适应人的生理特点。

2.1.3 食品生物化学的研究对象：食品生物化学包括生物化学、食品化学和营养学的内容。

2.1.4 食品生物化学的主要内容：

1. 食品的化学组成、主要结构、性质及生理功能

食品的化学组成如下：

- 食品
  - 天然成分
    - 无机成分
      - 水分
      - 矿物质
    - 有机成分
      - 糖类
      - 蛋白质
      - 脂类
      - 维生素
      - 其他成分：激素、色素、芳香物质等
  - 非天然成分
    - 食品添加剂
    - 污染物质
      - 加工中不可避免的污染
      - 环境污染

（水分、矿物质、糖类、蛋白质、脂类、维生素：基本营养成分）

人体的生长发育、细胞的增殖更新、组织的修补、各种机能活动及调节、体温的维持、生命活动所消耗的能量等，都有赖于食品中各种营养成分。因此，食物的营养成分问题就成为了食品研究的基本课题。糖类、脂类、蛋白质、维生素、无机盐、水等是人类生活所必需的基本营养成分，都来源于食物。所以，学习食品的化学组成、理论性质和生理功能对调整人类食品的合理结构有重要的指导意义。

2. 生物体系中的静态生物化学和动态生物化学过程

静态生物化学主要研究生物体化学物质（水分、无机盐离子、糖类、核酸、蛋白质、脂质、维生素、激素等）的组成、结构、性质和功能。动态生物化学是以代谢途径为中心，主要研究组成生物体的化学物质在生物体内进行的分解与合成，相互转化与制约，以及物质转化过程中伴随的能量转化等问题。学习物质的代谢过程，可了解食物在人体内营养过程的变化，新鲜天然食物组织中的代谢活动特点，以及发酵食品的发酵原理，这对正确指导食物的贮运保鲜、发酵产物的积累、食品加工与保藏是必备的知识。

3. 食品在加工、贮运过程中的变化及其对食品质量的影响

食品从原料运输贮藏、生产加工到产品销售，每一过程无不涉及一系列化学变化。例如，水果蔬菜采摘后和动物宰杀后的生理变化，食品中各种物质成分的稳定性随环境条件的变化，贮藏加工过程中食品成分相互作用而引起的化学变化。这些变化有有利的，也有不利的，有时甚至不可避免地会引入一些污染。如何加强有利的变化，减少不利反应和防止污染已成为食品贮藏加工中人们共同关心的问题。阐明食品成分之间化学的、反应的历程，中间产物和最终产物的化学结构，及其对食品的营养价值、感官质量和卫生安全性的影响，控制食物中各种生物物质的组成、性质、结构和功能，研究食品贮藏加工的新技术、开发新产品和新的食品资源等，构成了食品生物化学的重要研究内容。

任务三　学习食品生物化学的作用

3.1 食品生物化学是食品工业重要的理论基础，无论是食品生产加工方法的改进，还是食品保鲜、贮藏方法的发展，都是建立在食品和化学理论基础上的。

3.2 在食品生产中，为了制备出营养丰富、色香味具全、安全可靠的产品，生产者必须具备食品的化学组成及理论性质、色香味特征，以及食品成分在加工和保藏过程中的变化等方面的知识。

3.3 随着社会的发展和人民生活水平的不断提高，人们不但要求有足够数量的食品，而且需要有更多更好的营养食品和保健食品。并且随着人们生活节奏的加快，也希望食品工厂能生产更多、更好的方便食品和快餐食品。这些都需要我们以食品生物化学为理论基础，进行更广泛更深入地研究。可以预计，随着食品工业生产的发展和食物新资源的开发，必将提出更多的生物化学方面的问题，推动食品生物化学的发展，并反过来又促进食品生产技术水平的进一步提高。因此，食品生物化学在食品科学中占有很重要的地位，是食品类专业重要的专业基础课程。

任务四　食品生物化学的发展前景

主要向生物材料产业、生物医药、生物能源利用、军事生物化学等非常多的方向发展。中国的生物技术产业正在迅速地发展着。政府在生物技术部门的投入数额不小。但中国生物技术产业的发展速度引发了外界的疑惑和忧虑。未来几年中国生物技术产业将面临资金、管理和立法等各方面的挑战。当今中国的经济可能会在制造业的支持下繁荣发展。但中国政府希望未来的增长更多地依靠高技术和以知识为基础的产业。1996－2000 年中国政府在生物技术领域投入 15 亿元，这只是启动生物技术部门的大计划的一个部分。2000－2005 年在该领域投入 50 亿元。据估计，300 家公共资助的实验室和约 50 家新成立的公司都在发展生物技术。科技部称中国有 2 万研究人员在从事生命科学的研究工作。目前中国生物技术的发展受到几个问题的限制。第一个问题是资金。发展生物技术资金少了不行，发展的长期性和科学不确定性决定了开发成功的生物技术产品需要大量的资金投入。

目前，尽管有些私人资金已经开始向生物技术部门渗透，但中国的生物技术多数是由政府资助的。总体上说，生物技术领域的企业家们宁愿利用私营资金，也不愿受公共资助带来的不可避免的束缚。中国的生物技术面临的第二个问题是管理。就像欧洲生物技术发展的初期一样，中国的新兴企业缺乏既有科学知识又有很好的商业头脑的人才。此外，中国对知识产权也缺乏保护。尽管 2001 年中国加强了对药物及其他产品的专利法规，但由于执行机制薄弱，要获得一 项专利仍然是一件费用高而又很艰难的麻烦事，实施专利就更难了。最后一个是立法问题。中国以前在人工流产、器官捐赠等涉及生物伦理的危险领域的记录是不协调的，这使得许多西方人在听说中国已经在发展遗传工程或高技术繁殖时感到非常恐惧。德国波鸿大学生物伦理学家多林认为，中国生物技术的发展伴随着现代生物伦理框架的引入。例如，中国政府 1998 年发布了一项声明，明确禁止生殖性克隆。而美国尚未通过相关的国家法规。类似地，中国人类基因组计划的管理对样本收集和知情同意有严格的规定。现在中国政府正在致力于针对干细胞研究管理的全国性指导方针的制定。已经提出的两项提案都是大体参照英国法规的模式，允许治疗性克隆。多林警告说，即使有了这类法律，其实施和监控仍需要改进。同时，中国科研人员的研究是安全的。北京大学干细胞研究中心主任李凌松教授认为，如果中国科学家想要与外国研究团体合作，在国际期刊上发表论文以吸引外来投资，他们就必须遵守国际规则。如果不是伦理学的话，实用性将有助于多数科学家与国际上可接受的生物学研究观点保持一致。

任务五　食品生物化学的学习方法

要学好食品生物化学必须明确有关食品生物化学的基本概念，对物质化学性质的学习要从化学本质、结构特点出发，联系其性质、功能学习。尤其要注意的是，由于生物化学反应是在生物体内进行的，反应环境比体外复杂，一般有酶的参与，反应步骤多，反应间互相联系、互相制约。有些在体外的反应，在生物体内不一定照样进行，所以学习时不能简单根据体外的化学反应去理解体内反应。

食品生物化学涉及的内容广泛，学习中注意归纳总结、温故知新，在理解的基础上加强适当记忆是必要的。

食品生物化学与其他自然科学一样，是一门实验科学，它运用化学等学科的实验手段与方法来描述与分析食物的组成及生物机体内发生的各种化学变化。实验对同学们不但是一种技能训练，也能帮助理解和应用所学知识，不断提高分析问题和解决问题的能力，必须重视。

◆知识拓展

生物化学的发展史

大约在19世纪末，德国化学家李比希(J. Liebig)初创了生理化学，在他的著作中首次提出了“新陈代谢”这个词。以后德国的霍佩赛勒(E. F. Hoppe－seyler)将生理化学建成一门独立的学科，并于1877年提出“Biochemie”一词，译成英语为“Biochemistry”，即生物化学。生物化学的发展大体可分为三个阶段：

一、静态生物化学阶段

大约从19世纪末到20世纪30年代，主要是静态的描述性阶段。发现了生物体主要由糖、脂、蛋白质和核酸四大类有机物质组成，并对生物体各种组成成分进行分离、纯化、结构测定、合成及理化性质的研究。

1. 1929年，德国化学家Fischer Hans发现了血红素是血红蛋白的一部分，但不属于氨基酸，进一步确定了分子中的每一个原子，获1930年诺贝尔化学奖。得到很多糖和氨基酸的结构，确定了糖的构型，并指出蛋白质是通过肽键连接的。

2. 通过食物的分析和营养的研究发现了一系列维生素，并阐明了它们的结构。1911年，Funk结晶出治疗“脚气病”的复合维生素B，提出“Vitamine”，意即生命胺。后来由于相继发现的许多维生素并非胺类，又将“Vitamine”改为“Vitamin”。与此同时，人们又认识到另一类数量少而作用重大的物质——激素。它和维生素不同，不依赖外界供给，而由动物自身产生并在自身中发挥作用。肾上腺素、胰岛素及肾上腺皮质所含的甾体激素都是在这一时期发现的。

3. 1926年，Sumner从半刀豆中制得了脲酶结晶，并证明它的化学本质是蛋白质。此后四五年间Nothrop等人连续结晶了几种水解蛋白质的酶，如胃蛋白酶、胰蛋白酶等，并指出它们都是蛋白质，确立了酶是蛋白质这一概念。

4. 中国生物化学家吴宪(1893～1959)在1931年提出了蛋白质变性的概念。吴宪堪称中国生物化学的奠基人，他在血液分析、蛋白质变性、食物营养和免疫化学等四个领域都做出了重要贡献，并培养了许多生物化学家。

虽然对生物体组成的鉴定是生物化学发展初期的特点，但直到今天，新物质仍不断在发现。如陆续发现的干扰素、环核苷磷酸、钙调蛋白、粘连蛋白、外源凝集素等，已成为重要的研究课题。

早已熟知的化合物也会发现新的功能，20世纪初发现的肉碱，50年代才知道是一种生长因子，而到60年代又了解到是生物氧化的一种载体；多年来被认为是分解产物的腐胺和尸胺，后来被发现与精胺、亚精胺等多胺有多种生理功能，如参与核酸和蛋白质合成的调节，对DNA超螺旋起稳定作用以及调节细胞分化等。

二、动态生物化学阶段

第二阶段约在20世纪30～50年代，主要特点是研究生物体内物质的变化，即代谢途径，所以称动态生化阶段。在这一阶段，确定了糖酵解、三羧酸循环以及脂肪分解等重要的分解代谢途径，对呼吸、光合作用以及腺苷三磷酸（ATP）在能量转换中的关键位置有了较深入的认识。主要研究成果有：

1. 1932年，英国科学家Krebs在前人工作的基础上，用组织切片实验证明了尿素合成反应，提出了鸟氨酸循环。并进一步对生物体内被氧化的过程进行了研究，于1937年又提出了各种化学物质的中心环节——三羧酸循环的基本代谢途径。

2. 1940年，德国科学家Embden和Meyerhof提出了糖酵解代谢途径。

3. 1949年，E. Kennedy等证明F. Knoop提出的脂肪酸β－氧化过程是在线粒体中进行的，并指出氧化的产物是乙酰CoA。

当然，这种阶段的划分是相对的。对生物合成途径的认识要晚得多，在50～60年代才阐明了氨基酸、嘌呤、嘧啶及脂肪酸等的生物合成途径。

在此期间，我国前中央大学于1935年新成立了医学院，由郑集教授筹备生物化学系，担任教授兼主任，并成立了我国第一个生物化学专业的学术组织“成都生物化学会”。1938年郑集编写的《生物化学实验手册》（A Laboratory Manual of Biochemistry）正式在成都华英书局出版，这是我国第一本自编的生物化学原理，也是我国第一本生物化学参考书。1948年，郑集教授约同林国镐、万昕等成立了只有7人的中国生物化学学会。

三、现代生物化学阶段

该阶段是从20世纪50年代开始，以提出DNA的双螺旋结构模型为标志，主要研究工作就是探讨各种生物大分子的结构与其功能之间的关系。生物化学在这一阶段的发展，以及物理学、微生物学、遗传学、细胞学等其他学科的渗透，产生了分子生物学，并成为生物化学的主体。

1. 1953年是开创生命科学新时代的一年。Watson和Crick发表了“脱氧核糖核酸的结构”的著名论文，他们在Wilkins完成的DNA X－射线衍射结果的基础上，推导出DNA分子的双螺旋结构模型。核酸的结构与功能的研究为阐明基因的本质、了解生物体遗传信息的流动作出了贡献。三人共获1962年诺贝尔生理学或医学奖。

2. F. Crick于1958年提出分子遗传的中心法则，从而揭示了核酸和蛋白质之间的信息传递关系。F. Crick又于1961年证明了遗传密码的通用性。1966年由H. G. Khorana和Nirenberg合作破译了遗传密码，这是生物学方面的另一杰出成就。至此遗传信息在生物体由DNA到蛋白质的传递过程已经弄清。

3. 基因表达的调控也是核酸的结构与功能研究的一个重要内容。1961年Jacob和Monod阐明了基因通过控制酶的生物合成来调节细胞代谢的模式，提出了操纵子学说。同年，Bren-

ner 获得信使 RNA 的存在的证据，阐明其碱基序列与染色体中 DNA 互补，并假定 mRNA 将编码在碱基序列上的遗传信息带到蛋白质的合成场所——核糖体，在此翻译成氨基酸序列。以上三人共获 1965 年诺贝尔医学和生理学奖。

4. 1962 年，Arber 提出限制性核酸内切酶存在的第一个实验证据。1967 年，Gellert 发现了 DNA 连接酶，1972 年 Berg 和 Boyer 等创建了 DNA 重组技术。

5. 1977 年，Berget 等发现了“断裂”基因，并于 1993 年获诺贝尔医学和生理学奖。

6. 1980 年 F. Sanger 设计出一种测定 DNA 内核苷酸排列顺序的方法，同年获诺贝尔化学奖。

7. 1981 ~ 1983 年，Cech 和 Altman 相继发现某些 RNA 具有酶的催化活性，改变了百余年来酶的化学本质都是蛋白质的传统观念，于 1989 年共获诺贝尔化学奖。

8. 1984 年，Simons 和 Kleckner 等发现了反义 RNA，从此揭开了人类向癌症开战的序幕。1987 年，Mirkin 等在酸性的质粒中发现了三链 DNA。

9. 1985 年，美国 R. Sinsheimer 首次提出“人类基因组研究计划”。2003 年 4 月 14 日，美、中、日、德、法、英 6 国科学家宣布人类基因组图绘制成功，已完成的序列图覆盖人类基因组所含基因的 99%。

10. 1997 年，I. Wilmut 成功获得体细胞克隆羊——多莉。这项成果震惊了世界，其潜在的意义难以估计。

11. 1999 年，Blobel 发现了细胞中有其内在的运输和定位信号，由此获该年度诺贝尔奖。

12. 2003 年 P. Agre 发现细胞膜上的水通道，证明了 19 世纪中期科学家的猜测“细胞膜有允许水分和盐分进入的孔道”，同年获诺贝尔化学奖。

13. 2004 年以色列 A. Ciechanover, A. Hershko 和 I. Rose 发现泛素调节的蛋白降解，同年获诺贝尔化学奖。

14. 2006 年 6 月 2 日，对于欧洲患有先天性抗凝血酶缺失症的病人们是一个好日子，世界上第一个利用转基因动物乳腺生物反应器生产的基因工程蛋白药物——重组人抗凝血酶Ⅲ的上市许可申请获得了欧洲医药评价署人用医药产品委员会肯定批准意见，据估计该药全球潜在市场每年高达 1.5 亿美元。

在此期间，我国王应睐和邹承鲁等于 1965 年人工合成具有生物活性的蛋白质——结晶牛胰岛素。1983 年，用有机合成酶促合成的方法完成酵母丙氨酸转移核糖核酸的人工全合成。1979 年洪国藩创造了测定 DNA 序列的直读法。

◆知识驿站

人类为维持正常生理功能而食用的含有各种营养素的物质统称为食物。经过加工的一切食物统称为食品，但通常也泛指一切食物为食品。作为食品应具备的三个基本要素是营养功能、感官品质和安全卫生。

生物化学：又称生理化学，是利用化学和物理化学方法在分子水平上研究有机体的生命现象，即研究分子结构、动植物细胞和细菌细胞的化学变化和物理化学变化，并分析它们的调节和组织。首先是物质交换、食物的分解及向化学能转化并成为细胞物质构成一部分的过程，进一步研究对象包括催化作用因子，酶（酶科学）及分子信息载体，核糖核酸和脱氧核糖核酸（分子遗传学、基因工程学、生物外科）。

食品生物化学是食品科学中一个重要的分支，是从食品工业技术的角度，以人和食品的关系为中心，阐述生物化学的基本内容和与食物质量有关的化学和生物化学知识。它不仅把作为食品的生物物质当作自然物来研究，还把这些生物物质放在食品加工和贮存中来考虑，以最大限度地满足人体的营养需求和适应人的生理特点。

食品生物化学包括生物化学、食品化学和营养学的内容。

复习题

一、填空题

1. 人类为维持正常生理功能而食用的含有各种营养素的物质统称为________。

2. 经过加工的一切食物统称为__________，但通常也泛指一切食物为__________。

3. 作为食品应具备的三个基本要素：__________、__________、__________。

4. ____________又称生理化学，是利用化学和物理化学方法在分子水平上研究有机体的生命现象，即研究分子结构、动植物细胞和细菌细胞的化学变化和物理化学变化，并分析它们的调节和组织。

5. ____________是食品科学中一个重要的分支，是从食品工业技术的角度，以人和食品的关系为中心，阐述生物化学的基本内容和与食物质量有关的化学和生物化学知识。

6. 食品生物化学包括____________、____________、____________的内容。

7. 静态生物化学主要研究生物体化学物质（水分、无机盐离子、糖类、核酸、蛋白质、脂质、维生素、激素等）的____________、____________、____________和____________。

8. 动态生物化学是以____________为中心，主要研究组成生物体的化学物质在生物体内进行的分解与合成，相互转化与制约，以及物质转化过程中伴随的能量转化等问题。

二、判断题

1. 糖类、脂类、蛋白质、维生素、无机盐、水等是人类生活所必需的基本营养成分，都来源于食物。（ ）

2. 水果蔬菜采摘后和动物宰杀后不再有任何生理变化。（ ）

3. 研究食品贮藏加工的新技术、开发新产品和新的食品资源等不属于食品生物化学的研究内容。（ ）

4. 长期大量食用辐射食品会致癌。（ ）

❖模块一　水分和矿物质

◆**基础理论和知识**

1. 水分与水分活度。
2. 矿物质。

◆**基本技能及要求**

1. 掌握食品和生物组织中水的状态。
2. 掌握呈碱食物与呈酸食物的概念。
3. 掌握影响矿物质生物有效性的因素。
4. 了解水在生物体内的含量和水的生理作用。
5. 了解水分活度与食品稳定性的关系。
6. 理解水分活度的概念。

◆**学习重点**

1. 食品和生物组织中水的状态。
2. 呈碱食物与呈酸食物的概念。
3. 影响矿物质生物有效性的因素。

◆**学习难点**

水分活度与食品稳定性的关系。

◆**导入案例**

矿物质是身体不可缺少的组成部分

人体各组织器官中约有60余种化学元素，除了碳、氢、氧和氮以外(它们构成占体重95%的有机物和水)，其余元素都统称为无机盐，也就是指矿物质。钙、镁、钾、钠、硫、磷、氯这7种元素的含量在人体中相对较多，称为宏量元素；而碘、铁、铜、锌、铬、硒等不足体重的0.01%，称为微量元素。矿物质在人体内仅占总体重的4%，但却不仅是构成机体组织的重要材料，还参与许多重要的生理活动，因而是生命活动所必不可少的。矿物质是不能在体内产生与合成的，一般都需要由食物、饮水来提供。

日常膳食基本上都能满足人体对矿物质的需要，但如果饮食调配不当、偏食或患有某些疾病时，则容易造成体内矿物质的缺乏。实用营养学认为，人体比较容易缺乏的元素是钙和铁。那么，我们就以钙和铁为例说说矿物质对人体的作用、缺乏时的表现。

体内的钙：钙是构成人体骨骼和牙齿的最主要的矿物质，在人体内的含量比其他矿物质元素都多。在人体的许多生理过程中，如神经冲动的传递、平滑肌、骨骼肌和心肌的收缩、肾功能、呼吸和血液凝固等，钙都是必需的。机体缺钙时，骨骼中的钙会不断游离到血液中，一方面引起骨质疏松、骨质增生，会使骨折的发生率提高；另一方面是血液及细胞内钙含量增多，沉积在血管壁和心肌、肾脏等软组织中，引起动脉硬化、高血压、冠心病、结石、老年痴呆等老年性疾病。这种骨钙减少、血钙和细胞内钙含量增加的现象，也是导致人体衰老的基础。缺钙还会导致情绪不良，如烦躁、失眠等。更为值得重视的是，由于钙在传递信息和免疫防御系统中发挥重要的作用，因此，钙缺乏时免疫系统也会受到影响。

体内的铁：健康成人体内含铁3~4克，刚好够做一颗小铁钉，这些微量的铁可是构成血液中红细胞的血红蛋白、肌肉中的肌红蛋白的重要原料，而且还参与清除血脂、产生抗体及肝脏的解毒作用等。由于需要量增多、摄入不足、利用障碍或丢失过多等都会导致缺铁性贫血，对于中老年人来说，最常见的是继发于某种疾病，尤其是胃肠道肿瘤，使得铁长期丢失引起贫血，一般表现为疲乏、心慌、气短、头晕、头痛等，部分人有厌食、恶心、便秘等胃肠道症状。有原发病的一定要先治疗原发病，而纯粹因摄入不足者可重点从食物中补充。

◆讨论

为什么说矿物质是身体不可缺少的组成部分？

项目一　水分与水分活度

任务一　水在生物体内的含量与作用

1.1 水在生物体内的含量

1.1.1 水在生物体内的含量见表1-1。

表1-1　水在生物体内的含量表

序号	种类		含量
1	生物体		70%~80%
2	肌肉、肝、肾、脑、血液等		70%~80%
3	皮肤		60%~70%
4	骨骼		12%~15%
5	植物	营养器官(叶、茎、根的薄壁组织)	70%~90%
		繁殖器官(高等植物的种子、微生物的孢子)	12%~15%

1.1.2 常见食品的水分含量见表 1-2。

表 1-2 常见食品的水分含量

食品	水分含量%	食品	水分含量%
蔬菜	85~97	鱼类	67~81
果实	80~90	贝类	72~86
油性种子	3~4	蛋类	67~77
蘑菇类	88~95	牛肉	46~76
薯类	60~80	乳类	87~89
豆类	12~16	鸡肉	73
谷类	12~16	猪肉	43~59

1.2 水的生理作用

(1)水的溶解力很强，多种无机及有机物质都很容易溶于水中，即使不溶于水的物质如脂肪和某些蛋白质，也能在适当条件下分散于水中，成为乳浊液或胶体溶液。

(2)水的介电常数大，能促进电解质的电离。

(3)水不但是生物体内化学反应的介质，同时也是生物化学反应的反应物、组织和细胞所需的养分和代谢物在体内运转的载体。

(4)水的比热容高、热容量大，使人体内产生热量增多或减少时不致引起体温太大的波动，水的蒸发潜热大，因而蒸发少量汗水可散发大量热能，通过血液流动，可平稳全身体温，因此水又能调节体温。

(5)水的黏度小，可使磨擦面滑润，减少损伤，因此水是体内磨擦的润滑剂。

任务二 食品中水分状态与分类

2.1 食品中水分状态

食品中的水，是以自由态、水合态、胶体吸润态、表面吸附态等状态存在的。

水之所以能以各种形态存在于动植物组织中，是由于水能被两种作用力即氢键结合力和毛细管力联系着。

(1)游离态：容易结冰，也能溶解溶质的水。

(2)水合态：水分子和含氧或含氮的活性基(如—NH_2、—COOH、—$CONH_2$、—NH、—OH)以氢键形式相结合而不能自由移动，处于此状态的水称之为水合态的水。

(3)凝胶态：吸收于细微的纤维与薄膜中，不能自由流动的水。

(4)表面吸附态：固体表面暴露于含水蒸气的空气中，此时吸附于固体表面的水处于表面吸附态。

2.2 食品中水分的分类

(1)自由水(游离水)：自由水是以毛细管凝聚状态存在于细胞间的水分。存在于植物组织的细胞质、膜、细胞间隙中和任何组织的循环液以及制成食品的结构组织中。

(2)结合水(束缚水)：是指通过氢键与食品中有机成分(蛋白质、淀粉、果胶物质、纤维素等)结合的水。根据各种有机分子的不同极性基团与水形成氢键的牢固程度有所不同。结合水又可分为单分子层结合水和多分子层结合水。

2.3 结合水与自由水在性质上的差别

(1)结合水的量与食品中有机大分子的极性基团的数量有比较固定的比例关系。

(2)结合水的蒸气压比自由水低得多，所以在一定温度(100℃)下结合水不能从食品中分离出来。

(3)结合水对食品的可溶性成分不起溶剂的作用。

(4)自由水能为微生物所利用，结合水则不能。

(5)结合水在低温(-40℃或更低)下不能冻结。

(6)结合水在核磁共振实验中产生宽带。

任务三　水分活度

3.1 水分活度(Aw)的概念:是指食品的水汽分压(p)和在同一温度下纯水的蒸汽压(p_o)之比。

$$Aw = p/p_o$$

水分活度也可用平衡相对湿度(ERH)这一概念来表示，是指物料吸湿与散湿达到平衡时的大气相对湿度。食品的水分活度在数值上等于平衡相对湿度除以100。即:

$$Aw = p/p_o = ERH/100$$

食品中结合水的含量越高，水分活度就越低，可被微生物利用的水分就越少，因而水分活度反映了食品中水分存在形式和被微生物利用的程度。反映了食品中水分的存在状态，即水分与食品中的其他非水成分的结合程度。

水分活度的物理意义:表征生物组织和食品中能参与各种生理作用的水分含量与总含水量的定量关系。

3.2 水分活度与温度的关系

3.2.1 水分活度与温度的函数

相对平衡湿度是大气水汽分压与相同温度下纯水的饱和蒸汽压之比。食品的相对平衡湿度是食品中的水分蒸汽压达到平衡后，食品周围的水汽分压与同温度下水的饱和蒸汽压之比。而蒸汽压和平衡相对湿度都是温度的函数，所以水分活度也是温度的函数。水分活度与温度的函数可用克劳修斯—克拉伯龙方程来表示。

$$d\ln aw/d(1/T) = -\Delta H/R$$

$$\ln aw = -\Delta H/RT + c$$

T-绝对温度，R-气体常数，ΔH-样品中水分的等量净吸热。

T↑则aw↑，Logaw-1/T为一直线。马铃薯淀粉的logaw-1/T关系图见图1-1所示。

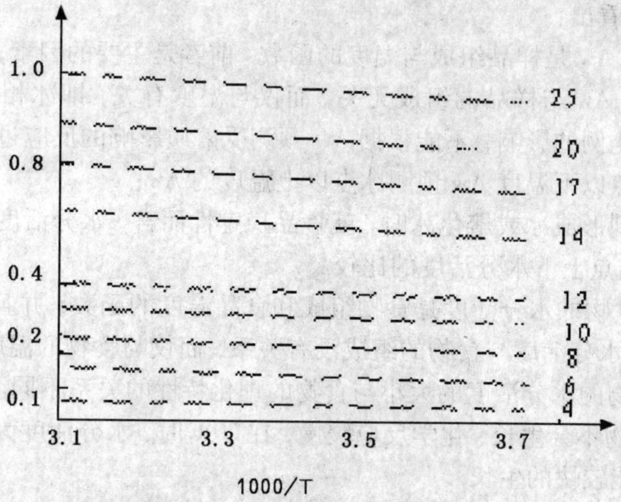

图 1-1 马铃薯淀粉的 logaw-1/T 关系图

但是当食品的温度低于0℃时，直线发生转折，也就是说在计算冻结食物的水分活度时 $aw = P/P_0$ 中 P_0 的应该是冰的蒸汽压还是过冷水的蒸汽压？因为这时样品中水的蒸汽压就是冰的蒸汽压，如果 P_0 再用冰的蒸汽压，这样水分活度的计算就会失去意义，因此，冻结食物的水分活度的计算式为 $aw = P(纯水)/P_0(过冷水)$。

3.2.2 比较冰点以上和冰点以下 Aw

(1)在冰点以上及冰点以下时，样品的水分活度与温度的关系图见图 1-2 所示。

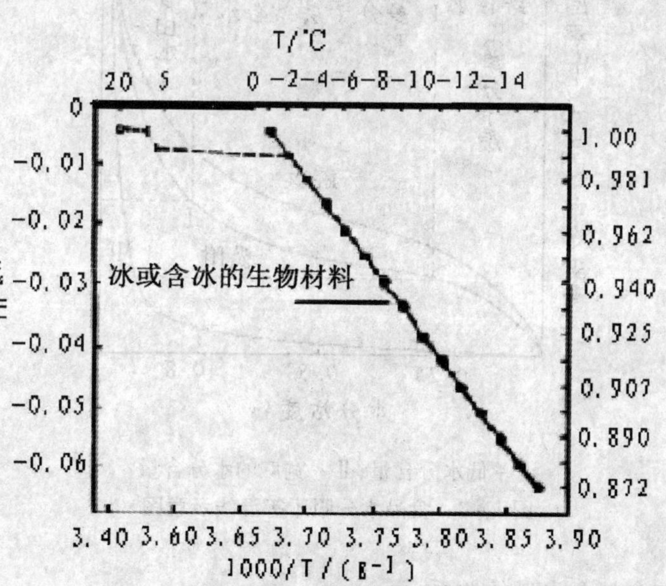

图 1-2 在冰点以上及以下时，样品的水分活度与温度的关系

从图 1 - 2 可以看出：

①在冰点以上，Aw 是样品组成与温度的函数，前者是主要的因素；

②在冰点以下，Aw 与样品的组成无关，而仅与温度有关，即冰相存在时，Aw 不受所存在的溶质的种类或比例的影响，不能根据 Aw 预测受溶质影响的反应过程；

③不能根据冰点以下温度 Aw 预测冰点以上温度的 Aw；

④当温度改变到形成冰或熔化冰时，就食品稳定性而言，水分活度的意义也改变了。

(2) 食品在冻结点上下水分活度的比较

①冰点以上，食物的水分活度是食物组成和食品温度的函数，并且主要与食品的组成有关；而在冰点以下，水分活度与食物的组成没有关系，而仅与食物的温度有关。

②冰点上下食物的水分活度的大小与食物的理化特性的关系不同。如在 - 15℃时，水分活度为 0. 80，微生物不会生长，化学反应缓慢，在 20℃时，水分活度为 0. 80 时，化学反应快速进行，且微生物能较快的生长。

③不能用食物冰点以下的水分活度来预测食物在冰点以上的水分活度，同样，也不能用食物冰点以上的水分活度来预测食物冰点以下的水分活度。

(2) 食品在低水分含量(Ⅰ)和宽广的水分含量(Ⅱ)范围内的水分吸附等温线示意图见图 1 - 3 所示。

从图 1 - 3 可以看出：食品脱水的难易程度；如何组合食品才能避免水分在不同物料间的转移；预测含水量对食品稳定性的影响；食品中非水组分与水结合能力的强弱。

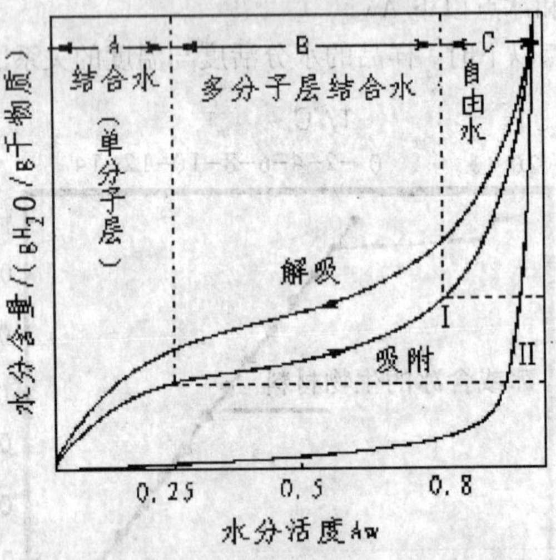

Ⅰ - 低水分含量；Ⅱ - 宽广的水分含量

图 1 - 3　食品水分吸附等温线示意图

3.3 水分活度与食品含水量的关系

以水分活度为横坐标，以每克干物质的含水量(gH_2O/g 干物质)为纵坐标，描绘在某温度下的水分活度与含水量的关系，得到图 1 - 4 所示的曲线。从图中看出：

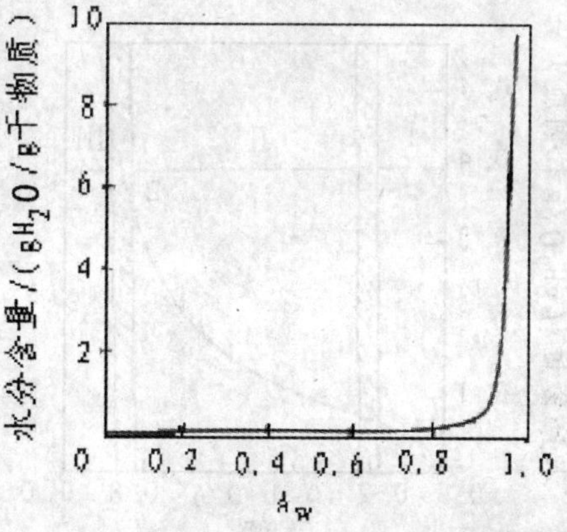

图1-4 含水量与水分活度(Aw)的关系

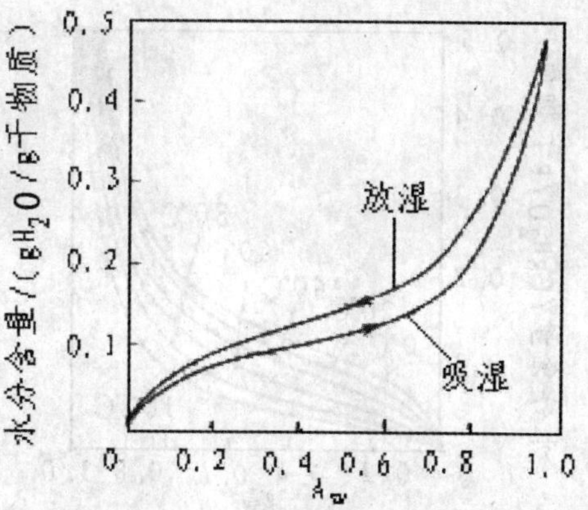

图1-5 吸湿等温曲线

3.3.1 在含水量区(水分含量大于 $1gH_2O/g$ 干物质),Aw 接近 1.0,食品近似理想稀溶液。

3.3.2 在低含水量区,含水量极少量变动即可导致水分活度极大的变动。

3.3.3 把低水分含量区域内的曲线放大,得到的曲线称为吸湿等温曲线(吸湿等温线),图 1-5 为吸湿等温曲线的模式。若进行相反的过程——放湿过程时,其水分变化并非沿原吸湿过程返回,而是经历了另一条不同的途径,即放湿曲线过程。吸湿和放湿之间有滞后现象。

3.3.4 若食品的水分活度低于环境的相对湿度,食品沿着吸湿等温线吸湿,反之沿着放湿等温线散失水分。对于含水量多的食品,如新鲜动植物食品,得到的是放湿曲线;对含水量少的食品如干燥食品,得到的是吸湿曲线。

3.3.5 不同的食品由于其化学组成和结构不同,对水分子的束缚力也不一样,因此,不同食品具有不同的吸湿等温线,吸湿等温线的弯曲程度因不同食品而具有差异。但大多数食品的吸湿等温线呈反 S 形。

3.3.6 吸湿等温线与温度有关,由于温度升高后,水分活度变大,对同一种食品,在不同温度下得到的吸湿等温线,将在曲线形状近似不变的情况下,随温度的升高,在坐标图中的位置逐渐向右移动,图 1-6 为在不同温度下马铃薯的吸湿等温曲线。为深入理解吸湿等温线的意义和价值,将吸湿等温线分成三个区(图 1-7)。

Ⅰ区是单分子层结合水区。水分多与食品成分中的羧基和氨基等离子基团结合,且结合力最强,形成单分子层结合水。该区 Aw 最低,在 0~0.25,相当于物料含水量 0~0.07 gH_2O/g 干物质。

Ⅱ区是多分子层结合水区,水分多与食品成分中的酰胺基和羟基等极性较弱的基团结合,形成多分子层结合水或称结合水,Aw 在 0.25~0.8,相当于物料含水量 0.07~0.33gH_2O/g干物质。

Ⅲ区是毛细管凝集的自由水区,Aw 在 0.8~0.99,物料含水量最低为 0.14~0.33 gH_2O/g干物质,最高为 $20gH_2O/g$ 干物质。

各区域的水不是截然分开的,也不是固定在某一个区域内,而是在区域内和区域间快速的交换着。所以,吸湿等温线中各个区域之间有过渡带。

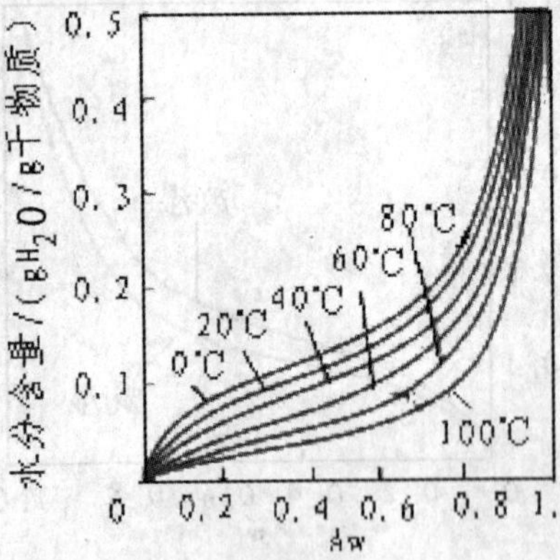

图1-6 在不同温度下马铃薯的吸湿等温曲线

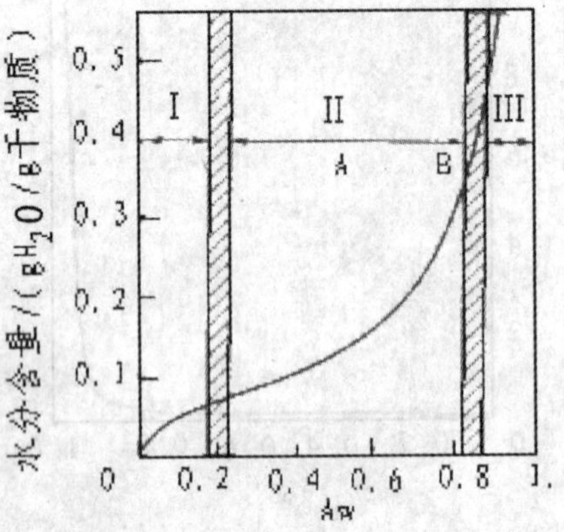

图1-7 吸湿等温曲线的分区

3.4 水分活度与食品的稳定性

各种食品在一定条件下都有一定的水分活度，食品中微生物的生长繁殖和生物化学反应也需要在一定的水分活度范围内才能进行。因此，了解微生物、生物化学反应所需要的水分活度值，可预测食品的耐藏性，减少食品的腐败变质。

3.4.1 水分活度与微生物的生长繁殖的关系

(1)不同的微生物在食品中生长繁殖时，对水分活度的要求不同。一般来说，细菌对低水分活度最敏感，酵母菌次之，霉菌的敏感性最差。通常水分活度低于0.90时，细菌不能生长;水分活度低于0.87时，大多数酵母菌受到抑制;水分活度低于0.80时，大多数霉菌不能生长:一些耐渗透压微生物除外，水分活度低于0.60时，任何微生物都不生长。

(2)表1-3为食品中水分活度和微生物生长的关系。

①表中列出了适合各种微生物生长所要求的水分活度范围和按照水分活度分类的一些食品。当水分活度高于微生物生长所需的最低水分活度时，微生物的生长会导致食品腐败变质。根据表中提供的数据，对不同食品选择适宜的贮存条件，以防止或降低微生物对食品品质的不良影响。

②最低水分活度值不是绝对化的，因为食品的pH、温度、微生物的营养状况以及水中特定溶质的性质，对水分活度也有影响。如金黄色葡萄球菌生长的最低Aw，在乳粉中是0.861，在酒精中则是0.973。因此，在具体的食品配方确定时，必须做细菌学试验，以决定实际水分活度。

表1-3 食品中水分活度和微生物生长的关系

Aw范围	在此范围内的最低Aw值 一般能抑制的微生物	食品
1.00~0.95	假单胞菌属、埃希杆菌属、变形杆菌属、志贺杆菌属、芽孢杆菌属、克雷伯菌属、梭菌属、产生荚膜杆菌、一些酵母菌	新鲜食品、水果、蔬菜、肉、鱼和乳制品、罐头、熟香肠和面包、含约40%的蔗糖或7% NaCl的食品

续表

Aw 范围	在此范围内的最低 Aw 值一般能抑制的微生物	食品
0.95 ~ 0.91	沙门菌属、副溶血弧菌、肉毒杆菌、沙雷菌属、乳酸杆菌属、足球菌属、一些霉菌、酵母（红酵母属、毕赤酵母属）	奶酪、咸肉和火腿、某些浓缩果汁、蔗糖含量为 55% 或 12% NaCl 的食品
0.91 ~ 0.87	许多酵母菌（假丝酵母、汉逊酵母、球拟酵母属）、小球菌	发酵香肠、蛋糕、干奶酪、人造黄油及含 65% 蔗糖或 15% NaCl 的食品
0.87 ~ 0.80	大多霉菌（产霉菌毒素的青霉菌）、金黄色葡萄球菌、德巴利氏酵母	大多数果汁浓缩物、甜炼乳、巧克力糖浆、枫糖浆、果汁糖浆、面粉、大米、含 15% ~ 17% 水分的豆类、水果糕点、火腿、软糖
0.80 ~ 0.75	大多数嗜盐杆菌、产霉菌毒素的曲霉菌	果酱、马茉兰、橘子果酱、杏仁软糖、果汁软糖
0.75 ~ 0.65	嗜干霉菌、二孢酵母	含 10% 水分的燕麦片、牛轧糖块、软质奶糖、果冻、棉花糖、糖蜜、某些干果、坚果
0.65 ~ 0.60	耐渗透压酵母、少数霉菌（二孢红曲霉、刺孢曲霉）	含水 15% ~ 20% 的果干，某些太妃糖和焦糖、蜂蜜
0.50	微生物不繁殖	含水约 12% 的酱、水分含量约 10% 的调味品
0.40	微生物不繁殖	水分含量约 5% 的全蛋粉
0.30	微生物不繁殖	含水量为 3% ~ 5% 的曲奇饼、面包硬片
0.20	微生物不繁殖	含 2% ~ 3% 水分的全脂奶粉、含 5% 水分的脱水蔬菜、含水约 5% 的玉米片、脆饼干

3.4.2 水分活度与生化反应的关系

图 1 - 8 表示在 25℃ ~ 45℃ 温度范围几类重要反应的相对速率与 Aw 之间的关系。图 1 - 8（f）是吸湿等温线，以便于比较。

从图 1 - 8 可见，（1）食品中水分在放湿过程中，水分活度值相当于等温线区间 Ⅰ 和区间 Ⅱ 的边界位置（Aw = 0.2 ~ 0.3）时，许多化学反应和酶催化反应速率最小。进一步降低水分活度，除图 1 - 8（c）的氧化反应外，其余所有的反应仍然保持最小的反应速率。脂类氧化反应速率在此区间随水分活度的增加而降低，是因为十分干燥的样品中，最初添加的那部分水（在区间 Ⅰ）能与氢过氧化物结合并阻止其分解，从而阻碍氧化的继续进行。此外，这类水还能与催化氧化反应的金属离子发生水合，使催化效率明显降低。（2）随水分活度增加，当水的增加量超过区间 Ⅰ 和区间 Ⅱ 的边界时，氧化速率增大，因为等温线的这个区间增加的水可促使氧的溶解度增加和大分子溶胀，并暴露出更多催化位点。（3）当 Aw 大于 0.86 时，氧化速率缓慢，这是由于水的增加对体系中的催化剂产生稀释效应。（4）从图 1 - 8（a）、（d）、（e）可见，在中等至高 Aw（Aw = 0.7 ~ 0.9）时，美拉德褐变反应、维生素 B_1 降解反应以及微生物生长显示最大反应速率。(5)在有的情况下，中等至高含水量食品，随着水分活度增大，反应速率反而降低。其原因可能有二：一是在这些反应中水是一个产物，水含量的增加导致产物抑制作用；二是当样品中水的含量对溶质的溶解度、可接近性（大分子表面）和流动性不再是限速因素时，进一步加水将会对提高反应速率的组分产生稀释效应，其结果是反应速率降低。(6)图1－8表示中等至高水分活度（Aw为0.7～0.9）的食品中的化学反应速率，对食品的稳定性显然是不利的。要使食品具有最高稳定性所必需的水分含量，最好将水分活度保持在结合水范围内，即最低的水分活度。因为结合水是水分子与食品中的蛋白质、糖类等的活性基团以氢键结合起来的。将水分活度保持在结合水范围内，既能防止氧对活性基团的作用，又能阻止蛋白质、糖类等物质间的相互作用，从而使褐变难以发生，同时又不会使食品丧失吸水性和复原性。

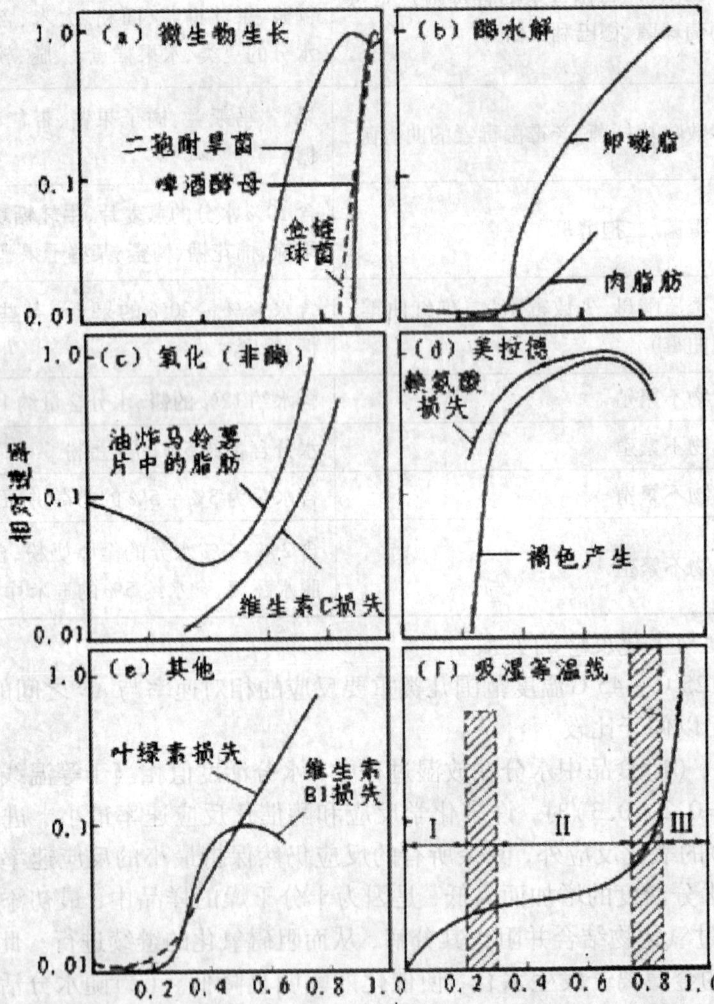

图1－8　食品稳定性和水分活度的关系[除(r)外，所有纵坐标代表相对速率]

3.4.3 水分活度与食品质构的关系

水分活度对干燥和半干燥食品的质构有较大的影响。如欲保持饼干、爆玉米花及油炸土豆片的脆性，防止砂糖、奶粉和速溶咖啡结块，以及硬糖果、蜜饯等黏结，均应保持适当低的水分活度。要保持干燥食品的理想性质，水分活度不能超过0.3～0.5。而软质构食品保持较高的水分活度可避免不期望的变硬。

3.4.4 水分活度的实际应用

各种食品在一定条件下都各有其一定的水分活度，各种微生物的活动和各种化学与生物化学反应也都需要有一定的 Aw 值。只要计算出微生物、化学以及生物化学反应所需要的 Aw 值，就可能控制食品加工的条件和预测食品的耐藏性。

3.5 水分活度与微生物繁殖的关系

3.5.1 微生物发育时必需的水分活度见表 1－4。

表 1－4　**微生物发育时必需的水分活度**

微生物	发育所必需的最低 Aw	微生物	发育所必需的最低 Aw
普通细菌	0.90	嗜盐细菌	≤0.75
普通酵母	0.87	耐干性酵母、细菌	0.65
普通霉菌	0.80	耐渗透压性酵母	0.61

3.5.2 水分活度与酶促反应的关系

水分在酶反应中起着溶解基质和增加基质流动性等的作用，食品中水分活度极低时，酶反应几乎停止，或者反应极慢。

3.5.3 水分活度与生物化学反应的关系

水分活度与食品中各种反应速度之间的关系见图 1－9 所示。

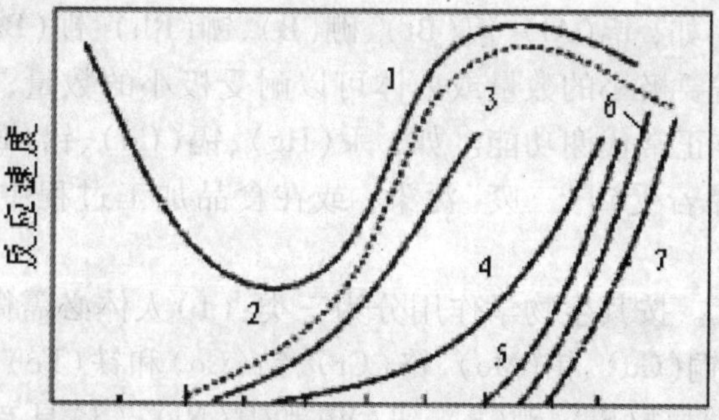

1－脂肪氧化作用；　2－非酶褐变；　3－水解反应；　4－酶活力；
5－霉菌生长；　6－酵母生长；　7－细菌生长

图 1－9　水分活度与食品中各种反应速度之间的关系

项目二　矿物质

矿物质即无机盐，是食品中除碳、氢、氧、氮四种元素以外的其他元素的统称。由于食品经过高温灼烧后，发生一系列变化，有机成分挥发逸去，而无机物大部分为不挥发性的残渣被留在灰中，故矿物质又称灰分。

在人和动物体内，矿物质总量虽只有体重的4%～5%，但却是不可缺少的成分，在新陈代谢中起着重要作用。人体所需要的矿物质一部分从食物中获取，一部分从水、食盐中摄取。

任务一　食品矿物质的分类、存在形式及其功能

1.1 食品中矿物质元素的分类

1.1.1 按矿物质元素在人体内的含量和人体对膳食中矿物质的需要可将矿物质分为两大类：常量元素和微量元素。(1)人体含量在0.01%以上，人体的日需要量在100mg以上的元素，称为常量元素或大量元素。如，钙(Ca)、磷(P)、硫(S)、钾(K)、钠(Na)、氯(Cl)和镁(Mg)七大元素。(2)含量和需要量皆低于0.01%的其他元素则称为微量元素或痕量元素。如，铁(Fe)、锌(Zn)、铜(Cu)、碘(I)、锰(Mn)等。

1.1.2 按矿物质元素对人体健康的影响可分为三类：必需元素、非必需元素和作用尚未确定元素及有毒元素。(1)必需元素：是指这类元素正常存在于机体的健康组织中，对机体自身的稳定起着重要作用，缺乏它可使机体的组织或功能出现异常，补充后可恢复正常。如，铁(Fe)、锌(Zn)、铜(Cu)、碘(I)、锰(Mn)、钼(Mo)、钴(Co)、硒(Se)、铬(Cr)、镍(Ni)、锡(Sn)、硅(Si)、氟(F)、钒(V)。(2)非必需元素和作用尚未确定元素：是指对人体代谢无影响，或目前尚未发现影响的元素。如，铝(Al)、溴(Br)、硼(B)、铷(Rb)、钡(Ba)等。(3)有毒元素：指在正常情况下，人体只需要极小的数量或人体可以耐受极小的数量，剂量高时，即可呈现毒性作用，妨碍及破坏人体正常代谢功能。如，汞(Hg)、镉(Cd)、铅(Pb)。正常情况下，不会对人体构成威胁。但食品若受到“三废”污染，或在食品加工过程中受到污染，易使人体中毒。

1.1.3 必需微量元素。按其生物学作用分为三类：(1)人体必需微量元素，共8种，包括碘(I)、锌(Zn)、硒(Se)、铜(Cu)、钼(Mo)、铬(Cr)、钴(Co)和铁(Fe)；(2)人体可能必需的元素，共5种，包括锰(Mn)、硅(Si)、硼(B)、钒(V)和镍(Ni)；(3)具有潜在的毒性，但在低剂量时，可能具有人体必需功能的元素，共7种，包括氟(F)、铅(Pb)、镉(Cd)、汞(Hg)、砷(As)、铝(Al)和锡(Sn)。

1.1.4 机体对各种矿物质都有一个耐受剂量。某些元素，尤其是微量元素，即便是必需的，当摄入过量时，也会对机体产生危害。而某些有毒元素，在其远小于中毒剂量范围之内对人体是安全的。因此要明确生理浓度和中毒剂量之间的关系。

1.2 食品矿物质的存在形式

矿物质在食品中主要以无机盐形式存在，各种无机盐中，正离子比负离子种类多，且存在状态多样。

1.2.1 正离子。(1)一价离子:成为可溶性的盐，如 K^+、Na^+、Cl^- 等。(2)多价离子:以离子、不溶性盐和胶体溶液形成动态平衡体系存在。在肉、乳中的矿物质常以这种形式存在。

1.2.2 金属离子。通过配位键与配位体形成配合物，其中配合成环者，又称螯合物。由配位体提供至少两个配位原子与中心金属离子形成配位键，配位体与中心金属离子形成环状结构。常见的配位原子是 O、S、P、N 等原子，与金属离子形成的螯合物很多具有重要的生理功能。如以 Fe^{2+} 为中心离子的血红素、以 Cu^{2+} 为中心离子的细胞色素、叶绿素中的 Mg^{2+} 以及维生素 B_{12} 中的 Co^{2+} 及葡萄糖耐量因子中的三价 Cr^{3+}。

1.3 生理功能

1.3.1 构成机体。如钙、磷、镁等是骨和牙的重要成分，同时也是构成神经、血液、内分泌腺、肌肉和其他软组织的重要成分。

1.3.2 调节机体生理功能。

(1)酸性、碱性矿物质元素适当配合，起着体内的缓冲溶液的作用，保持机体的酸碱平衡;

(2)矿物质与蛋白质协同维持组织细胞的渗透压，在体液移动和储留过程中起重要的作用;

(3)各种矿物质离子，特别是钾、钠、钙、镁离子保持一定的比例是维持神经肌肉兴奋性和细胞膜透性的必要条件;

(4)许多矿物质元素如镁等是各种酶的激活剂或组成成分，直接或间接影响新陈代谢的进行。

任务二　矿物质对食品性质的影响

2.1 矿物质对食品酸碱性的影响

2.1.1 食品按酸碱性分类:可分为呈酸食品和呈碱食品。这种划分与食品本身在化学上呈现的酸碱性不同，它指的是食品被消化吸收、进入血液，送往各组织器官，在生理上呈酸性或碱性。

(1)呈酸食品。含酸性元素多的食品称为呈酸食品(或酸性食品)。因为食品所含酸性元素磷、硫、氯等在体内氧化后，生成带阴离子的酸根，如 PO_4^{3-}、SO_4^{2-}、Cl^- 等，易使体液偏酸性。通常富含蛋白质、脂类、糖类的食品多属于呈酸食品，如肉、鱼、禽、蛋等动物食品和米、面及其制品。

(2)呈碱食品。含碱性元素多的食品称为呈碱食品。因为食品所含碱性元素钾、钠、钙、镁等，在体内氧化后，生成带阳离子的碱性氧化物，如 Na_2O、K_2O、CaO、MgO 等，易使体液偏碱性。呈碱食品主要有蔬菜、水果、豆类、海草、乳制品等。

2.1.2 为什么水果是碱性食品?

水果虽然在味觉上呈酸性，但其酸味物质有机酸在体内经氧化生成二氧化碳和水排出体外，而钾、钠、钙等碱性元素却留下来，故水果是呈碱食品。

2.1.3 食品在生理上是呈酸性还是碱性，可以通过食品灰化(通过高温灼烧的手段分解食品中有机物的过程)后，用酸或碱溶液进行中和滴定来确定。

2.1.4 食品的酸度或碱度:是指 100g 食品的灰分溶于水中，用 0.1mol/L 的碱液或酸液中和时，所消耗碱液或酸液的毫升数。以“+”表示碱度，“-”表示酸度。

2.1.5 常见呈碱食品和呈酸食品碱度或酸度,见表 1-5。

表 1-5　常见呈碱食品和呈酸食品碱度或酸度

呈碱食品	碱度/(mL/100g)	呈酸食品	酸度/(mL/100g)
大豆	+9 ~ +10	精米	-3 ~ -5
甘薯	+6 ~ +10	糙米	-9 ~ -14
马铃薯	+5 ~ +9	大麦	-10
萝卜	+6 ~ +10	面粉	-3 ~ -5
胡萝卜	+9 ~ +15	燕麦粥	-15
洋葱	+1 ~ +2	玉米	-5
番茄	+3 ~ +5	精米饭	-1
苹果	+1 ~ +3	白面包	-2 ~ -3
柑橘类	+5 ~ +10	干酪	-4
红砂糖	+15	鸡蛋	-10 ~ -20
海带	+40	肉类	-10 ~ -20
生乳	+2	鱼类(无骨)	-10 ~ -20

2.1.6 呈酸食品与呈碱食品的合理搭配

人体体液的 pH 在 7.3 ~ 7.4，正常情况下人体自身的缓冲作用可保持体液酸碱平衡，但如果膳食搭配不当，可引起机体酸碱平衡失调。若摄入呈酸食品过多(一般情况下，呈酸食品容易过多)，导致体液偏酸性，则会增加钙、镁等碱性元素的消耗，使血液颜色加深，血压增高，还会引起各种酸中毒症。所以在日常膳食中应注意呈酸食品与呈碱食品的合理搭配，尤其要控制呈酸食品的量，以保持机体的酸碱平衡，利于健康。

2.2 矿物质对食品性状的影响

2.2.1 某些矿物质能显著地改变食品的颜色、质地、风味和稳定性。因此，在食品中加入或除去某些矿物质能产生一些特殊的功能作用。当食品中某些矿物质的浓度不易控制时，使用螯合剂如 EDTA，可改变它们的性质。

2.2.2 很多重要的食品添加剂中含有矿物质，它们可有效地改善食品的性状和营养价值。如磷酸盐，在肉制品中添加可提高肉的持水性，在乳制品中添加可保持盐平衡，提高产品的稳定性；氯化钙、硫酸钙可做豆腐的凝固剂，在果蔬加工中使用可保持新鲜果蔬的脆性，并有护色作用。钙离子也有助于果胶物质凝胶的形成等。

任务三　食物中矿物质成分的生物有效性

3.1 生物有效性

成分被生物利用的实际可能性，即生物有效性的问题。生物有效性是指代谢中可被利用的营养素的量与摄入的营养素的量的比值。对于矿物质，生物有效性主要通过从肠道到血液的吸收效率确定。

3.2 食物的可消化性

食物营养的生物有效性与食物的可消化性成正比关系。如动物肝脏、肉类中的矿物质成分有效性高，人类可充分吸收利用，而麸皮、米糠中虽含有丰富的铁、锌等必需营养素，但这些物质可消化性很差，因此生物有效性很低。一般来说，动物性食品中矿物质的生物有效性优于植物性食物。

3.3 矿物质的化学与物理形态

3.3.1 矿物质的化学形态。对矿物质的生物有效性影响相当大，甚至有的矿物质只有某一化学形态才具有营养功能，例如，钴只有以氰基钴胺（维生素 B_{12}）供应才有营养功能；又如亚铁血红素中的铁可直接吸收，其他形式的铁必须溶解后才能进入全身循环，因此血红素铁的生物有效性比非血红素铁高。许多矿物质成分在不同的食物中，由于化学形态的差别，生物有效性相差很大。

3.3.2 矿物质的物理形态。对其生物有效性也有相当大的影响，在消化道中，矿物质必须呈溶解状态才能被吸收，溶解度低，则吸收差；颗粒的大小也会影响可消化性和溶解性，因而影响生物有效性。若用难溶物质来补充营养时，应特别注意颗粒大小。

3.4 矿物质与其他营养素的相互作用

矿物质与其他营养素的相互作用对生物有效性的影响应视不同情况而定，有的提高生物有效性，有的降低生物有效性，相互影响极为复杂。

3.4.1 膳食中一种矿物质过量就会干扰对另一种必需矿物质的作用。例如，两种元素会竞争在蛋白质载体上的同一个结合部位而影响吸收，或者一种过剩的矿物质与另一种矿物质结合后一起排泄掉，造成后者的缺乏。如钙抑制铁的吸收，铅抑制铁的吸收。

3.4.2 营养素之间相互作用，提高其生物有效性。如铁与氨基酸成盐、钙与乳酸生成乳酸钙，都使这些矿物质成为可溶态，有利于吸收。

3.5 食品配位体

1. 与金属形成可溶螯合物的配位体可促进一些食品中矿物质的吸收。如 EDTA 能促进铁的吸收。

2. 与矿物质形成难溶螯合物的配位体会妨碍矿物质的吸收。如草酸抑制钙的吸收，植酸抑制铁、锌和钙的吸收。

3. 难消化且相对分子质量高的配位体（如膳食纤维和一些蛋白质）会妨碍矿物质的吸收。

3.6 个体生理状态

机体的自我调节作用对矿物质生物有效性有较大影响。

1. 矿物质摄入不足时会促进吸收，摄入充分会减少吸收。如铁、钙和锌都存在这种影响。

2. 吸收功能障碍会影响矿物质的吸收。如胃酸分泌少的人对铁和钙的吸收能力下降。

3. 个体年龄不同，也影响矿物质的生物有效性，一般随年龄增长吸收功能下降，生物有效性也随之降低。

3.7 加工方法

1. 磨碎的细度可提高难溶矿物质的生物有效性。

2. 添加到液体食物中的难溶性铁化合物、钙化合物，经加工并延长贮存期就可变为具有较高生物有效性的形式。

3. 发酵后的面团，植酸含量减少了 15% ~20%，锌、铁的有效性可显著提高，其中锌的溶解度增加 2 ~3 倍，锌的可利用率增加 30% ~50%。

任务四 影响食品中矿物质成分的因素

4.1 影响植物性食品矿物质成分的因素

1. 土壤的肥力的影响；

2. 植物的遗传学的影响；

3. 植物的生长环境的影响。

4.2 影响动物性食品矿物质成分的因素

由于动物体内存在着平衡机制，它能调节组织中必需营养素的浓度。所以动物性食品中矿物质浓度变化较小。一般情况下，动物饲料的变化仅对肉、乳和蛋中矿物质浓度产生很小的影响。

4.3 加工对食品中矿物成分的影响

加工方法会影响食品中矿物质的含量和可利用性。

1. 研磨是导致谷物食品中矿物质损失的最重要因素，加工精度越高，损失的矿物质越多。如加工精白米和精白粉时将浓集矿物质的胚芽和麸皮除去，导致矿物质的严重损失。

2. 食品被浓缩或矿物质从加工器械、包装材料中溶出，则食品中某些矿物质含量会增加。如大豆加工在加工过程中不会损失大量的微量元素，而且某些微量元素如铁、锌、硒等可得到浓缩。因为大豆蛋白质经过深度加工后提高了蛋白质的含量，这些矿物质成分可能结合在蛋白质分子上。其他如锰、铜、钼和碘等矿物质则变化不大。

3. 沥滤或物理分离会损失部分矿物质。如在乳酪加工中钙随乳清的排去而流失。

4. 在加工过程中产生矿物质盐类的沉淀或溶解，会影响矿物质的生物有效性。如水煮食物时会有一些能溶于水的矿物质流失。

4.4 矿物质的强化

在食品中补充某些缺少的或特需的营养成分称为食品的强化。如，碘强化食盐；铁和各种缺乏的维生素强化面粉；钙、锌和其他微量元素强化早餐谷物和其他食品；外加矿物质强化婴儿食品。

矿物质的强化必须注意的几个问题：

1. 必须遵守有关的法规；

2. 注意矿物质元素摄入的安全剂量；

3. 注意一些技术上的处理问题，尤其是补添加的矿物质在食品中的稳定性，以及与食品中其他组分相互作用可能产生的不良后果等问题必须得到妥善的解决。

任务五 几种重要的矿物质营养素

5.1 钙

5.1.1 含量及存在形式

钙是人体含量最丰富的矿物质元素，其量仅次于氧、碳、氢、氮，居机体元素的第五位。成人体内含钙总量约1200g，占体重的1.5%～2.0%，其中99%存在于骨骼和牙齿等硬组织中，主要以羟基磷灰石[$3Ca_3(PO_4)_2 \cdot Ca(OH)_2$]形式存在，其余1%以游离或结合状态存在于软组织和体液中，与骨骼钙保持动态平衡，这部分钙统称为混溶钙池。

5.1.2 作用

1. 钙是骨骼和牙齿的重要组成成分；

2. 参与凝血过程，能降低毛细血管及细胞膜的通透性，降低神经、肌肉的兴奋性；

3. 若血浆钙下降，则神经肌肉的应激性大增，导致手足抽搐；

4. 若血浆钙上升，可引起心脏、呼吸衰竭；

5. 钙对多种酶(如 ATP 酶、脂酶和蛋白质水解酶等)有激活作用。

5.1.3 人体对钙的吸收很不完全

1. 钙可与食物中的植酸、草酸、脂肪酸等形成不溶性的盐。

2. 脂肪摄入过多时，可因大量脂肪酸与钙生成不溶性皂化物随粪便排出，该过程尚可引起脂溶性维生素(例如维生素 D)的流失。

3. 食物纤维也可影响钙的吸收，这可能是食物纤维结构中的糖醛酸残基与钙结合所致。

5.1.4 影响钙吸收的因素

1. 年龄：年龄大，钙吸收率低。

2. 个体机能状况：(1)胃酸缺乏、腹泻等降低钙的吸收。(2)若机体缺钙，则吸收率提高。

3. 其他因素：(1)维生素 D。可促进钙的吸收，从而使血钙升高，并促进骨骼中钙的沉积。(2)乳糖。提高钙吸收的程度与其在食物中的含量成正比，有分析认为是钙与乳糖螯合，形成了低相对分子质量可溶性配合物所致。(3)蛋白质。也能促进钙的吸收，可能是蛋白质消化后释出的氨基酸，与钙形成可溶性配合物或螯合物的结果。

5.1.5 食物中钙的来源

1. 以乳及乳制品为最好，不但含量丰富，吸收率也高。

2. 小虾、发菜、海带等含钙丰富。

3. 蔬菜、豆类和油料种子含钙较多。

4. 谷类、肉类、水果等食物的含钙量较少，且谷类含植酸较多，钙不易吸收。

5. 蛋类的钙主要在蛋黄中，因有卵黄蛋白之故，吸收不好。

5.2 磷

1. 含量：磷在成人体内的总量约 600g，约占体重 1%。

2. 存在形式：大约 85% 的磷与钙一起构成骨骼和牙齿的主要部分，钙与磷的比值约为 2∶1。

3. 功能：(1)磷是软组织结构的重要组分。如很多结构蛋白含磷；细胞膜的脂质含磷；DNA 和 RNA 皆含磷。(2)磷在机体的能量代谢中具有重要作用。①磷参与酶的组成，是很多酶系统之辅酶或辅基的组成成分；②磷参与物质的活化，以利机体代谢反应的进行；③在体液缓冲系统中，多种形式的磷酸盐发挥着重要作用；④参与体液酸碱平衡的调节。

4. 食物中磷的来源

(1)普遍存在于各种动植物中；(2)谷类种子中的磷，因植酸的缘故难以利用；(3)蔬菜和水果中含磷较少；(4)肉、鱼、禽、蛋、乳及其制品含磷丰富，是磷的良好食物来源。

5.3 铁

1. 含量：是人体必须的和体内含量最多的微量元素。成人体内含铁 4～5g。

2. 存在形式：主要存在于血红蛋白中，其余铁皆与各种蛋白质结合在一起，没有游离的铁存在，这也是生物体内铁的特点。

3. 功能：(1)在机体中，通过血红蛋白的形式，铁参与氧的转运、交换和组织呼吸过程；

(2)作为过氧化氢酶的组成成分，对机体内过氧化物起清除作用。

4. 铁的吸收

(1)正常成年人的食物铁吸收率一般在10%左右，其余部分随粪便排出体外。

(2)人体的机能状态对食物铁的吸收利用影响很大：①缺铁性贫血患者或缺铁的受试者对食物铁的吸收增加；②放射性铁的试验表明，正常成年男女对食物铁的吸收为1%～12%，缺铁受试者对铁的吸收率可高达45%～64%；③妇女的铁吸收比男子多些；④小孩随年龄的增长，铁吸收率逐步下降。

5. 食物中铁的来源

(1)食物中铁的含量通常不高，尤其是植物性食物中的铁，因可能与磷酸盐、草酸盐、植酸盐等结合成难溶性盐，溶解度大幅度下降，很难被机体吸收利用。

(2)动物性食物的铁，机体的利用率高得多。①肌肉、肝脏含铁量高，利用率高；②猪血的含铁量为0.0375%，生物有效性也高；③蛋黄虽然属于动物性食品，铁含量也高(含量约0.007%)，但由于卵黄蛋白含量高，而显著抑制其铁的吸收，故蛋类铁的吸收率并不高，一般不超过3%。

5.4 锌

1. 含量：人体含锌总量1.4～2.3g，约为铁含量的一半，是含量仅次于铁的微量元素。人体的各种组织均含痕量的锌，含量约20～30μg/g。

2. 存在形式：(1)人体组织锌主要集中于肝脏、肌肉、骨骼和皮肤(包括头发)。(2)血液锌的75%～85%存在于红细胞中，是酶的组成成分；(3)血浆锌则多与蛋白质结合在一起。(4)头发中锌的含量，被认为可反映食物锌的长期供给水平。

3. 功能：(1)锌是一百多种酶的辅助因子，如乙醇脱氢酶、碱性磷酸酶、羧肽酶等；(2)锌是胰岛素分子的组成成分，每个胰岛素分子含锌原子两个；(3)锌与蛋白质的合成有关；(4)锌与DNA、RNA的代谢有关。

4. 锌的吸收：(1)锌的吸收与铁相似，可受多种因素的影响。尤其植酸严重妨碍锌的吸收；(2)面粉经发酵可破坏植酸，有利于锌的吸收；(3)当食物中有大量钙存在时，因可形成不溶性的锌钙——植酸盐复合物，对锌的吸收干扰极大。

5. 锌的食物来源

(1)植物性食品：①大豆、小麦含锌量可达15～20mg/kg，但因植酸的缘故而不易吸收；②蔬菜、水果含锌量低，约2mg/kg。

(2)动物性食品：是锌的良好来源。①猪肉、牛肉、羊肉等，含锌量20～60mg/kg；②鱼类和其他海产品的含锌量在15mg/kg以上；③通常，若动物蛋白供给充分，人体不会缺锌；④素膳食若适当加工，如豆类发芽、面粉发酵等，也可保证锌的供应。

5.5 碘

1. 含量：成人体内含碘20～50mg。

2. 存在形式：(1)20%集中于甲状腺，甲状腺的聚碘能力很强，碘浓度可比血浆高25倍；当甲状腺机能亢进时，甚至可高达数百倍。(2)在甲状腺中，碘以甲状腺素和三碘甲腺原氨酸的形式存在。(3)血浆中的碘与蛋白质结合在一起。

3. 生理功能：体现于甲状腺素。

(1)甲状腺是一种激素，可促进幼小动物的生长、发育，调节基础代谢。(2)通过对能量代谢，对蛋白质、脂肪、糖类代谢的影响，促进个体的体力和智力发育，影响神经、肌肉组织的活动。

4. 碘缺乏病

机体缺碘可出现甲状腺肿，幼儿期缺碘可引起先天性心理和生理变化，导致呆小症。

5. 食物来源

含碘丰富的食物是海产品，其他食品的碘含量则主要取决于动植物生长地区的地质化学状况。通常，远离海洋的内陆山区，土壤和空气含碘量少，水和食品的含碘量也低，可能成为缺碘的地方性甲状腺肿高发区。

5.6 硒

1. 含量:成人体内含硒约 14 ~21mg。

2. 存在形式:分布于肾脏、肝脏、指甲、头发，肌肉和血液中含硒甚少。

3. 生理功能:(1)硒属于剧毒的无机元素之一。(2)硒是动物体的必需微量元素。(3)硒可预防克山病。(4)硒是谷胱甘肽过氧化物酶的组成成分，谷胱甘肽过氧化物酶有抗氧化作用，能保护细胞膜和血红蛋白免遭过氧化物自由基的氧化破坏。(5)硒有促进免疫球蛋白生成、保护吞噬细胞完整及降低有毒元素(例如汞)在体内的毒性等多种作用。

4. 硒的食物来源:(1)受地球化学因素的影响，沿海地区食物的含硒量较高，其他地区则随土壤和水中硒含量的不同而差异显著。(2)海产品及肉类是硒的良好食物来源，含硒量一般超过 0.2mg/kg。(3)肝、肾比肌肉的硒含量高 4 ~5 倍。(4)蔬菜、水果含硒量低，常在 0.01mg/kg以下。

5. 加工对食物硒含量的影响

在食品加工时，硒可因精制或烧煮而有所损失，越是精制或长时间烧煮过的食品，硒含量就越低。

5.7 铜

1. 含量:成人体内含铜总量约 80mg。

2. 存在形式:(1)存在于各种组织中，以骨骼和肌肉中含量较高，浓度最高的是肝和脑，其次是肾、心脏和头发。(2)血浆铜的 90% 与蛋白质结合成铜蓝蛋白。

3. 生理功能:铜主要以金属酶的辅酶的形式起作用，它们都属氧化酶。血浆铜蓝蛋白还是一种多功能的氧化酶，其最重要的生理功能是催化二价铁氧化成三价铁，影响机体储备铁的动用和食物铁的吸收。

4. 铜的食物来源:一般动植物食品都含铜，但其含量随产地土壤的地球化学因素而有差别。(1)动物内脏如肝、肾等含铜丰富。(2)甲壳类、坚果类、干豆等含铜较多。(3)牛奶、绿叶蔬菜含铜较少。

5.8 铬

1. 含量:成人体内三价铬总量约 5 ~10mg。

2. 分布:分布很广。(1)各种组织中:铬的浓度很低。(2)核蛋白中:浓度较高。

3. 生理功能:(1)铬可能与核蛋白的代谢有关。(2)铬是葡萄糖耐量因子的组成成分，而葡萄糖耐量因子是胰岛素的辅助因子，在机体能量代谢中发挥重要作用。

4. 食物来源

(1)铬的良好食物来源是啤酒酵母、肉、奶酪和全麦。(2)蔬菜中铬的利用率较低。

5. 加工对食物中铬的含量的影响

(1)食品加工和精制可使某些食品的铬含量大幅度下降，如红糖的铬含量比砂糖高3～12倍；(2)精面粉的铬含量较全麦低得多。

◆知识驿站

水是食品中的重要成分，也是大多数食品的主要成分。水的含量、分布和取向不仅对食品的结构、外观、质地、风味、新鲜程度和腐败变质的敏感性产生极大的影响，而且对生物组织的生命过程也起着至关重要的作用。因此，研究水的物理化学特性、水分分布及其状态，对食品的科学加工和食品保藏有重要意义。水的生理作用有：(1)水的溶解力很强；(2)水的介电常数大；(3)水不但是生物体内化学反应的介质，同时也是生物化学反应的反应物、组织和细胞所需的养分和代谢物在体内运转的载体；(4)水的比热容高、热容量大；(5)水的黏度小，可使磨擦面滑润，减少损伤，因此水是体内磨擦的润滑剂。食品中的水，是以自由态、水合态、胶体吸润态、表面吸附态等状态存在的。食品中的水分可分为自由水和结合水。水分活度(Aw)是指食品的水汽分压(p)和在同一温度下纯水的蒸汽压(p_o)之比。$Aw = p/p_o$。水分活度也可用平衡相对湿度(ERH)这一概念来表示。是指物料吸湿与散湿达到平衡时的大气相对湿度。食品的水分活度在数值上等于平衡相对湿度除以100。即：$Aw = p/p_o = ERH/100$。

矿物质即无机盐，是食品中除碳、氢、氧、氮四种元素以外的其他元素的统称。由于食品经过高温灼烧后，发生一系列变化，有机成分挥发逸去，而无机物大部分为不挥发性的残渣被留在灰中，故矿物质又称灰分。按矿物质元素在人体内的含量和人体对膳食中矿物质的需要可将矿物质分为两大类：常量元素和微量元素。食品中含有的矿物质按其对人体健康的影响可分为三类：必需元素、非必需元素和作用尚未确定元素及有毒元素。矿物质在食品中主要以无机盐形式存在，各种无机盐中，正离子比负离子种类多，且存在状态多样。食品按酸碱性分类：可分为呈酸食品和呈碱食品。这种划分与食品本身在化学上呈现的酸碱性不同，它指的是食品被消化吸收、进入血液，送往各组织器官，在生理上呈酸性或碱性。某些矿物质能显著地改变食品的颜色、质地、风味和稳定性。很多重要的食品添加剂中含有矿物质，它们可有效地改善食品的性状和营养价值。生物有效性是指代谢中可被利用的营养素的量与摄入的营养素的量的比值。对于矿物质，生物有效性主要通过从肠道到血液的吸收效率确定。食物营养的生物有效性与食物的可消化性成正比关系。矿物质的化学形态对矿物质的生物有效性影响相当大，甚至有的矿物质只有某一化学形态才具有营养功能。矿物质的物理形态对其生物有效性也有相当大的影响。矿物质与其他营养素的相互作用对生物有效性的影响应视不同情况而定，有的提高生物有效性，有的降低生物有效性，相互影响极为复杂。膳食中一种矿物质过量就会干扰对另一种必需矿物质的作用。营养素之间相互作用，提高其生物有效性。影响植物性食品矿物质成分的因素有：(1)土壤的肥力的影响；(2)植物的遗传学的影响；(3)植物的生长环境的影响。动物性食品中矿物质浓度变化较小。在食品中补充某些缺少的或特需的营养成分称为食品的强化。矿物质的强化必须注意的几个问题：(1)必须遵守有关的法规；(2)注意矿物质元素摄入的安全剂量；(3)注意一些技术上的处理问题，尤其是补添加的矿物质在食品中的稳定性，以及与食品中其他组分相互作用可能产生的不良后果等问题必须得到妥善的解决。

复习题

一、判断题

1. 水分活度可用平衡相对湿度表示。（　）
2. 除了 C、H、O 以外，其他元素都称为矿物质，也称无机质。（　）
3. 食品的含水量相等时，温度越高，水分活度 Aw 亦相同。（　）
4. 水分含量相同的食品，其 Aw 亦相同。（　）
5. 如果水分活度 Aw 高于微生物发育所必需的最低 Aw 时，微生物即可导致食品变质。（　）
6. 植物性食物中矿物质元素的生物有效性大于动物性食物。（　）
7. 矿物质在体内能维持酸碱平衡。（　）
8. 有酸味的水果属于呈酸食物。（　）
9. 维生素 D、乳糖等有利于钙的吸收。（　）
10. 大部的肉、鱼、禽、蛋及米、面粉属于呈酸食品。（　）
11. 大部分的水果、蔬菜、豆类在生理上属于呈酸食品。（　）
12. 食品在漂烫沥滤时，矿物质容易从水中损失。（　）
13. 小麦的矿物质主要集中在糊粉层、胚中，碾磨越精，损失越大。（　）

二、填空题

1. ________是指食品的水汽分压（p）和在同一温度下纯水的蒸汽压（p_o）之比。$Aw = p/p_o$。

2. 水活度（Aw）也可用________这一概念来表示。是指物料吸湿与散湿达到平衡时的大气相对湿度。食品的水分活度在数值上等于平衡相对湿度除以 100。即：$Aw = p/p_o = ERH/100$。

3. ________即________，是食品中除碳、氢、氧、氮四种元素以外的其他元素的统称。

4. 由于食品经过高温灼烧后，发生一系列变化，有机成分挥发逸去，而无机物大部分为不挥发性的残渣被留在灰中，故矿物质又称________。

5. 食品中含有的矿物质按其对人体健康的影响可分为三类：________、________和________作用尚未确定元素及有毒元素。

6. 食品按酸碱性分类：可分为________和________。这种划分与食品本身在化学上呈现的酸碱性________，它指的是食品被消化吸收、进入血液，送往各组织器官，在生理上呈酸性或碱性。

7. ________是指代谢中可被利用的营养素的量与摄入的营养素的量的比值。

8. 影响植物性食品矿物质成分的因素有：________；________和________。

9. 在食品中补充某些缺少的或特需的营养成分称为________。

10. ________是骨骼和牙齿的重要组成成分。

11. 正常成年人的食物铁吸收率一般在 10% 左右，其余部分随________排出体外。

12. 机体缺碘可出现甲状腺肿，幼儿期缺碘可引起先天性心理和生理变化，导致________。

13. 食品加工和精制可使某些食品的铬含量大幅度________。

❖模块二　糖类

◆基础理论和知识

1. 单糖的概念、分类及性质。
2. 低聚糖的概念、分类及性质。
3. 多糖的概念、分类及性质。

◆基本技能及要求

1. 掌握糖类化合物的概念、分类。
2. 掌握单糖和双糖的结构，掌握它们与食品加工有关的性质和应用。
3. 掌握淀粉的结构、性质，了解改性淀粉在食品加工中的应用。

◆学习重点

单糖的概念、分类及性质。

◆学习难点

多糖的概念、分类及性质。

◆导入案例

糖是人类赖以生成的重要物质之一

糖是人体三大主要营养素之一，是人体热能的主要来源。糖供给人体的热能约占人体所需总热能的60%～70%，除纤维素以外，一切糖类物质都是热能的来源。

糖是自然界中最丰富的有机化合物，糖类主要以各种不同的淀粉、糖、纤维素的形式存在于粮、谷、薯类、豆类以及米面制品和蔬菜水果中。在植物中约占其干物质的80%，在动物性食品中糖很少，约占其干物质的2%。

◆讨论

有哪些类型的糖？

项目一　概述

任务一　糖类化合物的概念

糖类是多羟基醛、多羟基酮以及能水解而生成多羟基醛或多羟基酮的有机化合物。广泛分布于自然界。碳水化合物名字的来由是生物化学家在先前发现糖类化合物的分子式都能写成$C_n(H_2O)_m$，故以为是碳和水的化合物，但是后来的发现证明了许多糖类并不合乎上述分子式。如鼠李糖($C_6H_{12}O_5$)。有些符合上述通式的不是糖类，如甲醛(CH_2O)等。所以严格地讲，把糖称为碳水化合物是不正确的。

任务二　糖类化合物的分类

糖类大致可以分为以下几类：

2.1 单糖

糖类是结构最简单的一类，单糖分子含有许多亲水基团，易溶于水，不溶于乙醚、丙酮等有机溶剂，简单的单糖一般是含有3－7个碳原子的多羟基醛或多羟基酮。如葡萄糖、果糖、半乳糖等。

2.2 低聚糖

又称(寡糖)，由2－9个单糖分子聚合而成。水解后可生成单糖。(1)二糖:二糖是由两分子单糖脱水而成的糖苷，苷元是另一分子的单糖。二糖水解后生成两分子的单糖。如乳糖、蔗糖、麦芽糖 。(2)三糖:水解后生成三分子的单糖。如棉子糖。

2.3 多聚糖

由10个以上单糖分子聚合而成。经水解后可生成多个单糖或低聚糖。根据水解后生成单糖的组成是否相同，可以分为：

(1)同聚多糖:同聚多糖由一种单糖组成，水解后生成同种单糖。如阿拉伯胶、糖元、淀粉、纤维素等。

(2)杂聚多糖:杂聚多糖由多种单糖组成，水解后生成不同种类的单糖。如粘多糖、半纤维素等。

项目二　单糖及其衍生物

任务一　单糖

通常把不能再水解成更小分子的多羟基醛、多羟基酮称为单糖。是构成各种二糖和多糖的分子的基本单位。

按其分子中碳原子数目的多少，单糖可分为丙糖、丁糖、戊糖、己糖等。自然界的单糖主要是戊糖和己糖。根据构造，单糖又可分为醛糖和酮糖。多羟基醛称为醛糖，多羟基酮称为酮糖。例如，葡萄糖为己醛糖，果糖为己酮糖。单糖中最重要的与人们关系最密切的是葡萄糖等。常见的单糖还有果糖、半乳糖、核糖和脱氧核糖等。

单糖中最重要的是戊糖和己糖

1.1 戊糖

戊糖，一个分子中含有5个碳原子的糖。戊糖中最重要的有核糖(醛糖)、脱氧核糖(醛糖)和核酮糖(酮糖)。核糖和脱氧核糖是核酸的重要成分；核酮糖是重要的中间代谢物，又称木糖。这些戊糖的结构式如下：

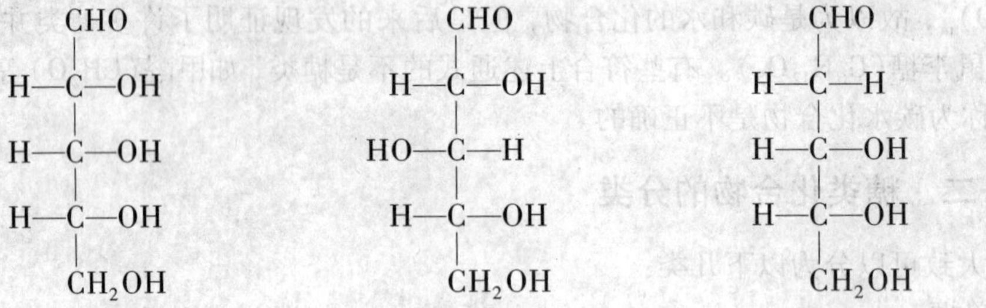

D－核糖　　D－木糖　　D－2－脱氧核糖

D－核糖和D－2－脱氧核糖是核酸的组分。

L－阿拉伯糖广泛分布于植物界，是胶粘质、果胶质及纤维素等的组成成分，不能被酵母利用发酵。

D－木糖存在于麸皮、木材、棉籽壳、玉米穗轴等植物材料中。酵母不能使其发酵。

1.2 己糖

己糖，又称为六碳糖，是含有6个碳原子的单糖，化学式为$C_6H_{12}O_6$。生物体中常见的己糖有D－葡萄糖、D－半乳糖、D－果糖及D－甘露糖。它们的链状结构的结构式如下：

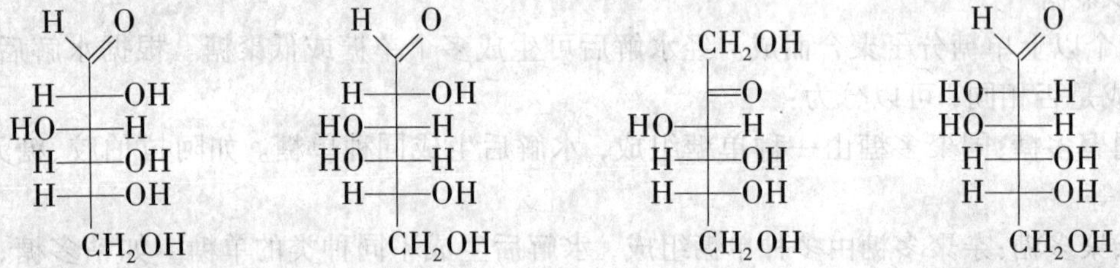

D－葡萄糖　　D－半乳糖　　D－果糖　　D－甘露糖

1. D－葡萄糖：广泛分布于生物界，是许多糖的组成成分。酵母可以使其发酵。

2. D－半乳糖：是乳糖、蜜二糖、棉籽糖、琼胶、半纤维素的组成成分，在生物体中很少游离存在。

3. D－果糖：广泛分布于生物界，酵母可以使其发酵。果糖是糖类中最甜的糖。

D－甘露糖在生物体中很少游离存在，主要以缩合物形态存在于多糖中。甘露聚糖是坚果类果壳的主要成分。

任务二　单糖衍生物

(1)糖醇：单糖分子的醛或酮基还原成羟基后所得的多元醇称糖醇。如：D－山梨糖等。

(2)糖醛酸：单糖分子的伯醇基氧化成羧基的化合物叫糖醛酸，如葡萄糖醛酸、半乳糖醛酸等。

(3)糖的磷酸酯:如 a－D－葡萄糖磷酸酯等。

(4)环醇类:最多见的是肌醇。

各种单糖分子如用环状结构表示，即成为五环的呋喃糖或六元环的吡喃糖，有 a－和 b－两种构型。

项目三　低聚糖

低聚糖又称寡糖，是少数单糖(2－10 个)缩合的聚合物。低聚糖可以从多糖水解得到。自然界中重要的低聚糖有二糖(双糖)和三糖等。

任务一　双糖

双糖又称二糖，由二分子的单糖通过糖苷键形成，在一种单糖的还原基团和另一种糖的醇羟基相结合的情况下，其中一个糖分子上的半缩醛羟基与另一个糖分子上的羟基(也可以是半缩醛羟基)之间脱水，生成双糖。双糖也是糖苷的一种。

1.1 蔗糖

蔗糖是人类基本的食品添加剂之一，已有几千年的历史，是光合作用的主要产物，广泛分布于植物体内，特别是甜菜、甘蔗和水果中含量极高。

蔗糖由一分子 α－D－葡萄糖和一分子 α－D－果糖脱水通过 α，β－1，2－糖苷键连接而形成的。

1.2 麦芽糖

麦芽糖由二分子 α－D－葡萄糖缩水而成，其连接键为 α－1，4－糖苷键。

麦芽糖易溶于水，分子中含有自由的半缩醛羟基，属于还原性双糖，具有旋光性，易被酵母发酵利用。在工业生产中，淀粉在淀粉酶的作用下，可以产生大量的麦芽糖，这就是发芽的麦粒中存在大量麦芽糖的原因。

1.3 乳糖

乳糖由一分子 β－D－半乳糖和一分子 α－D－葡萄糖在 β－1，4－位形成糖苷键相连而成的双糖。

乳糖是二糖的一种，是在哺乳动物乳汁中的双糖，因此而得名。不易溶于水，甜度低，具有旋光性，分子中含有自由的半缩醛羟基，属于还原性双糖。绝大多数酵母不能发酵乳糖，但在 β－半乳糖苷酶的作用下水解产生 2 分子单糖后，被吸收利用。

任务二　功能性低聚糖

功能性低聚糖现在研究认为包括水苏糖、棉籽糖、异麦芽酮糖、乳酮糖、低聚果糖、低聚木糖、低聚半乳糖、低聚异麦芽糖、低聚异麦芽酮糖、低聚龙胆糖、大豆低聚糖、低聚壳聚糖等。人体肠道内没有水解它们(除异麦芽酮糖外)的酶系统，因而它们不被消化吸收而直接进入大肠内优先为双歧杆菌所利用，是双歧杆菌的增殖因子。另外，这些低聚糖均带有不同程度的甜味（除低聚龙胆糖外），一般甜度相当于蔗糖的30%～60%，可以作为食品的调味料。

与一般（普通）的低聚糖相比，功能性低聚糖具有独特的生理功能：

1. 促进双歧杆菌增殖，是双歧杆菌的增殖因子

人体试验证明，某些功能性低聚糖摄入人体后到大肠被双歧杆菌及某些乳酸菌利用，而肠道有害的产气荚膜杆菌和梭菌等腐败菌却不能利用，这是因为双歧杆菌细胞表面具有寡糖的受体，而许多寡糖是有效的双歧因子。双歧杆菌是人类肠道菌群中唯一的一种既不产生内毒素又不产生外毒素，无致病性的具有许多生理功能的有益微生物。对人体有许多保健作用，如改善维生素代谢，防止肠功能紊乱，抑制肠道中有害菌和致病菌的生长，起到抗衰老、防癌及保护肝脏的作用等。

2. 低能量或零能量

由于人体不具备分解、消化功能性低聚糖的酶系统，因此功能性低聚糖很难被人体消化吸收或根本不能吸收，也就不给人提供能量，并且某些低聚糖如低聚果糖、异麦芽低聚糖等有一定甜度，可作为食品基料在食品中应用，以满足那些喜爱甜食但又不能食用甜食的人（如糖尿病人、肥胖病患者等）的需要。

3. 低龋齿性

龋齿是我国儿童常见的一种口腔疾病之一，其发生与口腔微生物突变链球菌有关。研究发现，异麦芽低聚糖、低聚帕拉金糖等不能被突变链球菌利用，不会形成齿垢的不溶性葡聚糖。当它们与砂糖合用时，能强烈抑制非水溶性葡聚糖的合成和在牙齿上的附着，即不提供口腔微生物沉积、产酸、腐蚀的场所，从而阻止齿垢的形成，不会引起龋齿，可广泛应用于婴幼儿食品。

4. 防止便秘

由于双歧杆菌发酵低聚糖产生大量的短链脂肪酸能刺激肠道蠕动，增加粪便的湿润度，并通过菌体的大量生长以保持一定的渗透压，从而防止便秘的发生。此外低聚糖属于水溶性膳食纤维，可促进小肠蠕动，也能预防和减轻便秘。

5. 低聚糖属于水溶性膳食纤维

由于低聚糖不能被人体消化吸收，属于低分子的水溶性膳食纤维，它的有些功能与膳食纤维相似但不具备膳食纤维的物理作用，如黏稠性、持水性和填充饱腹作用等。一般它有以下优点：每人每天仅需3 g就可满足需要且不会引起腹泻，微甜、口感好、水溶性良好、性质稳定、易添加到食品中制成膳食纤维食品。

6. 生成营养物质

功能性低聚糖可以促进双歧杆菌增殖，而双歧杆菌可在肠道内合成维生素B_1、B_2、B_6、B_{12}、烟酸、叶酸等营养物质。此外，由于双歧杆菌能抑制某些维生素的分解菌，从而使维生素的供应得到保障，如它可以抑制分解维生素B_1的解硫胺素的芽孢杆菌。

7. 降低血清胆固醇，改善脂质代谢，降低血压

临床试验证实，摄入功能性低聚糖后可降低血清胆固醇水平，改善脂质代谢。研究表明，一个人的心脏舒张压高低与其粪便中双歧杆菌数占总数的比率呈明显负相关性，因此功能性低聚糖具有降低血压的生理功效。

8. 增强机体免疫能力，抵抗肿瘤

动物试验表明，双歧杆菌在肠道内大量繁殖具有提高机体免疫功能和抗癌的作用。究其

原因在于，双歧杆菌细胞、细胞壁成分和胞外分泌物可增强免疫细胞的活性，促使肠道免疫蛋白A（IgA）浆细胞的产生，从而杀灭侵入体内的细菌和病毒，消除体内"病变"细胞，防止疾病的发生及恶化。

除上述功能外，试验发现某些功能性低聚糖还有预防和治疗乳糖消化不良、改善肠道对矿物元素吸收的作用。

任务三 有关单糖、低聚糖的重要性质

3.1 单糖的性质

3.1.1 物理性质

单糖都是无色晶体，味甜，有吸湿性。极易溶于水，难溶于乙醇，不溶于乙醚。单糖有旋光性，其溶液有变旋现象。

3.1.2 化学性质

(1)差向异构化

葡萄糖用稀碱液处理时，会部分转变为甘露糖和果糖，成为复杂的混合物。这变化是通过烯醇式中间体来完成的。

D－果糖、D－甘露糖和D－葡萄糖的C－3，C－4，C－5和C－6的结构完全相同，只有C－1和C－2的结构不同，但是它们的C－1，C－2的结构互变成烯醇型时，其结构是完全相同的。因此，不单是D－葡萄糖，而且D－果糖或D－甘露糖在稀碱催化下，都能互变为三者的混合物。

在含有多个手性碳原子的具有旋光性的异构体之间，凡只有一个手性碳原子的构型不同时，互称为差向异构体。D－葡萄糖和D－甘露糖就是C－2差向异构体。因此，用稀碱处理D－葡萄糖得到D－葡萄糖、D－果糖三种物质的平衡混合物的反应叫做差向异构化。

(2)氧化作用

单糖无论是醛糖或酮糖都可与弱的氧化剂叶伦试剂、斐林试剂和本尼迪特试剂作用，生成金属或金属的低价氧化物。上述三种试剂都是碱性的弱氧化剂。单糖在碱性溶液中加热，生成复杂的混合物。

单糖易被碱性弱氧化剂氧化说明它们具有还原性，所以把它们叫做还原糖。

单糖在酸性条件下氧化时，由于氧化剂的强弱不同，单糖的氧化产物也不同。例如，葡萄糖被溴水氧化时，生成葡萄糖酸；而用强氧化剂硝酸氧化时，则生成葡萄糖二酸。

溴水氧化能力较弱，它把醛糖的醛基氧化为羧基。当醛糖中加入溴水，稍加热后，溴水的棕色即可褪去，而酮糖则不被氧化，因此可用溴水来区别醛糖和酮糖。

(3)成苷作用

单糖环状半缩醛结构中的半缩醛羟基与另一分子醇或羟基作用时，脱去一分子水而生成缩醛。糖的这种缩醛称为糖苷。例如α－和β－D－吡喃葡萄糖的混合物，在氯化氢催化下同甲醇反应，脱去一分子水，生成α－和β－D－甲基吡喃葡萄糖苷的混合物。

α－和β－D－吡喃葡萄混合液由β－D－甲基吡喃葡萄糖苷和α－D－甲基吡喃葡萄糖苷组成。苷由糖和非糖部分组成。非糖部分称为糖苷配基或苷元。糖和糖苷配基脱水后通过"氧桥"连接，这种键称为苷键。由于单糖的环式结构有α－和β－两种构型，所以可生成α－和β－两种没构型的苷。天然苷多为β－构型。苷的名称是按其组成成分而命名的，并

指出苷键和糖的构型。天然苷常按其来源而用俗名。

糖苷结构中已没有半缩醛羟基，在溶液中不能再转变成开链的醛式结构，所以糖苷无还原性，也没有变旋现象。糖苷在中性或碱性环境中较稳定，但在酸性溶液中或在酶的作用下，则水解生成糖和非糖部分。

糖苷是中草药的有效成分之一，多为无色、无臭、有苦涩味的固体，但黄酮苷和蒽醌苷为黄色。

苷中含有糖部分，所以在水中有一定的溶解性。苷类都有旋光性，天然苷多为左旋体。

(4)成酯作用

单糖分子中含多个羟基，这些羟基能与酸作用生成酯。人体内的葡萄糖在酶作用下生成葡萄糖磷酸酯，如1－磷酸吡喃葡萄糖和6－磷酸吡喃葡萄糖等。

单糖的磷酸酯在生命过程中具有重要意义，它们是人体内许多代谢的中间产物。

(5)还原反应

单糖可以被还原成相应的糖醇(Sugar alcohol)。

D－葡萄糖被还原成D－葡萄糖醇，又称山犁醇(D－Sorbitol)。

糖醇主要用于食品加工业和医药，山犁醇添加到糖果中能延长糖果的货架期，因为它能防止糖果失水。用糖精处理的果汁中一般都有后味，添加山犁醇后能去除后味。人体食用后，山犁醇在肝中又会转化为果糖。

3.2 低聚糖的性质

低聚糖主要有两类，一类是低聚麦芽糖，具有易消化、低甜度、低渗透特性，可延长供能时间，增强肌体耐力，抗疲劳等功能，人体经过重(或大)体力消耗和长时间的剧烈运动后易出现脱水，能源储备消耗血糖降低，体温高，肌肉神经传导受影响，脑功能紊乱等一系列生理变化和症状，而食用低聚麦芽糖后，不仅能保持血糖水平，减少血乳酸的产生，而且胰岛素平衡，人体试验证明，使用低聚糖后耐力和功能力可增加30%以上，功效非常明显。

另一类是被称之为“双歧因子”的异麦芽低聚糖。这类糖进入大肠作为双歧杆菌的增殖因子，能有效地促进人体内有益细菌——双歧杆菌的生长繁殖，抑制腐败菌生长，长期食用可减缓衰老、通便、抑菌、防癌、抗癌、减轻肝脏负担、提高营养吸收率，特别是对钙、铁、锌离子的吸收，改善乳制品中乳糖消化性和脂质代谢，低聚糖的含量越高，对人体的营养保健作用越大。

项目四　多糖

多糖是由糖苷键结合的糖链，至少要超过10个以上的单糖组成的聚合糖高分子碳水化合物，在自然界分布较广。由相同的单糖组成的多糖称为纯多糖，如淀粉、纤维素和糖原；以不同的单糖组成的多糖称为杂多糖，如阿拉伯胶是由戊糖和半乳糖等组成。多糖不是一种纯粹的化学物质，而是聚合程度不同的物质的混合物。

多糖多数为无定形粉末，相对分子质量较大，无甜味，基本上无还原性，不溶于水，个别能够与水形成胶体溶液，在酶的作用下，可以逐步水解，其水解终产物为单糖。多糖主要有淀粉和糖原。

任务一 淀粉

淀粉是葡萄糖的高聚体。分子式$(C_6H_{10}O_5)n$。淀粉可分为直链淀粉(糖淀粉)和支链淀粉(胶淀粉)。前者为无分支的螺旋结构;后者以24~30个葡萄糖残基以α-1,4-糖苷键首尾相连而成,在支链处为α-1,6-糖苷键。

直链淀粉遇碘呈蓝色,支链淀粉遇碘呈紫红色。这并非是淀粉与碘发生了化学反应,而是产生相互作用,淀粉螺旋中央空穴恰能容下碘分子,通过范德华力,两者形成一种蓝黑色络合物。实验证明,单独的碘分子不能使淀粉变蓝,实际上使淀粉变蓝的是碘分子离子。

淀粉是植物体中贮存的养分,贮存在种子和块茎中,各类植物中的淀粉含量都较高。

1.1 淀粉的组成与结构

淀粉可以看作是葡萄糖的高聚体。淀粉除食用外,工业上用于制糊精、麦芽糖、葡萄糖、酒精等,也用于调制印花浆、纺织品的上浆、纸张的上胶、药物片剂的压制等。可由玉米、甘薯、野生橡子和葛根等含淀粉的物质中提取而得。

淀粉有直链淀粉和支链淀粉两类。直链淀粉含几百个葡萄糖单元,支链淀粉含几千个葡萄糖单元。在天然淀粉中直链的占20%~26%,它是可溶性的,其余的则为支链淀粉。当用碘溶液进行检测时,直链淀粉液呈显蓝色,而支链淀粉与碘接触时则变为红棕色。(原因是:具有长螺旋段的直链淀粉可与长链的聚碘分子离子形成复合物并产生蓝色。直链淀粉碘复合物含有19%的碘。支链淀粉与碘复合生成微红-紫红色,这是因为支链淀粉的支链对于形成长链的聚碘分子离子而言是太短了。)

淀粉是植物体中贮存的养分,贮存在种子和块茎中,各类植物中的淀粉含量都较高,大米中含淀粉62%~86%,麦子中含淀粉57%~75%,玉蜀黍中含淀粉65%~72%,马铃薯中则含淀粉超过90%。淀粉是食物的重要组成部分,咀嚼米饭等时感到有些甜味,这是因为唾液中的淀粉酶将淀粉水解成了二糖——麦芽糖。食物进入胃肠后,还能被胰脏分泌出来的唾液淀粉酶水解,形成的葡萄糖被小肠壁吸收,成为人体组织的营养物。支链淀粉部分水解可产生称为糊精的混合物。糊精主要用作食品添加剂、胶水、浆糊,并用于纸张和纺织品的制造等。淀粉燃点约为380℃。

1.2 淀粉的性质

1.2.1 还原性

从结构上看,淀粉的多苷链末端仍然有游离的半缩醛羟基,但是在数百以至数千个葡萄糖单位中才存在一个游离的半缩醛羟基,所以一般情况下不显示还原性。

1.2.2 糊化与溶解

淀粉的糊化:淀粉粒在适当温度下(各种来源的淀粉所需温度不同,一般60℃~80℃)在水中溶胀、分裂、形成均匀糊状溶液的作用称为糊化作用。糊化作用的本质是淀粉粒中有序及无序(晶质与非晶质)态的淀粉分子之间的氢键断开,分散在水中成为胶体溶液。

糊化作用的过程可分为三个阶段:(1)可逆吸水阶段,水分进入淀粉粒的非晶质部分,体积略有膨胀,此时冷却干燥,颗粒可以复原,双折射现象不变;(2)不可逆吸水阶段,随着温度升高,水分进入淀粉微晶间隙,不可逆地大量吸水,双折射现象逐渐模糊以至消失,亦称结晶"溶解",淀粉粒胀至原始体积的50~100倍;(3)淀粉粒最后解体,淀粉分子全部进入溶液。

糊化后的淀粉又称为α-化淀粉。将新鲜制备的糊化淀粉浆脱水干燥,可得易分散的无定形粉末，即“可溶性α－淀粉”。

1.2.3 淀粉的凝沉现象

凝沉是一种与糊化相反的现象，糊化的淀粉放置一段时间后，不同淀粉链又自动排列成序，葡萄糖单位上的羟基形成氢键，重新聚集成致密不溶性的淀粉分子微晶束。又叫淀粉糊的回生或简称淀粉的回生。日常生活中，热饭冷后变硬，稀饭冷后变稠，馒头冷后变硬，面包的陈化等现象，都是淀粉糊凝沉的结果。淀粉凝沉是稀淀粉糊在缓慢冷却时，直链淀粉分子之间相互又形成氢键，结合成束状的晶体结构，但与原来的淀粉粒形状不同，这使淀粉在溶液中溶解度降低而沉淀出来。淀粉凝沉后不容易被淀粉酶水解，所以在发酵生产中，淀粉加热膨胀后生成稀淀粉糊时要特别注意防止凝沉。如果采用急速冷却的方式（特别是高浓度的淀粉糊），直链淀粉分子之间来不及形成氢键，不能排列成束状的晶体结构，结果就形成淀粉凝胶体。

不同品种的淀粉，糊化后的透明度、热黏度、热稳定性及冷却后的凝沉性不同，这均影响淀粉糊的用途。

1.2.4 淀粉的碘反应

淀粉具有遇碘变蓝的特性，这是由淀粉本身的结构特点决定的。淀粉是白色无定形的粉末，由10%～30%的直链淀粉和70%～90%的支链淀粉组成。溶于水的直链淀粉借助分子内的氢键卷曲成螺旋状。如果加入碘液，碘液中的碘分子便嵌入到螺旋结构的空隙处，并且借助范德华力与直链淀粉联系在一起，形成了一种络合物。这种络合物能够比较均匀地吸收除了蓝光以外的其他可见光（波长范围为400～750 nm），从而使淀粉溶液呈现出蓝色来。

淀粉和碘的显色机理直链淀粉遇碘呈蓝色，支链淀粉遇碘呈紫红色，糊精遇碘呈蓝紫、紫、橙等颜色。这些显色反应的灵敏度很高，可以用作鉴别淀粉的定量和定性的方法，也可以用它来分析碘的含量。纺织工业上用它来衡量布匹退浆的完全度。为什么碘遇淀粉或糊精会出现不同的颜色呢?

以前认为，淀粉能吸附碘，使碘吸收的可见光的波长向短的波长方向移动，棕色的碘液就变成蓝色。同理，支链淀粉和糊精也能吸附碘，不过吸附的程度不同，因此呈现的颜色不同。这种解释的有力根据是碘的淀粉液在加热时蓝色消失。这就被认为是加热后分子动能增大，引起解吸的缘故。

1.3 淀粉的水解及淀粉酶

淀粉为高分子化合物，一定条件下可以水解，可加入稀硫酸或加热。淀粉是一种重要的多糖，是一种相对分子量很大的天然高分子化合物。虽属糖类，但本身没有甜味，是一种白色粉末，不溶于冷水。在热水里淀粉颗粒会膨胀，有一部分淀粉溶解在水里，另一部分悬浮在水里，形成胶状淀粉糊。淀粉进入人体后，一部分淀粉受唾液所含淀粉酶的催化作用，发生水解反应，生成麦芽糖;余下的淀粉在小肠里胰脏分泌出的淀粉酶的作用下，继续进行水解，生成麦芽糖。麦芽糖在肠液中麦芽糖酶的催化下，水解为人体可吸收的葡萄糖，供人体组织的营养需要。淀粉在受到加热、酸或淀粉酶作用下发生分解和水解时，将大分子的淀粉首先转化成为小分子的中间物质，这时的中间小分子物质，人们就把它叫做糊精。其中碘反应呈红色称为红糊精，无碘反应的更小片段称为无色糊精。

淀粉水解的程序是:淀粉→红糊精→无色糊精→麦芽糖→葡萄糖

淀粉酶，是指能水解淀粉、糖原和有关多糖中的O－葡萄糖键的酶类总称，是目前生产上应用最广泛的一类酶。各种生物淀粉酶的种类很多，根据其来源来称呼的有胰淀粉酶、唾液淀粉酶、麦芽淀粉酶、细菌淀粉酶等。按照各种淀粉酶作用的方式主要可以分为四种类型的酶，即α－淀粉酶、β－淀粉酶、葡萄糖淀粉酶和脱支酶。

1. α－淀粉酶

α－淀粉酶主要存在于人的唾液和胰脏中，也存在于麦芽、蟑螂涎腺、芽胞杆菌、枯草杆菌、黑曲霉和米曲霉中。能水解淀粉中的α－1,4－葡萄糖苷键。能将淀粉切断成长短不一的短链糊精和少量的低分子糖类，从而使淀粉糊的黏度迅速下降，即起到降低稠度和"液化"的作用，所以此类淀粉酶又称为液化酶。作用温度范围60～90℃，最适宜作用温度为60℃～70℃，作用pH值范围5.5～7.0，最适pH值为6.0。Ca^{2+}具有一定的激活、提高淀粉酶活力的能力，并且对其稳定性的提高也有一定效果。

2. β－淀粉酶

β－淀粉酶与α－淀粉酶的不同点在于从非还原性末端逐次以麦芽糖为单位切断α－1,4－葡聚糖链。主要见于高等植物中(大麦、小麦、甘薯、大豆等)，但也有报告在细菌、牛乳、霉菌中存在。对于像直链淀粉那样没有分支的底物能完全分解得到麦芽糖和少量的葡萄糖。作用于支链淀粉或葡聚糖的时候，切断至α－1,6－键的前面反应就停止了，因此生成分子量比较大的极限糊精。从上述的α－淀粉酶和β－淀粉酶的作用方式，分别提出α－1,4－葡聚糖－4－葡萄糖水解酶和α－1,4－葡聚糖－麦芽糖水解酶的名称等而被使用。

3. 葡萄糖淀粉酶

葡萄糖淀粉酶主要存在于根霉、黑曲霉、红曲霉等霉菌中。葡萄糖淀粉酶是一种淀粉酶，能催化淀粉水解为葡萄糖。葡萄糖淀粉酶既可以催化水解α－1,4糖苷键，也可以催化水解α－1,6糖苷键，水解产物全部为葡萄糖。

4. 脱支酶(异淀粉酶)

脱支酶属淀粉水解酶类，淀粉水解酶又称淀粉酶，淀粉与糖原都是葡萄糖的聚合物，葡萄糖分子由α－1,4－和α－1,6－糖苷键连接。糖苷键都能被淀粉酶水解，根据对糖苷键作用的不同可将淀粉酶分为三类：(1)只作用于α－1,4－糖苷键，如α－淀粉酶和β－淀粉酶，作用产物为葡萄糖、麦芽糖和糊精；(2)只作用于α－1,6－糖苷键，如脱支酶；(3)既能作用于α－1,4－糖苷键，也能作用于α－1,6－糖苷键，如葡萄糖淀粉酶，作用产物为葡萄糖。

以上三类淀粉酶中α－淀粉酶，β－淀粉酶和葡萄糖淀粉酶已被广泛应用，而对脱支酶的认识及应用都不及上述几种淀粉酶。

脱支酶可分为间接脱支酶和直接脱支酶两类。间接脱支酶只能作用经修饰后的支链淀粉或糖原，而直接脱支酶则能作用于未经修饰的支链淀粉或糖原，后来将能作用于α－1,6－糖苷键的淀粉酶统称脱支酶；因此，也可将葡萄糖淀粉酶也归属脱支酶，根据底物特异性的差异，脱支酶共有以下几种：(1)低聚葡萄糖苷酶。该酶不能直接作用于淀粉或糖原中的α－1,6－糖苷键，而只能作用于经α－淀粉酶水解淀粉或糖原后产生的α－糊精和异麦芽糖中的α－1,6－糖苷键。(2)普鲁兰酶。作用底物是普鲁兰和β－极限糊精，也能作用于支链淀粉，但对糖原的作用极弱。(3)异淀粉酶。这是切断支链淀粉、糖原及某些分支糊精的α－1,6－糖苷键的酶，对普鲁兰则完全没有作用。(4)淀粉－1,6－葡萄糖苷酶。该酶是淀粉－1,6－葡萄糖苷酶和4－α－D葡聚糖转移酶复合物的组成部分，是一种典型的间接脱支酶，它可作用于外露一个葡萄糖残基的α－1,6－糖苷键。

以上几种脱支酶中普鲁兰酶与异淀粉酶分布普遍，它们与淀粉的水解关系密切。

1.4 改性淀粉在食品加工中的应用

天然淀粉经适当的处理，可使它的物理性质发生改变，以适应特定的需要，这种淀粉称为改性淀粉，食品加工中常用的改性淀粉有：

(1)酸性淀粉。酸性淀粉是淀粉与无机酸(盐酸、硫酸)在糊化温度以下反应所得到的产品。酸化淀粉加热溶解，黏度低，高浓度溶液冷却后成强凝胶。这种强胶体可用于制作软糖，淀粉果冻等。改性淀粉用来制造软糖，质地紧密，外形柔软，富有弹性，高温处理不收缩，不起砂，能较长时间保持产品质量稳定性。

(2)氧化淀粉。工业上生产氧化淀粉是用次氯酸钠作氧化剂氧化处理而得。氧化淀粉糊化温度低，淀粉糊透明性好，不易老化，食品加工中可作乳化剂和分散剂。

(3)酯化淀粉。目前主要有醋酸酯和磷酸酯淀粉。醋酸酯淀粉是将淀粉与醋酸酐、醋酸乙烯反应得到。该种淀粉糊化温度低，溶液透明呈中性，冷却不形成凝胶，广泛用作食品的增稠剂和保型剂，并利用低温保存。磷酸酯淀粉是将淀粉与磷酸盐反应而得，有较高黏度、透明性和胶黏性，不易凝沉和有良好的保水性。在食品工业中用作儿童食品、汤类、调味品及其他食品的增稠剂。

(4)交联淀粉。淀粉与交联剂(如环氧氯丙烷)反应所得到的产品。该淀粉黏度稳定，抗热、抗剪切，吸水膨润慢，在低 pH 和高速搅拌下黏度不变。交联淀粉广泛用于汤类罐头、肉汁、酱汁调味料、婴儿食品及水果填料中。

(5)可溶性淀粉。经过轻度酸处理的淀粉，糊化程度较低，加热时有良好的流动性，冷凝时成紧柔的凝胶，是食品工业用得较好的混浊剂。

改性淀粉还有在食品加工中用做增稠剂的羟丙基淀粉，具有良好乳化性的羟甲基淀粉，用于改良糕点辅料质量，稳定冷冻食品内部结构的顶胶凝淀粉等。

任务二　糖原

糖原贮藏于肝细胞及肌细胞浆中，其形状为大小不等的颗粒，遇碘则变褐色，易溶于水，机体坏死后，糖原即受到破坏，因此须采取新鲜标本，并及时固定。糖原不等于糖类，只是糖类的一种。糖原，是动物的糖贮存库，也可看做体内能源库。糖原的结构与支链淀粉有基本相同的结构。

糖原(glycogen)又称肝糖、动物淀粉。是人类等动物储存糖类的主要形式。主要分为肝糖原和肌糖原，是一类多糖，由葡萄糖失水缩合作用而成。主要生物学功能是作为动物和细菌的能量储存物质。人体主要储存在肝脏和肌肉中。

糖原由 D－葡萄糖的分支或直链组成，在肝和肌肉最丰富。过碘酸是一种强氧化剂，能将葡萄糖中乙二醇基(CHOH—CHOH)氧化成二个游离醛基(—CHO)，游离醛基与 Schiff's 试剂反应生成紫红色产物，颜色深浅与多糖含量成正比。由于单糖在固定、脱水和包埋等组织化学操作过程中被抽提掉，故一般组织标本上所能显示的糖类主要是多糖，包括糖原、黏多糖、黏蛋白、糖蛋白和糖脂等。因此要确定此红色物质是否糖原还需要同时进行对照实验。糖原可被唾液淀粉酶水解，先用唾液淀粉酶作用再进行 PAS 显色，若反应为阴性，则表明是糖原，反之则为其他多糖。

糖原的分子结构与支链淀粉相似。主要由 D－葡萄糖通过 α－1，4 连接组成糖链，并通

过 $\alpha-1,6$ 连接产生支链。糖原分子中分支比支链淀粉更多，平均每间隔12个 $\alpha-1,4$ 连接的葡萄糖就是一个分支点（支链淀粉分子中平均间隔约为20～25个葡萄糖）。分子量范围从几百万至几千万。提纯的糖原为白色无定形颗粒，还原性极弱，易溶于水而产生乳白色胶体溶液，比旋约为+200°，对碱耐受性比较强，与碘反应呈红棕色，在醇中溶解度小，加乙醇于水溶液中可使糖原沉淀析出。

糖类，即碳水化合物，是人体最重要的供能物质，主要以葡萄糖的形式被吸收。葡萄糖迅速氧化，供应能量。糖类也是构成机体的重要原料，参与细胞的多种活动。例如糖类和蛋白质合成糖蛋白，是抗体、酶类和激素的成分。糖类与脂类合成糖脂，是细胞膜和神经组织的原料。糖类对维持功能有特别作用。糖类有解毒作用。肝糖原储备充足时，可增强抵抗力，食物供应足量糖类，可减少蛋白质作为供能的消耗。

肝脏是调节血糖浓度衡定的重要器官。肝脏原有糖原约占肝脏重量的5%～6%，成人平均约有糖原100克左右。当长时间大量摄入糖类食物后，肝糖原可达150克左右，健康胖者甚至可达150～200克，当饥饿10余小时后，大部分肝糖原被消耗。

血糖过低或食欲消失时，可口服或静注葡萄糖。口服后葡萄糖经门脉吸收后直接入肝，较静脉输入更为有利。肝病患者糖耐量降低，而血糖升高，有肝原性糖尿病时，则不宜静注葡萄糖，也不必口服葡萄糖。

肝病患者应供给足量糖类，以确保蛋白质和热量的需要，以促进肝细胞的修复和再生。肝内有足够糖原储存，可增强肝对感染和毒素的抵抗力，保护肝脏免遭进一步损伤，促进肝功能的恢复。但肝内糖原储存有一定限度，过多供给葡萄糖，也不能合成过多糖原，因此，强调限制热量过剩导致肥胖，对肝病是有着至关重要的作用。

强调食疗的意义在于此，针对自身疾病和营养情况选择补充食品，改善人体各器官的功能，各种食品都将对人体的某种器官发挥一定的作用。如果饮食得当则可维持生理平衡，一般认为，米、面、肉、蛋多属酸性食物，蔬菜、水果以碱性居多，适当调理有利于人体代谢的酸碱平衡。

肝病患者或兼有高血压、动脉硬化、肥胖的人应少食动物脂肪，食用肉类时宜用鱼、虾、瘦肉；平素兼有脾胃虚弱的人可多吃白扁豆和豆制品，因为这类食品养脾胃、除湿热，且富含蛋白质，可调节并增强消化系统的功能。了解每种食品的基本营养成分和性味作用，实现自我疗养的真正意义。

任务三　纤维素与半纤维素

纤维素（cellulose）是由葡萄糖组成的大分子多糖，不溶于水及一般有机溶剂，是植物细胞壁的主要成分。纤维素是世界上最丰富的天然有机物，占植物界碳含量的50%以上。棉花的纤维素含量接近100%；一般木材中，纤维素占40%～50%。食物中的纤维素（即膳食纤维）对人体的健康有重要的作用。纤维素也是重要的造纸原料。此外，以纤维素为原料的产品也广泛用于塑料、炸药、电工及科研器材等方面。

纤维素是自然界中分布最广、含量最多的一种多糖。无论一年生或多年生植物，尤其是各种木材都含有大量的纤维素。自然界中，植物体内约有50%的碳存在于纤维素的形式。棉花、亚麻、苎麻和黄麻部含有大量优质的纤维素。棉花中的纤维素含量最高，达90%以上。木材中的纤维素则常与半纤维素和木质素共同存在。纤维素是一种复杂的多糖，有8000至

10000个葡萄糖残基通过β-1,4-糖苷键连接而成。天然纤维素为无臭、无味的白色丝状物。纤维素在水中有高度的不溶性，同时也不溶于稀酸、稀碱和有机溶剂，主要的生物学功能是构成植物的支持组织。

纤维素是自然界中分布最广、含量最多的一种多糖。无论一年生或多年生植物，尤其是各种木材都含有大量的纤维素。自然界中，植物体内约有50%的碳存在于纤维素的形式。棉花、亚麻、苎麻和黄麻都含有大量优质的纤维素。棉花中的纤维素含量最高，达90%以上。木材中的纤维素则常与半纤维素和木质素共同存在。

纤维素是一种复杂的多糖，有8000至10000个葡萄糖残基通过β-1,4-糖苷键连接而成。天然纤维素为无臭、无味的白色丝状物。纤维素在水中有高度的不溶性，同时也不溶于稀酸、稀碱和有机溶剂，主要的生物学功能是构成植物的支持组织。

常温下，纤维素既不溶于水，又不溶于一般的有机溶剂，如酒精、乙醚、丙酮、苯等。它也不溶于稀碱溶液中。因此，在常温下，它是比较稳定的，这是因为纤维素分子之间存在氢键。

在一定条件下，纤维素与水发生反应。反应时氧桥断裂，同时水分子加入，纤维素由长链分子变成短链分子，直至氧桥全部断裂，变成葡萄糖。

纤维素不溶于水和乙醇、乙醚等有机溶剂，能溶于铜氨$Cu(NH_3)_4(OH)_2$溶液和铜乙二胺$[NH_2CH_2CH_2NH_2]Cu(OH)_2$溶液等。水可使纤维素发生有限溶胀，某些酸、碱和盐的水溶液可渗入纤维结晶区，产生无限溶胀，使纤维素溶解。纤维素加热到约150℃时不发生显著变化，超过这温度会由于脱水而逐渐焦化。纤维素与较浓的无机酸起水解作用生成葡萄糖等，与较浓的苛性碱溶液作用生成碱纤维素，与强氧化剂作用生成氧化纤维素。

纤维素柔顺性很差，是刚性的，因为：(1)它分子有极性，分子链之间相互作用力很强；(2)纤维素中的六元吡喃环结构致使内旋转困难；(3)其分子内和分子间都能形成氢键特别是分子内氢键致使糖苷键不能旋转从而使其刚性大大增加。

纤维素的实验室制法是先用水、有机溶剂处理植物原料，再用氯、亚氯酸盐、二氧化氯、过乙酸去除其中所含的木素，得到纤维素和半纤维素，然后采用各种方法除去半纤维素，制得纯纤维素。工业制法是用亚硫酸盐溶液或碱溶液蒸煮植物原料，除去木素，然后经过漂白进一步除去残留木素，所得漂白浆可用于造纸。

纤维素的主要生理作用是吸附大量水分，增加粪便量，促进肠蠕动，加快粪便的排泄，使致癌物质在肠道内的停留时间缩短，对肠道的不良刺激减少，从而可以预防肠癌发生。

人类膳食中的纤维素主要含于蔬菜和粗加工的谷类中，虽然不能被消化吸收，但有促进肠道蠕动，利于粪便排出等功能。草食动物则依赖其消化道中的共生微生物将纤维素分解，从而得以吸收利用。食物纤维素包括粗纤维、半粗纤维和木质素。食物纤维素是一种不被消化吸收的物质，过去认为是“废物”，现在认为它在保障人类健康、延长生命方面有着重要作用。因此，称它为第七种营养素。

半纤维素广泛存在于植物中，针叶材含15%～20%，阔叶材和禾本科草类含15%～35%，但其分布因植物种属、成熟程度、早晚针叶材、细胞类型及其形态学部位的不同而有很大差异。例如针叶材的主要半纤维素是聚半乳糖葡萄甘露糖类，而阔叶材和禾本科草类的却是聚木糖类；针、阔叶材的射线细胞比管胞细胞和纤维细胞含较多的聚木糖类；在针叶材细胞次生壁的中层，聚木糖类含量最低，在次生壁外和内层却较高，而聚半乳糖葡萄甘露糖类的分布则恰恰相反。任何植物原料的化学制浆工业处理中，在脱木素的同时半纤维素也会发生酸性水解或碱性水解、剥皮反应和氧化反应等，虽然蒸煮溶出的半纤维素又可再沉积吸附于纸浆上，但仍将损失一定数量，而残留的半纤维素对纸浆的性质影响很大，它可增进纸浆的抗拉强度、弹性模数和透明度等，但对撕裂强度无影响。在制纤维素衍生物用浆时则须尽量除去半纤维素。

半纤维素的工业利用正在开发，制浆废液可制酵母，酵母又可抽提出10%的核糖核酸，再衍生为肌苷单磷酸酯和鸟苷单磷酸酯，可用作调味剂、抗癌剂或抗病毒剂等。林产化学品法是先用有机酸使纤维原料预水解，水解残渣仍可制浆，质量可与未预水解的浆相媲美，而从水解液可分离出戊糖和己糖组分，所得木糖经处理后制成木糖醇，可作增甜剂、增塑剂、表面活性剂；木糖酸可作胶粘剂；聚木糖硫酸酯可作抗凝血剂。半纤维素糖类发酵酒精是利用生物技术，由可再生的植物纤维原料制取酒精，一直是国际关注的研究热点。本项目以玉米棒芯为原料，经稀酸水解将半纤维转化为戊糖，进一步发酵为酒精。其总体水平为中国首创，国际先进。此项技术的中试成功将对中国酒精工业的发展起到积极的推动作用，对于解决人类将面临的能源危机、粮食紧缺及环境污染等问题均具有重大的意义。

任务四 食品中的其他多糖

存在于动植物和微生物体内的天然糖类物质还有不少，如植物胶质、微生物多糖、氨基酸多糖等。

植物胶质是从植物得到的多糖胶质，除了有重要工业价值的阿拉伯胶、果胶、琼脂等，还有黄芪胶、刺梧桐胶、瓜儿豆胶、角豆胶、海棠胶、鹿角胶、鹿角藻胶等；微生物多糖是许多微生物在生长中产生的一些胶质胞外多糖或胞壁质，如右旋糖苷、黄原胶、茁霉胶等；氨基酸多糖属于糖和非糖物质——蛋白质的复合物，如黏多糖、壳多糖等。

4.1 琼脂

琼脂，学名琼胶，俗称洋菜、冻粉，是一种海藻多糖，存在于海产的石花菜、江蓠等红藻类海藻中。其结构是β-D-半乳糖之间以β-1，3糖苷键连接而成，在链的末端以β-1，4糖苷键与α-D-葡萄糖硫酸酯连接。琼脂实际上是琼脂糖和琼脂胶两种多糖的混合物。

琼脂无色无味，能吸水膨胀，溶于热水，冷却后变为凝胶。琼脂是一种热可逆性凝胶，其在水中需加热至95℃时才开始熔化，熔化后的溶液温度需降到40℃时才开始凝固，熔点和凝点相差很大。由于它与水有很强的结合能力，在低浓度（1%~2%水溶液）时也能形成坚软的凝胶，所以在食品加工中是果冻制品的凝胶剂。人和微生物都不能利用琼脂，人们常在微生物培养基中加入少量的琼脂以保持凝胶状态，利用在固态介质上进行各种微生物培养的技术操作。

4.2 果胶

果胶是植物中的一种酸性多糖物质，它通常为白色至淡黄色粉末，稍带酸味，具有水溶性，工业上即可分离，其分子量约5万~30万，主要存在于植物的细胞壁和细胞内层，为内部细胞的支撑物质。其结构是β-D-半乳糖醛酸的盐和甲脂化半乳糖醛酸之间以α-1，4糖苷键连接而成，并掺有多聚半乳糖等的混合物。在食品上作胶凝剂、增稠剂、稳定剂、悬浮剂、乳化剂、增香增效剂，并可用于化妆品，对保护皮肤，防止紫外线辐射，治疗创口，美容养颜都有一定的作用。

在果酒发酵时，由于果胶酯酶的作用，将甲脂化半乳糖醛酸分子上的甲酯除去，生成半乳糖醛酸及甲醇。甲醇对人体有害，误饮后会使眼睛失明。甲醇氧化生成甲酸对人体也有害，所以酒中甲醇含量规定不得超过0.04－0.12g/100ml。

酒精生产工艺中原料的蒸煮也使甲基化羧酸基分离出甲氧基，甲氧基水解生成甲醇。控制工艺条件可以使生成的甲醇尽量排尽。

4.3 阿拉伯胶

阿拉伯胶(也称为金合欢树胶)有着复杂的分子结构，主要包括有树胶醛糖、半乳糖、葡萄糖醛酸等。是一种天然植物胶，取自一种名为Acacia的树，由树的汁液凝结而成，品质良好的阿拉伯胶颜色呈琥珀色，且颗粒大而圆，主要产于非洲。目前也有经过精制过程而得的粉末状阿拉伯胶，使用上更为方便。

阿拉伯胶还可以广泛用于饮料生产，比如在软饮料浓缩汁的生产中它可以稳定风味和精油。它也被应用于糖果制造，像传统的硬(酒)橡皮糖、软糖，也可以作为棉花糖的泡沫稳定剂。

营养学上，阿拉伯胶基本不产生热量，是良好的水溶性膳食纤维，被用于保健品糖果及饮料。在医学上阿拉伯胶还具有降低血液中胆固醇的功能。阿拉伯胶也广泛用于其他工业。在食品工业中的应用可归纳为:天然乳化稳定剂，增稠剂、悬浮剂、黏合剂、成膜剂、上光剂，水溶性膳食纤维等。

4.4 氨基多糖

1.黏多糖是含氮的多糖，是构成细胞间结缔组织的主要成分，也广泛存在于哺乳动物各种细胞内。重要的黏多糖有:硫酸皮肤素，硫酸类肝素，硫酸角质素，硫酸软骨素和透明质酸等。近10年来由于膜的化学功能，免疫物质的化学研究与发展以及新药资源寻找与开发等，发现糖类具有多种多样的功能，在生命现象中参与了细胞的各种活动。因此，多糖的研究开始活跃起来。目前关于动物黏多糖在生物学、医学范围内的研究正在不断深入展开。已经证实，此类成分具有多种药理活性，包括抗凝血、降血脂、抗病毒、抗肿瘤及抗放射等作用，已引起人们对这类生物高分子的重视。

2.壳多糖又称几丁质。为N－乙酰葡糖胺通过β连接聚合而成的结构壳多糖。广泛存在于甲壳类动物的外壳、昆虫的甲壳和真菌的胞壁中，也存在于一些绿藻中。甲壳素是制取壳聚糖、氨基葡萄糖系列产品的重要原料。甲壳素及其衍生物在医药、化工、保健食品等方面具有重要的用途，有广阔的应用前景。用于制可溶性甲壳质和氨基葡萄糖，可作化妆品和功能性食品的添加剂，可制备照相感光乳剂等。

复习题

1. ____________是多羟基醛、多羟基酮以及能水解而生成多羟基醛或多羟基酮的有机化合物。

2. 通常把不能再______成更小分子的多羟基醛、多羟基酮称为糖类。

3. 戊糖，一个分子中含有____________个碳原子的糖。戊糖中最重要的有____________、____________和____________。核糖和脱氧核糖是核酸的重要成分；核酮糖是重要的中间代谢物，又称____________。

4. 淀粉水解的程序是：淀粉→____________→____________→____________→____________。

5. 低聚糖又称____________，是少数单糖(2－10个)缩合的聚合物。

6. ____________是由糖苷键结合的糖链，至少要超过10个以上的单糖组成的聚合糖高分子碳水化合物。

7. 天然淀粉经适当的处理，可使它的物理性质发生改变，以适应特定的需要，这种淀粉称为____________。

8. 淀粉粒在适当温度下(各种来源的淀粉所需温度不同，一般60～80℃)在水中溶胀、分裂、形成均匀糊状溶液的作用称为____________。

9. 凝沉是一种与糊化相反的现象，糊化的淀粉放置一段时间后，不同淀粉链又自动排列成序，葡萄糖单位上的羟基形成氢键，重新聚集成致密不溶性的淀粉分子微晶束。又叫____________或简称____________。

10. ____________是淀粉与无机酸(盐酸、硫酸)在糊化温度以下反应所得到的产品。

◈模块三　脂类

◆基础理论和知识

1. 脂类的特征、脂类的分类。
2. 脂肪的化学结构、种类与性质。
3. 脂肪酸的化学结构、种类及作用。
4. 类脂的种类及作用。
5. 油脂加工的化学。

◆基本技能及要求

1. 能知道脂肪及脂肪酸的特点和作用。
2. 会控制油脂氧化，能合理利用油脂进行食品加工。

◆学习重点

1. 脂类及脂肪酸的分类和特点。
2. 油脂氧化的种类、机理、影响因素和控制措施。

◆学习难点

油脂在加工贮藏过程中的化学变化。

◆导入案例

越好吃、越香的食物含油脂的量越高。如蛋糕、酥皮点心、方便面、蛋卷、曲奇之类，都是因为加了很多脂肪而美味。冰淇淋、雪糕里面也有脂肪让它滋味浓郁。普通猪肉里面脂肪超过25%，肉肠就更多，制作的时候还要特意加肥肉糜来改善口感！

◆讨论

1. 什么食物油脂的含量高？
2. 脂肪的作用是什么？

项目一　概述

任务一　脂类的特征

由脂肪酸和醇作用生成的酯及其衍生物统称为脂类（Lipid），这是一类一般不溶于水而溶于非极性溶剂的化合物。

脂类化合物在自然界中广泛存在，主要由C、H、O三种元素组成，有的还含有N、S、P等元素。脂类是一类混合有机物的总称，包括脂肪、蜡、磷脂、糖脂、固醇等。

其特征是：（1）一般不溶于水而溶于乙醚、氯仿、石油、丙酮及苯等有机溶剂。（2）具有酯的结构或成酯的可能。（3）能被生物体所利用，是构成生物体的重要成分。

任务二　脂类的分类

脂类的分类方法有多种，如按照脂类能否皂化可以分为可皂化脂和不可皂化脂；按照脂类的极性可以分为中性脂和极性脂；按照脂类分子组成和结构特点可以分为单纯脂、复合脂与衍生脂质（图3－1）。

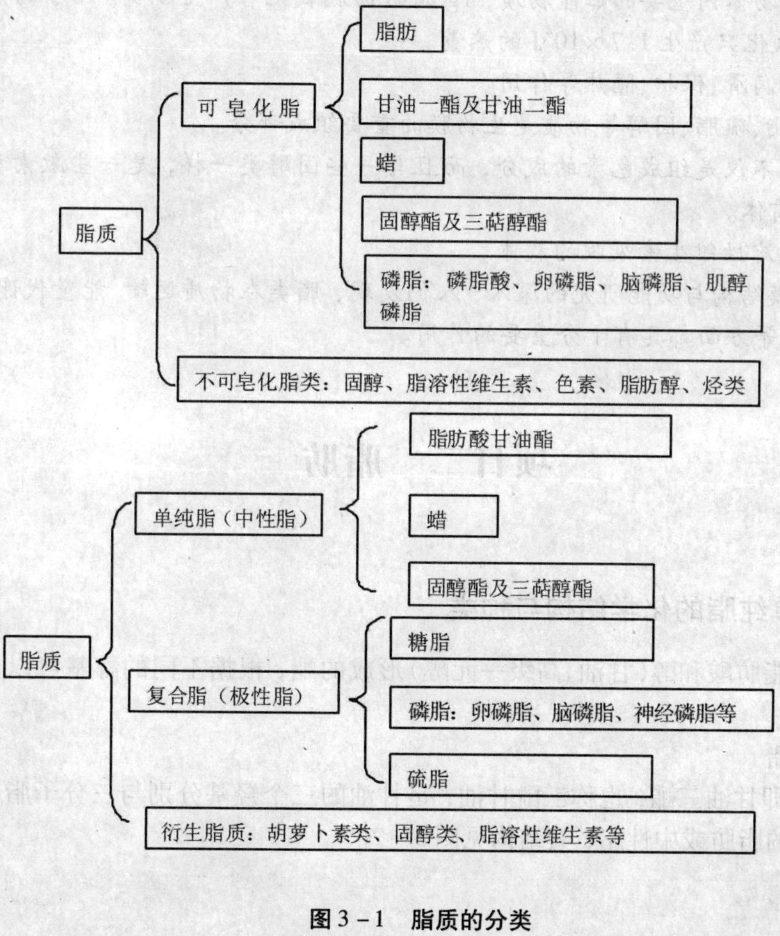

图3－1　脂质的分类

单纯脂是由高级脂肪酸和醇构成的酯，复合脂除了这两种成分之外，在组成中还有其他成分，如结合了糖分子称为糖脂，结合了磷酸称为磷脂。脂类物质还包括萜类和类固醇类，以及由单纯脂和复合脂衍生而仍具有脂类一般特征的物质。

◆**知识拓展**

三酰甘油的同质多晶体性质在巧克力生产中的应用

巧克力是一种以可可粉为主要原料制成的甜食，不但口感细腻甜美，而且还具有一股特殊的浓郁香气。各种巧克力之间的区别在于其中巧克力浆、可可脂、糖、牛奶和其他成分的含量。工艺包括：可可豆处理、糖粉制备、巧克力料处理、巧克力的精炼、巧克力料调温、巧克力制品的成型、巧克力制品的包装等。

脂类的生物学作用

生物体内的脂类不仅是细胞和细胞器的重要组成成分，而且具有多种重要功能。

(1)油脂是生物体内重要的贮能物质，1g 脂肪彻底氧化可产生 3.9×10^4J 的热量，而 1g 糖或蛋白质彻底氧化只产生 1.7×10^4J 的热量。

(2)油脂具有润滑、保护、隔热等作用。

(3)磷脂、糖脂、硫脂、固醇等物质是生物膜的重要组成部分。

(4)一些萜类不仅是组成色素的成分，而且与一些固醇类一样，是一些激素和维生素等生理活性物质的前体。

(5)脂类是脂溶性维生素吸收的载体。

随着对生物膜结构与功能研究的深入，人们发现，脂类在物质运输、能量代谢、信息识别及传递、代谢调控等方面都具有十分重要的作用。

项目二　脂肪

任务一　单纯脂的化学结构与种类

单纯脂是由脂肪酸和醇(甘油、高级一元醇)形成的酯，根据不同的醇基可以分为脂酰甘油酯和蜡。

1.1 甘油三酯

脂酰甘油酯即甘油三酯，也称三酰甘油，是甘油的三个羟基分别与三分子脂肪酸酯化形成，即通常所称的脂肪或中性脂，其结构见图 3－2。

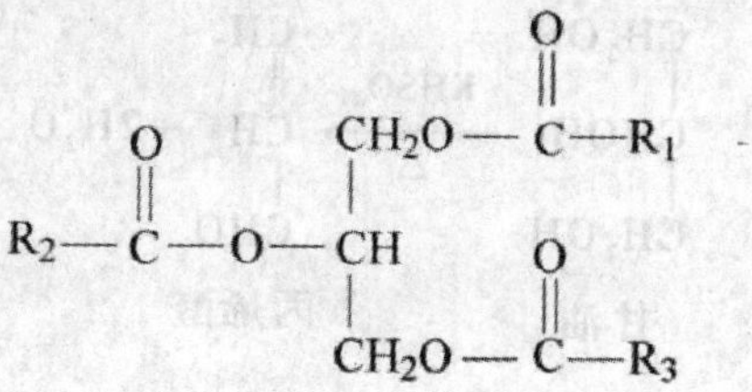

（R_1、R_2、R_3 可以相同，也可以不同）

图3－2　甘油三酯的结构

甘油三酯中不饱和脂肪酸较多时，熔点较低，在常温下为液态，称为油；反之，若饱和脂肪酸较多，则在室温下为固态，称为脂。所以甘油三酯又统称为油脂。

1.2 蜡

天然蜡主要是由14～16个碳原子的饱和或不饱和脂肪酸与16～30个碳原子的一元醇形成的酯，也有与固醇形成的固醇脂肪酸酯。在化学结构上不同于脂肪，也不同于石蜡和人工合成的聚醚蜡，故亦称为酯蜡。

蜡的熔点一般不高（100℃以下），如我国的虫蜡熔点在82℃～86℃，蜂蜡一般在60℃～70℃。通常蜡在室温下为固态，可以切割，有滑腻感，有光泽，比水轻，不溶于水，易溶于有机溶剂，形态从较硬的固态到膏状。蜡的凝固点都比较高，约在38℃～90℃之间。碘值较低（1～15），说明不饱和度低于中性脂肪。加入惰性物质或油脂，可以改变蜡的稠度。

蜡在自然界分布很广，从来源上分有动物蜡、植物蜡和矿物蜡。很多植物的叶、茎和果实的表层，都覆盖着一层很薄的蜡，能保护组织少受损伤，避免水分的过度蒸腾。很多动物的皮和甲壳也有蜡层保护着。但是实际能够收集利用的只有蜂蜡、虫蜡、抹香鲸鲸头蜡、羊毛蜡、棕榈蜡等少数几种。

矿物蜡中如地蜡、干馏褐煤所得到的褐煤蜡则几乎完全是高级烃，石油精馏中所得到的石蜡则完全是高级烃。

任务二　甘油

甘油又名丙三醇，分子式为$C_3H_8O_3$，无色澄明黏稠液体。无臭，有暖甜味。能从空气中吸收潮气，也能吸收硫化氢、氰化氢和二氧化硫。对石蕊呈中性。长期放在0℃的低温处，能形成熔点为17.8℃有光泽的斜方晶体。遇强氧化剂如三氧化铬、氯酸钾、高锰酸钾能引起燃烧和爆炸。

当甘油的三个羟基和脂肪酸缩合成酯以后，性质就起了相反的变化。脂肪的部分水解产物二酰甘油酯和一酰甘油酯由于分子的一端具有亲脂性基团，另一端具有亲水性基团，因而可使脂肪乳化分散于水相中，有利于脂肪的消化和吸收。工业上用人工方法合成的单硬脂酸甘油酯可作为食品乳化剂。

甘油在高温下与脱水剂（无水$CaCl_2$、$KHSO_4$、$MgSO_4$等）共热，失水生成有刺激鼻、眼黏膜的辛辣气味的丙烯醛，是鉴别甘油的特征反应（图3－3）。

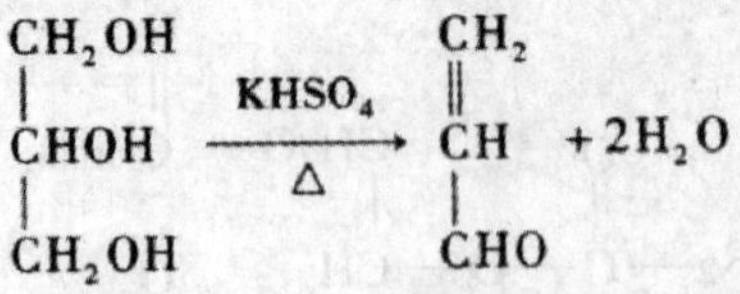

甘油　　　丙烯醛

图 3－3　甘油的特征反应

任务三　脂肪酸

3.1 脂肪酸的分类

脂肪酸是由脂肪烃基和羧基相连形成的羧酸。生物体内的脂肪酸绝大部分是以结合态的形式存在的，游离形式数量极少，通常由 4～36 个碳原子组成，最常见的由 10～26 个碳原子组成，且多为偶数。脂肪酸根据其分子内是否含有双键可以分为饱和与不饱和脂肪酸。

3.2 脂肪酸的命名

饱和脂肪酸是分子中碳原子间以单键相连的一元羧酸。从 4～24 个碳原子的脂肪酸常存在于动物油脂中，24 个碳原子以上的脂肪酸则存在于蜡中。

表 3－1　常见的天然脂肪酸

分类	习惯名称	系统命名	分子结构式	熔点/℃	存在
饱和脂肪酸	羊蜡酸	癸酸	$CH_3(CH_2)_8COOH$	31.6	椰子油、奶油
	月桂酸	十二酸	$CH_3(CH_2)_{10}COOH$	44.2	鲸蜡、椰子油
	豆蔻酸	十四酸	$CH_3(CH_2)_{12}COOH$	53.9	肉豆蔻脂、椰子油
	软脂酸	十六酸	$CH_3(CH_2)_{14}COOH$	63.1	动植物油
	硬脂酸	十八酸	$CH_3(CH_2)_{16}COOH$	69.6	动植物油
	花生酸	二十酸	$CH_3(CH_2)_{18}COOH$	75.3	花生油
不饱和脂肪酸	棕榈油酸	Δ9－十六碳烯酸	$CH_3(CH_2)_5CH=CH(CH_2)_7COOH$	33	动植物油
	油酸	Δ9－十八碳烯酸	$CH_3(CH_2)_7CH=CH(CH_2)_7COOH$	13.4	动植物油（橄榄油、猪油含量高）
	亚油酸	Δ9,12－十八碳二烯酸	$CH_3(CH_2)_4CH=CHCH_2CH=CH(CH_2)_7COOH$	－5	棉籽油、亚麻仁油
	α－亚麻酸	Δ9,12,15－十八碳三烯酸	$CH_3CH_2CH=CHCH_2CH=CHCH_2CH=CH(CH_2)_7COOH$	－11	亚麻仁油
	γ－亚麻酸	Δ6,9,12－十八碳三烯酸	$CH_3(CH_2)_4CH=CHCH_2CH=CHCH_2CH=CH(CH_2)_4COOH$	－11	月见草、人乳
	花生四烯酸	Δ5,8,11,14－二十碳四烯酸	$CH_3(CH_2)_4(CH=CHCH_2)_3CH=CH(CH_2)_3COOH$	－49.5	磷脂酰胆碱、磷脂酰乙醇胺

续表

分类	习惯名称	系统命名	分子结构式	熔点/℃	存在
	EPA	△5,8,11,14,17－二十碳五烯酸	$CH_3CH_2(CH=CHCH_2)_5(CH_2)_2COOH$	—	鱼油
	DPA	△7,10,13,16,19－二十二碳五烯酸	$CH_3CH_2(CH=CHCH_2)_5(CH_2)_4COOH$	—	鱼油、脑
	DHA	△4,7,10,13,16,19－二十二碳六烯酸	$CH_3CH_2(CH=CHCH_2)_5CH=CH(CH_2)_2COOH$	—	鱼油

不饱和脂肪酸的双键可以有一个或多个，分别称为单不饱和脂肪酸和多不饱和脂肪酸，双键多为顺式构型。单不饱和脂肪酸的双键位置一般在第 9 和第 10 个碳原子之间，多不饱和脂肪酸中的第一个双键一般也位于第 9 和第 10 个碳原子之间，两个双键之间往往以一个亚甲基（$—CH_2—$）间隔。一些常见的天然脂肪酸见表 3－1。

脂肪酸常用简写法表示，它的原则是：先写碳原子数目，再写双键的数目，中间以冒号隔开，最后写出双键的位置，如软脂酸（棕榈酸）写成 16:0，亚油酸写成 18:2（9,12）或者 $18:2^{\Delta 9,12}$。

任务四　脂肪酸及脂肪的性质

4.1 脂肪酸的性质

脂肪酸的物理性质主要由其碳链的长度及不饱和程度决定，脂肪酸的碳链越长，双键越少，则越不溶于水；不饱和的脂肪酸由于链内双键的存在，不像饱和脂肪酸中的每个单键可以自由旋转而排列整齐有序，往往存在扭曲的空间结构，所以它的熔点低于相同链长的饱和脂肪酸。不饱和脂肪酸中的双键容易被强氧化剂，如 H_2O_2、羟基自由基（—OH）等所氧化，所以含有不饱和脂肪酸较多的生物膜、油脂容易发生脂质过氧化作用。

4.2 脂肪的性质

4.2.1 油脂的物理性质

（1）色泽和气味

纯净的油脂是无色透明，天然油脂之所以带有颜色是因为油脂中溶有色素物质，如叶黄素、胡萝素等。一般来讲，动物油脂中色素物质少，所以颜色较浅，如猪油为乳白色；植物油脂中色素较多，所以颜色深一些，如芝麻油为深黄色，菜籽油为红褐色等。油脂中的杂质对颜色也有一定影响，杂质越多，透明度越差。

纯净的油脂是没有气味的，但天然油脂都有其固有的气味，除了极少数是由低级脂肪酸构成的油脂引起外，一般是由所含的非脂成分引起，如椰子油的香气是由于含有壬基甲酮，芝麻油是由于加工时在高温下产生的乙酰吡嗪而呈现特殊芳香气味。

（2）塑性

所谓塑性是脂肪受到一定外力作用时，表观固体脂肪具有的抗变形的能力。塑性脂肪实际是固体脂和液体油的混合物，两者交织，很难分离，具有可塑性，可保持一定的外形。

塑性脂肪是食品加工的重要原料，具有良好的涂抹性和可塑性，其塑性取决于组成塑性脂肪的甘油三酯固、液两相的相对比例及构成固相的甘油三酯晶粒的大小，固、液两相的相对比例会随温度而变化。许多食品加工都要使用不同的塑性脂肪，如生产冰淇淋、焙烤糕点、奶油裱花等。在饼干、面包、糕点生产中专用的塑性脂肪称为起酥油，能降低面团的弹性和韧性，降低吸水性，增加延展性，使制品起酥。

(3)溶解性与乳化特性

油脂不溶于水，易溶于丙酮、乙醚等有机溶剂。在有乳化剂的情况下，油脂可与水发生乳化作用而形成乳浊液，分为油包水型和水包油型两类。常见的乳化剂有单硬脂酸甘油酯、磷脂、蔗糖脂肪酸酯、丙二醇脂肪酸酯等。

油脂本身也是一种极好的有机溶剂，能溶解某些天然色素、维生素及香味物质等，如胡萝卜素、维生素 A、维生素 D 等。

(4)熔点

天然的油脂多是混合甘油酯，因此不会像单纯的有机化合物那样具有确定的熔点，而是表现为在一定的温度范围。几种常见动物脂肪的熔点范围见表 3－2。

表 3－2 几种动物脂肪的熔点范围

油脂	大豆油	花生油	向日葵油	棉籽油	猪脂	牛脂	羊脂	黄油
熔点/℃	－8～－18	0～3	－16～－19	3～4	28～48	42～50	44～55	28～56

油脂的熔点影响着人体内脂肪的消化率。油脂的熔点低于 37℃(正常体温)时，在消化器官中容易乳化而被吸收，消化率较高，一般可达 97%～99%，如奶油其消化率为 98%，而羊脂仅为 81%。

(5)发烟点

发烟点是指在避风并有特殊照明的实验装置中察觉到冒烟时的最低加热温度，油脂大量冒烟的温度通常略高于其发烟点。几种油脂的发烟点见表 3－3。

表 3－3 油脂的发烟点

油脂名称	发烟点/℃	油脂名称	发烟点/℃
玉米胚芽油(粗制)	178	豆油(浸提粗制)	210
玉米胚芽油(精制)	227	豆油(精制)	256
豆油(压榨粗制)	181	橄榄油	199
花生油(精制)	225	葵花籽油	225

油脂的发烟是由油脂中的小分子物质挥发引起的，这些小分子物质可以是油脂加工中混入的，也可能是油脂热分解产生的，发烟后的油脂会产生一些危害人体健康的物质。所以油炸用油应尽量选择精炼的、热稳定性高的油脂。

4.2.2 油脂的化学性质

(1)油脂的水解与皂化

油脂中的酯键能在酸、碱、热或酶的作用下而发生水解，生成甘油和脂肪酸。该反应在酸性条件下的水解是可逆的，已经水解的甘油与游离脂肪酸可以再结合生成甘油一酯或甘油二酯。在碱性条件下水解生成的脂肪酸会和碱反应生成脂肪酸盐，高级脂肪酸盐被称为皂，因此碱性条件下的水解反应又称为皂化反应。完全皂化 1g 脂肪所消耗的氢氧化钾的质量(mg)称为皂化值。

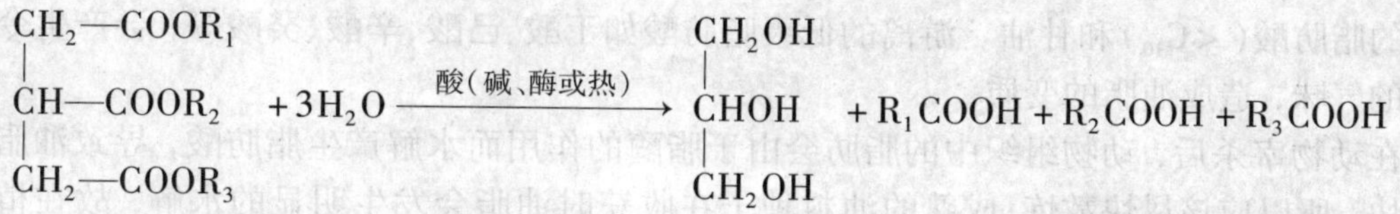

(2)油脂的加成反应

含有不饱和脂肪酸的油脂可以与 I_2、H_2 等发生加成反应。油脂中双键的数目与吸收的 I_2 的量存在定量关系，所以可以用碘价(IV)来评判油脂不饱和的程度。碘价指 100g 脂肪所能吸收的 I_2 的质量(g)：

$$碘价 = \frac{2 \times 126.9 \times 双键数目}{脂肪酸的平均分子质量} \times 100$$

由上式看出，油脂的碘价与所含的双键的数目成正比，与构成油脂的脂肪酸的平均分子质量成反比。碘价大的油脂说明不饱和脂肪酸含量高或不饱和程度高，反之则说明不饱和脂肪酸含量低或不饱和程度低。碘价下降说明油脂中双键减少，油脂发生了氧化。

根据油脂的碘价可以对油脂进行分类，IV ＞130 的称为干性油，如桐油，极易氧化，适合于作油漆而不适合食用；IV 在 100～130 的为半干性油，如棉籽油、大豆油等，稳定性也较差；小于 100 的为不干性油，如花生油、菜籽油、蓖麻油等，稳定性较好，不易氧化聚合，适宜作为烹调用油。

由于植物油的稳定性较差，所以油脂工业常利用其与 H_2 加成进行改性，得到的产品称为氢化植物油，如人造奶油、起酥油等，还可以用来生产稳定性更高的煎炸用油。

(3)油脂的酸败

油脂及油脂含量较高的食品在贮存过程中，由于物理、化学及生物因素的影响，会逐渐劣化甚至失去食用价值，主要表现为油脂颜色加深、产生特殊气味(哈喇味)，称为油脂的酸败。酸价是指中和1g 油脂中游离脂肪酸所需的 KOH 的质量(mg)。新鲜的油脂酸价很小，随着贮存时间的延长和油脂的酸败，酸价会增大，所以酸价可以用于衡量油脂的新鲜度和质量的好坏，反映酸败的程度(详见任务5)。

$$酸价 = \frac{V \times c \times 56.108}{m}$$

式中，c – 氢氧化钾的浓度(mol/L)；V – 滴定所耗用氢氧化钾溶液毫升数；m – 油样质量(g)；56.108 – 氢氧化钾的毫摩尔质量。

任务五　食品热加工过程中油脂的变化

几乎所有的食品中都含有脂类，它是人体必需的营养素之一，而且油脂在食品加工中也具有极其重要的作用，可以作为导热剂用于油炸，也可以添加到食品中用于改善食品的质构。在食品加工中，脂类往往需要在高温下与空气、水分等接触，此时油脂会发生一系列的反应，导致其品质发生变化。

5.1 酸败

根据发生的原因，油脂酸败可以分为三种类型：水解型酸败、酮型酸败和氧化型酸败。

(1)水解型酸败

含低级脂肪酸较多的油脂由于含水量过多或是微生物的作用，会导致油脂的水解，生成游离的脂肪酸（$<C_{10}$）和甘油。游离的低级脂肪酸如丁酸、己酸、辛酸、癸酸等，会产生令人不愉快的气味，造成油脂的变质。

在动物宰杀后，动物组织中的脂肪会由于脂酶的作用而水解产生脂肪酸，导致油脂的酸败加快，所以应该尽快熬炼；成熟的油料种子在收获时油脂会发生明显的水解，故在植物油精炼中需要加碱中和。油脂的水解对贮存是不利的。

在油炸过程中，食物中的水进入到油中，导致脂肪水解而产生脂肪酸，使油的发烟点降低，风味变劣。但在脂肪的消化过程中，水解有利于人体对油脂的乳化与吸收。

（2）酮型酸败（β－型氧化酸败）

脂肪水解过程中产生的游离饱和脂肪酸可以在一系列酶的催化下氧化，最后生成具有怪味的酮酸和甲基酮，由于氧化发生在β－碳上，所以又称β－型氧化酸败或生物氧化酸败。

一些含水量较高并且富含蛋白质的食品，或是未经精制的油脂以及含杂质较多的食品，容易受到微生物的污染而产生各种酶，产生上述两种类型的酸败。

（3）氧化型酸败

氧化型酸败是由不饱和的脂肪酸引发的氧化过程，它是导致油脂及富含油脂的食品变质最主要的途径之一。氧化型酸败遵循自由基反应的机理，具有连续性的特点，故又称自动氧化。

5.2 油脂的热劣变

5.2.1 劣变的类型

油脂在高温（煎炸）时主要发生以下三类变化：热氧化与聚合、水解与缩合以及分解反应。

（1）热氧化与聚合

油脂在长时间加热或短期过热的过程中容易发生热氧化作用，产生各种低分子质量的化合物和氧化聚合物，包括醛、酮、烃、内酯、醇、酸、酯以及二聚和多聚酸、二聚和多聚甘油酯等，从而引起油脂的理化指标（如酸价、过氧化值、碘价、折光系数、黏度等）及风味的变化，引起油脂的劣变。

（2）水解与缩合

高温油炸过程中，由于水分的引入，油脂分子与水接触的部位发生水解，水解产物之间可以缩合成醚型化合物，其水解的速度与油脂中所含有的游离脂肪酸的量成正比。油脂的水解在加热初期不明显，但随着加热时间的延长，游离脂肪酸逐渐增加，水解加快。

（3）分解反应

热分解在相对更高的温度下发生（350℃），无氧条件下，油脂发生热分解，生成丙烯醛、脂肪酸、二氧化碳、甲基酮及小分子的酯等；在有氧条件下，伴随热氧化过程能分解形成多种烃、醛、甲基酮、内酯等。

热劣变后的油脂其风味变差，颜色加深，黏度增大，起泡性亦增大。

5.2.2 影响油脂热劣变的因素

（1）加热温度

油脂的加热温度越高，劣变的速度越快。如精炼大豆油，其加热温度越高，黏度增加越快。说明过度加热是有害的。

（2）与空气的接触面积

油脂与空气的接触面积越大，和氧气接触的机会就越大，其氧化的速度就越快。

(3)加热时间

加热时间越长，油脂的黏度越高。所以在油炸过程中应及时更换新油。

(4)金属离子

若油脂中混入了金属离子如铜、铁等，尽管是极其微量的(0.1mg/kg)，也能加快油脂劣变的速度，特别是铜对油脂的损害较大。

项目三　类脂

任务一　磷脂

磷脂是分子中含有磷酸的复合脂，由于其所含的醇不同，又可以分为甘油磷脂和鞘氨醇磷脂两类。

1.1 甘油磷脂

甘油磷脂是生物体中含量丰富的另一类含甘油结构的脂类，它的种类较多，但它们有一个共同的特点，即以磷脂酸为基础，其中的磷酸再与氨基醇(如胆碱、乙醇胺、丝氨酸等)或肌醇结合，从而形成不同的甘油磷脂(图3-4)。

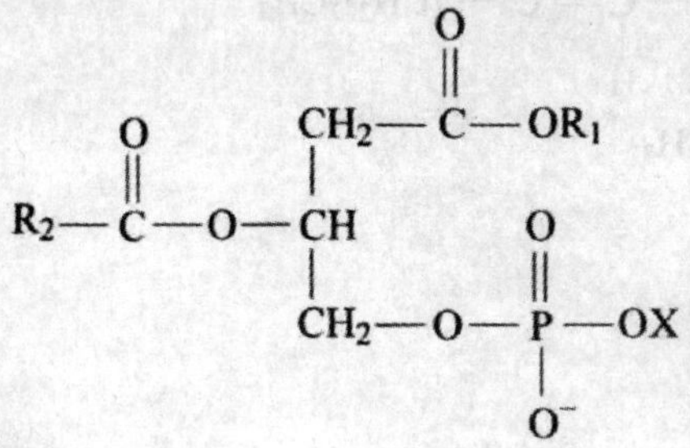

X=H时，称为磷脂酸(PA)

$X=CH_2CH_2N(CH_3)_3$时，称为卵磷脂(磷脂酰胆碱，PC)

$X=CH_2CH_2NH_2$时，称为脑磷脂(磷脂酰乙醇胺，PE)

$X=CH_2CH(COO^-)NH_3$时，称为磷脂酰丝氨酸(PS)

X=甘油时，称为磷脂酰甘油(PG)

X=肌醇时，称为磷脂酰肌醇(PI)

图3-4　磷脂的结构

甘油磷脂的两条脂肪烃链构成它的非极性尾部，其余构成极性头部。在甘油磷脂中，脑磷脂和卵磷脂是细胞中含量最为丰富的磷脂，广泛存在于生物膜中，是生物膜的骨架成分。另外还有一种心磷脂，它由两个磷酸基团分别与一个甘油分子的1、3碳原子上羟基成酯所组成，主要存在于细菌细胞膜和真核细胞的线粒体内膜中。

1.2 鞘氨醇磷脂

鞘氨醇磷脂是由鞘氨醇(2-氨基-4-十八碳烯-1,3-二醇)的氨基与一分子脂肪酸以酰胺键相连，另有一羟基与磷酸胆碱以酯键相连所构成，其结构式如下：

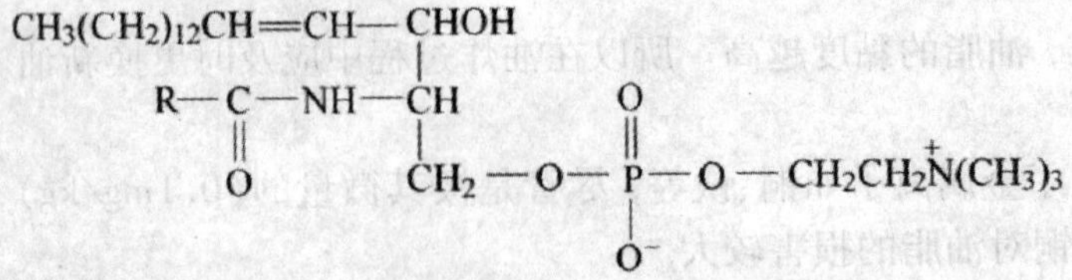

鞘氨醇磷脂

鞘氨醇磷脂在动植物中均存在，但大量存在于神经及脑组织中，在高等植物和酵母中，鞘氨醇磷脂含的是4－羟基二氢鞘氨醇。鞘氨醇磷脂是非甘油衍生物，但与甘油磷脂相似，它也有两个非极性的尾部(鞘氨醇的不饱和烃链)和一个极性头部，也是生物膜的组成成分。

任务二　糖脂

生物体内的糖脂主要有两类：一类是鞘糖脂，另一类是甘油糖脂。

2.1 鞘糖脂

鞘糖脂是指单糖、寡糖残基或其衍生物与脂酰鞘氨醇以糖苷键相连而形成的化合物，又分为中性和酸性鞘糖脂两种，前者是指含一个或多个中性糖残基的鞘糖脂，如脑苷脂。后者是指在糖基上还含有如硫酸、唾液酸等酸性基团的鞘糖脂，如神经节苷脂。

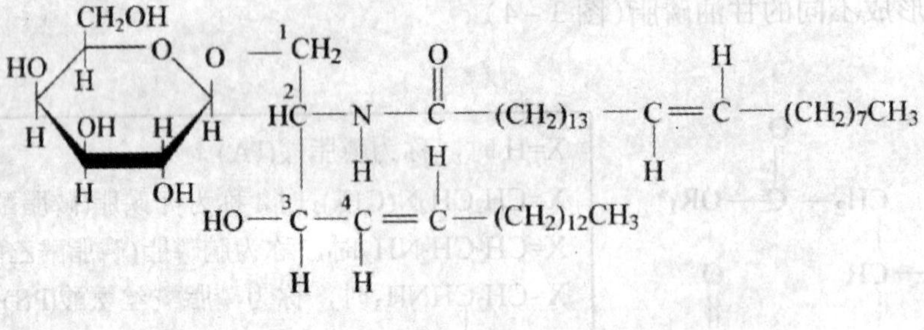

N－神经酰脑苷脂

2.2 甘油糖脂

甘油糖脂是指一个或多个单糖残基与单脂酰甘油或二酯酰甘油以糖苷键相连所形成的化合物，其中主要为半乳糖甘油糖脂，最重要的有单半乳糖二脂酰甘油酯(MGDG)和双半乳糖二脂酰甘油酯(DGDG)，结构如下：

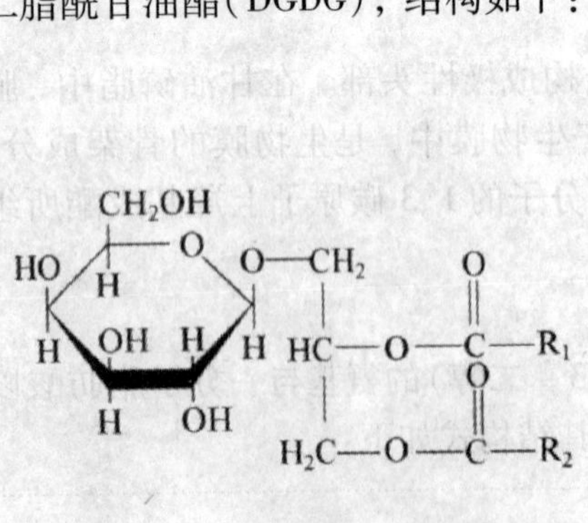

单半乳糖二脂酰甘油酯

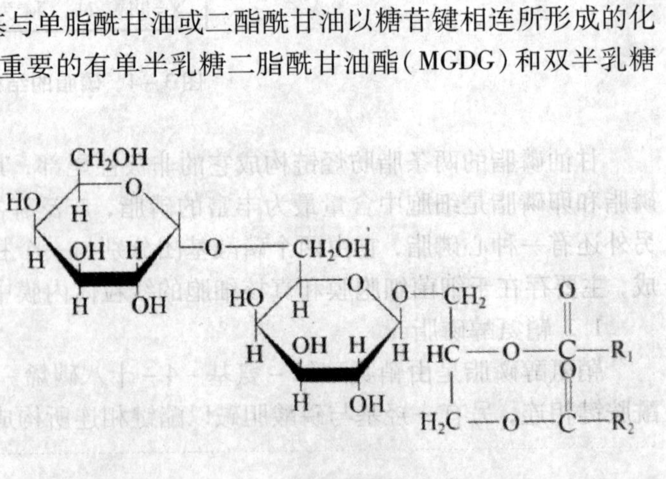

双半乳糖二脂酰甘油酯

任务三 固醇

固醇类的基本骨架是环戊烷多氢菲，称为甾核。固醇类的结构特点是在甾核的3位上有一羟基和17位上有一8～10个碳原子的烃链，在生物体内以游离态或脂肪酸酯的形式存在。

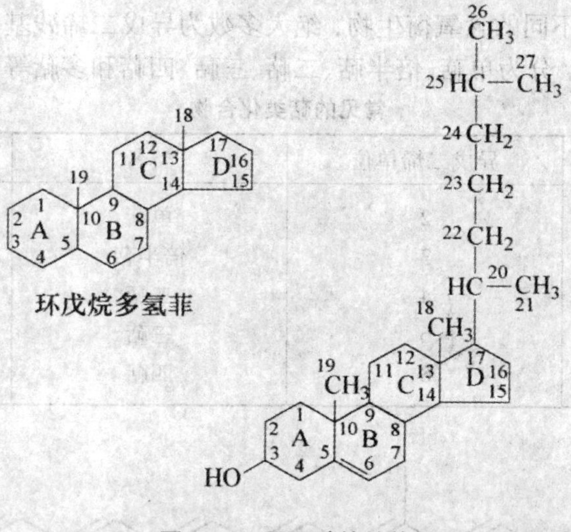

图3－5 胆固醇的结构

根据其来源又可以分为动物固醇、植物固醇和菌固醇，典型的有动物的胆固醇，植物的豆固醇、谷固醇，菌类的麦角固醇等。各类固醇的区别在于双键数目不同，支链长短不同。发现最早、研究最多的是胆固醇，其结构见图3－5。

胆固醇无味，无臭，熔点为148.5℃，不溶于水、酸或碱，不能皂化，易溶于乙醚、氯仿、丙酮、油脂、热乙醇及胆酸盐中。胆固醇的羟基可与脂肪酸结合，生成酯。胆固醇在体内还可转变成胆汁酸盐，后者可乳化脂肪，促进脂肪的消化吸收。在动物机体中胆固醇可转变为多种胆固醇衍生物。胆固醇是脊椎动物细胞的重要成分，在神经组织和肾上腺中含量特别丰富，肝脏、肾脏、脾脏和表皮组织含量也相当多。动物能吸收利用胆固醇，也能在体内自行合成胆固醇，合成最旺盛的组织是肝脏。胆固醇与生物膜的通透性、神经髓鞘的绝缘物质以及动物细胞对某些毒素的保护作用有一定关系，7－脱氢胆固醇存在于动物皮下，在紫外线的照射下能转化成维生素D_3（图3－6）。

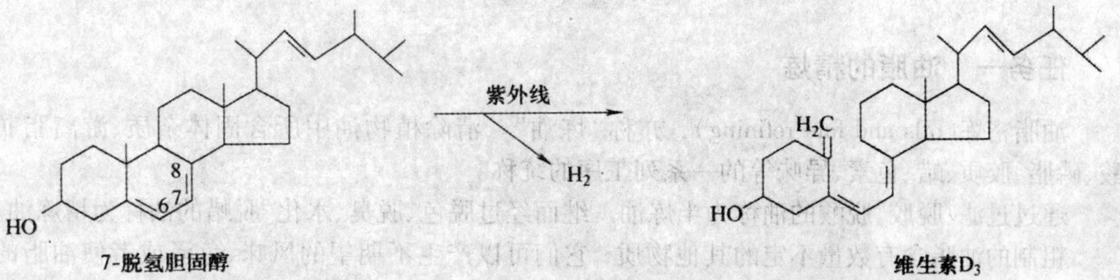

图3－6 7－脱氢胆固醇向维生素D_3的转化

任务四　萜类

萜类是由数目不同的异戊二烯单位（$—CH{=}\underset{\displaystyle CH_3}{\underset{|}{C}}—CH{=}CH_2—$）聚合而成的。

聚合物及其饱和度不同的含氧衍生物，绝大多数为异戊二烯残基头尾相连而成。按照所含异戊二烯单位的数目，分为单萜、倍半萜、二萜、三萜、四萜和多萜等（表 3－4）。

表 3－4　　常见的萜类化合物

碳原子数	异戊二烯单位	类名	重要代表
10	2	单萜	柠檬苦素
15	3	倍半萜	法尼醇
20	4	二萜	叶绿醇（植醇）
30	6	三萜	鲨烯
40	8	四萜	胡萝卜素（图 3－7）

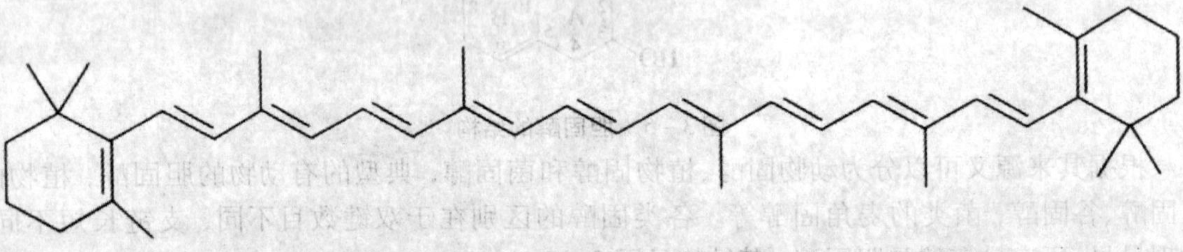

图 3－7　β－胡萝卜素

萜类化合物大多是比水轻的化合物，不溶于水，溶于乙醇，具有香味。萜类在自然界中分布广泛，且具有重要的生理功能，如维生素 A、维生素 E、维生素 K、赤霉素、脱落酸、泛醌、质醌天然橡胶等都属于萜类。从薄荷的茎、叶中提取的薄荷精油，其主要成分是薄荷醇（3－萜醇）和薄荷酮（3－萜酮），它们都是萜类的衍生物。

项目四　油脂加工的化学

任务一　油脂的精炼

油脂精炼（oils and fats refining），亦称“炼油”。清除植物油中所含固体杂质、游离脂肪酸、磷脂、胶质、蜡、色素、异味等的一系列工序的统称。

通过过滤、脱胶、脱酸的油称为半炼油。继而经过脱色、脱臭、水化、脱蜡的油称为精炼油。

粗制的油脂含有数量不定的其他物质，它们可以产生不期望的风味、色泽或者使油脂的质量不稳定。这些物质包括游离脂肪酸、磷脂、糖类、蛋白质及其降解产物、水、色素（主要是类胡萝卜素和叶绿素）及脂肪氧化产物。采用专门设计的一些精炼方法可从粗制油中除去这些物质。

1.1 沉降与脱胶

沉降工艺包括将脂肪加热，并让它维持一段时间，直至水相被分离而移去。该工艺可从脂肪中除去水、蛋白质类物质、磷脂以及糖类。在某些情况下，特别是含有大量磷脂的油（例如豆油），采用被称为脱胶的方法预处理：加入2%～3%的水，在50℃下搅拌混合物，然后通过沉降或离心的方法分离水化的磷脂。

1.2 中和

为了除去游离脂肪酸，将适量的和一定浓度的氢氧化钠与加热的脂肪混合，并将混合物维持一段时间直至析出水相，此水溶液称为油脚或皂脚，它被分离出来后用于制造肥皂。用热水洗涤，接着沉降或离心，可从中性油中除去残留的皂脚。

虽然碱处理的主要目的是除去游离脂肪酸，但这个过程也会显著减少磷脂和有色物质。

1.3 漂白

将油加热到85℃，并用吸附剂（如漂白土或活性炭）进行处理，几乎可将有色物质完全除去。漂白时应注意避免氧化，其他物质例如磷脂、肥皂以及一些氧化产物与色素一起被吸附，然后再通过过滤除去漂白土。

1.4 脱臭

一些具有不期望风味的挥发性化合物大多来自于油的氧化，在减压下通过水蒸气蒸馏可将它们除去。常常加入柠檬酸螯合痕量的助氧化剂金属。有人认为，这种处理也会导致非挥发性异味物质的热破坏，而且蒸馏出所产生的挥发性物质。

棕榈油的质量在近年来得到了提高是一个很有说服力的例子，在精炼过程中，除了色泽、风味以及稳定性有明显的改善外，还有效地除去了毒性很强的成分（例如花生油中的黄曲霉素与棉籽油中的棉酚）。

任务二 氢化

油脂的氢化是指通过加氢工艺，将氢加成到脂肪酸链的双键上从而改变了油脂的熔点或熔解特性。氢化油脂可分植物性与动物性，即氢化植物油与氢化动物油。通常是作为食品和化工工业的原料使用。食品工业常用的氢化油脂多为氢化植物油。

氢化工艺在油脂工业中具有极大的重要性，这是由于它达到两个主要目标：首先它可使液体油转变成半固体或塑性脂肪，以适合于一些特殊的用途，例如起酥油和人造奶油；其次它提高了油的氧化稳定性。

实际上，油首先与合适的催化剂（通常是镍）混合，加热到所需的温度（140℃～225），然后在搅拌情况下与氢作用，其压力可达413.69 kPa（表压）。搅拌是必须的，它有助于氢气的溶解，使催化剂与油均匀地混合，也有助于反应热的散逸。原料油必须是精炼的、漂白的、皂含量低的和无水的；氢气必须是干的，而且不含硫、二氧化碳或氨；催化剂必须具有长效性，对于氢化作用和异构体的形成具有期望的选择性，并用过滤的方法易于除去。

任务三 酯交换

天然脂肪的甘油酯分子中的脂肪酸不存在随机分布。脂肪的物理性质不仅大大地受到脂肪酸成分的性质（即链长和不饱和度）的影响，而且还受到脂肪酸在三酰基甘油分子中分布的影响。确实，一些天然脂肪的脂肪酸分布模式限制了它们在工业上的应用。酯交换是一种能增加这类脂肪的稠度及其用途的方法，这种方法是重新排列脂肪酸，所以它们能使脂肪酸在脂肪的三酰甘油分子中进行随机分布。

"酯交换"这个术语是指酯和酸间（酸解）、酯与醇间（醇解）或是酯与酯间（转酯作用）的酰基交换。

脂肪在较高温度（<200℃）下进行长时间加热，可以产生酯交换。然而，常使用催化剂使反应在短时间（例如30 min）和50℃的低温下完成。碱金属与烷基化碱金属是有效的低温催化剂，其中甲醇钠使用最为普遍，使用量约0.1%。较高的浓度会因生成皂和甲酯而造成油的过多损失。

被酯化的油必须是非常干燥的，它的游离脂肪酸、过氧化物以及能与甲醇钠起作用的任何其他物质的含量必须是低的。加入催化剂后几分钟，由于钠与甘油酯间生成了络合物而使油呈红棕色，有人认为这个络合物是"真正的催化剂"。酯化后，加入水或酸使催化剂失活并除去。

酯交换反应早在20世纪50年代就已应用于食用油脂工业，是改善油脂物理性质的重要方法。据报导酯交换改性油同氢化油相比具有风味好、异构体少、原料脂肪酸尤其是人体必需脂肪酸组成不变和不产生反式酸等优点，可生产出较高营养价值的塑性脂肪。

酯交换也已应用于生产稳定性高的人造奶油混合物和具有非常理想的熔化质量的硬奶油。

复习题

一、名词解释

1. 单纯脂　2. 复合酯　3. 类脂　4. 碘价　5. 酸价　6. 皂化反应　7. 脂肪的酸败　8. 酯交换　9. 油脂精炼　10. 脂类

二、填空题

1. 从化学结构上看，脂肪是________与________所成的酯，即________和________脱水缩合而成的酯，学名为________，也称为真脂或中性脂肪。

2. 脂肪酸的分类方法通常有两种：一种是按照脂肪酸在植物体内分布的情况分为________、________和________；第二种是按照脂肪酸的化学结构和性质分为________和________。

3. 脂肪酸的熔点随着碳链增长而有不规则的________，偶数碳原子链脂肪酸的熔点比相邻的奇数碳原子链脂肪酸________。

4. 通常用________来表示脂肪酸与脂肪的不饱和程度。

5. 磷脂分子的结构特点是有一个________头部和两个________尾部。

三、简答题

1. 简述脂类的生理功能。
2. 简答脂肪及脂肪酸的性质。
3. 简述磷脂的分类及性质。
4. 食品热加工过程中油脂的变化有哪些?
5. 油脂的酸败有哪几种类型?如何防止油脂酸败?
6. 影响油脂安全贮存的因素有哪些?

❖模块四　蛋白质

◆基础理论和知识

1. 掌握蛋白质的化学组成及分类。
2. 掌握氨基酸的化学组成、分类与性质。
3. 掌握蛋白质的分子结构及维持一、二、三、四级结构的作用力。
4. 熟悉蛋白质的性质，了解其分离纯化及测定方法。
5. 了解食品中的蛋白质。
6. 了解食品加工贮藏对蛋白质的影响。

◆基本技能及要求

1. 学会氨基酸的分离鉴定方法。
2. 能用适合的方法分离纯化蛋白质。

◆学习重点

1. 蛋白质的基本结构单位——氨基酸的分类及性质。
2. 蛋白质的结构、性质及功能。

◆学习难点

1. 蛋白质的分子结构。
2. 蛋白质结构与功能的关系。

◆导入案例

早在1878年，恩格斯就在《反杜林论》中指出："生命是蛋白体的存在方式，这种存在方式本质上就在于这些蛋白体的化学组成部分的不断的自我更新。"这句话如何体现了蛋白质在生命中的重要性？

◆讨论

1. 为什么说生命是物质运动的特殊形式，是蛋白质存在的方式？

2. 自然界中生物体多样性与蛋白质种类繁多有何关系？

3. 组成蛋白质的氨基酸有20种，其所组成的蛋白质则成千上万，为什么？

项目一 概述

任务一 蛋白质的重要性

生物体可以看作是一个由物质组成的不均一体系。此体系的特征是其构成部分布置合宜，变化协调，并可以自我更新。体系的另一个特征是它含有大量的蛋白质(protein)和核酸(nucleic acid)。

蛋白质是以氨基酸为基本单位的生物大分子，通过肽键缩合而成的，具有较稳定的构象和一定的生物功能。蛋白质是生命活动所依赖的物质基础，是生物体中含量最丰富的大分子。

蛋白质的重要性体现在：

(1)蛋白体是生命的物质基础

蛋白质存在于所有生物体中，从高等动植物到低等的微生物，从人类到最简单的病毒，都含有蛋白质。例如，单细胞的大肠杆菌含有3000多种蛋白质，而人体有10万种以上结构和功能各异的蛋白质。

(2)生命是物质运动的特殊形式，是蛋白质的存在方式

生命的主要机能都与蛋白质有关，如消化、排泄、运动、收缩、对刺激的反应和繁殖等。各种生物体的功能及生命现象是通过蛋白质的多种功能来实现的。

生命这种存在方式的本质就是蛋白体与其外部自然界不断的新陈代谢。新陈代谢的所有的化学反应几乎都是在酶的催化下进行的，已发现的酶绝大多数是蛋白质。

生命活动所需要的许多小分子物质和离子，它们的运输由蛋白质来完成。生物的运动、生物体的防御体系离不开蛋白质。蛋白质在遗传信息的控制、细胞膜的通透性，以及高等动物的记忆、识别机构等方面都起着重要的作用。

随着蛋白质工程和蛋白质组学的兴起和发展，人们对蛋白质的结构与功能的认识越来越深刻。

任务二 蛋白质的含量与分布

蛋白质是原生质的主要成分，任何生物都含有蛋白质。例如，人体的蛋白质含量占人体固体总量的45%，皮肤、肌肉、内脏、毛发、韧带、血液等都是以蛋白质为主要成分的。动物体内蛋白质约占鲜重的20%左右。微生物中蛋白质含量也很高，蛋白质占干重的比例分别为细菌50%～80%、真菌14%～52%、酵母菌14%～50%、白地菌50%，病毒中除了一小部分核酸外，其余几乎都是蛋白质。植物体内蛋白质含量一般较低，因为植物中淀粉和纤维素含量很高，但在植物细胞的原生质和种子中蛋白质含量很高。

◆知识拓展

蛋白质的主要功能

自然界的生物多种多样，因而蛋白质的种类和功能也十分繁多。概括起来，蛋白质主要有以下功能：

(1)催化功能　生物体内的酶绝大部分是由蛋白质构成的，它们是有机体新陈代谢的催化剂。

(2)结构功能　蛋白质可以作为生物体的结构成分，如胶原蛋白(肌腱、筋)、角蛋白(头发、指甲)、膜蛋白等。

(3)运输功能　脊椎动物红细胞中的血红蛋白和无脊椎动物体内的血蓝蛋白在呼吸过程中起着运输氧气的作用。血液中的载脂蛋白可运输脂肪，转铁蛋白可转运铁。一些脂溶性激素的运输也需要蛋白。

(4)贮存功能　某些蛋白质的作用是贮存氨基酸作为生物体的养料和胚胎或幼儿生长发育的原料。

(5)运动功能　肌肉中的肌球蛋白和肌动蛋白是运动系统的必要成分，它们构象的改变引起肌肉的收缩，带动机体运动。

(6)防御功能　高等动物的免疫反应是机体的一种防御机能，它主要也是通过蛋白质(抗体)来实现的。

(7)调节功能　某些激素(含氮类激素、固醇类激素)、一切激素受体和许多其他调节因子(EGF、NGF)都是蛋白质。

(8)信息传递功能　生物体内的信息传递过程也离不开蛋白质，如糖蛋白、G蛋白。

(9)遗传调控功能　遗传信息的贮存和表达都与蛋白质有关。DNA在贮存时是缠绕在蛋白质(组蛋白)上的;有些蛋白质与特定基因的表达有关，如阻遏蛋白。

(10)其他功能　某些生物能合成有毒的蛋白质，用以攻击或自卫。白喉毒素可抑制生物蛋白质合成。

项目二　蛋白质的化学组成

任务一　蛋白质的元素组成

1.1 蛋白质的元素组成

所有的蛋白质都含有碳、氢、氧、氮四种元素，有些蛋白质还含有硫、磷和一些金属元素。

蛋白质平均含碳50%，氢7%，氧23%，氮16%。其中氮的含量较为恒定，而且在糖和脂类中不含氮，所以常通过测量样品中氮的含量来测定蛋白质含量。如常用的凯氏定氮：

蛋白质含量=蛋白氮×6.25，其中6.25是16%的倒数

1.2 蛋白质的相对分子质量

蛋白质的相对分子质量变化范围很大，从6000~100万或更大。一般将相对分子质量小

于6000的称为肽。不过这个界限不是绝对的，如牛胰岛素相对分子质量为5700，一般仍认为是蛋白质。蛋白质煮沸凝固，而肽不凝固。较大的蛋白质如烟草花叶病毒，相对分子质量达4000万。

任务二　蛋白质的基本结构单位

氨基酸是蛋白质的基本结构单位，这个发现是从蛋白质的水解得到的。蛋白质的水解主要有三种方法。

（1）酸水解　用6mol/L的HCl溶液或4mol/L的H_2SO_4溶液，105℃回流20h即可完全水解。酸水解不引起氨基酸的消旋，但色氨酸完全被破坏，丝氨酸和苏氨酸部分破坏，天冬酰胺和谷氨酰胺的酰氨基被水解。

（2）碱水解　用5mol/L的NaOH溶液，水解10～20 h可水解完全。碱水解使氨基酸消旋，许多氨基酸被破坏，但色氨酸不被破坏。常用于测定色氨酸含量。

（3）酶水解　酶水解既不破坏氨基酸，也不引起消旋。但酶水解时间长，反应不完全。一般用于部分水解，若要完全水解，需要用多种酶协同作用。常用的蛋白酶有胰蛋白酶、糜蛋白酶以及胃蛋白酶等。

2.1 肽键与肽

一个氨基酸的羧基与另一个氨基酸的氨基缩水形成的共价键，称为肽键。在蛋白质分子中，氨基酸借肽键连接起来，形成肽链。如图4-1所示。

最简单的肽由两个氨基酸组成，称为二肽。肽链中的氨基酸由于形成肽键时脱水，已不是完整的氨基酸，所以称为残基。肽的命名是根据组成肽的氨基酸残基来确定的。一般从肽的氨基端开始，称为某氨基酰某氨基酰…某氨基酸。

肽的书写也是从氨基端开始。

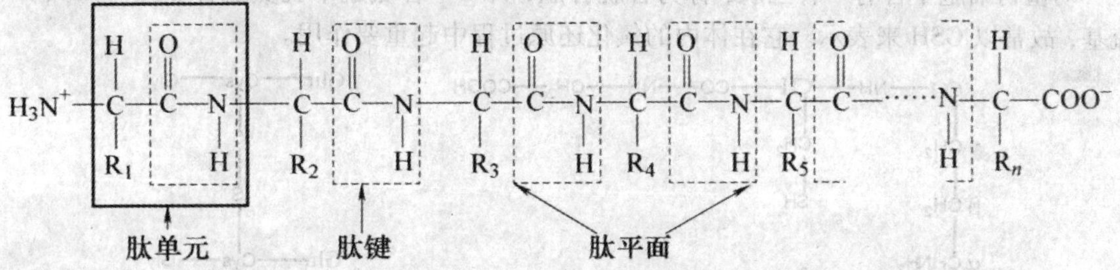

图4-1　肽单元与肽键

肽键像酰胺键一样，由于键内原子处于共振状态而表现出较高的稳定性。在肽键中C—N单键具有约40%双键性质，而C=O双键具有40%单键性质。

这样就产生两个重要结果：（1）肽键的亚氨基在pH0～14的范围内没有明显的解离和质子化的倾向；（2）肽键中的C—N单键不能自由旋转，使蛋白质能折叠成各种三维构象。如图4-2所示。

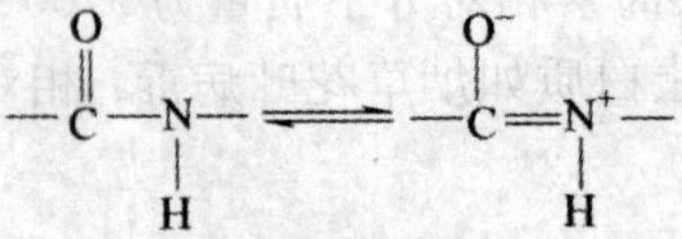

肽键结构互变

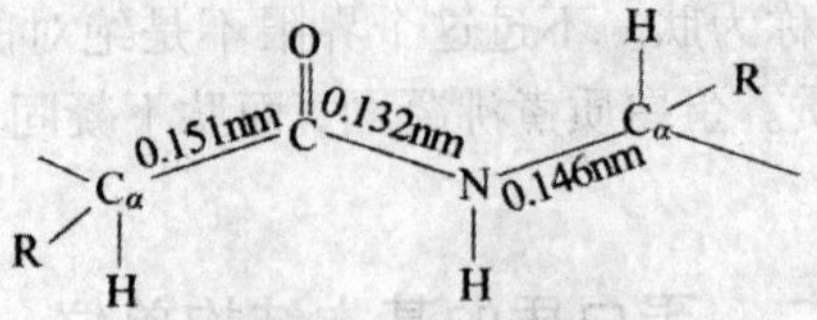

伸展肽键中各键键长

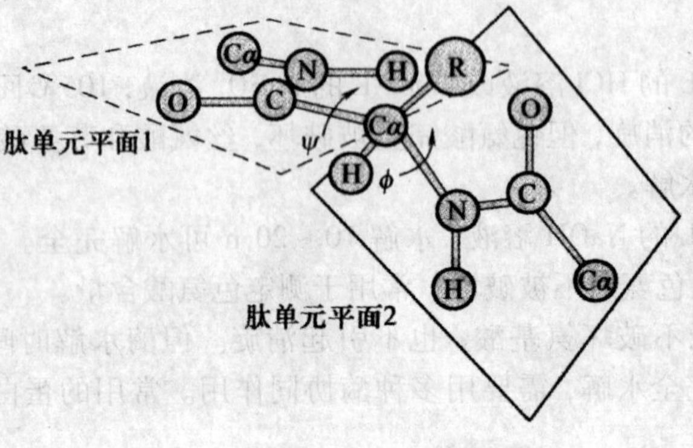

图 4－2　肽键与肽单元平面

用于描述两个肽平面间位置关系的参数为 ϕ 及 ψ，ϕ 描述的是 Cα—N 间的二面角，ψ 描述的是 Cα—C 间的二面角。

2.2 生物活性肽

除了蛋白质部分水解可以产生长短不一的各种肽段之外，生物体内还有很多活性肽游离存在，它们具有各种特殊的生物学功能。已知很多激素属于肽类物质，如催产素、加压素和舒缓激素等。

有些抗生素也属于肽类或肽的衍生物，例如：短杆菌肽 S、多黏菌素 E 和放线菌素 D 等。

动植物细胞中含有一种三肽，称为谷胱甘肽，即 δ－谷氨酰半胱氨酰甘氨酸。因其含有巯基，故常以 GSH 来表示。它在体内的氧化还原过程中起重要作用。

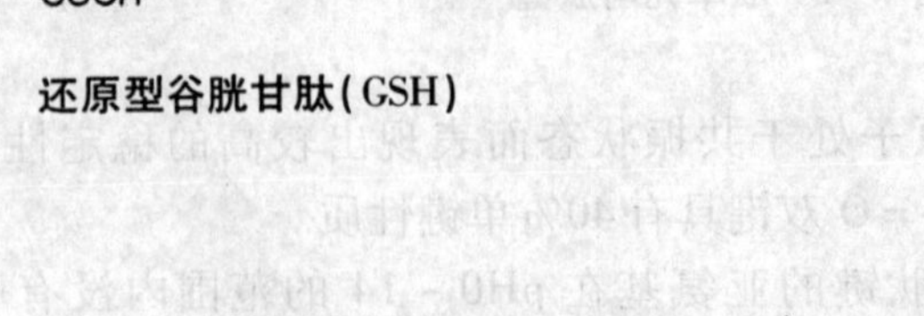

还原型谷胱甘肽（GSH）

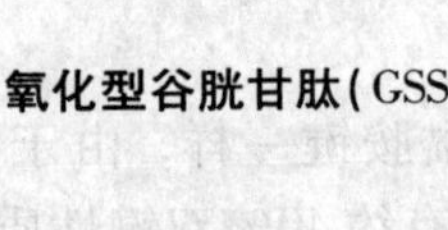

氧化型谷胱甘肽（GSSG）

项目三 氨基酸

任务一 氨基酸的结构特征

蛋白质在酸、碱或酶的作用下，可被水解得到约 20 种氨基酸的混合物。这些氨基酸的结构各不相同，但在结构中的氨基（$—NH_2$）或亚氨基（═NH）都与邻接羧基（—COOH）的 α－碳原子相连接，故它们都属于 α－氨基酸。

除最简单的甘氨酸外，其他氨基酸的 α 碳原子都是不对称的碳原子（又称手性碳原子）。故它们有 L 型和 D 型两种构型。然而，组成天然蛋白质的氨基酸，除甘氨酸外，其化学结构均属 L－α－氨基酸，氨基酸的结构通式如图 4－3。

透视式　　　投影式

图 4－3　α－氨基酸的结构通式

任务二 氨基酸的分类

2.1 基本氨基酸

组成蛋白质的 20 种氨基酸称为基本氨基酸（见表 4－1）。它们中除脯氨酸外都是 α－氨基酸，即在 α－碳原子上有一个氨基。基本氨基酸都符合通式，都有单字母和三字母缩写符号。

（1）按照氨基酸的侧链结构分类：脂肪族氨基酸、芳香族氨基酸和杂环氨基酸。

①脂肪族氨基酸共 15 种。

侧链只是烃链（图 4－4）：Gly，Ala，Val，Leu，Ile，后三种带有支链。

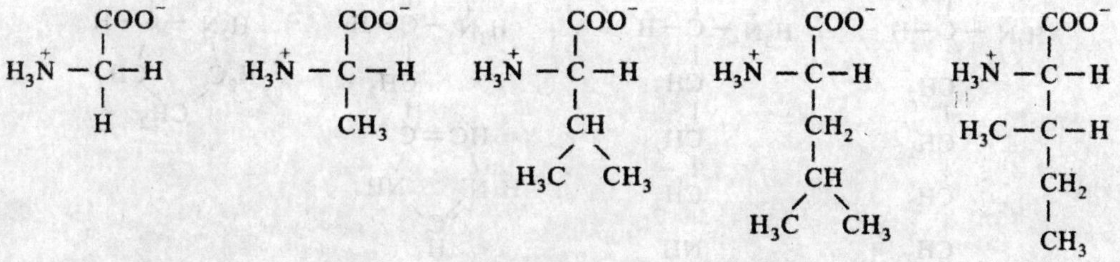

甘氨酸 (Gly,G)　丙氨酸 (Ala,A)　缬氨酸 (Val,V)　亮氨酸 (Lue,L)　异亮氨酸 (Ile,I)

图 4－4　中性脂肪族氨基酸

侧链含有羟基（图 4－5）：Ser，Thr，许多蛋白酶的活性中心含有丝氨酸，它还在蛋白质与糖类及磷酸的结合中起重要作用。

侧链含硫原子(图 4－5)：Cys，Met，两个半胱氨酸可通过形成二硫键结合成一个胱氨酸。二硫键对维持蛋白质的高级结构有重要意义。甲硫氨酸的硫原子有时参与形成配位键。甲硫氨酸可作为通用甲基供体，参与多种分子的甲基化反应。

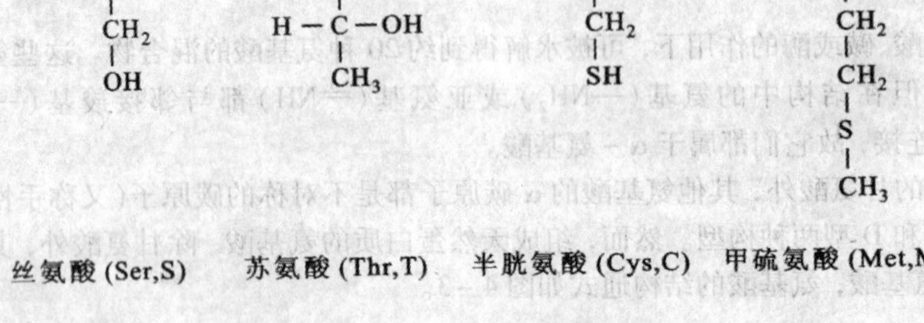

丝氨酸 (Ser,S)　苏氨酸 (Thr,T)　半胱氨酸 (Cys,C)　甲硫氨酸 (Met,M)

图 4－5　含羟基或硫氨基酸

侧链含有羧基(图 4－6)：Asp，Glu。

侧链含酰胺基(图 4－6)：Asn，Gln。

侧链显碱性(图 4－7)：Arg，Lys。

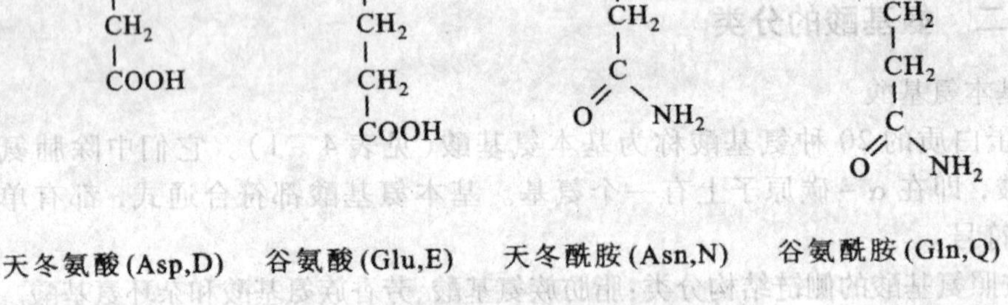

天冬氨酸 (Asp,D)　谷氨酸 (Glu,E)　天冬酰胺 (Asn,N)　谷氨酰胺 (Gln,Q)

图 4－6　酸性氨基酸及其酰胺

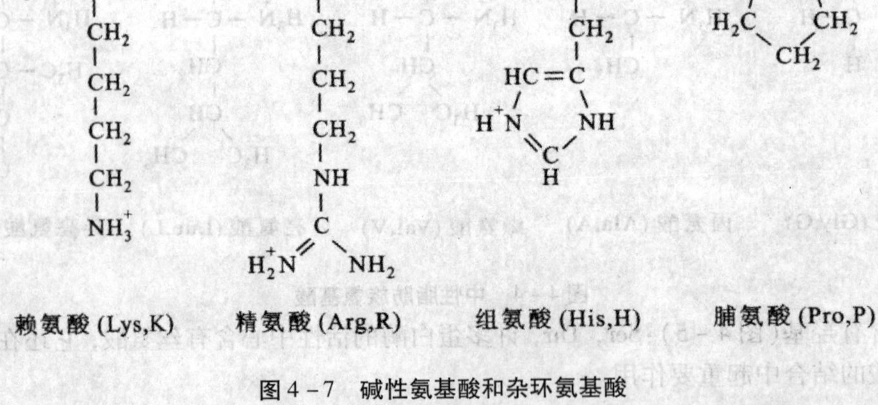

赖氨酸 (Lys,K)　精氨酸 (Arg,R)　组氨酸 (His,H)　脯氨酸 (Pro,P)

图 4－7　碱性氨基酸和杂环氨基酸

表 4－1　　20 种基本氨基酸的相对分子质量及等电点

名称	符号与缩写	相对分子质量	等电点
丙氨酸(Alanine)	A 或 Ala	89.079	6.02
缬氨酸(Valine)	V 或 Val	117.133	5.97
亮氨酸(Leucine)	L 或 Leu	131.160	5.98
异亮氨酸(1soleucine)	I 或 Ile	131.160	6.02
甲硫氨酸(Methiomne)	M 或 Met	149.199	5.75
苯丙氨酸(Phenylalanine)	F 或 Phe	165.177	5.48
色氨酸(Tryptophan)	W 或 Trp	204.213	5.89
脯氨酸(Proline)	P 或 Pro	115.117	6.30
甘氨酸(Glycine)	G 或 Gly	75.052	5.97
丝氨酸(Serine)	S 或 Ser	105.078	5.68
苏氨酸(Threonine)	T 或 Thr	119.105	6.53
半胱氨酸(Cysteine)	C 或 Cys	121.145	5.02
天冬酰胺(Asparagine)	N 或 Asn	132.104	5.41
谷氨酰胺(Glutamine)	Q 或 G1n	146.131	5.65
酪氨酸(Tyrosine)	Y 或 Tyr	181.176	5.66
精氨酸(Arginine)	R 或 Arg	174.188	10.76
赖氨酸(Lysine)	K 或 Lys	146.17	9.74
组氨酸(Histidine)	H 或 His	155.141	7.59
谷氨酸(Glutamic acid)	E 或 Glu	147.116	3.22
天冬氨酸(Aspartic acid)	D 或 Asp	133.089	2.97

②芳香族氨基酸(见图 4－8)包括苯丙氨酸(Phe)、酪氨酸(Tyr)和色氨酸(Trp)三种。芳香族氨基酸都含苯环，都有紫外吸收，酪氨酸是合成甲状腺素的原料。

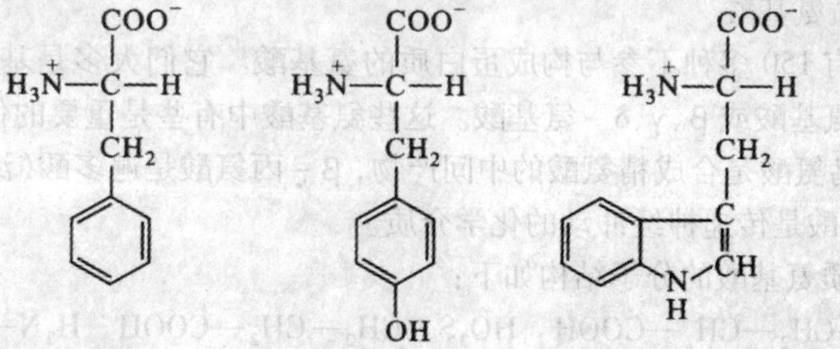

苯丙氨酸(Phe,F)　　酪氨酸(Tyr,Y)　　色氨酸(Trp,W)

图 4－8　芳香族氨基酸

③杂环氨基酸(见图 4－7)包括组氨酸(His)和脯氨酸(Pro)两种。组氨酸也是碱性氨基酸，但碱性较弱，在生理条件下是否带电与周围环境有关，它在活性中心常起传递电荷的作用。组氨酸能与铁等金属离子配位。脯氨酸是唯一的亚氨基酸。

(2)按照氨基酸侧链极性分类：

①非极性氨基酸：Ala，Val，Leu，11e，Met，Phe，Trp，Pro 共八种。

②极性不带电荷：Gly，Ser，Thr，Cys，Asn，Gln，Tyr 共七种。

③带正电荷：Arg，Lys，His。

④带负电荷：Asp，Glu。

(3)按照营养学角度分类

①必需氨基酸：人体必不可少，而机体内又不能合成，必须从食物中补充的氨基酸，称必需氨基酸。人体的必需氨基酸有 8 种，包括 Lys、Trp、Met、Phe、Val、Leu、Ile、Thr。正常成人所需的必需氨基酸占氨基酸总量的 20% 左右。当人体缺乏这 8 种必需氨基酸中的任何一种时就会导致生长发育不良，甚至引起一些缺乏病。

②非必需氨基酸：构成人体蛋白质的 20 种氨基酸中，除以上 8 种必需氨基酸外，人体可以自身合成的氨基酸，称非必需氨基酸。

2.2 不常见的氨基酸

某些蛋白质中含有一些不常见的氨基酸，它们是基本氨基酸在蛋白质合成以后经羟化、羧化、甲基化等修饰衍生而来的，也称稀有氨基酸或特殊氨基酸，如 4－羟脯氨酸、5－羟赖氨酸、6－N－甲基赖氨酸等。其中羟脯氨酸和羟赖氨酸在胶原和弹性蛋白中含量较多。在甲状腺素中还有 3，5－二碘酪氨酸。

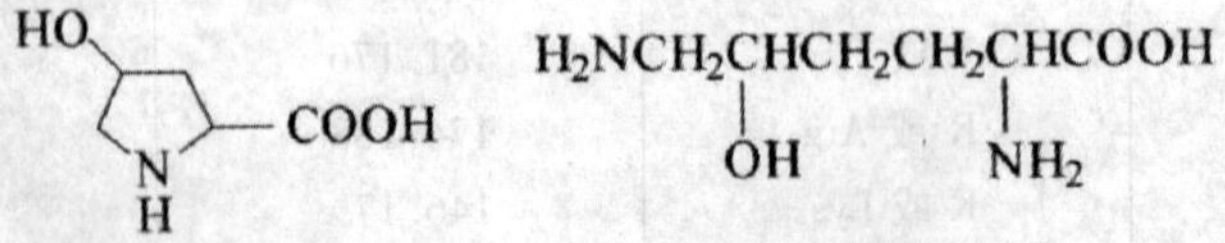

4-羟脯氨酸　　5-羟赖氨酸

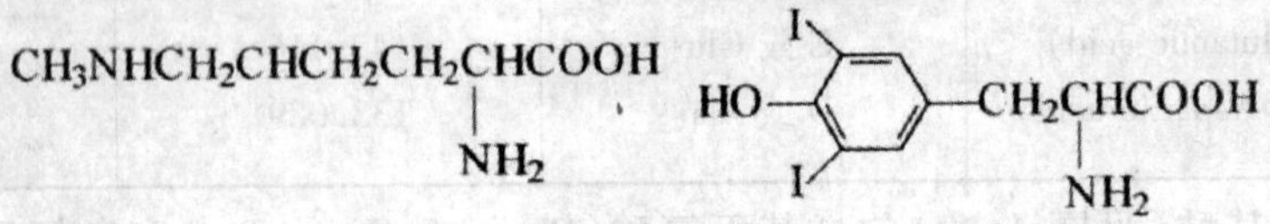

6-*N*-甲基赖氨酸　　3,5-二碘酪氨酸

2.3 非蛋白质氨基酸

自然界中还有 150 多种不参与构成蛋白质的氨基酸。它们大多是基本氨基酸的衍生物，也有一些是 D－氨基酸或 β、γ、δ－氨基酸。这些氨基酸中有些是重要的代谢物前体或中间产物，如瓜氨酸和鸟氨酸是合成精氨酸的中间产物，β－丙氨酸是遍多酸（泛酸、辅酶 A 前体）的前体，γ－氨基丁酸是传递神经冲动的化学介质。

一些非蛋白质氨基酸的分子结构如下：

$H_2N—CH_2—CH_2—CH_2—COOH$　　$HO_3S—CH_2—CH_2—COOH$　　$H_2N—CH_2—CH_2—COOH$

γ－氨基丁酸　　牛磺酸　　β－丙氨酸

任务三　氨基酸的理化性质

3.1 物理性质

α－氨基酸都是白色晶体，每种氨基酸都有特殊的结晶形状，可以用来鉴别各种氨基酸。除胱氨酸和酪氨酸外，都能溶于水中。脯氨酸和羟脯氨酸能溶于乙醇或乙醚中。

除甘氨酸外，α－氨基酸都有旋光性，α－碳原子具有手性。苏氨酸和异亮氨酸有两个手性碳原子。从蛋白质水解得到的氨基酸都是 L－型。但在生物体内特别是细菌中，D－氨基酸也存在，如细菌的细胞壁和某些抗生素中都含有 D－氨基酸。

参与蛋白质组成的 20 种氨基酸，在可见光区都无光吸收；在紫外光区只有酪氨酸、苯丙氨酸和色氨酸具有光吸收能力，其中以色氨酸吸收紫外光的能力最强，蛋白质在波长 280nm 处有特征性的最大吸收峰是由它所含有的色氨酸和酪氨酸所引起的。利用这一性质可测定蛋白质的含量。

三个带苯环的芳香族氨基酸在紫外光区的吸收光谱如图 4－9，吸收波长分别为：

Phe：$\lambda_{max}=257$nm，$\varepsilon=200$；Tyr：$\lambda_{max}=275$nm，$\varepsilon=1400$；Trp：$\lambda_{max}=280$nm，$\varepsilon=5600$。

其中 λ_{max} 为最大光吸收波长，ε 为在该波长下的摩尔吸收系数，旧称摩尔消光系数，单位是 $mol^{-1}\cdot L\cdot cm^{-1}$。

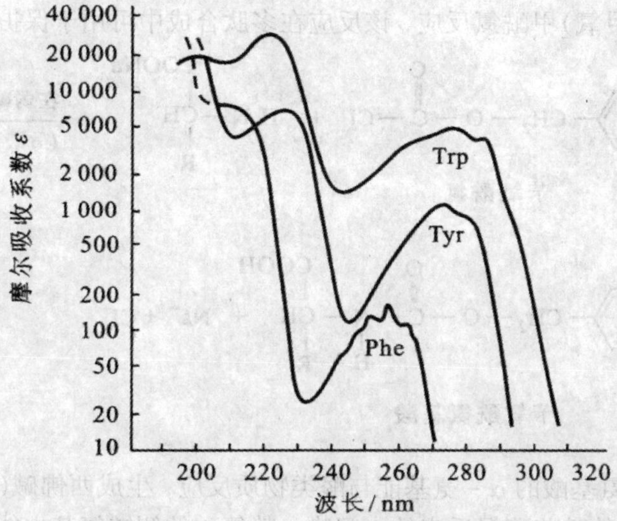

图 4－9　芳香族氨基酸在 pH6 时的紫外吸收光谱

3.2 化学性质

3.2.1 两性解离及等电点

氨基酸的分子中既有碱性的 α－氨基，又有酸性的 α－羧基，因而在不同的溶液中它们既可以解离形成带正电荷的阳离子（$—NH_3^+$），也可以解离形成带负电荷的阴离子（$—COO^-$），这种具有双重解离性质的物质被称为两性电解质。因此氨基酸是两性电解质。

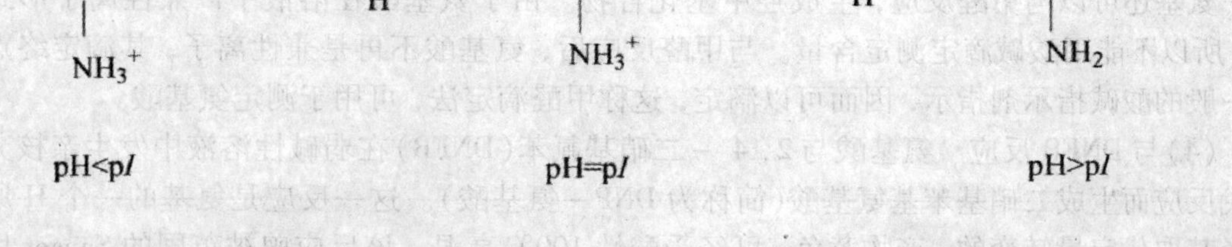

通过改变溶液的 pH 可使氨基酸分子的解离状态发生改变。在某一 pH 条件下，使氨基酸解离成阳离子和阴离子的数量相等，分子呈电中性，即形成了兼性离子，此时溶液的 pH 称为该氨基酸的等电点（isoelectric point，pI）。氨基酸在等电点时溶解度最小，沉淀最多。

3.2.2 氨基的反应

(1)与亚硝酸反应　氨基酸在室温下与亚硝酸反应，脱氨，生成羟基羧酸和氮气。因为伯胺都有这个反应，所以赖氨酸的侧链氨基也能反应，但速度较慢。

$$R—CH(NH_2)—COOH + HNO_2 \longrightarrow R—CH(OH)—COOH + H_2O + N_2\uparrow$$

在标准条件下测定生成的氮气的体积，即可计算出氨基酸的量。这是范斯来克法测定氨基氮的基础。常用于蛋白质的化学修饰、水解程度测定及氨基酸的定量。

(2)与酰化试剂反应　氨基可与酰化试剂，如酰氯或酸酐在弱碱性溶液中反应，生成酰胺。例如与苄氧(苯甲氧)甲酰氯反应，该反应在多肽合成中可用于保护氨基。

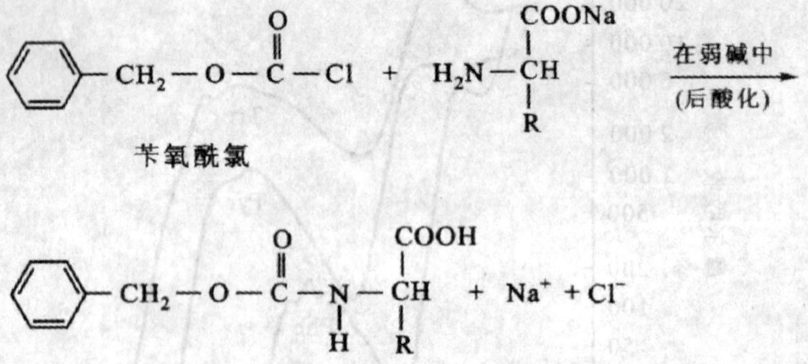

苄氧酰氨基酸

(3)与醛反应　氨基酸的α-氨基能与醛类物质反应，生成西佛碱(Schiff's base)。西佛碱是氨基酸作为底物的某些酶促反应的中间物。赖氨酸的侧链氨基也能发生此反应。

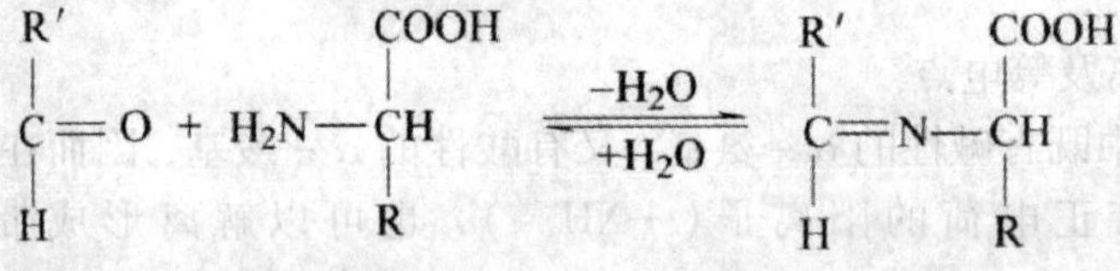

醛　　　氨基酸　　　西佛碱

氨基还可以与甲醛反应，生成羟甲基化合物。由于氨基酸在溶液中以兼性离子形式存在，所以不能用酸碱滴定测定含量。与甲醛反应后，氨基酸不再是兼性离子，其滴定终点可用一般的酸碱指示剂指示，因而可以滴定，这称甲醛滴定法，可用于测定氨基酸。

(4)与DNFB反应　氨基酸与2，4-二硝基氟苯(DNFB)在弱碱性溶液中发生亲核芳环取代反应而生成二硝基苯基氨基酸(简称为DNP-氨基酸)。这一反应是氨基的一个H原子被烃基取代定量转变的，产物黄色，可经受酸性100℃高温。该反应曾被英国的Sanger用来测定胰岛素的氨基酸顺序，也称桑格尔试剂，现在应用于多肽、蛋白质N-末端测定。

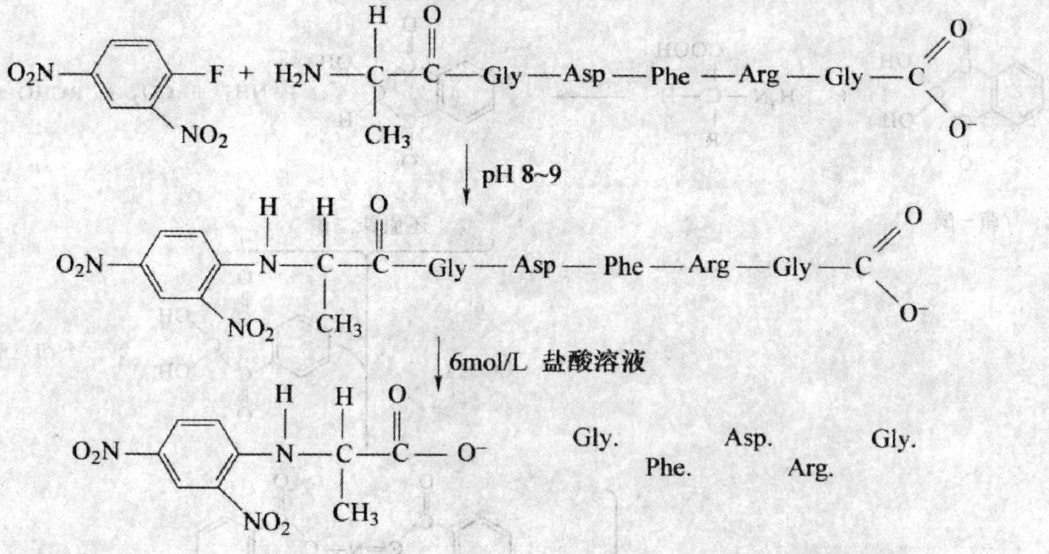

(5)脱氨基反应　氨基酸在生物体内经氨基酸氧化酶催化即脱去α－氨基而转变成酮酸。

3.2.3 羧基的反应

羧基可与碱作用生成盐，其中重金属盐不溶于水。羧基可与醇生成酯，此反应常用于多肽合成中的羧基保护。例如氨基酸在无水乙醇中通入干燥氯化氢气体或加入二氯亚砜，然后回流，生成氨基酸乙酯的盐酸盐。氨基酸酯是制备氨基酸的酰胺或酰肼的中间物。

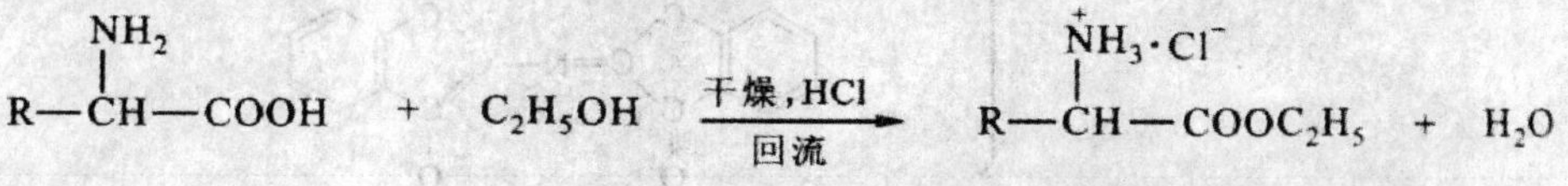

某些酯有活化作用，可增加羧基活性，如对硝基苯酯。将氨基保护以后，可与二氯亚砜或五氯化磷作用生成酰氯，在多肽合成中用于活化羧基。

在脱羧酶的催化下，可脱去羧基，形成伯胺(一级胺)。

3.2.4 茚三酮反应

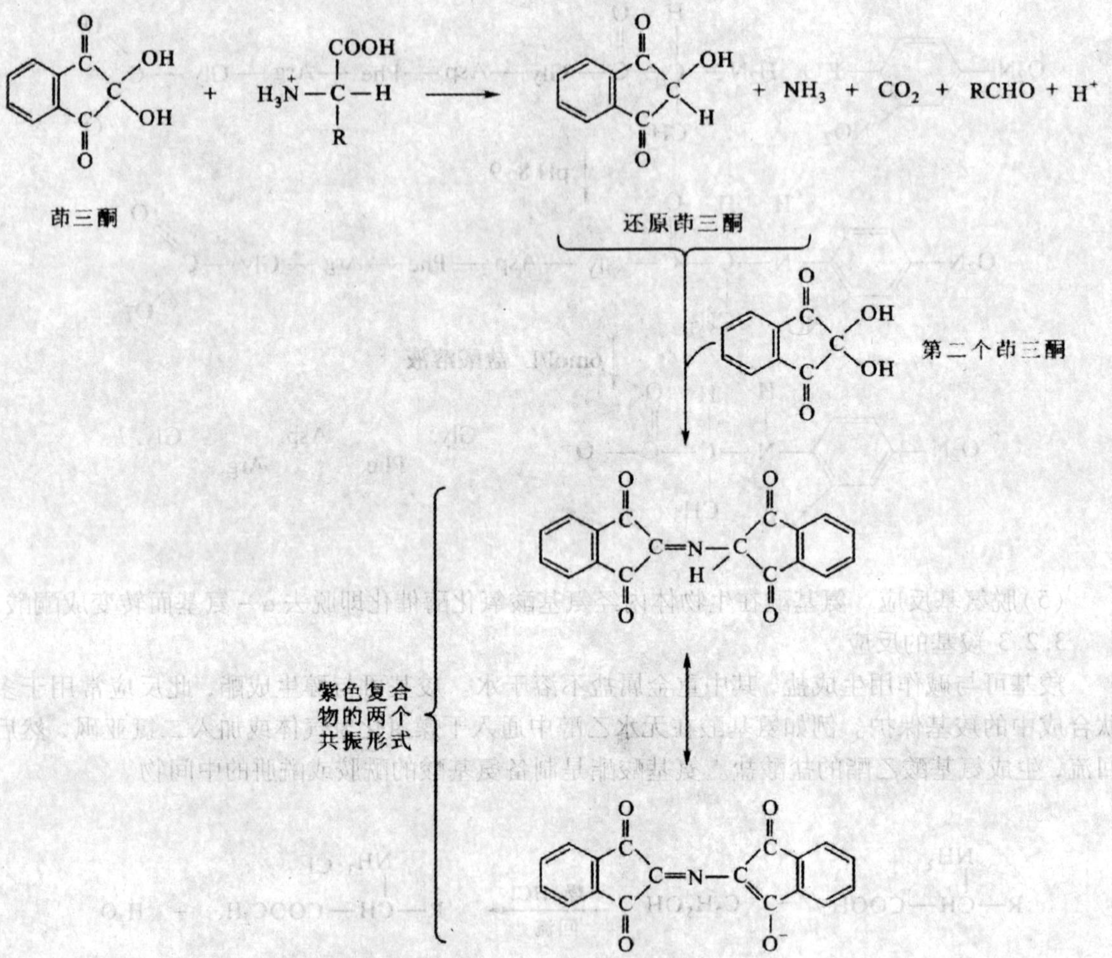

氨基酸与茚三酮在微酸性溶液中加热，最后生成蓝色物质。而脯氨酸生成黄色化合物。根据这个反应可通过二氧化碳测定氨基酸含量。

3.2.5 侧链的反应

半胱氨酸侧链巯基反应性高。

(1)氧化生成二硫键(disulfide bond)

半胱氨酸在碱性溶液中容易被氧化形成二硫键，生成胱氨酸。氧化剂过甲酸可以定量地拆开二硫键，生成相应的磺酸。还原剂如巯基乙醇、巯基乙酸也能拆开二硫键，生成相应的巯基化合物。

$$2R—SH + \frac{1}{2}O_2 \longrightarrow R—S—S—R + H_2O$$

(2)与重金属反应

极微量的某些重金属离子，如 Ag^+、Hg^{2+}，就能与巯基反应，生成硫醇盐，导致含巯基的酶失活。

3.2.6 常用于氨基酸检验的反应

酪氨酸、组氨酸能与重氮化合物反应(Pauly 反应)，可用于定性、定量测定。组氨酸生成棕红色的化合物，酪氨酸为橘黄色。

精氨酸在氢氧化钠溶液中与1－萘酚和次溴酸钠反应，生成深红色，称为坂口反应，用于胍基的鉴定。

酪氨酸与硝酸、亚硝酸、硝酸汞和亚硝酸汞反应，生成白色沉淀，加热后变红，称为米伦反应，是鉴定酚基的特性反应。

色氨酸中加入乙醛酸后再缓慢加入浓硫酸，在界面会出现紫色环，用于鉴定吲哚基。

在蛋白质中，有些侧链基团被包裹在蛋白质内部，因而反应很慢甚至不反应。

项目四　蛋白质结构

任务一　蛋白质的一级结构

蛋白质是生物大分子，具有明显的结构层次性，由低层到高层可分为一级结构、二级结构、三级结构和四级结构。如图4－10所示。

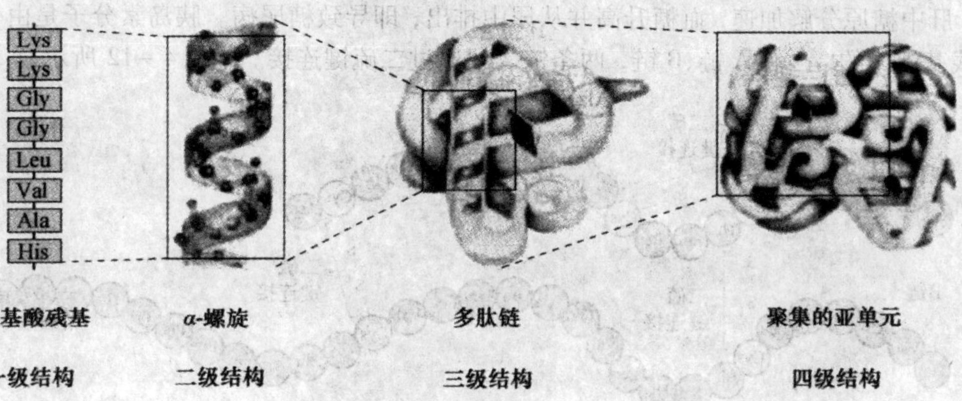

图4－10　蛋白质的结构

1.1 蛋白质的一级结构

蛋白质的一级结构是指肽链的氨基酸组成及其排列顺序。氨基酸序列是蛋白质分子结构的基础，它决定蛋白质的高级结构。一级结构可用氨基酸的三字母符号或单字母符号表示，从N—末端向C—末端书写。采用三字母符号时，氨基酸之间用连字符（－）隔开。

蛋白质一级结构研究的内容包括蛋白质的氨基酸组成、氨基酸的排列顺序和二硫键的位置、肽键数目、末端氨基酸的种类等，蛋白质一级结构中肽链内和肽链间二硫键示意图见图4－11。

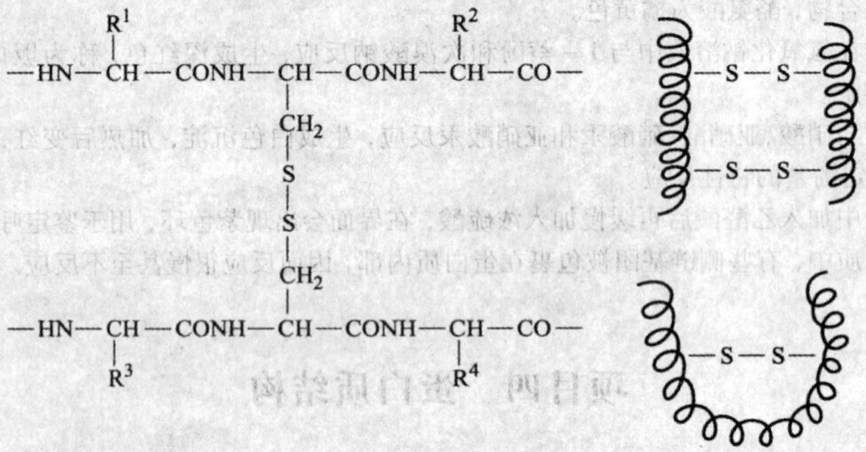

图4－11　蛋白质一级结构中肽链内和肽链间二硫键示意图

1.2 胰岛素的一级结构

胰岛素是一级结构首先被揭示的蛋白质。它的主要功能是促进糖原的生成和加速葡萄糖的氧化，并促使葡萄糖进入肌肉及脂肪细胞，因此胰岛素可降低体内的血糖含量。胰岛素不足时，肝中糖原分解加速，血糖升高并从尿中排出，即导致糖尿病。胰岛素分子是由51个氨基酸残基组成的，含有A链、B链，两条链之间通过二硫键连接。如图4－12所示。

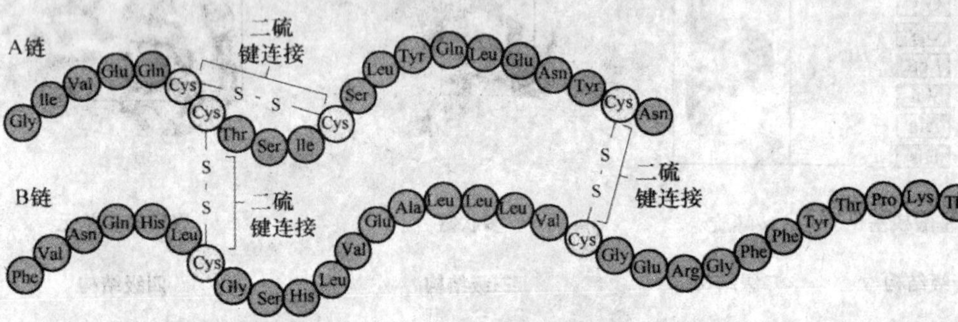

图4－12　胰岛素结构图

1.3 牛胰核糖核酸酶的一级结构

牛胰核糖核酸酶存在于牛胰中，最适pH为7.0～8.2，十分耐热。目前不但全部搞清了该酶的结构，而且还成功进行了人工合成。牛胰核糖核酸酶由124个氨基酸组成，有四对二硫键。牛胰核糖核酸酶通过4个二硫键及次级键，肽链盘曲折叠成三级结构，具有活性。如图4－13所示。

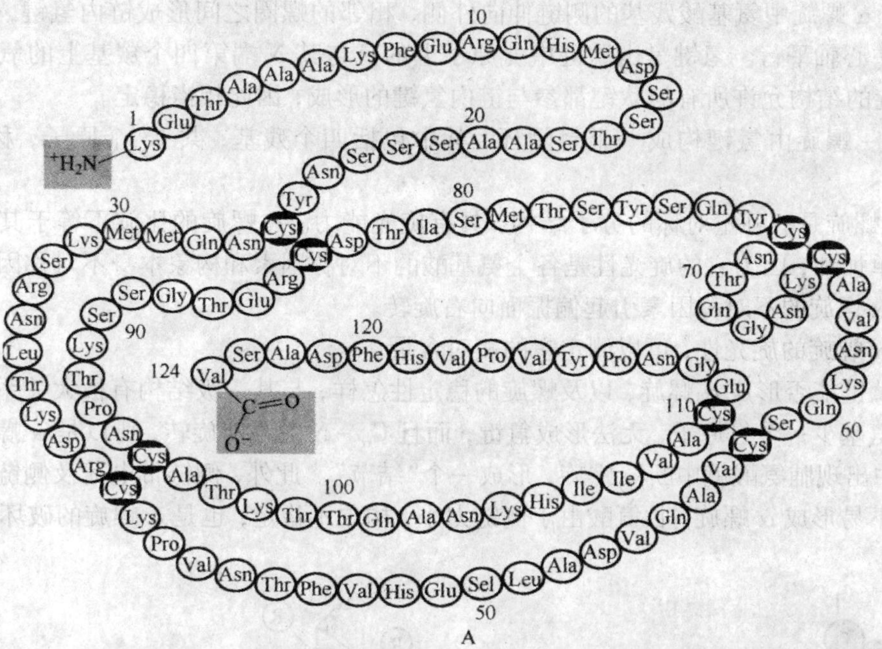

图 4－13　牛胰核糖核酸酶的一级结构

任务二　蛋白质的空间结构

2.1 蛋白质的二级结构

蛋白质的二级结构是指肽链主链的空间走向(折叠和盘绕方式)，是有规则重复的构象。肽链主链具有重复结构，其中氨基是氢键供体，羰基是氢键受体。通过形成链内或链间氢键可以使肽链卷曲折叠形成多种二级结构单元。

蛋白的空间结构是一种构象，可以在不破坏共价键情况下发生改变。但是蛋白质中任一氨基酸残基的实际构象自由度是非常有限的，在生理条件下，每种蛋白质似乎只呈现出称为天然构象的单一稳定形状。

2.2 蛋白质的二级结构单元

蛋白质的肽链卷曲折叠形成二级结构单元，主要有 α 螺旋、β－折叠、β 转角和无规卷曲四种。

2.2.1 α 螺旋

α 螺旋模型是 Pauling 和 Corey 等研究 α－角蛋白时于 1951 年提出的。主要有以下特征：

(1) α 螺旋模型中，每隔 3.6 个氨基酸残基螺旋上升一圈，相当于向上平移 0.54nm。螺旋的直径是 1.1nm。螺旋上升时，每个氨基酸残基沿轴旋转 100°，向上平移 0.15nm，比完全伸展的构象压缩 2.4 倍，见图 4－14。

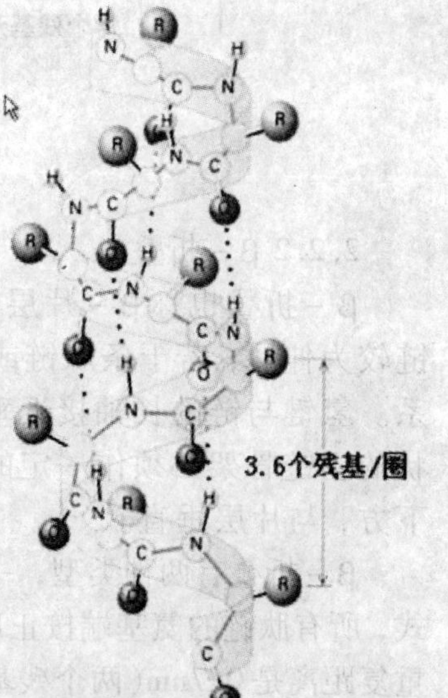

(2)在α螺旋中氨基酸残基的侧链伸向外侧，相邻的螺圈之间形成链内氢键，氢键的取向几乎与中心轴平行。氢键是由肽键中氮原子上的氢与其N端第四个羰基上的氧之间形成的。α螺旋的结构允许所有的肽键都参与链内氢键的形成，因此相当稳定。

(3)α－螺旋由氢键构成一个封闭环，其中包括四个残基，共13个原子，称为3.6_{13}螺旋。

(4)α螺旋是一种不对称的分子结构，具有旋光能力。α螺旋的比旋不等于其中氨基酸比旋的简单加和，因为它的旋光性是各个氨基酸的不对称因素和构象本身不对称因素的总反映。天然α螺旋的不对称因素引起偏振面向右旋转。

利用α螺旋的旋光性，可以测定它的相对含量。

一条肽链能否形成α螺旋，以及螺旋的稳定性怎样，与其一级结构有极大关系。脯氨酸由于其亚氨基少一个氢原子，无法形成氢键，而且C_{α}－N键不能旋转，所以是α螺旋的破坏者，肽链中出现脯氨酸就中断α螺旋，形成一个“结节”。此外，侧链带电荷及侧链基团过大的氨基酸不易形成α螺旋，甘氨酸由于侧链太小，构象不稳定，也是α螺旋的破坏者。

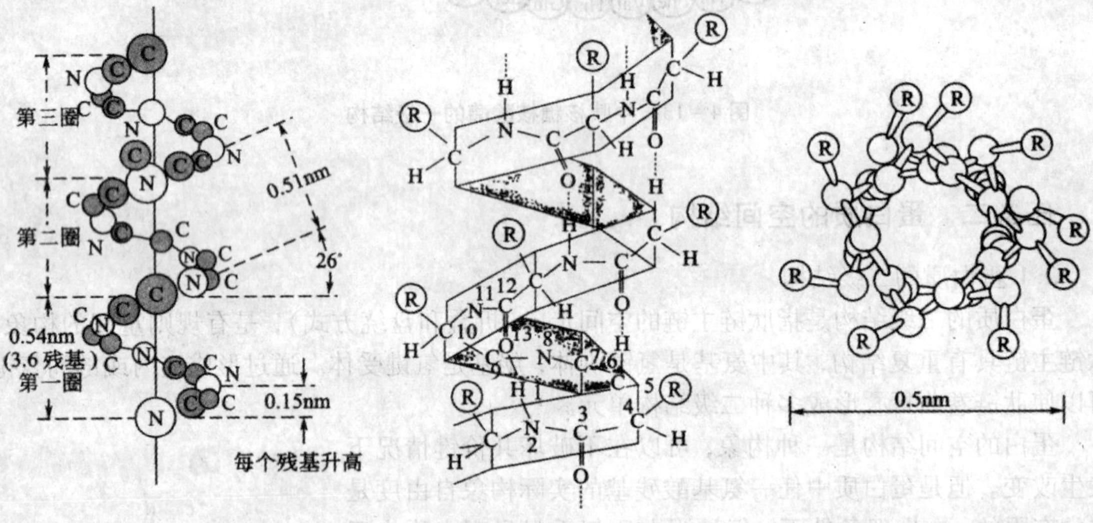

图4－14　α螺旋结构

2.2.2 β－折叠

β－折叠也称β－片层(见图4－15)，在蚕丝丝心蛋白中含量丰富。在此结构中，肽链较为伸展，若干条肽链或一条肽链的若干肽段平行排列，相邻主链骨架之间靠氢键维系。氢键与链的长轴接近垂直。为形成最多的氢键，避免相邻侧链间的空间障碍，锯齿状的主链骨架必须作一定的折叠，以形成一个折叠的片层。侧链交替位于片层的上方和下方，与片层垂直。

β－折叠有两种类型，一种是平行式，即所有肽链的氨基端在同一端；另一种是反平行式，所有肽链的氨基端按正反方向交替排列。从能量上看，反平行式更为稳定。反平行式的重复距离是0.7nm(两个残基)，平行式是0.65nm。

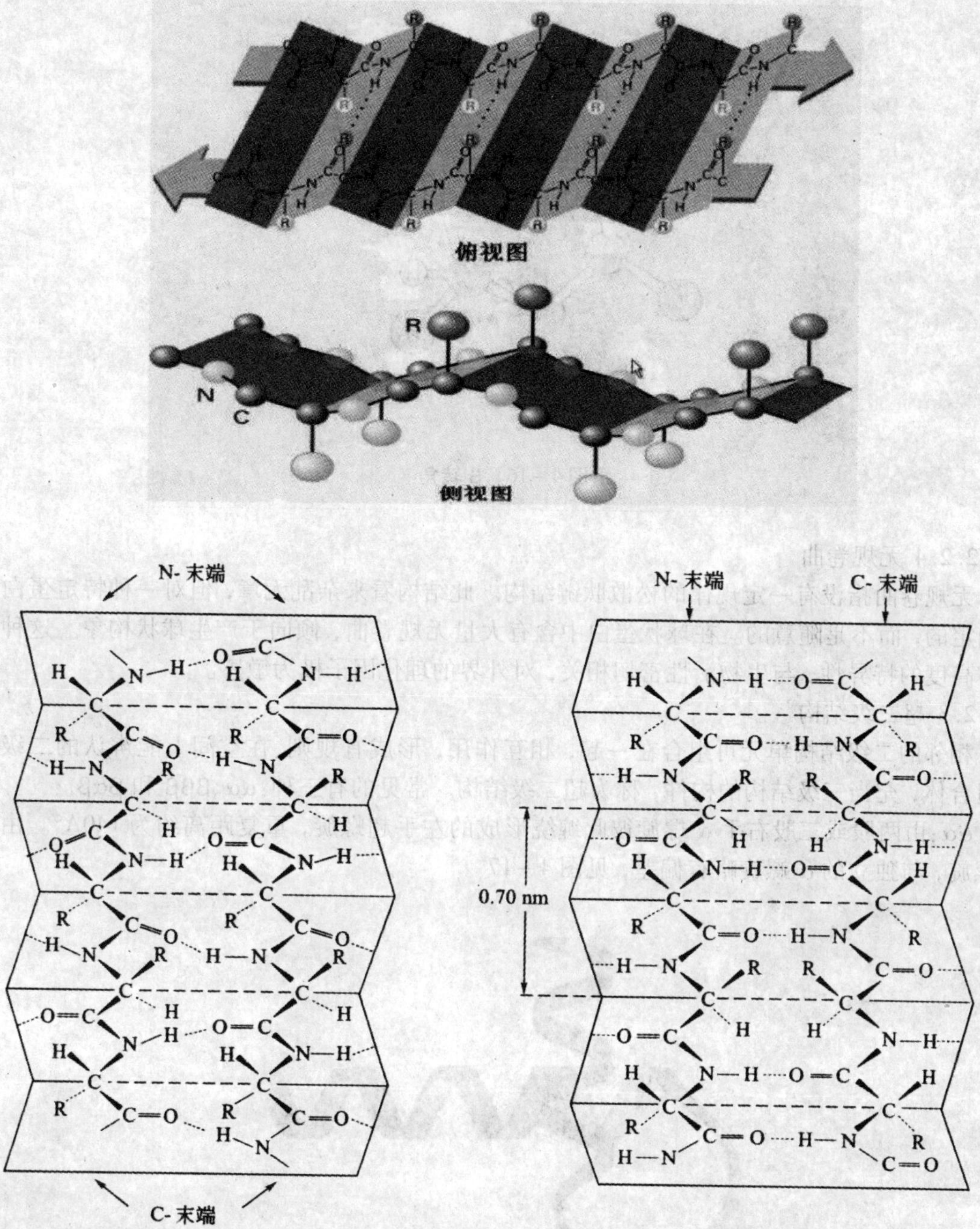

图 4－15 β－折叠结构示意图

2.2.3 β 转角

β 转角使肽链形成约 180°的回转，第一个氨基酸的羰基与第四个氨基酸的氨基形成氢键。这种结构在球状蛋白中广泛存在，可占全部残基的 1/4(见图 4－16)。

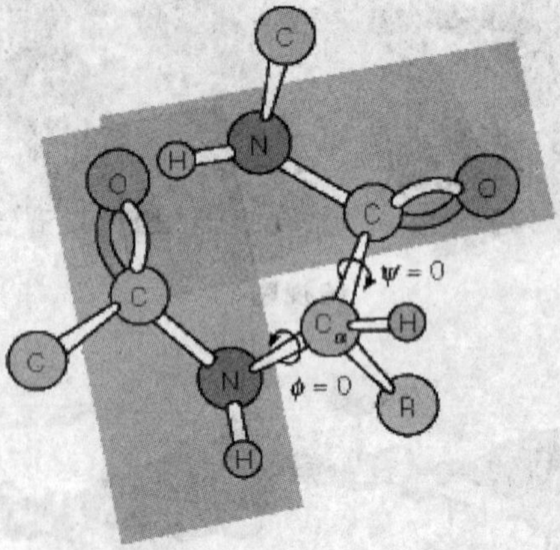

图 4－16　β 转角

2.2.4 无规卷曲

无规卷曲指没有一定规律的松散肽链结构。此结构看来杂乱无章，但对一种特定蛋白又是确定的，而不是随意的。在球状蛋白中含有大量无规卷曲，倾向于产生球状构象。这种结构有高度的特异性，与生物活性密切相关，对外界的理化因子极为敏感。

2.3 超二级结构

相邻的二级结构单元可组合在一起，相互作用，形成有规则、在空间上能辨认的二级结构组合体，充当三级结构的构件，称为超二级结构。常见的有三种：αα、βββ 和 βαβ。

αα：由两股或三股右手 α 螺旋彼此缠绕形成的左手超螺旋，重复距离约为 140A°。由于超螺旋，与独立的 α 螺旋略有偏差，见图 4－17。

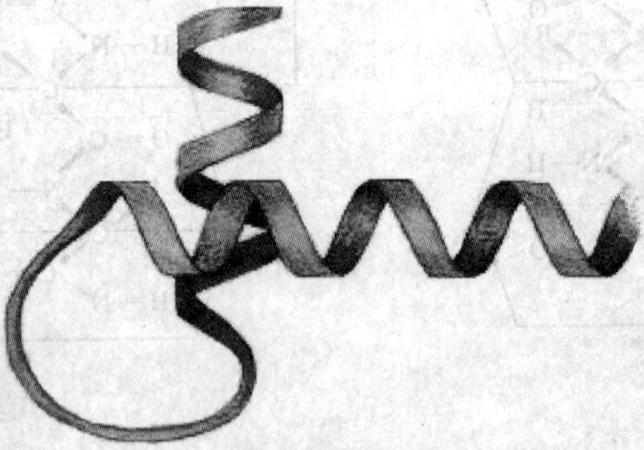

图 4－17　αα 超二级结构示意图

βββ：由一级结构上连续的反平行 β 折叠通过紧凑的 β 转角连接而成。包括 β 曲折和回形拓扑，见图 4－18。

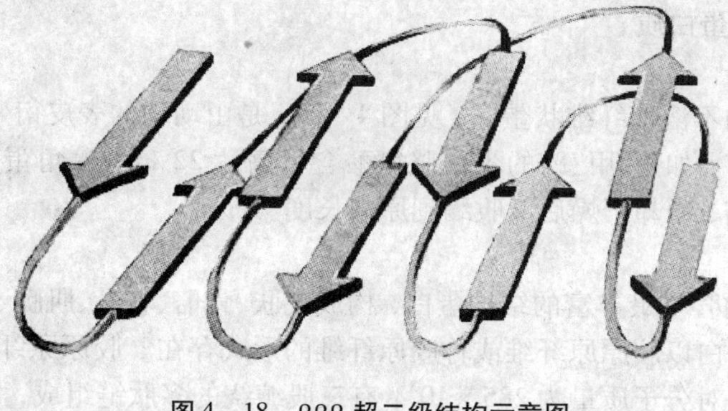

图 4－18　βββ 超二级结构示意图

βαβ：β 折叠之间由 α 螺旋或无规卷曲连接，见图 4－19。

图 4－19　βαβ 超二级结构示意图

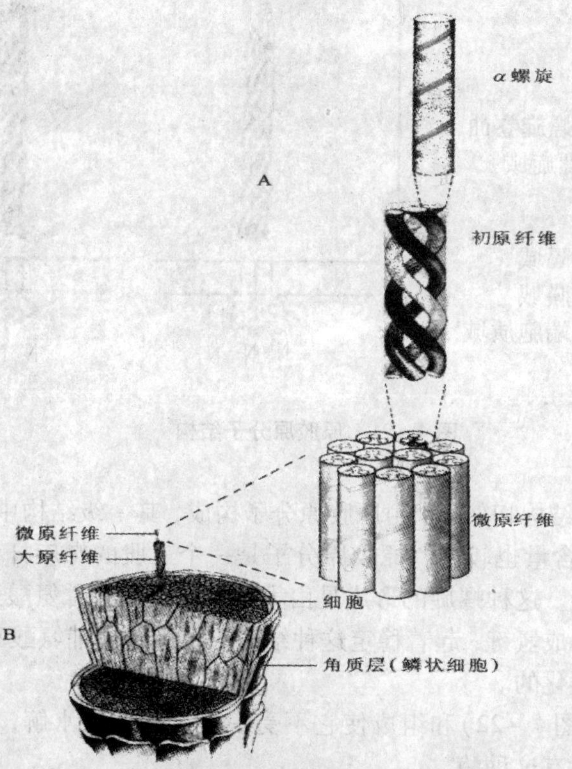

图 4－20　毛发横切面（B）和毛发 α－角蛋白（A）的结构

2.4 二级结构的蛋白质

2.4.1 角蛋白

角蛋白是动物的不溶性纤维状蛋白，见图 4－20，是由动物的表皮衍生而来的。α－角蛋白中胱氨酸含量丰富，如角、甲、蹄的蛋白胱氨酸含量高达 22%；α－角蛋白暴露于湿热环境中几乎可以伸长一倍，冷却干燥后又收缩到原来长度。

2.4.2 胶原蛋白

胶原是动物体内含量最丰富的结构蛋白，构成皮肤、骨骼、软骨、肌腱、牙齿的主要纤维成分。在体内，胶原蛋白以胶原原纤维或称胶原纤维的形式存在。胶原原纤维的基本结构单位是原胶原分子，其相对分子质量为 285×10^3，有三股缠绕的多肽链组成，每股长度约 1000 个氨基酸残基。原胶原分子长约 300nm，直径约 1.5nm，见图 4－21。

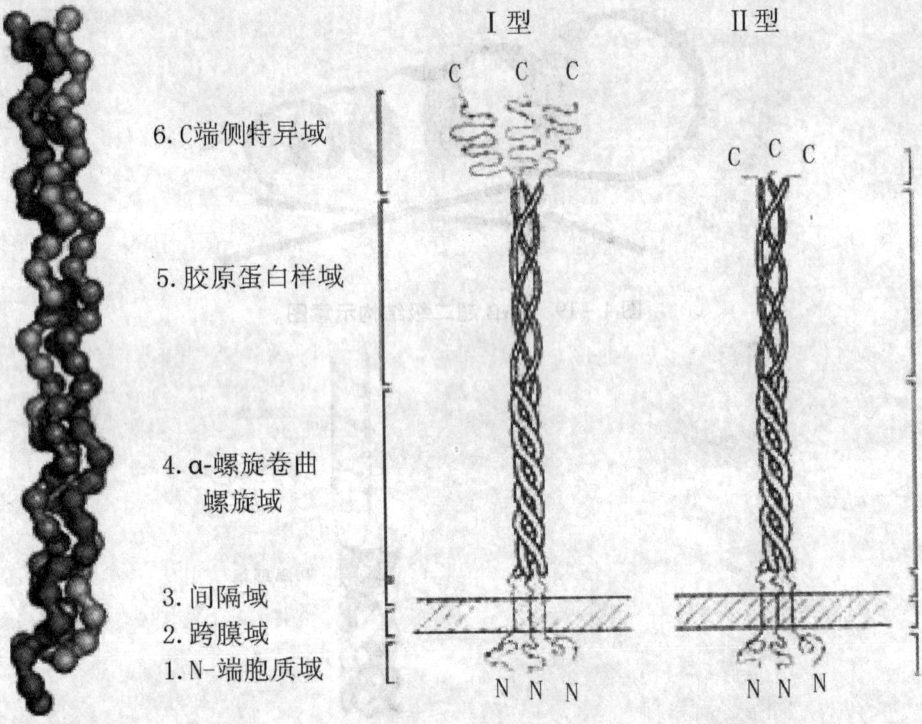

图 4－21　原胶原分子结构

胶原蛋白共有 4 种，结构相似，都由原胶原分子构成，其一级结构中甘氨酸占 1/3，脯氨酸、羟脯氨酸和羟赖氨酸含量也较高。原胶原分子是一个三股的螺旋杆，是由三股特殊的左手螺旋构成的右手超螺旋。这种螺旋的形成是由大量的脯氨酸和甘氨酸造成的。羟脯氨酸和羟赖氨酸的羟基也参与形成氢键，起着稳定这种结构的作用。羟脯氨酸和羟赖氨酸都是蛋白合成后经羟化酶催化而羟化的。

胶原的特殊结构（见图 4－22）和组成使它不受一般蛋白酶的水解，但可被胶原酶水解。在变态的蝌蚪尾鳍中就含有这种酶。

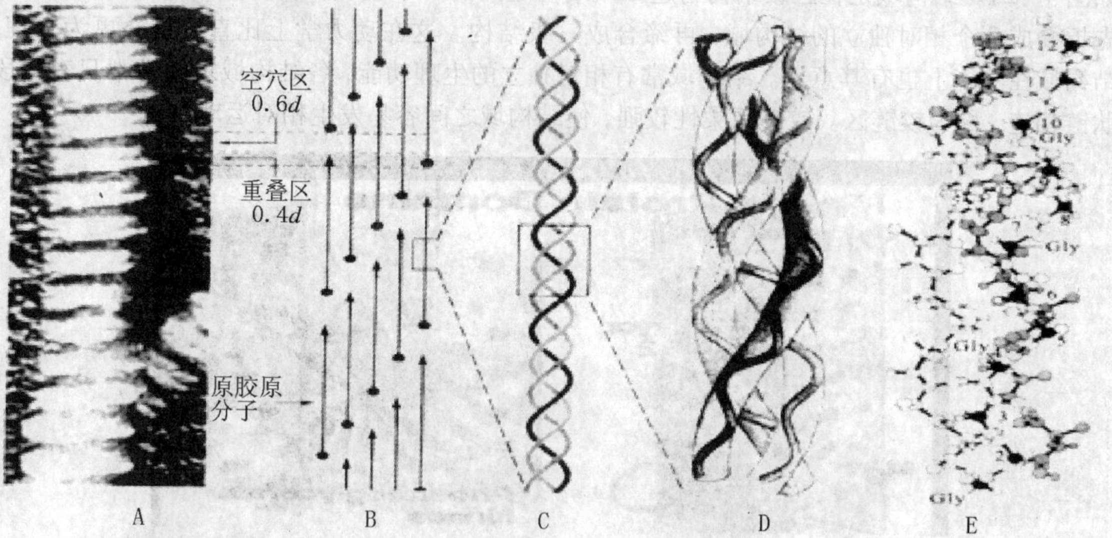

A:电镜下胶原纤维呈明暗交替的条纹图案;B:胶原纤维中原胶原分子的排列;
C:原胶原分子是一种右手三股螺旋;D:三股螺旋中的每股链是左手螺旋;E:三股螺旋的原子水平模型

图 4－22 胶原纤维的结构

2.5 蛋白质的三级结构

三级结构是指多肽链中所有原子和基团的构象。它是在二级结构的基础上进一步盘曲折叠形成的，包括所有主链和侧链的结构。哺乳动物肌肉中的肌红蛋白(见图 4－23)整个分子由一条肽链盘绕成一个中空的球状结构，全链共有 8 段 α 螺旋，各段之间以无规卷曲相连。在 α 螺旋肽段间的空穴中有一个血红素基团。所有具有高度生物学活性的蛋白质几乎都是球状蛋白。三级结构是蛋白质发挥生物活性所必需的。

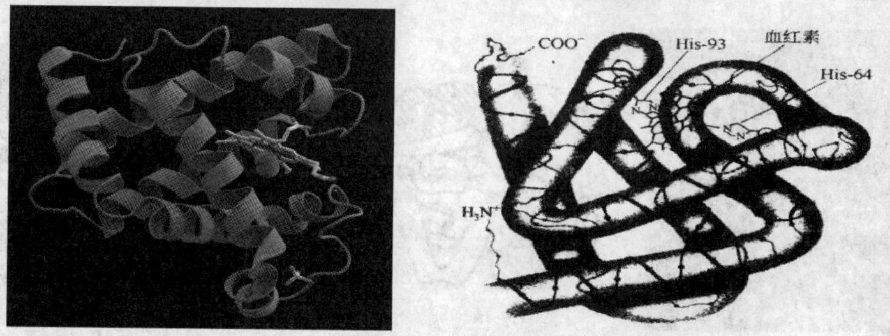

图 4－23 肌红蛋白

在三级结构中，多肽链的盘曲折叠是由分子中各氨基酸残基的侧链相互作用来维持的。二硫键是维持三级结构唯一的一种共价键，能把肽链的不同区段牢固地连接在一起，而疏水性较强的氨基酸则借疏水力和范德华力聚集成紧密的疏水核，极性的残基以氢键和盐键相结合。在水溶性蛋白中，极性基团分布在外侧，与水形成氢键，使蛋白溶于水。这些非共价键虽然较微弱，但数目庞大，因此仍然是维持三级结构的主要力量。

较大蛋白的三级结构往往由几个相对独立的三维实体构成，这些三维实体称为结构域，如图4－24。结构域是在三级结构与超二级结构之间的一个组织层次。一条长的多肽链，可先折叠成几个相对独立的结构域，再缔合成三级结构。这在动力学上比直接折叠更为合理。结构域在功能上也有其意义。结构域常有相对独立的生理功能，各结构域之间常常只有一段肽链相连，称为铰链区。铰链区柔性较强，使结构域之间容易发生相对运动。

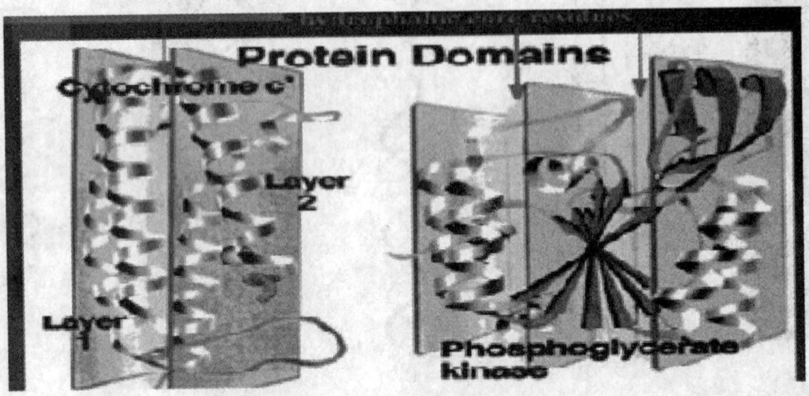

图4－24　蛋白质的结构域

2.6 蛋白质的四级结构

由两条或两条以上肽链通过非共价键构成的蛋白质称为寡聚蛋白。其中每一条多肽链称为亚基，每个亚基都有自己的一、二、三级结构。亚基单独存在时无生物活性，只有相互聚合成特定构象时才具有完整的生物活性。四级结构就是各个亚基在寡聚蛋白的天然构象中空间上的排列方式。胰岛素可形成二、六聚体，但不是其功能单位，所以不是寡聚蛋白。判断标准是将发挥生物功能的最小单位作为一个分子。

研究的最为透彻的寡聚蛋白是血红蛋白（hemoglobin）。它由4个亚基构成一个四面体构型，每个亚基的三级结构都与肌红蛋白相似，但一级结构相差较大（图4－25）。

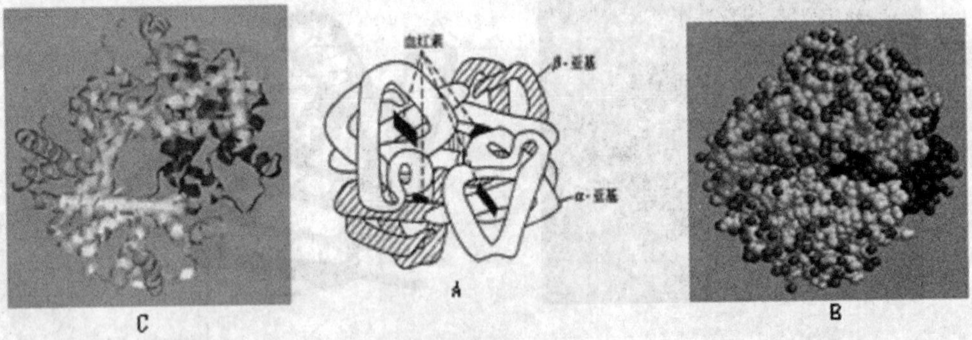

红蛋白模型 A（带式图解）　　B（四级结构示意图）　　C（空间充满模型）

图4－25　血红蛋白的结构

成人主要是HbA，由两个α亚基和两个β亚基构成，两个β亚基之间有一个DPG（二磷酸甘油酸），它与β亚基形成6个盐键，对血红蛋白的四级结构起着稳定的作用。因为其结构稳定，所以不易与氧结合。当一个亚基与氧结合后，会引起四级结构的变化，使其他亚基对氧的亲和力增加，结合加快。反之，一个亚基与氧分离后，其他亚基也易于解离。

项目五 蛋白质的理化性质

任务一 蛋白质胶体性质

蛋白质属于生物大分子之一，分子量可自 1 万至 100 万之巨，其分子的直径可达 1 ~ 100nm，为胶粒范围之内。

1.1 蛋白质是亲水胶体

蛋白质溶液是一种亲水胶体。亲水胶体的稳定因素：水化膜和同种电荷。

蛋白质颗粒表面大多为亲水基团，如—NH_2、—COOH、—OH 以及—CO—NH—等，可吸引水分子，使颗粒表面形成一层水化膜，从而阻断蛋白质颗粒的相互聚集，防止溶液中蛋白质的沉淀析出。除水化膜是维持蛋白质胶体稳定的重要因素外，蛋白质胶粒表面带有电荷，也可起胶粒稳定的作用。因为蛋白质分子表面有可解离基团，在适当的 pH 条件下，都带有相同的净电荷。若去除蛋白质胶体颗粒表面电荷和水化膜两个稳定因素，蛋白质极易从溶液中析出。

1.2 蛋白质不能透过半透膜

蛋白质分子大，不能透过半透膜。我们可以利用蛋白质分子这一性质，采用透析的方法，使蛋白质和其他小分子物质如无机盐、单糖等分开。

任务二 蛋白质的两性解离和等电点

蛋白质由氨基酸构成，在蛋白质分子中保留有自由的末端 α - 氨基和 α - 羧基，以及侧链上的各种官能团。因此蛋白质的化学和物理性质有些是与氨基酸相同的。

2.1 两性电离

蛋白质同氨基酸一样，也是两性电解质。蛋白质的两性解离反应可简示如下：

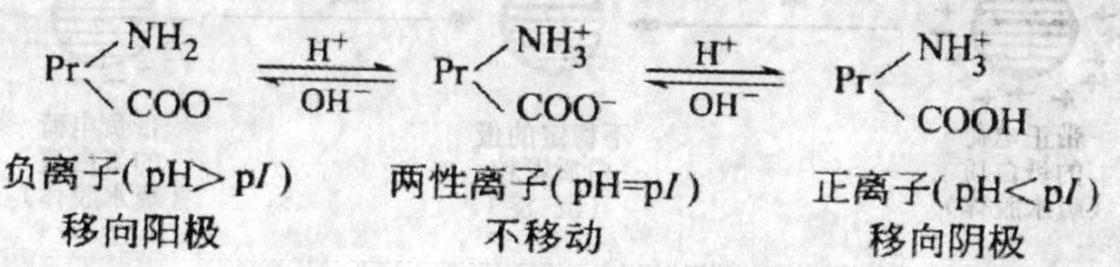

蛋白质分子除两端的氨基和羧基可解离外，氨基酸残基侧链中某些基团，如谷氨酸、天冬氨酸残基中的 γ 和 β - 羧基，赖氨酸残基中的 ε - 氨基、精氨酸残基的胍基和组氨酸残基的咪唑基，在一定的溶液 pH 条件下都可解离成带负电荷或正电荷的基团。

2.2 等电点

使蛋白质解离成正、负离子的趋势相等，即成为两性离子，净电荷为零时溶液的 pH 称为蛋白质的等电点(isoelectric point，pI)。

蛋白质溶液的 pH 大于等电点时，该蛋白质颗粒带负电荷，反之则带正电荷。

少数蛋白质含碱性氨基酸较多，其等电点偏于碱性，被称为碱性蛋白质，如鱼精蛋白、组蛋白等。也有少量蛋白质含酸性氨基酸较多，其等电点偏于酸性，被称为酸性蛋白质，如胃蛋白酶和丝蛋白等。

任务三　蛋白质的溶解性与沉淀

3.1 蛋白质的溶解性

蛋白质与水的相互作用即蛋白质的水溶性。蛋白质作为有机大分子化合物，在水中以分散态(胶体态)存在，见图4-26。因此，蛋白质在水中无严格意义上的溶解度，只是将蛋白质在水中的分散量或分散水平相应的称为蛋白质的溶解度(solubility)。

蛋白质溶解度的大小受到一些条件如pH值、离子强度、温度、溶剂类型等的影响。蛋白质的溶解度在等电点时通常是最低的，pH值在高于或低于等电点时，蛋白质所带的净电荷为负电荷或正电荷，其溶解度均增大。蛋白质的溶解度在pI时虽然是最低的，但是对不同的蛋白质，还是有一定差异的。一些蛋白质如酪蛋白、大豆蛋白在等电点时几乎不溶，而乳清蛋白在等电点时的溶解度仍然很好。对于溶解性随pH值变化大的蛋白质，通过改变介质的酸碱度对其进行相应的提取、分离是十分方便的；而对于溶解性随pH值变化不大的蛋白质，则需要通过其他的方式才能达到分离、提纯的目的。

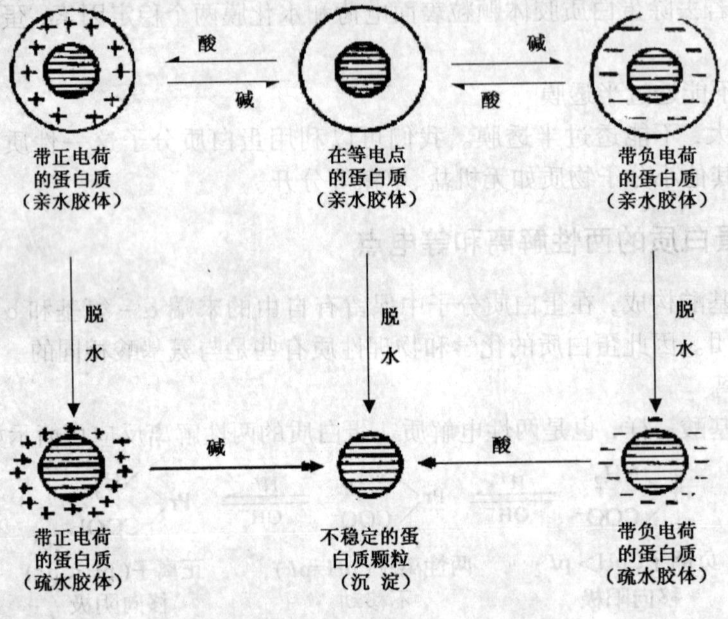

图4-26　蛋白质胶体溶液的溶解与沉淀

盐类对蛋白质的溶解性也产生不同的影响。当中性盐的浓度范围为0.1~1mol/L时，可增大蛋白质在水中的溶解度(盐溶，salting in)；而在中性盐的浓度大于1mol/L时，可降低蛋白质在水中的溶解度甚至产生沉淀(盐析，salting out)。

3.2 蛋白质沉淀

蛋白质分子相互聚集而从溶液中析出的现象称为沉淀，见图4-26。变性后的蛋白质由于疏水基团的暴露而易于沉淀，但沉淀的蛋白质不一定都是变性后的蛋白质。

利用蛋白质沉淀的性质可以对蛋白质进行分离纯化，蛋白质沉淀的方法有以下几种。

3.2.1 盐析

在蛋白质溶液中加入大量的中性盐以破坏蛋白质的胶体稳定性而使其析出，这种方法称为盐析。常用的中性盐有硫酸铵、硫酸钠、氯化钠等。各种蛋白质盐析时所需的盐浓度及 pH 不同，故可用于对混和蛋白质组分的分离。例如用半饱和的硫酸铵来沉淀血清中的球蛋白，饱和硫酸铵可以使血清中的清蛋白、球蛋白都沉淀出来，盐析沉淀的蛋白质经透析除盐，仍保证蛋白质的活性。调节蛋白质溶液的 pH 至等电点后，再用盐析法则蛋白质沉淀的效果更好。

3.2.2 重金属盐沉淀蛋白质

蛋白质可以与重金属离子如汞、铅、铜、银等结合成盐沉淀，沉淀的条件以 pH 稍大于等电点为宜。因为此时蛋白质分子有较多的负离子易与重金属离子结合成盐。重金属沉淀的蛋白质常是变性的，但若在低温条件下，并控制重金属离子浓度，也可用于分离制备不变性的蛋白质。

3.2.3 生物碱试剂以及某些酸类沉淀蛋白质

蛋白质可与生物碱试剂（如苦味酸、钨酸、鞣酸）以及某些酸（如三氯醋酸、过氯酸、硝酸）加合成不溶性的复合物而沉淀，沉淀的条件应当是 pH 小于等电点，这样蛋白质带正电荷，易于与酸根负离子结合并反应。

3.2.4 有机溶剂沉淀蛋白质

可与水混合的有机溶剂，如乙醇、甲醇、丙酮等，对水的亲和力很大，它们的介电常数比水低，能使大多数球状蛋白质在水溶液中的溶解度降低，另外它们能破坏蛋白质颗粒的水化膜，使蛋白质沉淀，在等电点时效果更佳。在常温下，有机溶剂沉淀蛋白质往往引起变性。例如用酒精消毒灭菌，但若在低温条件下，则变性进行较缓慢，可用于分离制备各种蛋白质。

3.2.5 加热变性沉淀蛋白质

几乎所有的蛋白质都因加热变性而凝固。少量盐类促进蛋白质加热凝固蛋白质处于等电点时，加热凝固最完全和最迅速。加热变性引起蛋白质凝固沉淀的原因可能是由于热变性使蛋白质天然结构解体，疏水基外露，因而破坏了水化层，同时由于蛋白质处于等电点也破坏了带电状态。我国很早就创造了将大豆蛋白质的浓溶液加热并点入少量盐卤（含 $MgCl_2$）的制豆腐的方法，这是成功地应用加热变性沉淀蛋白质的一个例子。

任务四　蛋白质的变性与复性

4.1 蛋白质变性（protein denaturation）

4.1.1 定义

天然蛋白因受物理或化学因素影响，高级结构遭到破坏，致使其理化性质和生物功能发生改变，但并不导致一级结构的改变，这种现象称为变性，变性后的蛋白称为变性蛋白。二硫键的改变引起的失活可看作变性。

能使蛋白变性的因素很多，如强酸、强碱、重金属盐、尿素、胍、去污剂、三氯乙酸、有机溶剂、高温、射线、超声波、剧烈振荡或搅拌等。但不同蛋白对各种因素的敏感性不同。

4.1.2 表现

蛋白质变性后分子性质改变，黏度升高，溶解度降低，结晶能力丧失，旋光度和红外、紫外光谱均发生变化。变性蛋白易被水解，即消化率上升。同时包埋在分子内部的可反应基团暴露出来，反应性增加。蛋白质变性后失去生物活性，抗原性也发生改变。这些变化的原因主要是高级结构的改变，氢键等次级键被破坏，肽链松散，变为无规卷曲。由于其一级结构不变，所以如果变性条件不是过于剧烈，在适当条件下还可以恢复功能。如果变性条件剧烈持久，蛋白质的变性是不可逆的。

4.2 蛋白质复性

蛋白质的复性(renaturation)是指蛋白质变性程度较轻，蛋白质分子内部结构的变化不大；去除变性因素后，在适当条件下有些蛋白质仍可恢复或部分恢复其天然构象和生物活性，这种现象称为复性，如图4－27、4－28所示核糖核酸酶的变性和复性。

例如胃蛋白酶加热至80℃～90℃时，失去溶解性，也无消化蛋白质的能力，如将温度再降低到37℃，则又可恢复溶解性和消化蛋白质的能力。

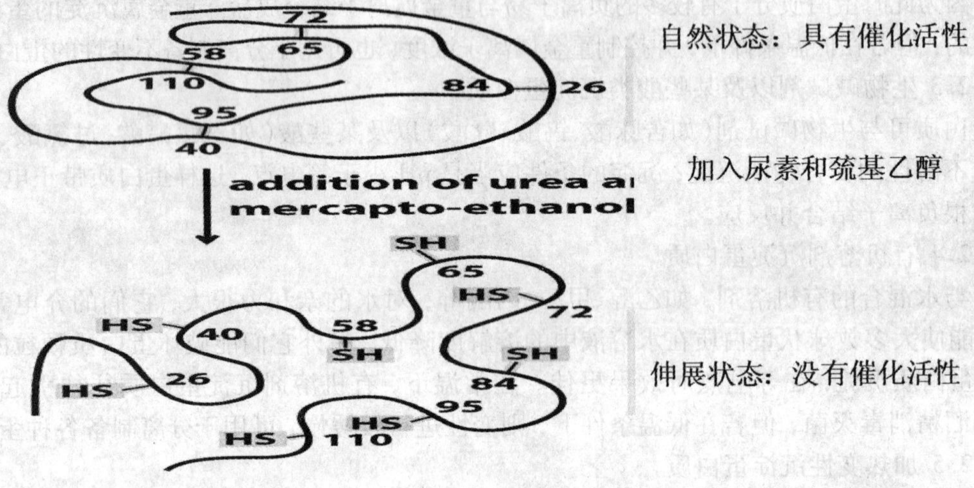

图4－27　核糖核酸酶的变性

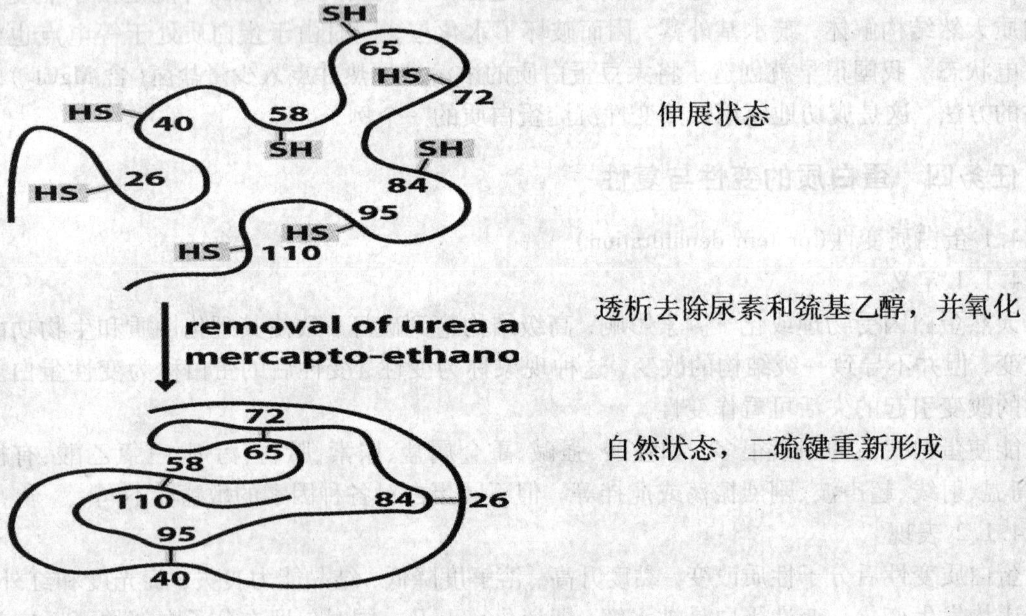

图4－28　核糖核酸酶的复性

任务五　蛋白质的呈色反应

5.1 双缩脲反应

双缩脲是两分子的脲(尿素)经加热至180℃左右脱氨缩合生成的产物。两分子双缩脲在碱性溶液中能与硫酸铜试剂中的 Cu^{2+} 结合成粉红色的复合物，这一呈色反应称为双缩脲反应。一般含有两个或两个以上肽键的化合物与硫酸铜的碱性溶液都能发生双缩脲反应，生成紫红色或蓝紫色的复合物。该颜色反应是用以测定肽键的反应，蛋白质分子中有肽键，其结构与双缩脲相似，一切蛋白质或二肽以上的多肽都有双缩脲反应，但有双缩脲反应的物质不一定都是蛋白质或多肽。利用这个反应，借助分光光度法可以测定蛋白质的含量。

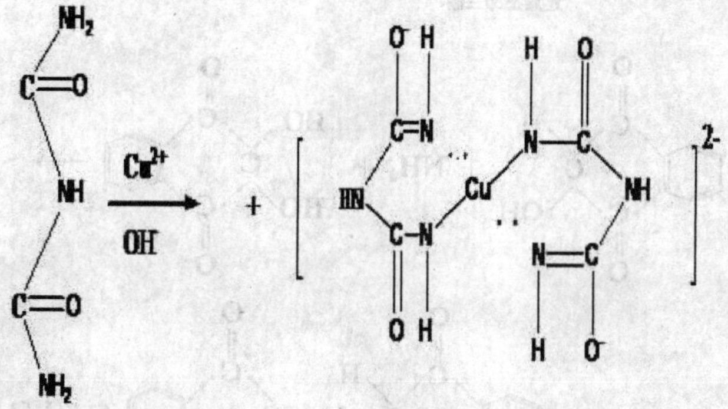

紫红色化合物

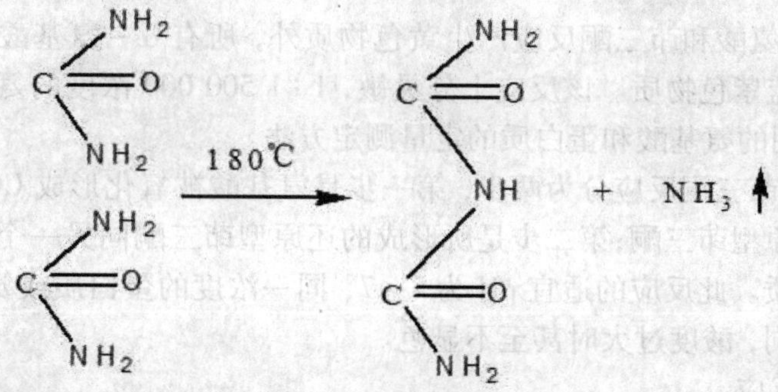

双缩脲

5.2 水合茚三酮反应

在pH为5~7时，蛋白质N端的氨基酸残基能与茚三酮通过加热发生反应，生成呈色物质(一般为蓝紫色)。此反应可用于蛋白质的定性与定量。此外，多肽、氨基酸及伯胺类化合物与茚三酮也有同样的反应，这一反应亦广泛地用于短肽的定性和定量测定。

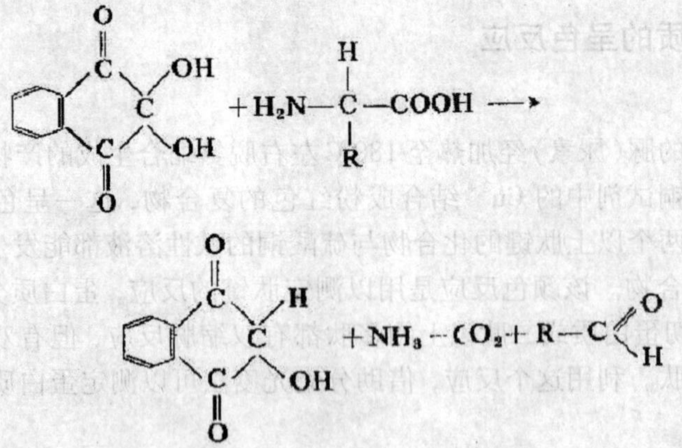

还原型茚三酮

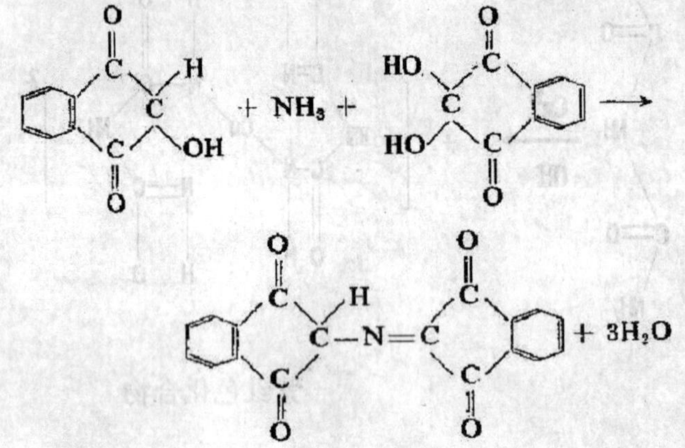

蓝紫色

除脯氨酸、羟脯氨酸和茚三酮反应产生黄色物质外，所有 α－氨基酸及一切蛋白质都能和茚三酮反应生成蓝紫色物质。该反应十分灵敏，1∶1 500 000 浓度的氨基酸水溶液即能给出反应，是一种常用的氨基酸和蛋白质的定量测定方法。

反应机理如下：茚三酮反应分为两步，第一步是氨基酸被氧化形成 CO_2、NH_3 和醛，水合茚三酮被还原成还原型茚三酮；第二步是所形成的还原型茚三酮同另一个水合茚三酮分别和氨缩合生成有色物质。此反应的适宜 pH 为 5～7，同一浓度的蛋白质或氨基酸在不同 pH 条件下的颜色深浅不同，酸度过大时甚至不显色。

5.3 蛋白黄色反应

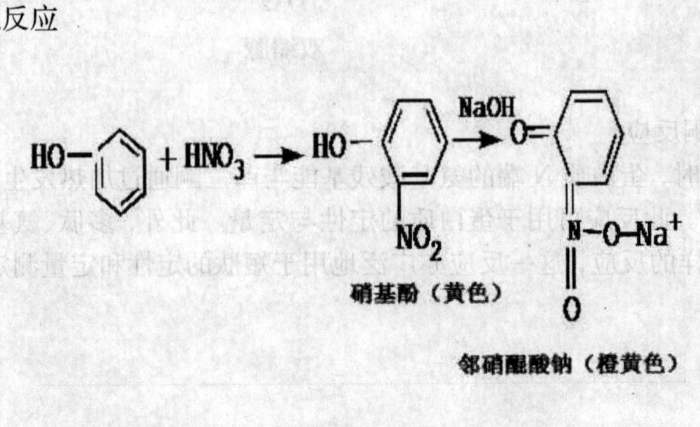

硝基酚（黄色）

邻硝醌酸钠（橙黄色）

在蛋白质溶液中加入浓硝酸，有白色沉淀析出。加热时，变为黄色沉淀，最后溶解，使溶液变为黄色。如果遇碱，则颜色加深而呈橙黄色。此黄色产物为硝酸与苯环生成的硝基化合物。凡含苯丙氨酸、酪氨酸的蛋白质均有此反应。

5.4 乙醛酸反应

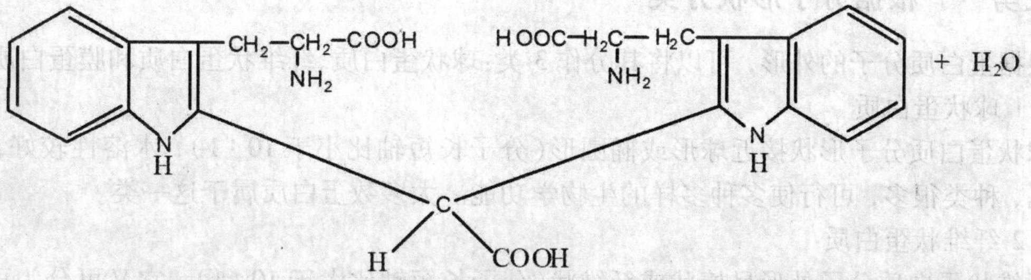

将浓硫酸缓慢加入蛋白质与乙醛酸的混合液中，硫酸与混合液形成两层，在两层交界处有紫色环出现，为色氨酸与乙醛酸缩合物的颜色。

5.5 考马斯亮蓝反应

考马斯亮蓝 G250 具有红色和蓝色两种色调。在酸性溶液中，其以游离存在呈棕红色；当它与蛋白质通过疏水作用结合后变为蓝色。它染色灵敏度高，比氨基黑高 3 倍。反应速度快，约在 2 分钟左右时间达到平衡，在室温一小时内稳定。在 0.01～1.0mg 蛋白质范围内，蛋白质浓度与 A_{595nm} 值成正比。所以常用来测定蛋白质含量。

5.6 米伦氏(Millon)反应

在蛋白质溶液中加入米伦试剂(硝酸汞、亚硝酸汞、硝酸及亚硝酸的混合溶液)，蛋白质沉淀，加热，即有砖红色沉淀析出。含有酚基的化合物都有这个反应，故含酪氨酸的蛋白质能与米伦试剂生成砖红色沉淀。

5.7 酚试剂反应

酚试剂反应也称福林试剂反应。蛋白质分子中的酪氨酸、色氨酸的酚基在碱性条件下，可与酚试剂(硫酸铜及磷钨酸——磷钼酸)反应，生成蓝色化合物。其颜色深浅与蛋白质的含量有关，灵敏度比双缩脲反应高 100 倍，可测定微克级的蛋白质含量，是蛋白质浓度测定的常用方法。酚试剂只与蛋白质中的酪氨酸和色氨酸反应，因此反应结果受蛋白质中这两种氨基酸含量的影响。检测时作为标准的蛋白质中相关氨基酸含量应与样品接近，以减少误差。

5.8 醋酸铅反应

凡含有半胱氨酸、胱氨酸的蛋白质都能与醋酸铅起反应，因其中含有—S—S—或—SH 基，故能生成黑色的硫化铅沉淀。

项目六　蛋白质分类

任务一　根据分子形状分类

根据蛋白质分子的外形，可以将其分作3类：球状蛋白质、纤维状蛋白质和膜蛋白质。

1.1 球状蛋白质

球状蛋白质分子形状接近球形或椭圆形（分子长短轴比小于10∶1），水溶性较好，能形成结晶，种类很多，可行使多种多样的生物学功能。大多数蛋白质属于这一类。

1.2 纤维状蛋白质

纤维状蛋白质分子外形呈棒状或纤维状（分子长短轴比大于10∶1），它又可分为可溶性纤维状蛋白质和不溶性纤维状蛋白质。大多数不溶性纤维状蛋白质，是生物体重要的结构成分，或对生物体起保护作用。

1.3 膜蛋白质

膜蛋白质一般折叠成近球形，插入生物膜，也有一些通过非共价键或共价键结合在生物膜的表面。生物膜的多数功能是通过膜蛋白实现的。

任务二　根据分子组成和溶解度分类

蛋白质根据分子组成和特性分为简单蛋白和结合蛋白质，其类别、特点、分布和举例见表4-2。

2.1 简单蛋白（simple protein）

简单蛋白又称为单纯蛋白质；这类蛋白质只含由氨基酸组成的肽链，不含其他成分。自然界中许多蛋白质属于这一类，按溶解度分为七类。

（1）清蛋白（albumins）：能溶于水、稀盐、稀酸和稀碱溶液，应用盐析法能将清蛋白从溶液中沉淀出来，加热能使其凝固。清蛋白普遍存在于动、植物中，例如血清清蛋白、卵清蛋白、α-乳清蛋白、豌豆中的豆清蛋白和小麦中的麦清蛋白等。

（2）球蛋白（globulins）：能溶于盐溶液，一般不溶于水，β-乳球蛋白能溶于pH7的稀碱溶液；加硫酸铵至半饱和能将球蛋白从溶液中沉淀出来。球蛋白普遍存在于动、植物组织中，例如血清球蛋白、肌球蛋白、乳球蛋白、棉籽球蛋白、大豆球蛋白、豌豆球蛋白等。

（3）醇溶蛋白（prolamines）：能溶于体积分数50%～80%的乙醇中，但不溶于水、无水乙醇和其他中性溶剂。醇溶谷蛋白仅存在于植物组织中，例如小麦醇溶谷蛋白（gliadin）、玉米醇溶谷蛋白（zein）、大麦醇溶谷蛋白（hordein）、麦芽醇溶谷蛋白（bynin）等。

（4）谷蛋白（glutelins）：能溶于稀酸和稀碱溶液中，但不溶于水和稀盐溶液。此类蛋白仅存在于植物组织中，例如小麦中的麦谷蛋白（glutein）和大米中的米谷蛋白（oryzenin）。

（5）组蛋白（histones）：能溶于水、稀酸和稀碱，不溶于稀的氨水，分子中含有大量的碱性氨基酸，组蛋白是动物性蛋白质，例如从胸腺和胰腺中可分离得到组蛋白。

（6）精蛋白（spermatines）：能溶于水和氨水，和强酸成稳定的盐。精蛋白是高度碱性的蛋白质，加热不凝结，相对分子质量小于组蛋白，分子中碱性氨基酸的比例比组蛋白更高，可达总氨基酸量的70%～80%。精蛋白也是动物性蛋白质，存在于鱼精、鱼卵和胸腺等组织中。利用其高度碱性将其应用在一些药物中，改善药物的酸碱度，从而延长药物的半衰期，如长效胰岛素即根据此原理而制备。

(7)硬蛋白(scleroproteins)：在各类蛋白质中它的溶解度最低，一般不溶于水、盐溶液、稀酸、稀碱以及乙醇。硬蛋白是动物性蛋白质，包括许多物理和化学性质不同的种类，如毛发、指甲、蹄、角中的角蛋白(keratin)，丝中的丝心蛋白(fibroin)及丝胶蛋白(sericin)，皮肤、骨骼中的胶原蛋白(collagen)及弹性蛋白(elastin)。

2.2 结合蛋白(conjugated protein)

结合蛋白由简单蛋白与其他非蛋白成分结合而成。属于结合蛋白的有以下几类：

(1)核蛋白(nucleoproteins)：核蛋白的特征是蛋白质与核酸的结合。核蛋白中的蛋白质主要是精蛋白及组蛋白，通过静电引力与核酸联结在一起，核酸和核蛋白在生物学上有着重要意义。

(2)磷蛋白(phosphoproteins)：磷蛋白是由单纯蛋白质与磷酸组成。磷酸常与丝氨酸残基的羟基相结合。卵黄中的卵黄磷蛋白、乳中的酪蛋白都是典型的磷蛋白。

(3)脂蛋白(lipoproteins)：脂蛋白是由单纯蛋白质与脂肪或类脂组成，是脂质贮存和运输的一种形式。在血、蛋黄、乳、脑、神经及细胞膜中多见。

(4)糖蛋白(glycoproteins)：糖蛋白的非蛋白部分是碳水化合物，蛋白质是主要成分，碳水化合物是辅助成分。代表物之一是黏蛋白，它存在于骨骼、肌腱、唾液及其他动物体黏液中，鱼类等水产动物的体表黏液中也存在此种物质。黏蛋白的非蛋白部分是黏多糖。代表物之二是免疫球蛋白，其在人体免疫功能中发挥重要作用，主要存在于血清、体液和黏膜分泌液中。

(5)色蛋白(chromproteins)：色蛋白是蛋白质与色素物质组成的，其中以含卟啉类的色蛋白最重要。人体及动物血液中的血红蛋白和肌肉中的肌红蛋白都是含铁原子的血红素与蛋白质结合而成的；在植物中含镁原子的叶绿素与蛋白质结合而成的叶绿蛋白。它们在生物体内都有重要的作用。

表4－2　蛋白质的分类、特点及分布

类别		特点及分布	举例
简单蛋白	清蛋白	溶于水，需饱和硫酸铵才能沉淀。广泛分布于一切生物体中。	血清蛋白、乳清蛋白
	球蛋白	微溶于水，溶于稀盐溶液，需半饱和硫酸铵沉淀。分布普遍。	血清球蛋白、肌球蛋白、大豆球蛋白等
	谷蛋白	不溶于水、醇及中性盐溶液，易溶于稀酸或稀碱。各种谷物中均含有。	米谷蛋白、麦谷蛋白
	醇溶谷蛋白	不溶于水及无水乙醇，溶于70%－80%乙醇中。	玉米蛋白

续表

类别		特点及分布	举例
简单蛋白	精蛋白	溶于水及稀酸，不溶于氨水，是碱性蛋白，含 His，Arg 多。	蛙精蛋白
	组蛋白	溶于水及稀酸，能溶于稀氨水，碱性蛋白，含 Arg、Lys 多。	小牛胸腺组蛋白
	硬蛋白	不溶于水、盐、稀酸或稀碱溶液。分布于动物体内结缔组织，毛、发、蹄、角、甲壳、蚕丝等。	角蛋白、胶原、弹性蛋白、丝蛋白等
结合蛋白	核蛋白	辅基是核酸。存在于一切细胞中。	核糖体、脱氧核糖核蛋白体
	脂蛋白	与脂类结合而成，广泛分布于一切细胞中。	卵黄蛋白、血清β-脂蛋白、细胞中的许多膜蛋白
	糖蛋白	与糖类结合而成。	黏蛋白、γ-球蛋白、细胞表面的许多膜蛋白等
	磷蛋白	以丝苏残基—OH 与磷酸成酯键结合而成。乳、蛋等生物材料中含有。	酪蛋白、卵黄蛋白
	血红素蛋白	辅基为血红素。存在于一切生物体中。	血红蛋白、细胞色素、叶绿蛋白等
	黄蛋白	辅基为 FAD 或 FMN。存在于一切生物体中。	琥珀酸脱氢酶、D-氨基酸氧化酶等
	金属蛋白	与金属元素直接结合。	铁蛋白、乙醇脱氢酶(含锌)、黄嘌呤氧化酶(含钼、铁)

任务三　从营养学上分类

营养学上根据食物蛋白质所含氨基酸的种类和数量将食物蛋白质分三类：完全蛋白质、半完全蛋白质和不完全蛋白质。

3.1 完全蛋白质

完全蛋白质是一类优质蛋白质。它们所含的必需氨基酸种类齐全，数量充足，彼此比例合适。这一类蛋白质不但可以维持人体健康，还可以促进生长发育。

3.2 半完全蛋白质

半完全蛋白质是指该类蛋白质所含氨基酸虽然种类齐全，但相对比例不合适，其中某些氨基酸的数量不能满足人体的需要。它们若作为唯一蛋白质来源时可以维持生命，但不能促进生长发育。

3.3 不完全蛋白质

不完全蛋白质是指该类蛋白质所含的必需氨基酸种类不全，不能提供人体所需的全部必需氨基酸，若用作唯一蛋白质来源时，既不能促进生长发育，也不能维持生命。

多数动物蛋白质如肉类、鱼类和奶类的酪蛋白、蛋类中的卵白蛋白和卵黄蛋白等都是完全蛋白质。小麦、大麦中的麦胶蛋白属于半完全蛋白质。玉米中的玉米胶蛋白、动物结缔组织中的胶蛋白和豌豆中的豆球蛋白等则属于不完全蛋白质。

◆知识拓展

几种重要的蛋白质

1. 纤维蛋白(fibrous protein)：一类主要的不溶于水的蛋白质，通常都含有呈现相同二级结构的多肽链，许多纤维蛋白结合紧密，并为单个细胞或整个生物体提供机械强度，起着保护或结构上的作用。

2. 球蛋白(globular protein)：紧凑的，近似球形的，含有折叠紧密的多肽链的一类蛋白质，许多都溶于水。典形的球蛋白含有能特异地识别其他化合物的凹陷或裂隙部位。

3. 伴娘蛋白(chaperone)：与一种新合成的多肽链形成复合物并协助它正确折叠成具有生物功能构向的蛋白质。伴娘蛋白可以防止不正确折叠中间体的形成和没有组装的蛋白亚基的不正确聚集，协助多肽链跨膜转运以及大的多亚基蛋白质的组装和解体。

4. 肌红蛋白(myoglobin)：是由一条肽链和一个血红素辅基组成的结合蛋白，是肌肉内储存氧的蛋白质，它的氧饱和曲线为双曲线型。

5. 血红蛋白(hemoglobin)：是由含有血红素辅基的4个亚基组成的结合蛋白。血红蛋白负责将氧由肺运输到外周组织，它的氧饱和曲线为S型。

6. 大豆蛋白：黄豆、大青豆和黑豆等植物蛋白同样是蛋白质含量高的食物，但其中以黄豆的营养价值最高。在植物蛋白中最好的是大豆蛋白，并且还非常容易人体的消化以及吸收，因此大豆蛋白一直是素食主义者的最主要的蛋白质来源。研究还发现，经常吃豆制品还能降胆固醇，同时还具有抗癌的功效。而且大豆蛋白含有丰富的异黄酮，它是一种类似荷尔蒙的化合物，可抑制因荷尔蒙失调所引发的肿瘤细胞的生长。

项目七 蛋白质的分离纯化与测定

以蛋白质的结构与功能为基础，从分子水平上认识生命现象，已经成为现代生物学发展的主要方向，研究蛋白质，首先要得到高度纯化并具有生物活性的目的物质。蛋白质的制备工作涉及物理、化学和生物等各方面知识，但基本原理不外乎两方面。一是利用混合物中几个组分分配率的差别，把它们分配到可用机械方法分离的两个或几个物相中，如盐析、有机溶剂提取、层析和结晶等；二是将混合物置于单一物相中，通过物理力场的作用使各组分分配于不同区域而达到分离目的，如电泳、超速离心、超滤等。在所有这些方法的应用中必须注意保存生物大分子的完整性，防止酸、碱、高温，剧烈机械作用而导致所提物质生物活性的丧失。蛋白质的制备一般分为以下四个阶段：选择材料和预处理，细胞的破碎及细胞器的分离，提取和纯化，浓缩、干燥和保存。

任务一　提取

1.1 选择材料和预处理

微生物、植物和动物都可作为制备蛋白质的原材料，所选用的材料主要依据实验目的来确定。

对于微生物，应注意它的生长期，在微生物的对数生长期，酶和核酸的含量较高，可以获得高产量，以微生物为材料时有两种情况：(1)利用微生物菌体分泌到培养基中的代谢产物和胞外酶等；(2)利用菌体含有的生化物质，如蛋白质、核酸和胞内酶等。

植物材料应注意植物品种和生长发育状况不同，其中所含生物大分子的量变化很大，另外与生长季节关系密切。

对动物组织，必须选择有效成分含量丰富的脏器组织为原材料，先除去结缔组织和脂肪组织，然后进行绞碎、脱脂等处理。另外，对预处理好的材料，若不立即进行实验，应冷冻保存，对于易分解的生物大分子应选用新鲜材料制备。

1.2 细胞的破碎

细胞破碎的方法有机械破碎、物理方法、化学方法和酶学方法。

机械破碎主要通过机械切力的作用使组织细胞破碎，包括捣碎、匀浆和研磨等。物理方法主要通过各种物理因素的作用，使组织细胞破坏，包括渗透压、超声震荡、压力破碎和冻融等。化学方法包括加入碱、有机溶剂和去污剂等。酶学方法包括加入溶菌酶、葡聚糖酶和几丁质酶等。

(1)高速组织捣碎：将材料配成稀糊状液，放置于筒内约1/3体积，盖紧筒盖，将调速器先拨至最慢处，开动开关后，逐步加速至所需速度。此法适用于动物内脏组织、植物肉质种子等。

(2)玻璃匀浆器匀浆：先将剪碎的组织置于管中，再套入研杆来回研磨，上下移动，即可将细胞研碎，此法细胞破碎程度比高速组织捣碎机为高，机械切力对分子破坏较小。适用于量少和动物脏器组织。小量的也可用乳钵与适当的缓冲剂磨碎提取，也可加氧化铝、石英砂及玻璃粉磨细。

(3)超声波处理法：用一定功率的超声波处理细胞悬液，使细胞急剧震荡破裂，此法多适用于微生物材料，用大肠杆菌制备各种酶，常选用50－100毫克菌体/毫升浓度，在1KG至10KG频率下处理10－15分钟，此法的缺点是在处理过程会产生大量的热，应采取相应降温措施。应用超声波处理时应注意避免溶液中气泡的存在。处理一些超声波敏感的蛋白酶时应慎用。

(4)反复冻融法：将细胞在－20℃以下冰冻，室温融解，反复几次，由于细胞内冰粒形成和剩余细胞液的盐浓度增高引起溶胀，使细胞结构破碎。

(5)化学处理法：有些动物细胞，例如肿瘤细胞可采用十二烷基磺酸钠(SDS)、去氧胆酸钠等使细胞膜破坏；细菌细胞壁较厚，可采用溶菌酶处理效果更好。

无论用哪一种方法破碎组织细胞，都会使细胞内蛋白质或核酸水解酶释放到溶液中，使大分子生物降解，导致天然物质量的减少，加入二异丙基氟磷酸(DFP)可以抑制或减慢自溶作用；加入碘乙酸可以抑制那些活性中心需要有巯基的蛋白水解酶的活性，加入苯甲磺酰氟化物(PMSF)也能清除蛋白水解酶活力，但不是全部，还可通过选择pH、温度或离子强度等，使这些条件都要适合于目的物质的提取。

1.3 细胞器的分离

制备某一种生物大分子需要采用细胞中某一部分的材料，或者为了纯化某一特定细胞器上的生物大分子，防止其他细胞组分的干扰，细胞破碎后常将细胞内各组分先行分离，以便于获得更好的分离效果。细胞器的分离一般采用差速离心法，细胞经过破碎后，在适当介质中进行差速离心。利用细胞各组分质量大小不同，沉降于离心管内不同区域，分离后即得所需组分。细胞器的分离制备，介质的选择一般用蔗糖、Ficoll 或葡萄糖－聚乙二醇等溶液。

1.4 蛋白质(包括酶)的提取

大部分蛋白质都可溶于水、稀盐、稀酸或碱溶液，少数与脂类结合的蛋白质则溶于乙醇、丙酮、丁醇等有机溶剂中，因此，可采用不同溶剂提取分离和纯化蛋白质及酶。

(1)水溶液提取法

稀盐和缓冲系统的水溶液对蛋白质稳定性好、溶解度大，是提取蛋白质最常用的溶剂，通常用量是原材料体积的1~5倍，提取时需要均匀地搅拌，以利于蛋白质的溶解。提取的温度要视有效成分性质而定。一方面，多数蛋白质的溶解度随着温度的升高而增大，因此，温度高利于溶解，缩短提取时间。但另一方面，温度升高会使蛋白质变性失活，因此，基于这一点考虑提取蛋白质和酶时一般采用低温(5℃以下)操作。为了避免蛋白质提取过程中的降解，可加入蛋白水解酶抑制剂(如二异丙基氟磷酸，碘乙酸等)。

(2)有机溶剂提取法

一些和脂质结合比较牢固或分子中非极性侧链较多的蛋白质和酶，不溶于水、稀盐溶液、稀酸或稀碱中，可用乙醇、丙酮和丁醇等有机溶剂，它们具的一定的亲水性，还有较强的亲脂性，是理想的提脂蛋白的提取液。但必须在低温下操作。丁醇提取法对提取一些与脂质结合紧密的蛋白质和酶特别优越，一是因为丁醇亲脂性强，特别是溶解磷脂的能力强；二是丁醇兼具亲水性，在溶解度范围内(低温下操作)不会引起酶的变性失活。另外，丁醇提取法的 pH 及温度选择范围较广，并适用于动植物及微生物材料。

◆**知识拓展**

提取液的 pH 值和盐浓度的选择

1. pH 值

蛋白质(包括酶)具有等电点的两性电解质，提取液的 pH 值应选择在偏离等电点两侧的 pH 范围内。用稀酸或稀碱提取时，应防止过酸或过碱而引起蛋白质可解离基团发生变化，从而导致蛋白质构象的不可逆变化，一般来说，碱性蛋白质用偏酸性的提取液提取，而酸性蛋白质用偏碱性的提取液。

2. 盐浓度

稀浓度可促进蛋白质的溶解，称为盐溶作用。同时稀盐溶液因盐离子与蛋白质部分结合，具有保护蛋白质不易变性的优点，因此在提取液中加入少量 NaCl 等中性盐，一般以0.15摩尔/升浓度为宜。缓冲液常采用0.02－0.05M 磷酸盐和碳酸盐等稀盐溶液。

任务二　分离

经前处理得到的蛋白质粗提液中，含有大量的杂蛋白、核酸、多糖等各种杂质，常常需要选用一些合适的方法将它们分开，这一级的分离即是粗分级分离(rough fractionation)。一般这一级的分离方法有盐析、等电点沉淀、有机溶剂分级分离等。对于提取液体积大又不适用沉淀或盐析的，可事先采用超滤、凝胶过滤、冷冻干燥、聚乙二醇浓缩或其他方法进行浓缩，然后再进行粗分级分离。

2.1 根据蛋白质溶解度不同的分离方法

(1)蛋白质的盐析

中性盐对蛋白质的溶解度有显著影响，一般在低盐浓度下随着盐浓度升高，蛋白质的溶解度增加，此称盐溶；当盐浓度继续升高时，蛋白质的溶解度不同程度下降并先后析出，这种现象称盐析，将大量盐加到蛋白质溶液中，高浓度的盐离子(如硫酸铵的SO_4^{2-}和NH_4^+)有很强的水化力，可夺取蛋白质分子的水化层，使之“失水”，于是蛋白质胶粒凝结并沉淀析出。盐析时若溶液pH在蛋白质等电点则效果更好。由于各种蛋白质分子颗粒大小、亲水程度不同，故盐析所需的盐浓度也不一样，因此调节混合蛋白质溶液中的中性盐浓度可使各种蛋白质分段沉淀。

蛋白质盐析常用的中性盐，主要有硫酸铵、硫酸镁、硫酸钠、氯化钠、磷酸钠等。其中应用最多的硫酸铵，它的优点是温度系数小而溶解度大(25℃时饱和溶液为4.1M，即767克/升；0℃时饱和溶解度为3.9M，即676克/升)，在这一溶解度范围内，许多蛋白质和酶都可以盐析出来；另外硫酸铵分段盐析效果也比其他盐好，不易引起蛋白质变性。硫酸铵溶液的pH常在4.5－5.5之间，当用其他pH值进行盐析时，需用硫酸或氨水调节。

蛋白质在用盐析沉淀分离后，需要将蛋白质中的盐除去，常用的办法是透析，即把蛋白质溶液装入透析袋内(常用的是玻璃纸)，用缓冲液进行透析，并不断地更换缓冲液，因透析所需时间较长，所以最好在低温中进行。此外也可用葡萄糖凝胶G－25或G－50过柱的办法除盐，所用的时间就比较短。

影响盐析的因素有：

①温度：除对温度敏感的蛋白质在低温(4℃)操作外，一般可在室温中进行。一般温度低蛋白质溶解度降低。但有的蛋白质(如血红蛋白、肌红蛋白、清蛋白)在较高的温度(25℃)比0℃时溶解度低，更容易盐析。

②pH值：大多数蛋白质在等电点时在浓盐溶液中的溶解度最低。

③蛋白质浓度：蛋白质浓度高时，欲分离的蛋白质常常夹杂着其他蛋白质而一起沉淀出来(共沉现象)。因此在盐析前血清要加等量生理盐水稀释，使蛋白质含量在2.5%～3.0%。

(2)等电点沉淀法

蛋白质在静电状态时颗粒之间的静电斥力最小，因而溶解度也最小，各种蛋白质的等电点有差别，可利用调节溶液的pH达到某一蛋白质的等电点使之沉淀，但此法很少单独使用，可与盐析法结合用。

(3)低温有机溶剂沉淀法

用与水可混溶的有机溶剂，如甲醇、乙醇或丙酮，可使多数蛋白质溶解度降低并析出，此法分辨力比盐析高，但蛋白质较易变性，应在低温下进行。

2.2 根据蛋白质分子大小的差别的分离方法

(1)透析与超滤

透析法是利用半透膜将分子大小不同的蛋白质分开，见图 4－29。超滤法是利用高压力或离心力，强行使水和其他小的溶质分子通过半透膜，而蛋白质留在膜上，可选择不同孔径的滤膜截留不同分子量的蛋白质。

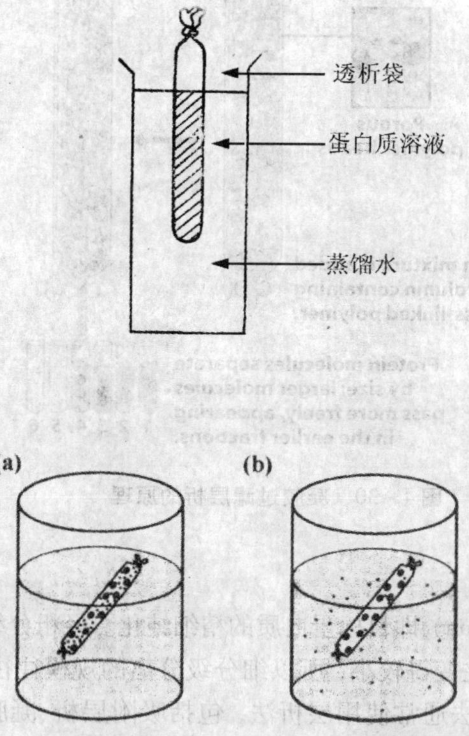

用透析法分离大小不同的蛋白质。(a) 点群集中；(b) 达到平衡

图 4－29　透析的原理

(2)凝胶过滤法

凝胶过滤法也称分子排阻层析或分子筛层析，这是根据分子大小分离蛋白质混合物最有效的方法之一，见图 4－30。柱中最常用的填充材料是葡萄糖凝胶(Sephadex gel)和琼脂糖凝胶(agarose gel)。

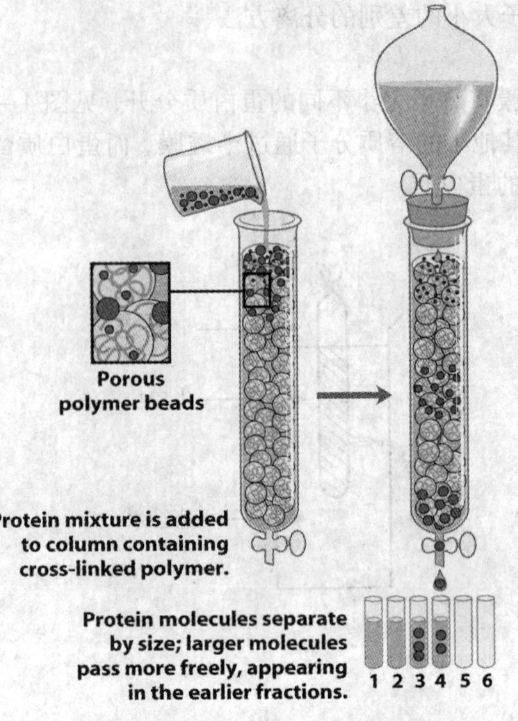

图 4－30　凝胶过滤层析的原理

任务三　纯化

细分级分离(fine fractionation) 即目标蛋白质的精细纯化。经粗分级分离的样品，杂蛋白已大部分去除，并且样品体积往往变得较小，所以细分级分离的规模往往较小，但所得目标蛋白的纯度较高。这一级的分离方法通常使用层析法，包括吸附层析、凝胶过滤层析、离子交换层析、亲和层析等。细分级分离纯化还用到区带电泳、等电聚焦等电泳法来作为最后的纯化步骤。

3.1 根据蛋白质带电性质进行分离

蛋白质在不同 pH 环境中带电种类和电荷数量不同，可将其分开。

(1)电泳法

各种蛋白质在同一 pH 条件下，因分子量和电荷数量不同而在电场中的迁移率不同而得以分开。值得重视的是等电聚焦电泳，这是利用一种两性电解质作为载体，电泳时两性电解质形成一个由正极到负极逐渐增加的 pH 梯度，当带一定电荷的蛋白质在其中泳动时，到达各自等电点的 pH 位置就停止，此法可用于分析和制备各种蛋白质。

(2)离子交换层析法

离子交换剂有阳离子交换剂(如:羧甲基纤维素;CM－纤维素)和阴离子交换剂(二乙氨基乙基纤维素;DEAE 等)，当被分离的蛋白质溶液流经离子交换层析柱时，带有与离子交换剂相反电荷的蛋白质被吸附在离子交换剂上，随后用改变 pH 或离子强度办法将吸附的蛋白质洗脱下来。

3.2 根据配体特异性的分离方法——亲和层析法

亲和层析法(affinity chromatography)是分离蛋白质的一种极为有效的方法，它经常只需经过一步处理即可使某种待提纯的蛋白质从很复杂的蛋白质混合物中分离出来，而且纯度很高。这种方法是根据某些蛋白质与另一种称为配体（Ligand）的分子能特异而非共价地结合。

其基本原理见图4－31，蛋白质在组织或细胞中是以复杂的混合物形式存在，每种类型的细胞都含有上千种不同的蛋白质，因此蛋白质的分离（Separation）、提纯（Purification）和鉴定（Characterization）是生物化学中的重要的一部分，至今还没有单独或一套现成的方法能够把任何一种蛋白质从复杂的混合蛋白质中提取出来，因此往往采取几种方法联合使用。

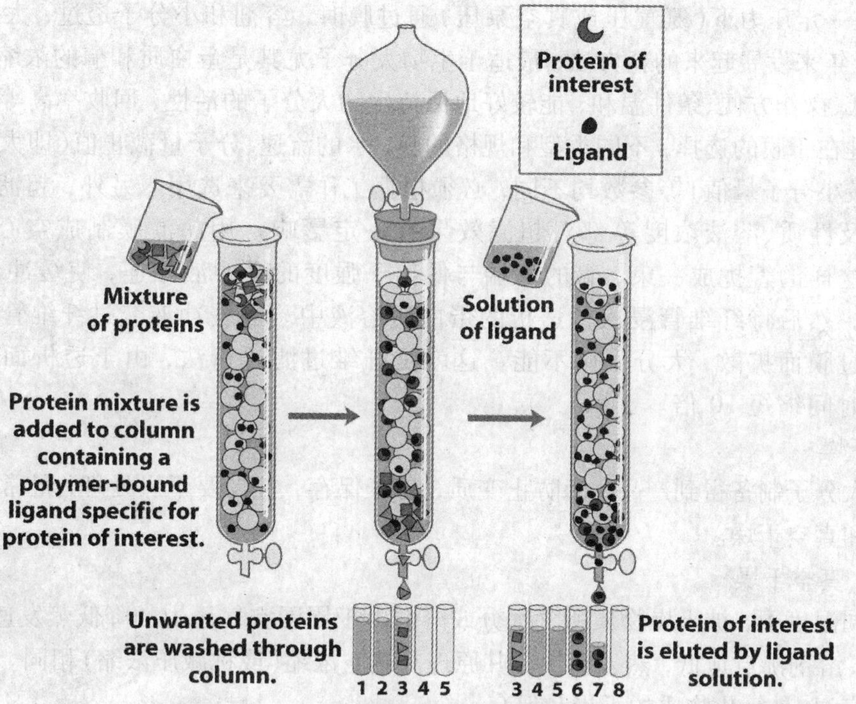

图4－31 亲和层析的原理

任务四 蛋白质的浓缩、干燥及保存

4.1 样品的浓缩

生物大分子在制备过程中由于过柱纯化而样品变得很稀，为了保存和鉴定的目的，往往需要进行浓缩。常用的浓缩方法有：

（1）减压加温蒸发浓缩　通过降低液面压力使液体沸点降低，减压的真空度愈高，液体沸点降得愈低，蒸发愈快，此法适用于一些不耐热的生物大分子的浓缩。

（2）空气流动蒸发浓缩　空气的流动可使液体加速蒸发，铺成薄层的溶液，表面不断通过空气流；或将生物大分子溶液装入透析袋内置于冷室，用电扇对准吹风，使透过膜外的溶剂不断蒸发，而达到浓缩目的，此法浓缩速度慢，不适于大量溶液的浓缩。

（3）冰冻法　生物大分子在低温结成冰，盐类及生物大分子不进入冰内而留在液相中，操作时先将待浓缩的溶液冷却使之变成固体，然后缓慢地融解，利用溶剂与溶质熔点的差别而达到除去大部分溶剂的目的。如蛋白质和酶的盐溶液用此法浓缩时，不含蛋白质和酶的纯冰结晶浮于液面，蛋白质和酶则集中于下层溶液中，移去上层冰块，可得蛋白质和酶的浓缩液。

(4)吸收法　通过吸收剂直接吸收除去溶液中溶液分子使之浓缩。所用的吸收剂必需与溶液不起化学反应，对生物大分子不吸附，易与溶液分开。常用的吸收剂有聚乙二醇，聚乙烯吡咯酮、蔗糖和凝胶等，使用聚乙二醇吸收剂时，先将生物大分子溶液装入半透膜的袋里，外加聚乙二醇复盖置于4℃下，袋内溶剂渗出即被聚乙二醇迅速吸去，聚乙二醇被水饱和后要更换新的直至达到所需要的体积。

(5)超滤法　超滤法是使用一种特别的薄膜对溶液中各种溶质分子进行选择性过滤的方法，液体在一定压力下(氮气压或真空泵压)通过膜时，溶剂和小分子透过，大分子受阻保留，这是近年来发展起来的新方法，最适于生物大分子尤其是蛋白质和酶的浓缩或脱盐，并具有成本低、操作方便、条件温和，能较好地保持生物大分子的活性，回收率高等优点。应用超滤法关键在于膜的选择，不同类型和规格的膜，水的流速、分子量截止值(即大体上能被膜保留分子最小分子量值)等参数均不同，必须根据工作需要来选用。另外，超滤装置形式，溶质成分及性质、溶液浓度等都对超滤效果有一定影响。用超滤膜制成空心的纤维管，将很多根这样的管拢成一束，管的两端与低离子强度的缓冲液相连，使缓冲液不断地在管中流动。然后将纤维管浸入待透析的蛋白质溶液中。当缓冲液流过纤维管时，则小分子很易透过膜而扩散，大分子则不能。这就是纤维过滤透析法，由于透析面积增大，因而使透析时间缩短10倍。

4.2 干燥

生物大分子制备得到产品，为防止变质，易于保存，常需要干燥处理，最常用的方法是冷冻干燥和真空干燥。

4.2.1 真空干燥

在相同温度下，被干燥物质所含水分或溶剂由于周围空气压力的降低蒸发速度增加。真空度愈高，溶剂沸点愈低，蒸发愈快。其原理与真空浓缩(或称减压浓缩)相同。真空干燥适用于不耐高温、易氧化物质的干燥和保存。

4.2.2 冷冻真空干燥

冷冻真空干燥除利用真空干燥原理外，同时增加了温度因素。真空冷冻干燥机由制冷系统、真空系统、加热系统、电器仪表控制系统所组成。主要部件为干燥箱、凝结器、冷冻机组、真空泵、加热/冷却装置等。在相同压力下，水蒸汽压随温度下降而下降，故在低温低压下，冰很易升华为气体。操作时一般先将待干燥的液体冷冻到冰点以下使之变成固体，然后在低温低压下将溶剂变成气体而除去。此法干后的产品具有疏松、溶解度好、保持天然结构等优点，适用于各类生物大分子的干燥保存。

4.3 贮存

生物大分子的稳定性与保存方法有很大关系。保存方法可分为干态和液态贮藏两种，但不论是干态或液态贮藏均应避免长期暴露于空气中以防微生物的污染。

温度对生物大分子的稳定性影响很大，低温保存在大多数情况下是有利的。

4.3.1 干态保存

干燥的制品一般比较稳定，如制品含水量很低，在低温情况下其活性可在数月甚至数年无明显变化。贮藏方法简单，只要将干燥的样品置于干燥器内(内装有干燥剂)密封，保持0℃～4℃冰箱即可。

4.3.2 液态保存

液态保存优点：免去干燥这一步骤，生物大分子的生理活性和结构破坏较少；缺点：需要较严格的防腐措施，贮藏时间不能太长，如样品量大时封装运输不方便，实验室常采取少量安瓿封存法。

液态贮藏时应注意以下几点：

(1)样品不能太稀，必须浓缩到一定浓度才能封装贮藏，样品太稀易使生物大分子变性。

(2)一般需加入防腐剂和稳定剂，常用的防腐剂有甲苯、苯甲酸、氯仿、百里酚等。蛋白质和酶常用的稳定剂有硫酸铵糊、蔗糖、甘油等，如酶也可加入底物和辅酶以提高其稳定性。此外，钙、锌、硼酸等溶液对某些酶也有一定保护作用。核酸大分子一般保存在氯化钠或柠檬酸钠的标准缓冲液中。

(3)贮藏温度要求低，大多数在0℃左右冰箱保存，有的则要求更低，应视不同物质而定。

任务五 结晶

蛋白质结晶是一个有序化过程：即蛋白质由在溶液中随机状态转变成有规则排列状态的固体。当蛋白质溶液达到过饱和状态，能够形成一定大小的晶核，溶液中的分子失去自由运动的能量(平移、旋转等)，不断地结合到形成的晶核上而长成适合X衍射分析的晶体。

5.1 蛋白质结晶的重要步骤

蛋白质结晶涉及四个重要步骤如下：

(1)蛋白质纯度的确定。如果不够非常纯，必须要进一步纯化。

(2)蛋白质溶解于合适的溶剂中，它从中能通过一种盐或有机化合物而析出。溶剂通常是水-缓冲剂溶液，有时加有机溶剂，如2-甲基-2,4-戊二醇(MPD)。正常情况下，沉淀剂也被加入，但是浓度不能高于产生沉淀的浓度。对于不溶于水-缓冲剂或水-有机溶剂的膜蛋白，还需要加入去污剂。

(3)使溶液过饱和。在这一步中，小聚集体形成，它是晶体生长所需的核。对小分子的结晶来说，相比于蛋白质更为人熟知，晶核的自发形成需要提供表面张力能。一旦这个能障被突破了，晶体开始生长。能障在高水平的过饱和度时很容易克服。因此，在高过饱和度时，晶核更易自发形成。

(4)一旦晶核形成，晶体生长正式开始。对低分子量的化合物而言，新分子会逐步结合到正在生长的晶体表面。这是由于这些位置的结合能比较大，相对于分子结合到平滑的表面。

5.2 结晶方法(Crystallization Techniques)

蛋白质属于生物大分子，但其结晶的一般过程与盐、有机小分子的结晶过程一样，可分为3个阶段：形成稳定的晶核；由晶核生长为晶体；生长结束。

结晶的方法分三种：分批结晶、液-液扩散结晶和蒸汽扩散结晶。

任务六 测定

食品中粗蛋白测定方法中，最为经典的测定方法是凯氏定氮法，操作要点主要是将试样用浓硫酸进行消化(可加入硫酸铜和硫酸钾作为助消化剂)，将样品中的氮全部转化为铵盐，然后在碱性条件下将氨蒸馏出来，用4%的硼酸溶液吸收蒸馏出来的氨气。含氮的接收瓶中加入指示剂后用标准稀碱溶液(一般配制0.1mol/L的标准碱溶液，滴定前稀释10倍)滴定，得到食品中氮含量，从总氮数据换算成蛋白质含量，换算公式为：

$$蛋白质含量(\%) = 总氮含量(\%) \times 换算系数$$

换算系数根据蛋白质来源不同有所差异，如大豆蛋白质采用5.71，大米蛋白质采用5.95，在要求不是很精确的条件下，一般可采用6.25的换算系数。

需要注意的是，由于食品中经常存在一些含氮非蛋白质化合物（如核酸、生物碱、含氮色素等），因此上述测定的含量是粗蛋白含量，一般高于食品中实际蛋白质含量。

蛋白质的其他测定方法还包括比色法和滴定法，比色法包括包括考马斯亮蓝法G－250、双缩脲法、紫外吸收法（蛋白质在280nm处有吸收）、BCA（二辛可宁酸）法、福林酚法等，滴定法包括甲醛改进滴定法、pH滴定法等。

项目八　食品中的蛋白质

任务一　肉类蛋白质

肉类蛋白质主要存在于肌肉中，骨骼肌的组成大约如下：75%水，20%蛋白质和5%脂肪、糖类、非蛋白质可溶性成分及无机盐。肌肉组织呈纤维状结构，肌肉纤维呈交叉条纹状，这是由于其存在交叉条纹状的肌原纤维之故。供人类食用的肉类蛋白质主要为猪、牛、羊、鸡、鸭和鱼等的肌肉。这些肌肉的蛋白质成分基本相同，其中人体所需的必需氨基酸含量丰富，而且必需氨基酸的比例适当，属于完全蛋白质，是人类优质蛋白质的主要来源。肉类蛋白质可分为三部分：肌浆中的蛋白质、肌原纤维中的蛋白质和基质蛋白质。

1.1 肌浆中的蛋白质

肌浆蛋白约占肌肉总蛋白的20%～30%，肌浆蛋白黏度低，常称为肌肉的可溶性蛋白质。主要参与肌肉纤维中的物质代谢。肌浆中的蛋白质包括肌溶蛋白、肌粒中的蛋白质和肌红蛋白。肌溶蛋白可溶于水，加热到52℃时即凝固。肌粒中的蛋白质含多种酶，与肌肉收缩功能有关。肌红蛋白是由珠蛋白与辅基血红素组成的含铁色蛋白，使肌肉呈红色，依动物种类和年龄不同含量不同，一般运动量大的肌肉含量多且色深。

1.2 肌原纤维中的蛋白质

肌原纤维蛋白主要包括肌球蛋白、肌动蛋白、肌动球蛋白等。这些蛋白质占肌肉蛋白质总量的51%～53%，它们与肉及肉制品的物理性质密切相关。

（1）肌球蛋白　相对分子质量约490000，可与肌动蛋白结合生成肌动球蛋白。在生理盐水浓度下，可生成肌球蛋白分子聚合体，若提高盐浓度，则会分散为单分子而溶解。在制造肉制品时加盐腌渍可提高黏着性就是与此性质有关。肌球蛋白易生成凝胶，对热不稳定。

（2）肌动蛋白　有球状和纤维状，球状肌动蛋白（G－肌动蛋白）是直径为5.5nm的球状物，聚合可形成纤维状肌动蛋白（F－肌动蛋白），两根链形成螺旋长丝状。细丝中嵌有肌钙蛋白和原肌球蛋白。后二者具有调节肌肉收缩、松弛的功能。

（3）肌动球蛋白　肌动球蛋白是由肌动蛋白与肌球蛋白形成的复合物，它能反映肌肉的收缩与松弛。当NaCl（KCl）的浓度在0.3mol/L以上时，则肌球蛋白溶解，肌动球蛋白就成为液状，显示出高的黏度。高浓度时易于形成凝胶。变性温度是45℃～50℃。

1.3 基质蛋白质

主要成分是硬蛋白类的胶原蛋白、弹性蛋白、网状蛋白等。不溶于水和盐溶液，为不完全蛋白质。

任务二　胶原和明胶

2.1 胶原蛋白

胶原蛋白也称胶原，是皮、骨和结缔组织中的主要蛋白质。是细胞外基质的一种结构蛋白质，英文名“collagen”，由希腊文演化而来，多糖蛋白，呈白色，含有少量的半乳糖和葡萄糖，是细胞外基质（ECM）的主要成分，约占胶原纤维固体物的85%。对机体和脏器起着支持、保护、结合以及形成界隔等作用。除了生物力学方面的以外，还具有诸如信号传导、生长因子与细胞因子的运输等功能。

胶原的氨基酸组成有以下特征：脯氨酸、羟脯氨酸和甘氨酸含量高，蛋氨酸含量少，不含色氨酸或胱氨酸，因此胶原是不完全蛋白质。X 射线衍射分析证明，胶原纤维的长度为64nm，而在张力下可增加到400nm。胶原分子由三股螺旋组成，外形成棒状，许多胶原分子横向结合成胶原纤维而存在于结缔组织中。

胶原纤维具有高度的结晶性，当加热到一定温度时会发生突然收缩。例如牛肌肉中的胶原纤维在65℃即发生这一变化，其原因可能是胶原纤维结晶区域的“熔化”造成的。

2.2 明胶

明胶是胶原分子热分解的产物，是由氨基酸组成相同而分子量分布很宽的多肽分子混合物，分子量一般在几万至十几万。明胶既具有酸性，又具有碱性，是一种两性物质，明胶的胶团是带电的，在电场作用下，它将向两极中的某一极移动。明胶分子结构上有大量的羟基，另外还有许多羧基和氨基，这使得明胶具有极强的亲水性。明胶不溶于有机溶剂，不溶于冷水，在冷水中吸水膨胀至自身的5～10倍，易溶于温水，冷却形成凝胶，溶点在24℃～28℃之间，其溶解度与凝固温度相差很小，易受水分、温度、湿度的影响而变质。

工业生产明胶就是把胶原含量高的组织如皮、骨于加碱或加酸的热水中长时间的提取而制得。明胶不溶于冷水，而溶于热水中，冷却时凝固成富有弹性的凝胶，其等电点为pH8～9。凝胶具有热可逆性，加热时熔化，冷却时凝固，其溶胶是典型的亲水胶体。明胶在加热、紫外线及某些有机试剂的作用下会失去溶解性和凝胶性。由于明胶与凝胶具有热可逆性，故大量应用于食品工业特别是糖果制造中。

任务三　乳蛋白

乳蛋白是乳汁中重要的组成成分，它是一种完全蛋白质，乳蛋白的成分随品种而变化。牛乳的乳蛋白主要包括80%左右的酪蛋白和20%左右乳清蛋白，此外还有少量的脂肪球膜蛋白质。

3.1 酪蛋白

酪蛋白是乳蛋白质中含量最丰富的一类蛋白质。它含有胱氨酸和蛋氨酸这两种含硫氨基酸，但不含半胱氨酸。在酪蛋白中还含有磷酸，磷酸以一磷酸酯键与苏氨酸及丝氨酸的羟基相结合，酪蛋白是典型的磷蛋白。在牛乳中，酪蛋白主要以酪蛋白酸钙—磷酸钙的配合物形式存在，称为酪蛋白胶粒。

酪蛋白胶粒在牛乳中比较稳定，但经冻结或加热等处理，也会发生凝胶现象。在130℃加热数分钟，酪蛋白变性而凝固沉淀。在酸或凝乳酶的作用下，酪蛋白胶粒的稳定性被破坏而凝固。干酪就是利用凝乳酶对酪蛋白的凝固作用制成的。

3.2 乳清蛋白

脱脂牛乳中的酪蛋白沉淀下来以后，保留在其上的清液即为乳清，存在于乳清中的蛋白质称为乳清蛋白。其主要成分是β-乳球蛋白和α-乳清蛋白，另外还有少量的血清白蛋白和免疫球蛋白、酶等。

β-乳球蛋白属于单纯蛋白质，约占乳清蛋白质的50%左右。β-乳球蛋白含有游离的巯基，牛奶加热后的气味与之有关。加热、增加钙离子浓度或pH超过8.6都能使其变性，它是牛乳中最易加热变性的蛋白质。

α-乳清蛋白也属于单纯蛋白质，在乳清蛋白中占25%左右。α-乳清蛋白性质较稳定，分子中含有四个二硫键，不含游离的巯基。

乳清蛋白属于优质的完全蛋白质，也是动物性蛋白。它含有人体必需的8种氨基酸，且配比合理，接近人体的需求比例，是人体生长、发育、抗衰老等生命活动不可缺少的精华物质。

3.3 脂肪球膜蛋白质

在乳脂肪球周围的薄膜中吸附着少量的蛋白质（每100g脂肪吸附蛋白质不到1g），称为脂肪球膜蛋白质。它是磷脂蛋白质。乳脂肪球膜除含有脂肪球膜蛋白质外，还含有许多酶类和糖类。乳脂肪球膜具有保持乳浊液稳定的作用，它使脂肪球稳定地分散于乳中。

任务四　种子蛋白质

人类食用的植物蛋白质主要来源于谷类、豆类及其他油料种子中，所以称它们为种子蛋白质（seed-protein）。例如，大豆、麻、扁豆、南瓜、向日葵、蓖麻等的种子，在其子叶或胚乳中形成粒（糊粉层），其中贮藏着特定的蛋白质。主要根据种子蛋白质的溶解性分为4种：种子球蛋白、种子清蛋白、醇溶谷蛋白和谷蛋白。

4.1 谷类蛋白质

谷类中的蛋白质含量均较低，一般在10%左右，小麦和大麦约含13%，大米和玉米约含9%。本节主要介绍小麦蛋白质。小麦蛋白质可按它们的溶解度分为清蛋白（溶于水）、球蛋白（溶于100% NaCl，不溶于水）、麦胶蛋白和麦谷蛋白。

麦胶蛋白质：不溶于水、无水乙醇及其他中性溶剂，但能溶于60%～90%的酒精溶液中。麦胶蛋白在pH为6.4的溶液时，其物理性能指标变小。

麦谷蛋白质：不溶于水、乙醇及其他中性溶液，但能溶于稀酸或稀碱溶液中。在热的稀酒精中可以稍稍溶解，但遇热易变性。麦谷蛋白质在pH为6～8的溶液中，其溶解度、黏度、渗透压、膨胀性能等物理性能指标都变小。

麦胶蛋白和麦谷蛋白是构成面筋的主要成分，又称为面筋蛋白质。面筋蛋白质是从面粉中分离出来的水不溶性蛋白质，约占面粉蛋白质的85%，它决定面团的特性。在面粉中麦胶蛋白和麦谷蛋白的量大致相等，两者都是非常复杂的。这两种蛋白质的氨基酸组成有这样的特征：高含量的谷氨酰胺和脯氨酸，非常低含量的赖氨酸和离子化氨基酸；属于最少带电的一类蛋白质。虽然面筋蛋白质中含硫氨基酸的含量较低，然而这些含硫基团对于它们的分子结构以及在面包面团中的功能是重要的。

清蛋白和球蛋白一起约占小麦胚乳蛋白质的10% ~15%。它们含有游离的巯基(—SH)和较高比例的碱性和其他带电氨基酸。清蛋白的相对分子质量很低，约在12000 ~26000范围，而球蛋白的相对分子质量可高达100000，但多数低于40000。

4.2 油料种子蛋白质

大豆、花生、棉子、向日葵、油菜和许多其他油料作物的种子中除了油脂以外还含有丰富的蛋白质。因此提取油脂后的饼粕是重要的蛋白质资源。大豆种子中约含35% ~40%的蛋白质，而大豆粉粕中含有44% ~50%的蛋白质，它是目前最重要的植物蛋白质来源。

油料种子蛋白质中最主要的成分是球蛋白类，其中又包含很多组分。用乙醇水溶液去掉大豆粉粕中的糖分和小分子的肽，残余物中蛋白质含量以干物质计可达70%以上，称为“大豆蛋白质浓缩物”。如果要得到纯度更高的蛋白质，可先用稀碱提取，然后在pH4.0 ~4.5条件下沉淀蛋白质，这样可以得到很纯的大豆蛋白质，此法可以分离大豆粉粕中的2/3以上的蛋白质。

从营养观点来看，黄豆、大青豆和黑豆等植物蛋白同样是蛋白质含量高的食物，但其中以黄豆的营养价值最高。在植物蛋白中最好的是大豆蛋白，并且还非常容易被人体消化以及吸收，因此大豆蛋白一直是素食主义者的最主要的蛋白质来源。大豆含有丰富的蛋白质，足够的赖氨酸，但缺乏蛋氨酸。棉子蛋白缺乏赖氨酸，花生除缺乏蛋氨酸、赖氨酸外，还缺乏苏氨酸。此外，这些种子中还存在一些抗营养因子，适当地加热处理并控制时间和温度，可破坏或抑制这些抗营养因子而提高这类产品的营养价值。

研究还发现，经常吃豆制品还能降胆固醇，同时还具有抗癌的功效。而且大豆蛋白含有丰富的异黄酮，它是一种类似荷尔蒙的化合物，可抑制因荷尔蒙失调所引发的肿瘤细胞的生长。近年来，人们将大豆蛋白质“质构化”，使蛋白质具有类似肉的质地和结构，生产大量的植物肉。大豆蛋白质还用于加工糕点、香肠和营养强化等。

任务五 单细胞蛋白质

单细胞蛋白质(single cell protein;缩写SCP)是一些单细胞或多细胞生物蛋白质的统称，它主要由某些酵母、真菌与细菌等食用微生物和藻类提供。以单细胞蛋白作为补充人类膳食蛋白质的来源，早已被肯定。近几十年来，对单细胞蛋白的生产利用，取得相当大的进展。

以单细胞蛋白解决人类部分蛋白质的来源，主要是从以下几个方面考虑:单细胞蛋白质的营养价值高，氨基酸的种类齐全，赖氨酸等的必需氨基酸含量较高，微生物蛋白的必需氨基酸略高于大豆蛋白质，是较优质的蛋白质。同时还含有丰富的维生素。另外，单细胞蛋白质在开发上有很多优势。如它可以利用含糖类的废液进行工业化连续生产，不受气候地理条件限制，并且节约土地使用面积，生产速度快、投资少。据估计，一头体重500kg的乳牛一天只能在其体内增加0.5kg的蛋白质，而细菌却在同样长的时间内增重为初重的1000倍。

但是单细胞蛋白中核蛋白的含量很高，可达蛋白质总量的50%。由于核酸的代谢产物尿酸在体内积累过多会引起“尿结石”和在小关节处积累引起“痛风症”，因此单细胞蛋白用于人类食用时，应限制其核酸含量。单细胞蛋白质目前主要供饲用。

单细胞蛋白是从单细胞微生物中提取出的蛋白。由于微生物繁殖速度快，原料要求低(包括农林副产物及废料，食品加工后的废物、副产品，石油衍生原料，厌氧废物处理过程中产生的生物质副产品等)，营养价值高(含有碳水化合物、脂肪、维生素和矿物质等多种营养成分)，是人类和动物获得蛋白质的手段之一。可制取蛋白质的微生物，包括含有叶绿素能进行光合作用的单细胞藻类和不能进行光合作用的微生物，如细菌等。按使用的微生物种类可分为:酵母蛋白、细菌蛋白、霉菌蛋白等。按所得产品用途，可分为饲料蛋白、食用蛋白。按利用的碳源种类，可分为石油蛋白、乙醇蛋白。可用于饲料工业和食品工业，作为补充蛋白质的配料。利用其功能性质，还可用于制乳化剂、分散剂、起泡剂或作组织蛋白，用于仿肉制品等。

任务六　叶蛋白质

叶蛋白(leaf protein)，又称绿色蛋白浓缩物，是以新鲜牧草或其他青绿植物的茎叶为原料，经压榨后，从其汁液中提取的浓缩粗蛋白质产品，为灰白色或绿色粉末，蛋白质含量一般在60%左右，不饱和脂肪酸含量20% ~30%。其氨基酸组成较一般谷类和豆类蛋白质优良，与除乳类和蛋类以外的一般动物蛋白质近似，营养价值较高。可以作为家畜饲料，以及人类饮食的蛋白质补充物。

叶蛋白制取的主要原料是无毒植物的茎叶，如菜豆、蚕豆、豌豆、黄麻、芝麻、马铃薯、甜菜等的茎叶，植物茎叶中含单宁或黏液汁液多者一般不用作原料。目前在生产实践中应用最多的是苜蓿，它不仅叶蛋白产量高，而且凝聚颗粒大，容易分离，品质好。许多国家种植苜蓿以生产叶蛋白，主要用于饲料，纯品可用于食品。

项目九　食品加工贮藏对蛋白质的影响

从原料加工、贮运到消费者食用的整个过程中，食品中的蛋白质会经受各种处理，如加热、冷冻、干燥、辐射及酸碱处理等，蛋白质会发生不同程度的变化，了解这些变化，有助于我们选择更好的手段和条件来加工和储藏蛋白质食品。

任务一　加热处理

热加工是食品加工和保存的最普遍、最有效的方法。加热方法的有益作用主要有:可使蛋白质变性、杀灭微生物、钝化引起食品腐败的酶，提高蛋白质的消化率和营养价值。另外，食品的热加工，还可破坏其中的某些嫌忌成分，如加热可破坏大豆的胰蛋白酶抑制剂和植物血球凝集素等，这些都是食品加工对蛋白质的有益作用。然而，加热过度则又会降低蛋白质的营养价值。例如豆类在加热初期，随着加热时间的增加，其蛋白质功效比值(PER)逐渐增加。当加热到一定时间以后，若再继续加热，其蛋白质功效比值可迅速下降。

热处理对蛋白质的影响较大，影响的程度取决于加热时间、温度、湿度以及有无还原性物质存在等因素。热处理涉及到的化学反应有蛋白质的变性、分解、氨基酸氧化等。

食品经过热加工，一般可以改善食用品质。因为蛋白质遇热变性，维持蛋白质立体结构的作用力被破坏，原来折叠部分的肽链变得松弛，容易被酶水解，从而提高消化率。从所含的各种氨基酸来看，几乎没有多大变化。但是具有各种生物活性的蛋白质(如各种酶、某些激素等)将失活，蛋白质的物理化学特性会发生变化，如纤维性蛋白质失去弹性和柔软性，球状蛋白质的黏性、渗透压、电泳、溶解性等发生变化。对植物蛋白质而言，在适宜的加热条件下可破坏胰蛋白酶和其他抗营养的抑制素。此外，粮食米面制品焙烤时，色氨酸等会与糖类发生羰氨反应，产生诱人的香味和金黄色。但当含有还原糖的蛋白质食品受热温度过高、时间较长时，羰氨反应所引起的蛋白质损害较为严重，如牛乳的干燥。另外蛋白质与脂类、脂类氧化产物、醌类化合物发生反应，均可影响其营养价值。如肉类的腌制加工过程中，蛋白质与亚硝酸盐发生反应，使可利用的赖氨酸、色氨酸和半胱氨酸等的含量下降。

蛋白质不能过度加热，过度加热会使蛋白质分解、氨基酸氧化，还会使氨基酸键之间交换形成新的酰胺键，既不利于酶的作用，又使食品风味变劣，甚至产生有害物质。组成蛋白质的氨基酸中以胱氨酸对热最为敏感，加热温度过高，时间过长，胱氨酸会发生分解，放出硫化氢。所以，选择适宜的热处理条件是食品加工工艺的关键。

任务二 低温保藏

对食品进行冷藏和冷冻加工能抑制微生物的繁殖、酶活性及化学变化，从而延缓或防止蛋白质的腐败，有利于食品的保存。在冷藏或冷冻食品时，细胞内和细胞间隙的自由水和一部分结合水结冰，从而使存在于原生质中的蛋白质分子的一部分侧链暴露出来。同时由于水变成冰导致体积膨胀，冰晶的挤压使蛋白质质点互相靠近、凝聚沉淀，发生变性。因此冷冻会引起食品中蛋白质变性，造成食物性状的改变。所以冰结晶形成的速度和蛋白质变性程度有很大关系，若慢慢降温，会形成较大的冰晶，对食品原组织破坏较大，而快速冷冻则多形成细小结晶，对食品质量影响较小。根据这个原理，食品加工都采用快速冷冻以避免蛋白质变性，保持食品原有的风味。如把豆腐冻结、冷藏时，会得到具有多孔结构并具有一定黏弹性的冻豆腐，这时大豆球蛋白发生了部分变性。而把牛乳冻结、解冻时会发生乳质分离，不可能回复到原先的均一状态。肉和鱼在冻结的条件下蛋白质有不同程度的变性，如肌肉蛋白质的球状蛋白(肌球蛋白、肌动球蛋白、肌动蛋白等)纤维状，不溶于水和盐水。而白蛋白类的肌浆蛋白成为球状，也变得不溶，使肉组织变得粗硬，肌肉的持水力降低。

另外解冻也造成蛋白质的变性。冷冻肉类时，肉组织会受到一定程度的破坏。解冻时间过长，会引起相当量的蛋白质降解，而且水与蛋白质结合状态被破坏，代之以蛋白质与蛋白质之间的相互作用，形成不可逆的蛋白质变性。这些变化导致蛋白质持水力丧失。例如解冻以后鱼体变得既干又韧，风味变差。

任务三 脱水与干燥

食品经过脱水干燥，有利于储藏和运输。但过度脱水，或干燥时温度过高、时间过长，蛋白质中的结合水受到破坏，则引起蛋白质的变性，特别是过度脱水时蛋白质受到热、光和空气中氧的影响，会发生氧化等作用。因而食品的复水性降低、硬度增加、风味变劣。冷冻真空干燥能使蛋白质分子外层的水化膜和蛋白质分子间的自由水先结冰，后在真空条件下升华蒸发，达到干燥的目的。这样，不仅蛋白质分子变性少，而且还能保持食品的色、香、味。

任务四 碱处理

蛋白质经过碱处理，会发生许多变化，在碱度不高的情况下能改善溶解度和口味，有的还能破坏毒性，如菜子饼粕和棉子饼粕用碱处理可以去除芥子苷和棉酚。

轻度碱变性不一定造成蛋白质品质劣化，但长时间、较强碱性加热时，更多的是产生不利影响。如会形成新的氨基酸，易发生变化的氨基酸是胱氨酸、丝氨酸、赖氨酸、精氨酸。如大豆蛋白在pH12.2、40℃条件下加热4h后，胱氨酸、赖氨酸逐渐减少，并有赖氨基丙氨酸的生成，赖氨基丙氨酸人体很难吸收。脱氢丙氨酸还可与精氨酸、组氨酸、苏氨酸、丝氨酸、酪氨酸和色氨酸残基之间通过缩和反应形成天然蛋白质中不存在的衍生物，使肽链间产生共价交联。

碱处理还可使精氨酸、胱氨酸、色氨酸、丝氨酸和赖氨酸等发生构型变化，由天然的L－氨基酸转化为D－氨基酸，而D－型氨基酸不利于人体内酶的作用，人体也难以吸收，从而导致必需氨基酸损失，蛋白质消化吸收率降低。因此，在食品加工中，应避免强碱性条件。

任务五　氧化

食品在加工储藏过程中，蛋白质与空气中的氧、脂质过氧化物和氧化剂发生氧化反应。如为了杀菌、漂白、除去残留农药等，常常使用一定量的氧化剂。各种氧化剂会导致蛋白质中的氨基酸残基发生氧化反应。最易被氧化的是蛋氨酸、半胱氨酸、胱氨酸、色氨酸等，在较高温度下或脂质自动氧化较强时，几乎所有的氨基酸均可遭受破坏。为防止这类反应的发生，可加抗氧化剂、采用真空或充氮包装贮存等措施防止蛋白质被氧化。

任务六　机械加工

食品在加工过程中，如果受到机械的挤压，例如油料种子在进行轧胚时，因受到轧辊的挤压会引起原料中蛋白质的立体结构遭到破坏，也会发生变性，这种变性对于油脂制取是有利的。

复习题

一、名词解释

1. 肽键　2. 蛋白质的等电点　3. 蛋白质的一级结构　4. 蛋白质的二级结构　5. 蛋白质的三级结构　6. 蛋白质的四级结构　7. 盐析　8. 蛋白质变性与复性　9. 必需氨基酸　10. 完全蛋白质

二、填空

1. 维持蛋白质分子中的α－螺旋主要靠________化学键。

2. 缩写符号Trp的中文名称是________，Tyr的中文名称是________。

3. 维持蛋白质构象的作用力（次级键）有________、________、________和________。

4. 蛋白质的空间结构是由________结构决定的。

5. 蛋白质是由氨基酸聚合成的高分子化合物，在蛋白质分子中，氨基酸之间通过________键相连，蛋白质分子中的该键是由一个氨基酸的________与另一个氨基酸的

__________脱水形成的__________。

6. 蛋白质平均含氮量为__________，组成蛋白质分子的基本单位是__________，参与人体蛋白质合成的氨基酸共有__________种，除__________和__________外其化学结构均属于__________。

7. 蛋白质分子中的二级结构的结构单元有：__________、__________、__________和__________。

8. 在20种氨基酸中，酸性氨基酸有__________和__________两种，具有羟基的氨基酸是__________和__________，能形成二硫键的氨基酸是__________。

9. 精氨酸的pI值为10.76，将其溶于pH7的缓冲溶液中，并置于电场中，则精氨酸应向电场的__________方向移动。

10. 稳定蛋白质胶体的因素是__________和__________。

三、选择题

1. 蛋白质分子的一级结构概念主要是指(　)。

A. 组成蛋白质多肽链的氨基酸数目

B. 氨基酸种类及相互比值

C. 氨基酸的排列顺序

D. 二硫键的数目和位置

E. 肽键的数目和位置

2. 下列何种结构不属蛋白质分子构象？(　)

A. 右手双螺旋　B. α－螺旋　C. β－折叠　D. 转角　E. 无规则卷曲

3. 在蛋白质三级结构中可存在如下化学键，但不包括(　)。

A. 氢键　B. 二硫键　C. 离子键　D. 磷酸二酯键　E. 疏水基相互作用

4. 下列关于蛋白质四级结构的有关概念，何者是错误的？(　)

A. 由两个或两个以上亚基组成

B. 参与形成四级结构的次级键多为非共价键

C. 四级结构是指亚基的空间排列及其相互间作用关系

D. 组成四级结构的亚基可以是相同的，也可以是不同的

E. 所有蛋白质分子只有具有四级结构，才表现出生物学活性

5. 蛋白质变性是由于(　)。

A. 蛋白质一级结构的改变

B. 组成蛋白质的共价键发生变化

C. 蛋白质空间构象的破坏

D. 辅基的脱落

E. 蛋白质水解

6. 维系蛋白质分子中α螺旋的化学键是(　)。

A. 肽键　B. 离子键　C. 二硫键　D. 氢键　E. 疏水键

四、简答题

1. 蛋白质分子中有哪些重要的化学键？它们的功能是什么？
2. 蛋白质的氨基酸顺序和它们的立体结构有什么关系？
3. 举例说明蛋白质的理化性质在实际生活中的应用。
4. 食物体系中都有哪几种蛋白质？其主要性质是什么？
5. 蛋白质胶体稳定的因素有哪些？请说明各因素是如何影响蛋白质胶体稳定性的。
6. 简述蛋白质二级结构的要点。
7. 氨基酸等电点在实际生产中有何应用？
8. 食品加工储藏对蛋白质有什么影响？

❖模块五　核酸

◆**基础理论和知识**

1. 掌握核酸的化学组成。
2. 掌握DNA模型的要点；mRNA的结构和功能；tRNA的结构和功能；rRNA的功能。
3. 了解DNA的超螺旋结构；熟悉DNA双螺旋模型的发现。
4. 熟悉核酸的性质。

◆**基本技能及要求**

1. 能理解核酸分离与提纯操作方法的基本原理。
2. 会利用核酸分离与提纯的基本方法进行相关操作。

◆**学习重点**

1. 核酸的分子组成。
2. DNA的结构与功能。
3. RNA的结构与功能。
4. 核酸的理化性质。

◆**学习难点**

1. DNA的结构。
2. RNA的结构。
3. 核酸分离与提纯的基本方法。

◆**导入案例**

著名的肺炎球菌转化实验

肺炎球菌(Diplococcus pneumonoae)有许多不同的菌株(strains)，但只有光滑型(S)菌株能引起人的肺炎和小鼠的败血症(septicemia)。这种菌株的细菌细胞外面有多糖类的胶状荚膜保护层，使它们不会被宿主的防御机制所破坏。当这种细菌生长在合成培养基上时，每个细菌长成一个明亮、光滑的菌落。其他一些菌株没有荚膜，不会引起疾病，长成粗糙型(R)菌落。

英国卫生部病理学实验室的 Fred Griffith 发现(1928)，将高温杀死的 S 型细菌和活的 R 型细菌一起注入小鼠体内，结果不仅有许多小鼠死于败血症，而且从死鼠血液中还发现了活的 S 型细菌。

如果注入小鼠体内的只是活的 R 型细菌，或是死的 S 型细菌，都不会引起败血症。这说明，高温杀死的 S 型细菌使某些活的 R 型细菌转化成 S 型细菌。S 型细菌有一种物质或转化因素(transforming principle)进入了 R 型细菌，引起 R 型细菌发生了稳定的遗传变异。

那么是什么物质使 R 型细菌转变为 S 型细菌呢?

艾弗里(Osward Avery)等人(1944)从 S 型细菌中分别抽提出 DNA、蛋白质和荚膜物质，并把每一种成分同活的 R 型细菌混合，悬浮在合成培养液中。结果发现只有 DNA 组分能够把 R 型细菌转变成 S 型细菌。而且 DNA 的纯度越高，这种转化的效率也越高。这说明，一种基因型细胞的 DNA 进入另一种基因型的细胞后，可引起稳定的遗传变异，DNA 赋有特定的遗传特性。Avery 等人的研究结果发表后，一些坚信蛋白质是遗传物质的人仍然提出质疑，认为实验用的 DNA 的纯度不够，转化是由于 DNA 抽提物中含有的少量蛋白质的作用结果。1948 年，DNA 纯化技术使残留的蛋白质减少到只有 0.02%。如此高纯度的 DNA 不仅仍可引起转化，而且转化效率也更高。

1944 年 Avery 等成功进行肺炎球菌转化试验证明 DNA 是遗传物质。

◆讨论

1. 除了肺炎球菌转化试验外还有哪些工作可以证明 DNA 是遗传的物质基础?
2. 试讨论 DNA 双螺旋结构模式与 DNA 生物学功能的关系。
3. PCR 技术是如何利用了核酸的变性与复性的基本原理?

项目一　概述

任务一　核酸的发现

1868 年瑞士青年科学家米歇尔(F. Miescher)由脓细胞分离得到细胞核，并从中提取出一种含磷量很高的酸性化合物，称为核素。米歇尔的德国导师塞勒(F. Hoppe - Seyler)也从酵母菌中提取出了“核素”。他把酵母中提取出来的“核素”称为“酵母核素”。继任者发展了制备不含蛋白质的核酸的方法。

1889 年 R. Altmanm 最早提出了核酸。核酸的研究改变了整个生命科学的面貌，并由此诞生了分子生物学这一当今发展最迅速、最有活力的学科。

任务二　核酸的种类与分布

核酸(nucleic acid)是以核苷酸(nucleotide)为基本组成单位聚合形成的生物分子，分为脱氧核糖核酸(DNA)和核糖核酸(RNA)两大类。所有生物细胞都含有这两类核酸。生物机体的遗传信息以密码形式编码在核酸分子上，表现为特定的核苷酸序列。DNA 是主要的遗传物质，通过复制而将遗传信息由亲代传给子代。RNA 与遗传信息在子代的表达有关。DNA 和 RNA 在结构上的不同与其不同的功能相关联。

2.1 脱氧核糖核酸(DNA)

原核生物中 DNA 集中在核区。真核 DNA 分布在核内，组成染色体。线粒体、叶绿体等细胞器也含有 DNA。病毒或只含有 DNA，或只含有 RNA，从未发现两者兼有的病毒。

2.2 核糖核酸(RNA)

参与蛋白质合成的 RNA 有三类：转移 RNA(tRNA)、核糖体 RNA(rRNA)和信使 RNA(mRNA)。无论是原核生物还是真核生物都含有这三类 RNA。此外，在细胞中还存在其他 RNA：核内不均一 RNA(hnRNA)、核内小 RNA(snRNA)、核仁小 RNA(snoRNA)、胞浆小 RNA(scRNA)。原核生物中 RNA 存在于细胞质，真核生物中 RNA75% 在细胞质，15% 在线粒体和叶绿体，10% 在细胞核。

任务三　核酸的生物学功能

3.1 DNA 是主要的遗传物质

细胞学证据早就提示 DNA 可能是遗传物质。DNA 分布在细胞核内，是染色体的主要成分，而染色体已知是基因的载体。细胞内 DNA 含量很稳定，而且与染色体数目平行。但是直接证明 DNA 是遗传物质的证据则来自于 Avery 的细菌转化实验。

3.2 RNA 参与蛋白质的生物合成

rRNA 起装配和催化作用；tRNA 携带氨基酸并识别密码子；mRNA 携带 DNA 的遗传信息并作为蛋白质合成的模板。这三类 RNA 共同控制着蛋白质的生物合成。

20 世纪 80 年代 RNA 的研究揭示了 RNA 功能的多样性，它不仅仅是遗传信息由 DNA 到蛋白质的中间传递体，还有其他功能，如：基因表达与细胞功能的调节、生物催化和遗传信息的加工与进化。

生物体通过 DNA 复制，而使遗传信息由亲代传给子代；通过 RNA 转录和翻译而使遗传信息在子代得到表达。RNA 具有诸多功能，这些功能关系着生物体的生长和发育，其核心作用是基因表达的信息加工和调节。

项目二　核酸的化学组成

任务一　核酸的元素组成

经元素分析证明，核酸由碳、氢、氧、氮、磷 5 种元素组成，其中磷的含量在各种核酸中变化范围不大，大约占整个核酸质量的 9.5% 左右，即 1g 磷相当于 10.5g 核酸。因此在核酸的定量分析中可通过磷含量的测定来估算核酸的含量。这是定磷法的理论基础。

$$核酸含量 = 磷含量 \times 10.5$$

任务二　核酸的水解产物

采用不同的水解方法(酶解或酸解、碱解)可将核酸降解成核苷酸，核苷酸可再分解生成核苷和磷酸，而核苷可进一步分解生成戊糖和碱基(图 5－1)。

由此可见，核酸的基本组成单位是核苷酸，基本组成成分是磷酸、戊糖和碱基。

DNA 的基本组成单位是脱氧核糖核苷酸，RNA 的基本组成单位是核糖核苷酸。

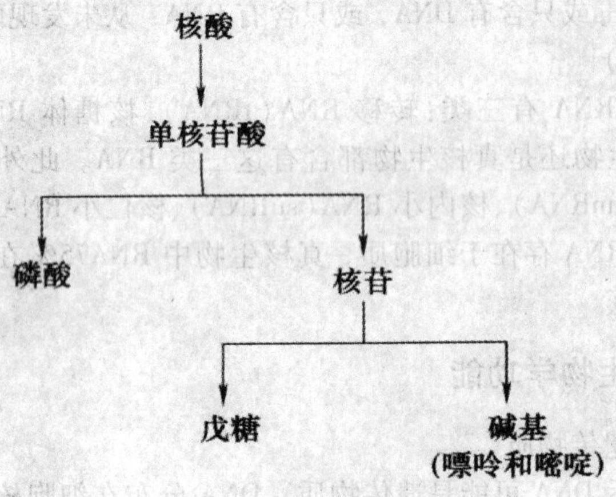

图 5－1　核酸的水解产物

任务三　核酸水解产物的化学结构

核酸在核酸酶的作用下，水解为寡核苷酸或单核苷酸，单核苷酸可进一步降解为碱基、戊糖和磷酸(图 5－1)。生物体也能利用一些简单的前体物质合成嘌呤核苷酸和嘧啶核苷酸。核苷酸不仅是核酸的基本成分，而且也是一类生命活动不可缺少的重要物质。

3.1 碱基

RNA 中碱基主要有四种：腺嘌呤(A)、鸟嘌呤(G)、胞嘧啶(C)、尿嘧啶(U)；DNA 中的碱基主要也是四种：前三种与 RNA 中的相同，只是胸腺嘧啶(T)代替了尿嘧啶(U)。现将两类核酸的基本成分列在表 5－1 中。

表 5－1　两类核酸的基本化学组成

名称	DNA	RNA
嘌呤碱	腺嘌呤(A)、鸟嘌呤(G)	腺嘌呤(A)、鸟嘌呤(G)
嘧啶碱	胞嘧啶(C)、胸腺嘧啶(T)	胞嘧啶(C)、尿嘧啶(U)
戊糖	D－2－脱氧核糖	D－核糖
酸	磷酸	磷酸

核酸中的碱基分为两类：嘧啶碱和嘌呤碱(图 5－2)。

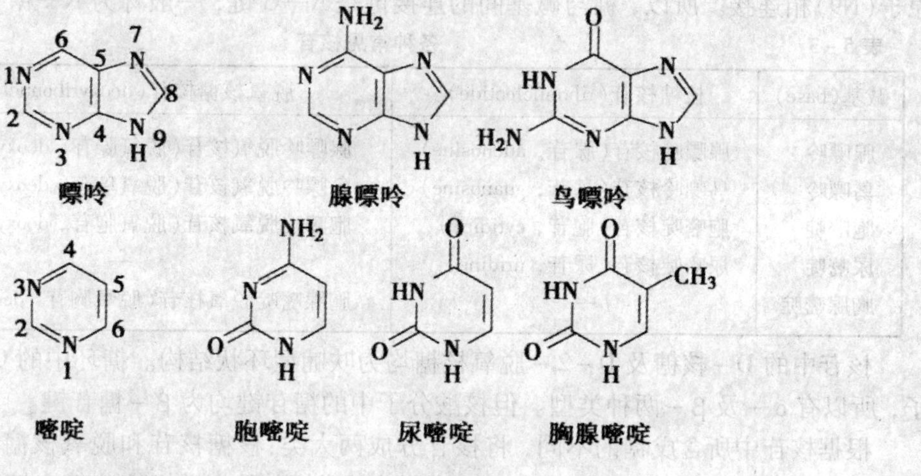

图 5-2　5 种基本碱基结构

(1)嘧啶碱

嘧啶碱是母体化合物嘧啶的衍生物。核酸中常见的嘧啶有三类:胞嘧啶、尿嘧啶和胸腺嘧啶。其中胞嘧啶为 DNA 和 RNA 两类核酸所共有;胸腺嘧啶只存在于 DNA 中，但是 tRNA 也有少量存在;尿嘧啶只存在于 RNA 中。植物 DNA 中有相当量的 5 - 甲基胞嘧啶。一些大肠杆菌噬菌体 DNA 中，5 - 羟甲基胞嘧啶代替了胞嘧啶。

(2)嘌呤碱

核酸中常见的嘌呤碱有两类:腺嘌呤和鸟嘌呤。腺嘌呤是由母体化合物嘌呤衍生而来的。

自然界中存在许多重要的嘌呤衍生物。一些生物碱，如茶叶碱、可可碱、咖啡碱等都是黄嘌呤的衍生物。

嘌呤和嘧啶环中均含有共轭双键，因此对波长 260nm 左右的紫外光有较强吸收。测定波长 260nm 紫外吸收强度已广泛应用于对核酸、核苷酸、核苷及碱基的定性和定量分析。

(3)稀有碱基

除了上述 5 种基本的碱基外，核酸中还有一些含量很少的碱基，称为稀有碱基，见表 5-2。稀有碱基种类极多，大多数是甲基化碱基。tRNA 中含有较多的稀有碱基，可高达 10%。目前已知的稀有碱基有 100 种左右。

表 5-2　核酸中的部分稀有碱基

	DNA	RNA
嘧啶碱	5 - 甲基胞嘧啶(m^5C)	假尿嘧啶(ψ)
	5 - 羟甲基胞嘧啶(hm^5C)	双氢尿嘧啶(DHU)
嘌呤碱	7 - 甲基鸟嘌呤(m^7G)	N^6 - 甲基腺嘌呤(m^6A)
	N^6 - 甲基腺嘌呤(m^6A)	N^6，N^6 - 二甲基腺嘌呤($m_2{}^6A$)
	—	7 - 甲基鸟嘌呤(m^7G)

3.2 核苷

核苷是一种糖苷，由戊糖和碱基缩合而成。各种常见核苷见表 5-3。糖和碱基之间以糖苷键相连接。糖的第一位碳原子(C1)与嘧啶碱的第一位氮原子(N1)或与嘌呤碱的第九位氮原子(N9)相连接。所以，糖与碱基间的连接键是 N—C 键，一般称为 N—糖苷键。

表 5－3 各种常见核苷

碱基(base)	核糖核苷(ribonucleotide)	脱氧核糖核苷(deoxyribonucleoside)
腺嘌呤	腺嘌呤核苷(腺苷，adenosine)	腺嘌呤脱氧核苷(脱氧腺苷，deoxyadenosine)
鸟嘌呤	鸟嘌呤核苷(鸟苷，guanosine)	鸟嘌呤脱氧核苷(脱氧鸟苷，deoxyguanosine)
胞嘧啶	胞嘧啶核苷(胞苷，cytidine)	胞嘧啶脱氧核苷(脱氧胞苷，deoxycytidine)
尿嘧啶	尿嘧啶核苷(尿苷，uridine)	—
胸腺嘧啶	—	胸腺嘧啶脱氧核苷(脱氧胸苷，deoxythymidine)

核苷中的 D－核糖及 D－2－脱氧核糖均为呋喃型环状结构。糖环中的 C1 是不对称碳原子，所以有 α－及 β－两种类型。但核酸分子中的糖苷键均为 β－糖苷键。

根据核苷中所含戊糖的不同，将核苷分成两大类:核糖核苷和脱氧核糖核苷。对核苷进行命名时，必须先冠以碱基的名称，如腺嘌呤核苷、腺嘌呤脱氧核苷等。糖环中的碳原子标号右上角加“′”，而碱基中原子的标号不加“′”，以示区别，见图 5－3。

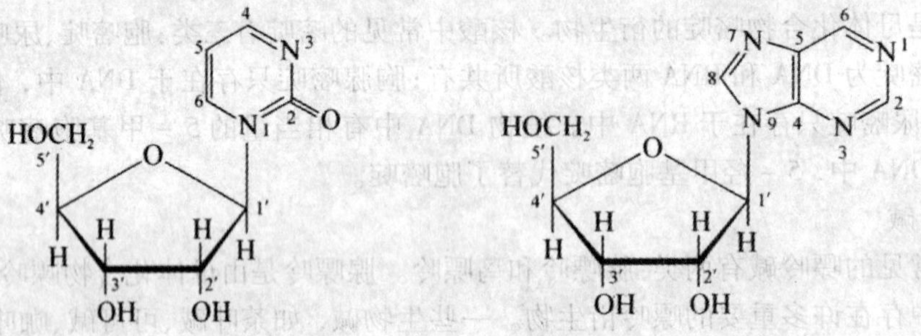

图 5－3 核苷中相应的原子编号

3.3 核苷酸

核苷中的戊糖羟基被磷酸酯化，就形成核苷酸。因此核苷酸是核苷的磷酸酯。核苷酸分成核糖核苷酸与脱氧核糖核苷酸两大类。图 5－4 为两大类八种核苷酸的结构式。核糖核苷的糖环上有 3 个自由羟基，能形成 3 种不同的核苷酸:2′－核糖核苷酸，3′－核糖核苷酸和 5′－核糖核苷酸。脱氧核糖的糖环上只有 2 个自由羟基，所以只能形成两种核苷酸:3′－脱氧核糖核苷酸和 5′－脱氧核糖核苷酸。生物体内游离多为 5′－核苷酸。用碱水解 RNA 时，可得到 2′－与 3′－核糖核苷酸的混合物。常见的核苷酸列于表 5－4 中。

表 5－4 常见的核苷酸

碱基	核糖核苷酸(ribonucleotide)	脱氧核糖核苷酸(deoxyribonucleotide)
腺嘌呤	腺嘌呤核苷酸(腺苷酸，AMP)	腺嘌呤脱氧核苷酸(脱氧腺苷酸，dAMP)
鸟嘌呤	鸟嘌呤核苷酸(鸟苷酸，GMP)	鸟嘌呤脱氧核苷酸(脱氧鸟苷酸，dGMP)
胞嘧啶	胞嘧啶核苷酸(胞苷酸，CMP)	胞嘧啶脱氧核苷酸(脱氧胞苷酸，dCMP)
尿嘧啶	尿嘧啶核苷酸(尿苷酸，UMP)	—
胸腺嘧啶	—	胸腺嘧啶脱氧核苷酸(脱氧胸苷酸，dTMP)

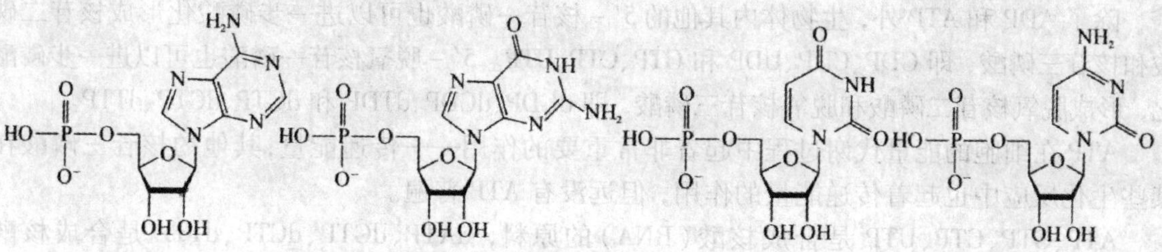

腺苷酸　　鸟苷酸　　尿苷酸　　胞苷酸

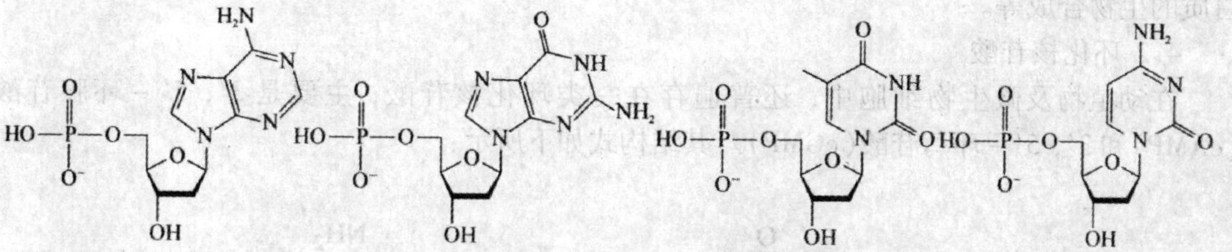

脱氧腺苷酸　　脱氧鸟苷酸　　脱氧胸苷酸　　脱氧胞苷酸

图 5－4　各种核苷酸的结构式

任务四　核苷酸的衍生物

核苷一磷酸还可以进一步磷酸化而生成核苷二磷酸和核苷三磷酸。

4.1 多磷酸核苷酸

细胞内有一些游离存在的多磷酸核苷酸，它们是核酸合成的前体、重要的辅酶和能量载体。

如腺苷一磷酸（AMP）再结合 1 分子磷酸，可生成腺苷二磷酸（ADP），腺苷二磷酸再结合 1 分子磷酸，可生成腺苷三磷酸（ATP）。在 ADP 和 ATP 分子之中，磷酸和磷酸之间以焦磷酸键相连。当焦磷酸键水解时，可释放出大量的能量供机体利用。这种由于水解而释放很高能量的焦磷酸键称为高能磷酸键，简称高能键，用“～”。因此，ATP 在细胞的能量代谢过程中起着非常重要的作用，ADP 的高能键很少被利用，它主要是接受能量转化为 ATP。

AMP、ADP 和 ATP 的结构式如下：

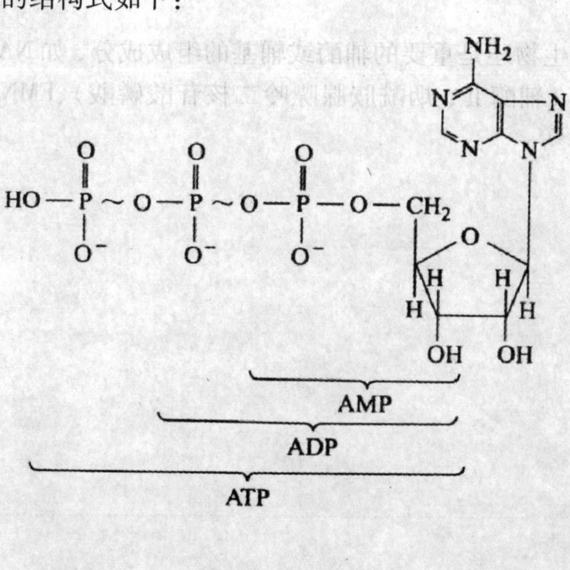

除了 ADP 和 ATP 外，生物体内其他的5′-核苷一磷酸也可以进一步磷酸化形成核苷二磷酸和核苷三磷酸，即 GDP、CDP、UDP 和 GTP、CTP、UTP。5′-脱氧核苷一磷酸也可以进一步磷酸化，形成脱氧核苷二磷酸和脱氧核苷三磷酸，即 dGDP、dCDP、dTDP 和 dGTP、dCTP、dTTP。

ATP 在细胞的能量代谢过程中起着非常重要的作用——传递能量；其他的核苷三磷酸在某些生化反应中也起着传递能量的作用，但远没有 ATP 普遍。

ATP、GTP、CTP、UTP 是合成核酸（RNA）的原料，dATP、dGTP、dCTP、dTTP 是合成核酸（DNA）的原料。此外，UTP 还参与体内糖原的合成，CTP 参与磷脂的生物合成，GTP 参与蛋白质的生物合成等。

4.2 环化核苷酸

在动植物及微生物细胞中，还普遍存在一类环化核苷酸，主要是3′，5′-环腺苷酸（cAMP）和3′，5′-环鸟苷酸（cGMP）。其结构式如下所示：

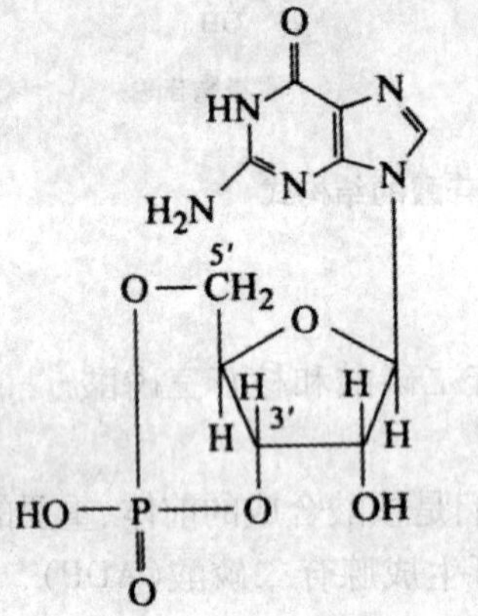

3′,5′-环鸟苷酸(cGMP)

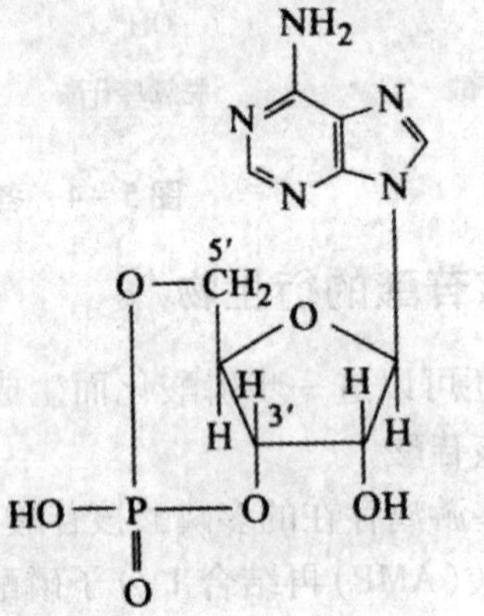

3′,5′-环腺苷酸(cAMP)

环化核苷酸不是核酸的组成成分，在细胞中含量很少，但有重要的生理功能。现已证明，二者均作为激素的第二信使，在细胞代谢调节中有重要作用。

4.3 辅酶类核苷酸

一些核苷酸或其衍生物还是重要的辅酶或辅基的组成成分，如 NAD^+（辅酶Ⅰ，烟酰胺腺嘌呤二核苷酸）、$NADP^+$（辅酶Ⅱ，烟酰胺腺嘌呤二核苷酸磷酸）、FMN（黄素单核苷酸）、FAD（黄素腺嘌呤二核苷酸）等。

项目三　核酸的结构

任务一　核酸的一级结构

核酸的一级结构是指 DNA 或 RNA 中的核苷酸的排列顺序，即各核苷酸残基沿多核苷酸链的排列顺序。由于核苷酸间的区别主要是碱基不同，因此也称为碱基系列。一个核苷酸的 3′－羟基和相邻核苷酸的 5′－磷酸脱水缩合过程的酯键称为 3′，5′－磷酸二酯键。多个核苷酸以此方式连接形成大分子，即多核苷酸（RNA）和多脱氧核苷酸（DNA），见图 5－5。相同的戊糖及磷酸连接称分子骨架，而不同碱基则伸展于骨架一侧，碱基排列顺序即代表核苷酸排列顺序。

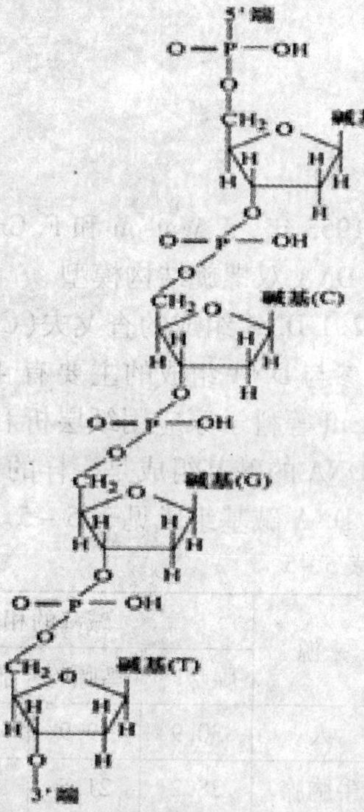

图 5－5　核酸的一级结构

多核苷酸有方向性，前端核苷酸 5′－碳原子带游离磷酸基，称 5′－末端；后端核苷酸 3′－碳原子上带游离羟基称 3′－末端，DNA 和 RNA 的书写规则都从 5′－末端→3′－末端。

核苷酸的种类虽不多，但因核苷酸的数目、比例和序列的不同构成了多种结构不同的核酸。核酸分子的一级结构相当复杂，为了书写的方便，一般采用简化的表示方法。通常 5′末端写在左侧，用垂直线表示戊糖的碳链，碱基写在垂直线上端，P 代表磷酸基，垂直线间含 P 的斜线代表 3′，5′－磷酸二酯键，见图 5－6(a)。由于磷酸和戊糖两种成分在核酸主链上不断重复，也可用碱基序列表示核酸的一级结构，见图 5－6(b)。

核酸分子中的核糖（脱氧核糖）和磷酸基团共同组成其骨架，但它们不参与遗传信息的贮存和表达。DNA 和 RNA 对遗传信息的携带和传递，是依赖碱基排列顺序变化的。生物界物种的多样性即寓于 DNA 分子中四种核苷酸千变万化的不同排列组合之中。

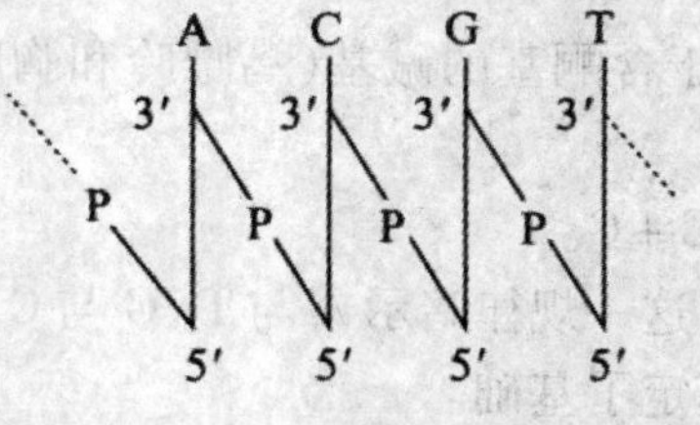

(a) 线条式缩写

(5′) $_p$A $_p$C $_p$G $_p$T (3′)

(5′) $_p$A — C — G — T_{OH} (3′)

(5′) ACGT (3′)

(b) 文字式缩写

图 5－6　核酸的一级结构简式

任务二　DNA 的空间结构

人们对 DNA 的空间结构认识得益于 X 射线衍射技术的发明，1951 年 Rosalind Franklin 利用

X 射线衍射技术分析 DNA 的晶体结构，得到了一幅很有特征的 X 射线衍射图(图 5 -7)。

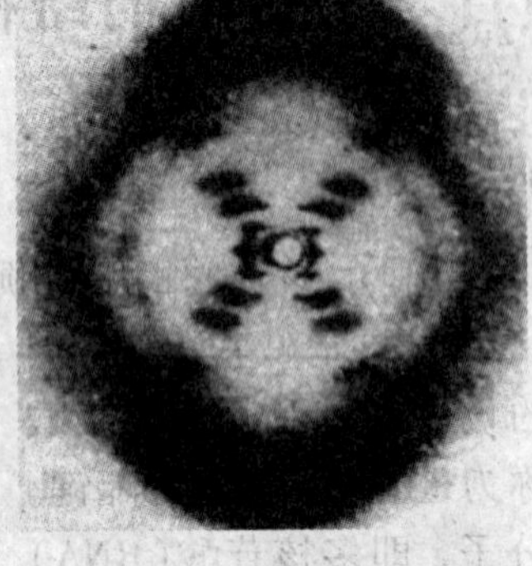

图 5 -7　DNA 晶体的 X 射线衍射图

1953 年，J. Watson 和 F. Crick 根据 DNA 晶体 X 射线衍射图谱和 Chargaff 规则，提出了著名的 DNA 双螺旋结构模型。

2.1 DNA 组成的查戈夫(Chargaff)法则

参与 DNA 组成的主要有 4 种碱基：腺嘌呤、鸟嘌呤、胞嘧啶、胸腺嘧啶。1950 年前后，Chargaff 等科学家应用纸层析和紫外分光光度技术测定各种生物 DNA 的碱基组成。结果发现，DNA 的碱基组成是一样的，不受生长发育、营养状况以及环境条件的影响。不同生物来源的 DNA 碱基组成见表 5 -5。

表 5 -5　不同生物的碱基组成

来源	碱基的相对含量				来源	碱基的相对含量			
	腺嘌呤	鸟嘌呤	胞嘧啶	胸腺嘧啶		腺嘌呤	鸟嘌呤	胞嘧啶	胸腺嘧啶
人	30.9	19.9	19.8	29.4	扁豆	29.7	20.6	20.1	29.6
牛胸腺	28.2	21.5	22.5	27.8	酵母	31.3	18.7	17.1	32.9
母鸡	28.8	20.5	21.5	29.2	大肠杆菌	24.7	26.0	25.7	23.6

Chargaff 首先注意到了 DNA 碱基组成的某些规律性。1950 年他总结 DNA 碱基组成的规律，称为查戈夫法则。

(1)腺嘌呤和胸腺嘧啶的物质的量相等，即 A = T。

(2)鸟嘌呤和胞嘧啶的物质的量也相等，即 G = C。

(3)含氨基的碱基(腺嘌呤和胞嘧啶)总数等于含酮基的碱基(鸟嘌呤和胸腺嘧啶)总数，即 A + C = T + G。

(4)嘌呤的总数等于嘧啶的总数，即 A + T = C + G。

所有 DNA 中碱基组成必定是 A = T，G = C，这一规律暗示 A 与 T，G 与 C 相互配对的可能性，为 Watson 和 Crick 提出 DNA 双螺旋结构奠定了基础。

2.2 DNA 的二级结构

1953 年，J. Watson 和 F. Crick 在前人研究工作的基础上，根据 DNA 结晶的 X 衍射图谱和分子模型，提出了著名的 DNA 双螺旋结构模型(图 5 -8)，并对模型的生物学意义作出了科学的解释和预测，称为现代分子生物学发展的里程碑。

2.2.1 DNA 双螺旋结构模型的要点

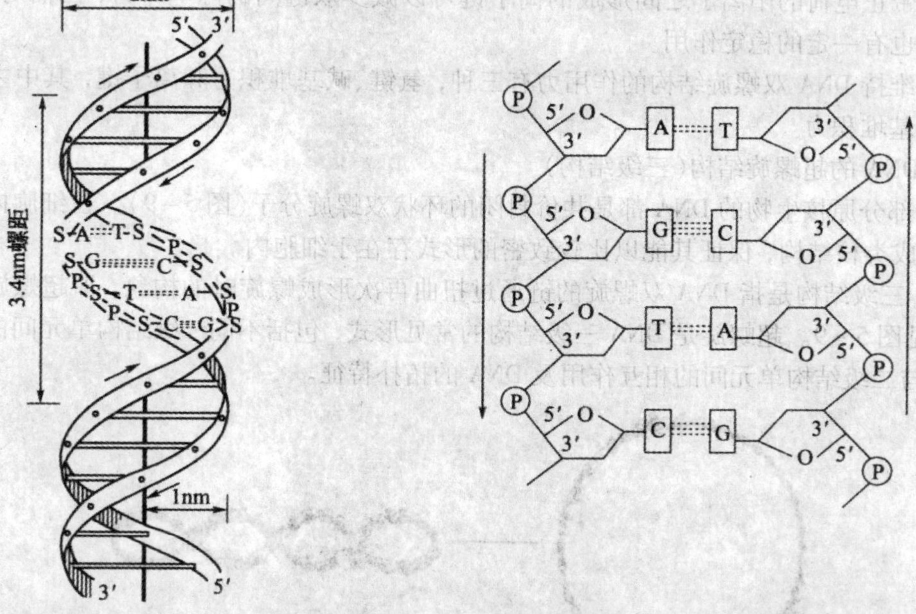

图 5－8 DNA 的双螺旋结构模型

DNA 分子由两条脱氧核糖核酸链组成。两条链反向平行，以右手螺旋方式围绕共同中心轴平行旋转，两条链方向相反，一条链为 3′→5′方向，另一条链为 5′→3′方向，双螺旋表面形成深沟和浅沟。

(1)螺旋的直径 2nm，碱基平面垂直于纵轴。相邻碱基之间的堆积距离为 0.34nm，其螺旋夹角为 36°，即每 10 个碱基多脱氧核苷酸链就旋转一周，成为螺距，其距离为 3.4nm。

(2)两条主链由磷酸及脱氧核糖借磷酸二酯键交替相连，位于螺旋的外侧，嘌呤和嘧啶碱则位于螺旋的内侧。

(3)两条链间以 A 和 T 或 G 和 C 形呈碱基配对关系。碱基之间依靠氢键连接(图 5－8)，A 和 T 之间有两个氢键(A＝T)；G 和 C 之间有三个氢键(G≡C)，这种配对规律，称为碱基互补原则，每一碱基对的两个碱基称为互补碱基，同一 DNA 分子的两条多核苷酸链称为互补链。碱基对之间的氢键也是 DNA 双螺旋结构稳定的重要因素。

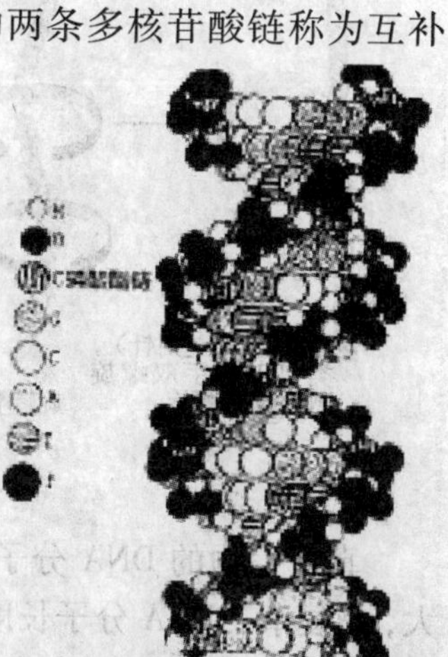

该模型揭示了 DNA 作为遗传物质的稳定性特征，最有价值的是确认了碱基配对原则，这是 DNA 复制、转录和反转录的分子基础，也是遗传信息传递和表达的分子基础。该模型的提出是本世纪生命科学的重大突破之一，它奠定了生物化学和分子生物学乃至整个生命科学飞速发展的基石。

2.2.2 双螺旋结构稳定的因素

DNA 双螺旋结构很稳定，见右图。碱基对之间的氢键是稳定 DNA 结构的因素之一，但相对较弱。碱基对之间纵向的碱基堆积力是维持 DNA 结构稳定的主要因素。碱基堆积力是层层堆积的芳香族碱基上 π 电子云交错而形成的一种力，其结果是在

DNA 分子内部不存在水分子，有利于互补碱基间形成氢键。再者，双螺旋外侧带负电荷的磷酸基团同带正电荷的阳离子之间形成的离子键可以减少双链间的静电斥力，因而对 DNA 双螺旋结构也有一定的稳定作用。

因此维持 DNA 双螺旋结构的作用力有三种，氢键、碱基堆积力和离子键，其中主要的作用力是碱基堆积力。

2.3 DNA 的超螺旋结构(三级结构)

绝大部分原核生物的 DNA 都是共价封闭的环状双螺旋分子(图 5－9)。在细胞内进一步盘绕，形成类核结构，保证其能以比较致密的形式存在于细胞内。

DNA 三级结构是指 DNA 双螺旋的链通过扭曲再次形成螺旋时的构象，即超螺旋(superhelix)，见图 5－9。超螺旋是 DNA 三级结构的常见形式，包括不同二级结构单元间的相互作用、单链与二级结构单元间的相互作用及 DNA 的拓扑特征。

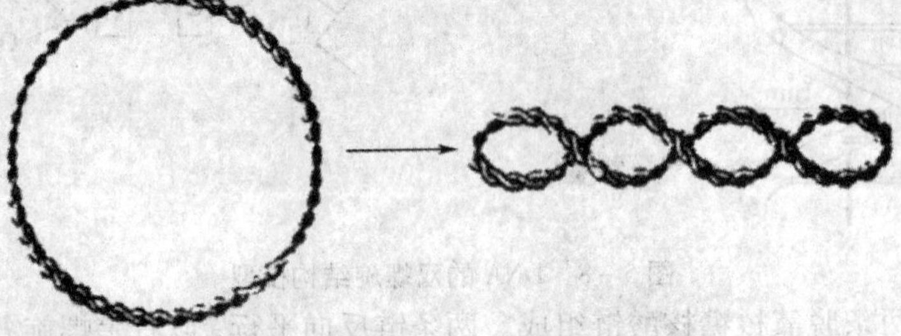

图 5－9　环状 DNA 及 DNA 三级结构模式图

超螺旋分为正超螺旋(positive supercoli)和负超螺旋(negative supercoli)。DNA 分子的两股链以右旋方向缠绕，如果在一端使两股链向缠紧的方向旋转，再将绳子两端连接起来，会产生一个左旋的超螺旋，以解除外加的旋转造成的胁变，这样的超螺旋叫正超螺旋。如果在两股链的一端向松缠方向旋转，再将绳子两端连接起来，会产生一个右旋的超螺旋，以解除外加的旋转所造成的胁变，这样的超螺旋称负超螺旋(图 5－10)。

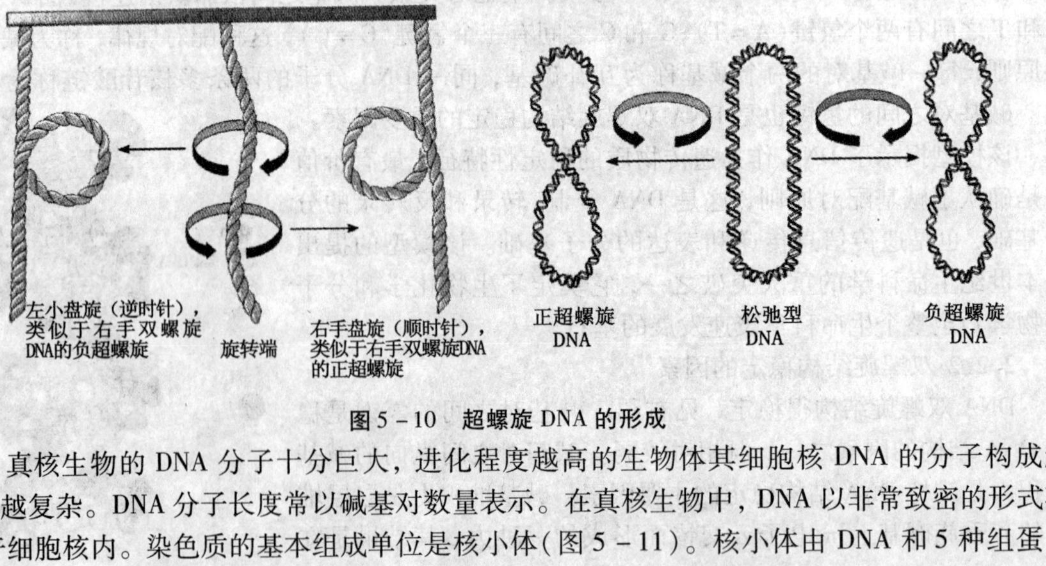

图 5－10　超螺旋 DNA 的形成

真核生物的 DNA 分子十分巨大，进化程度越高的生物体其细胞核 DNA 的分子构成越大，越复杂。DNA 分子长度常以碱基对数量表示。在真核生物中，DNA 以非常致密的形式存在于细胞核内。染色质的基本组成单位是核小体(图 5－11)。核小体由 DNA 和 5 种组蛋白组成，其组蛋白分别为 H1、各两分子的 H2A、H2B、H3 和 H4 组成了组蛋白八聚体，DNA 双螺旋链缠绕在组蛋白八聚体上形成核小体的核心颗粒，核心颗粒之间由 DNA 和 H1 组成的连接区连接起来形成串珠样结构。在串珠样结构的基础上，再经过几个层次折叠，将 DNA 紧密压缩于染色体中，DNA 在双螺旋二级结构的基础上进一步盘曲成紧密的空间结构，其主要意义是有规律压缩分子体积，减少所占空间。

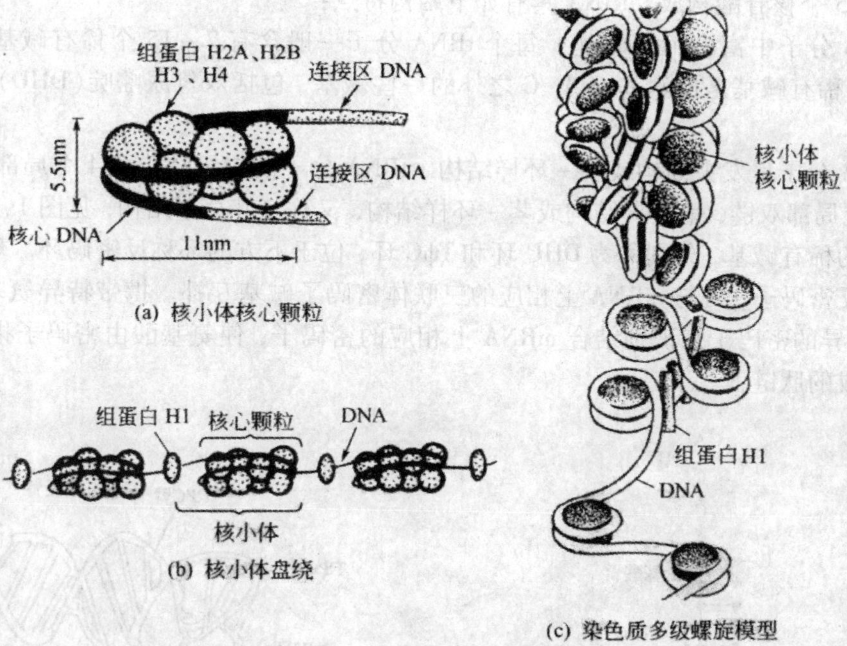

图 5－11 核小体盘绕及染色质结构示意图

任务三 RNA 的空间结构

3.1 信使 RNA 的结构

(1)具有 5′端帽子结构 即在 5′端加上一个 7－甲基鸟苷；且原来第一个核苷酸 $C_2{}'$也是甲基化，这种 mGpppGm 即为帽子结构。

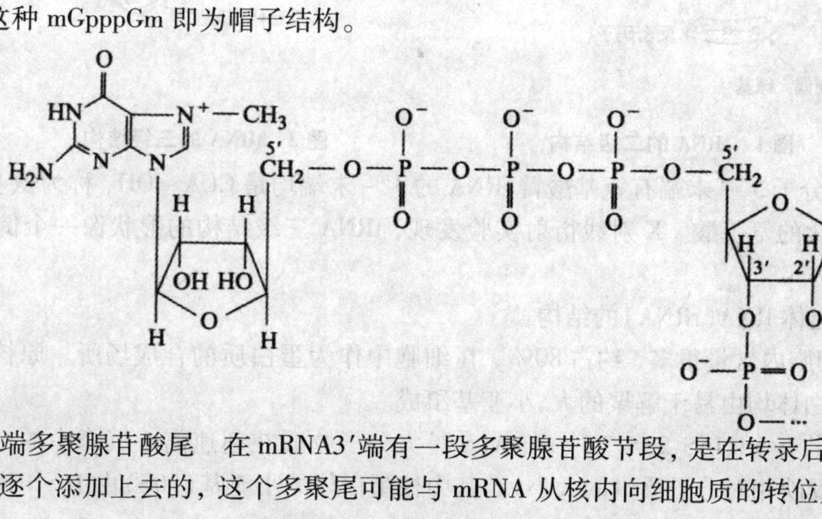

(2)3′端多聚腺苷酸尾 在 mRNA3′端有一段多聚腺苷酸节段，是在转录后切掉一段多余的 RNA 后逐个添加上去的，这个多聚尾可能与 mRNA 从核内向细胞质的转位及 mRNA 的稳

定性有关。

(3)开放阅读框　mRNA 的编码区中从 5′-末端 AUG 开始，每 3 个核苷酸为一组，决定相应多肽链中某一个氨基酸，称为三联体密码或密码子。

3.2 转运 RNA(tRNA)的结构

tRNA 是相对分子质量最小的一类核酸，约占 RNA 总量的 15%。已知的 100 多种 tRNA 都是由 70~95 个核苷酸构成。tRNA 具有如下结构特点：

(1)tRNA 分子中富含稀有碱基　每个 tRNA 分子一般含有 7~15 个稀有碱基，含量为 10%~20%，稀有碱基是指除 A、G、U、C 之外的一些碱基，包括双氢尿嘧啶(DHU)和假尿嘧啶(ψ)等。

(2)tRNA 分子呈发夹结构或茎-环样结构　tRNA 分子的二级结构含 4 个局部互补配对的区域，形成局部双链，呈发夹结构或茎-环样结构，又称三叶草形结构，见图 1，左右两环根据其含有的稀有碱基，分别称为 DHU 环和 TψC 环，位于下方的环称反密码环。环中间的 3 个碱基称为反密码子，可与 mRNA 上相应的三联体密码子碱基互补。携带特异氨基酸的 tRNA 依据其特异的密码子来识别结合 mRNA 上相应的密码子，使氨基酸由密码子指导，正确地定位在合成的肽链上。

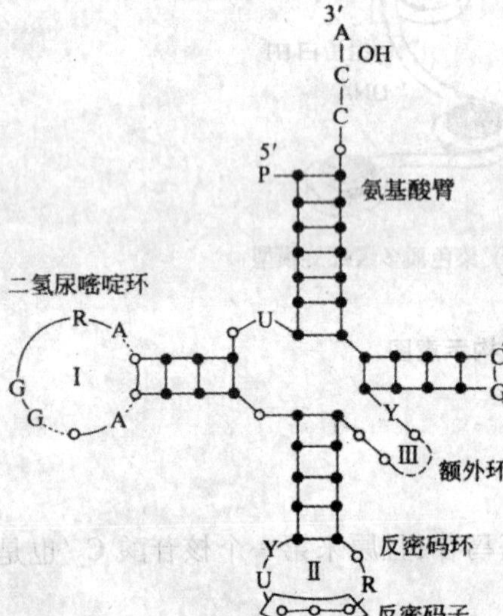

图1　tRNA 的二级结构

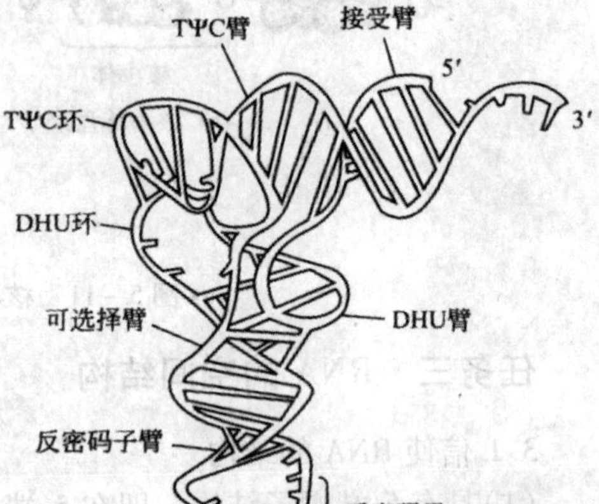

图2　tRNA 的三级结构

(3)tRNA 分子 3′-末端有氨基酸臂 tRNA 的 3′-末端均是 CCA-OH，称为氨基酸臂，其作用是接受活化的氨基酸。X 射线衍射实验发现，tRNA 三级结构的形状像一个倒写的 L 形字母，见图 2。

3.3 核蛋白体 RNA(rRNA)的结构

rRNA 在细胞内含量很多，约占 80%，在细胞中作为蛋白质的合成场所。原核生物和真核生物的核蛋白体均由易于解聚的大、小亚基组成。

原核生物共有 5S、16S、23S 三种 rRNA(S 是大分子物质在超速离心沉降中的一个物理学单位，可间接反映相对分子质量的大小)。其中核蛋白体的小亚基(30S)由 16SrRNA 与 20 多种蛋白质构成；大亚基(50S)由5S、23S以及30多种蛋白质构成。

真核生物有5S、5.8S、18S和28S四种rRNA。真核生物的核蛋白体小亚基(40S)由18S rRNA与30多种蛋白质构成；大亚基(60S)由5S、5.8S和28S以及50多种蛋白质构成。

根据各种rRNA的碱基系列测定结果，推测出rRNA二级结构的特点是含有大量茎-环结构，大肠杆菌16S rRNA和5S rRNA的结构如图3，它们是核蛋白体蛋白的结合和组装的结构基础。

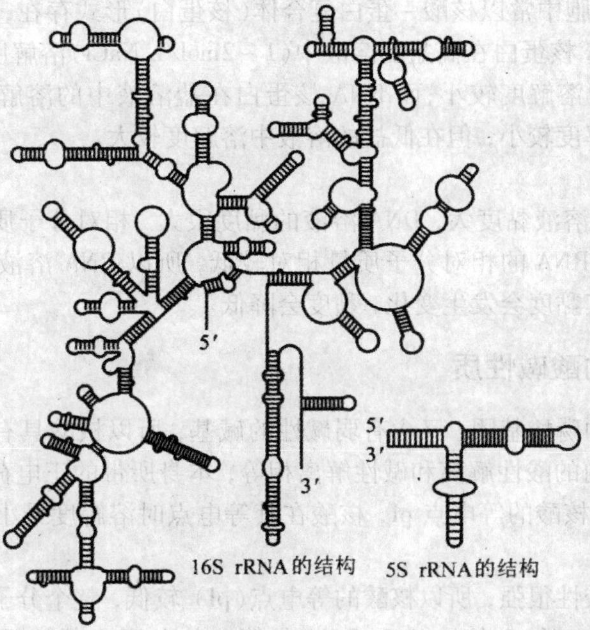

图3 16S rRNA和5S rRNA的结构

项目四 核酸的性质

任务一 一般物理性质

1.1 核酸的分子大小

核酸是大分子化合物。DNA的相对分子质量特别巨大，一般在$10^6 \sim 10^{10}$。1bp(base pair，碱基对)相当的核苷酸，其相对分子质量平均为660；长度为1μm的DNA双螺旋相当于2940bp，其相对分子质量为1.94×10^6。不同生物、不同种类DNA的相对分子质量差异很大，如多瘤病毒DNA的相对分子质量为1.94×10^6，而果蝇巨染色体DNA的相对分子质量为8×10^{10}。RNA的相对分子质量比DNA小得多，在数百至数百万之间。

核酸都是白色固体物质，DNA分子是长而没有分支的多核苷酸链，呈纤维状，为白色、类似石棉样的纤维状物，DNA纯品为白色纤维状固体；RNA分子短，局部螺旋，呈粉末状，其纯品为白色粉末状固体或结晶。

由于DNA具有双螺旋结构，使其分子具有一定的刚性。但由于DNA分子极为细长，其长度与直径之比可达10^7，因此又具有柔性，使天然DNA可形成高度压缩的盘曲结构。

1.2 核酸的溶解性

DNA和RNA都是极性化合物，都微溶于水，形成有一定黏度的溶液。DNA和RNA都易溶于碱金属的盐溶液中，不溶于乙醇、乙醚和氯仿等一般的有机溶剂。常用酒精从溶液中沉淀核酸。

DNA和RNA在细胞中常以核酸-蛋白复合体(核蛋白)形式存在，两种核蛋白在盐溶液中的溶解度不同。DNA核蛋白在高盐的溶液中(1~2mol/L NaCl)溶解度较大，但在低盐的溶液中(0.14mol/L NaCl)溶解度较小;而RNA核蛋白在盐溶液中的溶解度和DNA正好相反，即在高盐的溶液中溶解度较小，但在低盐的溶液中溶解度较大。

1.3 核酸的黏度

DNA溶液比RNA溶液黏度大，DNA溶液的黏度很大，相对分子质量越高黏度越大，浓度越高黏度也越高;而RNA的相对分子质量相对较低，所以RNA溶液的黏度要小得多。核酸发生变性或降解后其黏度会发生变化，黏度会降低。

任务二　核酸的酸碱性质

核酸既含有酸性的磷酸基团，又含有弱碱性的碱基，所以核酸具有两性性质，可发生两性解离。当核酸分子内的酸性解离和碱性解离相等，本身所带的正电荷与负电荷相等时，此时核酸溶液的pH即为核酸的等电点pI，核酸在其等电点时溶解度最小。其解离状态随溶液的pH而改变。

由于磷酸基团的酸性很强，所以核酸的等电点(pI)较低，整个分子相当于多元酸。RNA的pI为2~2.5，而DNA的pI为4~4.5，RNA的等电点比DNA低的原因是RNA分子中核糖基2′-OH通过氢键促进了磷酸基上质子的解离，而DNA没有这种作用，所以RNA的等电点更低一些。

利用核酸的两性解离可以通过调节核酸溶液的等电点来沉淀核酸，也可通过电泳分离纯化核酸。

任务三　核酸的紫外吸收

在核酸分子中，由于嘌呤碱和嘧啶碱具有共轭双键体系，使碱基、核苷、核苷酸和核酸在240~290nm有紫外吸收，最大吸收值在260nm附近(图5-15)。不同核酸有不同的吸收特性,所以可以用紫外分光光度计加以定性和定量测定。

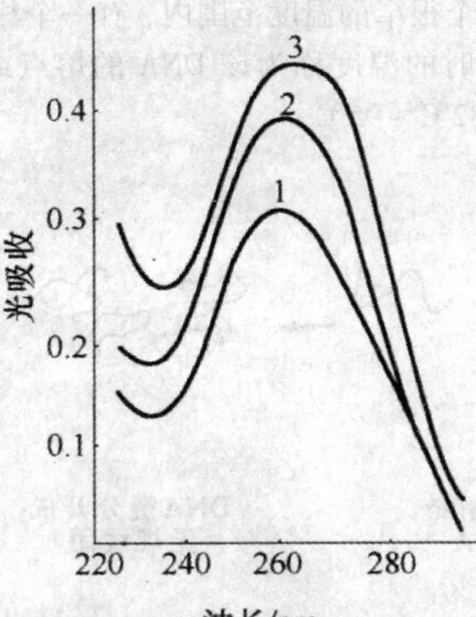

1—天然DNA　2—变性DNA
3—核苷酸总吸收值

图 5-15　脱氧核糖核酸的紫外吸收光谱

对待测核酸样品的纯度也可用紫外分光光度法进行鉴定。读出 260nm 与 280nm 的吸光值(A)即光密度(D)，从 A_{260}/A_{280} 的比值即可判断样品的纯度。纯 DNA 的 A_{260}/A_{280} 应约为 1.8，纯 RNA 应约为 2.0。样品中如含有杂蛋白及苯酚，A_{260}/A_{280} 比值即明显下降。不纯的样品不能用紫外分光光度法对核酸的纯度及含量进行测定。

有时核酸溶液的紫外吸收用摩尔磷吸光度表示，根据磷含量及紫外吸收值然后算出摩尔磷吸光系数。

$$\varepsilon(P) = A/CL$$

式中　A—吸收值

C—每升溶液中磷的物质的量

L—比色杯内径

$$\varepsilon(P) = 30.98A/WL$$

W 为每升溶液中磷的重量(g)。一般天然 DNA 的 ε(P) 为 6600，RNA 为 7700～7800。由于单核苷酸的 ε(P) 比双链的要高，所以核酸发生变化时，ε(P) 升高，故称增色效应；复性时 ε(P) 降低，称为减色效应。

任务四　核酸的变性与复性

4.1 变性

DNA 变性是指核酸双螺旋区的氢键断裂，变成单链的过程，并不涉及共价键的问题。引起核酸变性的因素很多，例如有机溶剂、酸、碱、加热及酰胺等。由温度升高而引起的变性称热变性，由酸碱引起的变性称酸碱变性。

当将 DNA 的稀盐溶液加热到 80℃～100℃时，双螺旋结构即发生解体，两条链分开，形成无规线团(图 5-16)。一系列物化性质也随之发生变化：260nm 区紫外吸光值升高，黏度降低，浮力密度升高，双折射现象消失，比旋下降，酸碱滴定曲线改变等。DNA 变性的特点是爆发式的，变性作用发生在一个很窄的温度范围内，有一个相变的过程。通常把加热变性使 DNA 的双螺旋结构失去一半时的温度称为该 DNA 的熔点或熔解温度，用 T_m 表示，见图 5－17。DNA 的 T_m 值一般在 82℃～95℃。

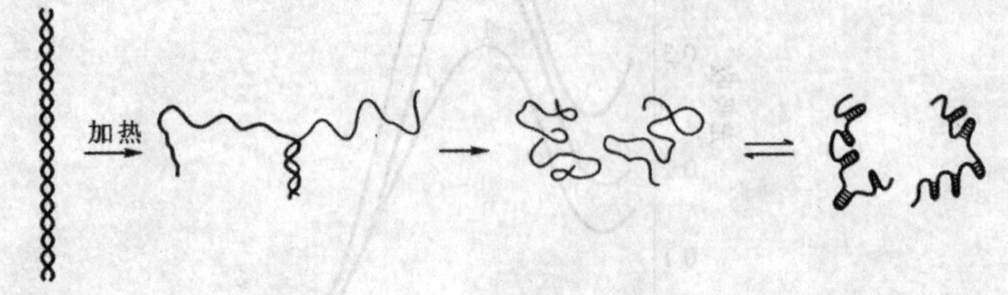

图 5－16　DNA 的变性过程

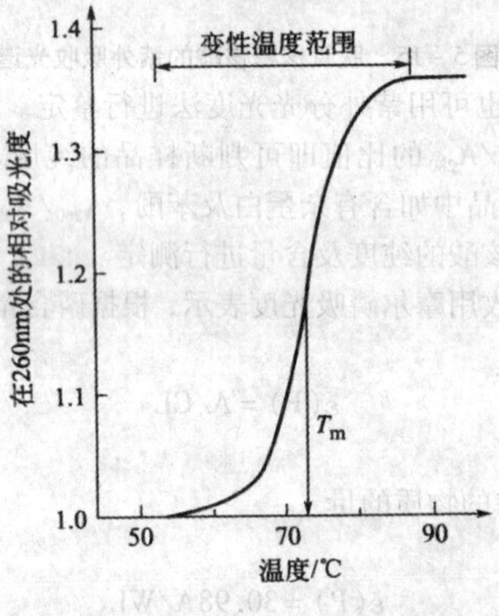

图 5－17　DNA 的解链温度（熔解温度）

DNA 的 T_m 值大小与下列因素有关：

（1）DNA 的均一性　均质 DNA 熔解过程发生在一个较窄的温度范围内，而异质 DNA 熔解过程发生在一个较宽的温度范围内。所以 T_m 可作为衡量 DNA 样品均一性的标准。

（2）与分子中的 G—C 含量有关　G 和 C 的含量高，T_m 值高。因而测定 T_m 值，可反映 DNA 分子中 G、C 含量，可通过经验公式计算：$(G+C)\% = (T_m - 69.3) \times 2.44$。

（3）介质中的离子强度　一般离子强度较低的介质中，DNA 的熔解温度较低，而且熔解温度的范围较宽。而在较高离子强度时，DNA 的 T_m 值较高，且熔解温度的范围较窄。

4.2 复性

变性 DNA 在适当条件下，又可使两条彼此分开的链重新缔合成为完整的双螺旋结构，这一过程称 DNA 的复性。DNA 复性后，许多物理性质又得到回复。DNA 热变性后缓慢冷却处理过程称退火，见图 5－18。

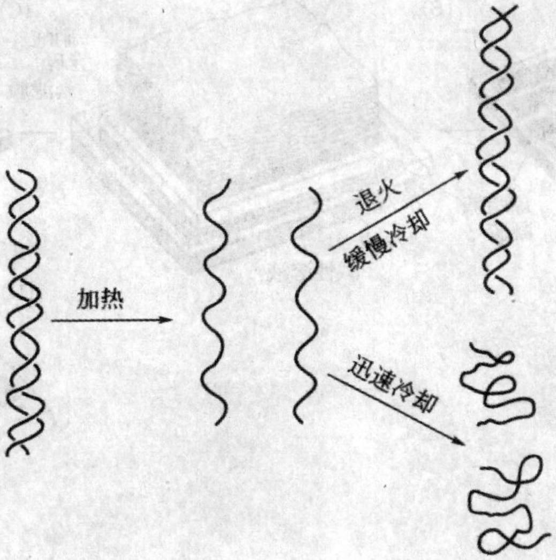

图5－18 DNA的复性过程

DNA的复性受到温度的影响，只有温度缓慢下降才可使其重新配对复性。如果DNA变性后，将其迅速冷却到4℃以下，则不能发生复性。实验证实，最适宜的复性温度是比 T_m 低25℃。

4.2 核酸的杂交

当不同来源的核酸变性后一起复性时，只要这些核酸分子中含有相同序列的片段，即可形呈碱基配对，出现复性现象，形成杂种核酸分子，或称杂化双链，这一过程称为核酸的杂交。核酸的杂交在分子生物学和分子遗传学的研究中应用广泛，许多重大的分子遗传学问题都是用分子杂交来解决的。

◆**知识拓展**

Southern 杂交

Southern杂交是1975年由英国人Southern创建，是研究DNA图谱的基本技术，在遗传病诊断、DNA图谱分析及PCR产物分析等方面有重要价值。一般利用琼脂糖凝胶电泳分离经限制性内切酶消化的DNA片段，再将胶上的DNA变性并在原位将单链DNA片段转移至尼龙膜或其他固相支持物上，经干烤或者紫外线照射固定，再与相对应序列的标记探针进行杂交，用放射自显影或酶反应显色，从而检测特定DNA分子存在与否。图5－19对Southern杂交的全过程作了详细图解。

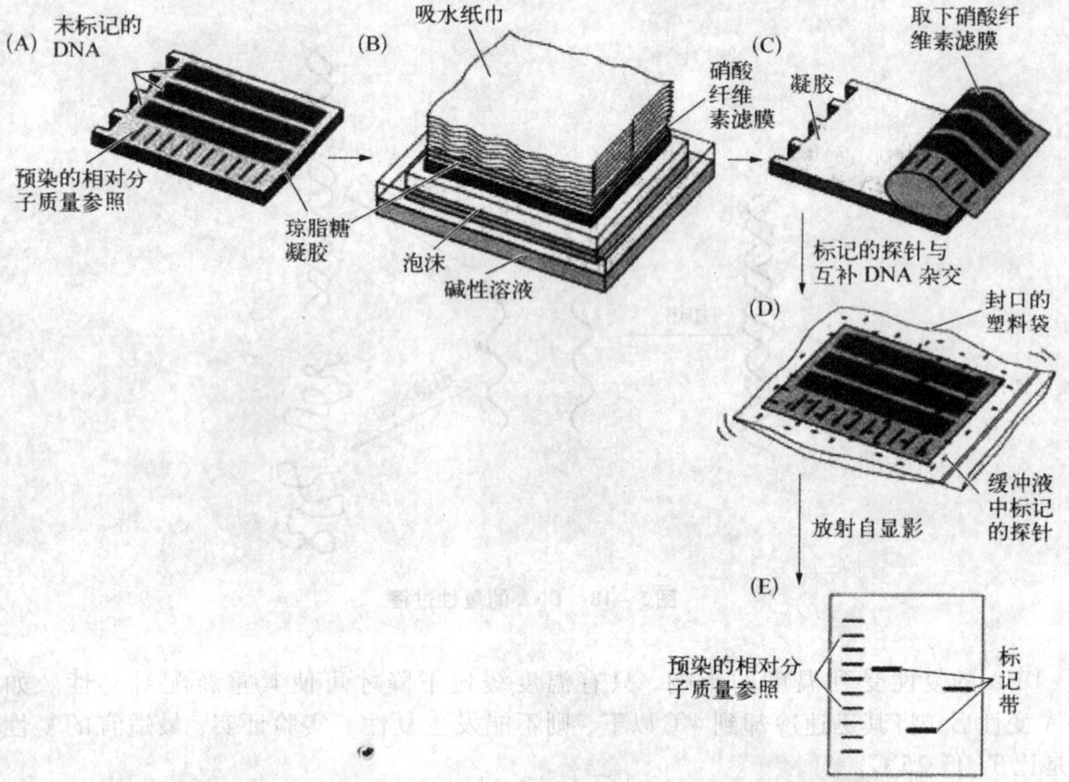

图 5-19　Southern 杂交的实验流程

任务五　核酸的分离提取与营养价值

5.1 核酸的分离提取

(1)DNA 的分离提取

真核生物 DNA 主要以核蛋白形式(DNP)存在于细胞核中，因此要从细胞中提取 DNA，必须先粉碎组织，裂解细胞膜和核膜，使核蛋白释放，再把蛋白质除去，再除去细胞中的糖类、脂类、RNA 等物质，沉淀 DNA，去除盐类、有机溶剂等杂质，得到纯化的 DNA。

DNP 在不同浓度的 NaCl 溶液中溶解度显著不同。DNP 在 0.14mol/LNaCl 溶液中溶解度最小，仅为水中的 1%。利用这一性质，可将细胞破碎后，用浓盐溶液提取，然后用水稀释至 0.14mol/L 盐溶液，使 DNP 纤维沉淀下来，使其缠绕在玻璃棒上，再溶解和沉淀多次以纯化。用苯酚抽提，除去蛋白质。苯酚是很强的蛋白质变性剂，用水饱和的苯酚和 DNP 一起振荡，冷冻离心，DNA 溶于上层水相，不溶性变性蛋白质残留物位于中间界面，一部分变性蛋白质停留在酚相。如此反复多次以除净蛋白质。将含 DNA 的水相合并，在有盐的条件下加 2 倍体积冷的乙醇，可将 DNA 沉淀下来。用乙醚和乙醇洗涤沉淀。此方法称为浓盐法，用此法可以得到纯的 DNA。

分离 DNA 的方法还有玻璃颗粒吸附法、酚－氯仿提取法、玻璃棒缠绕法、氯化铯密度梯度离心等方法。

(2)RNA的分离提取

RNA比DNA更不稳定，而且RNA水解酶(RNase)又无处不在，因此RNA提取更困难。所有RNA的提取过程中都有五个关键点，即：

①焦碳酸二乙酯(DEPC)：是一种强烈但不彻底的RNA酶抑制剂；

②异硫氰酸胍：目前被认为是最有效的RNA酶抑制剂；

③氧钒核糖核苷复合物；

④RNA酶的蛋白抑制剂(RNasin)；

⑤其他：SDS、尿素、硅藻土等对RNA酶也有一定抑制作用。

目前常用的制备RNA方法有：

①异硫氰酸胍—氯化铯超速离心法，本法已成为提取哺乳动物细胞RNA的常规方法；

②盐酸胍—有机溶剂法，此法适用于没有超速离心设施的情况下提取细胞总RNA，提取的RNA质量较好，但整个操作过程繁杂费时；

③一步快速热酚抽提法，此法操作简便快速，可在3h以内处理大批样品，对大量或少量组织的细胞RNA提取均甚合适；

④氯化锂—尿素法，适用于大量样品少量组织细胞的RNA提取。

5.2 聚合酶链式反应(PCR)

聚合酶链式反应(PCR)体外扩增DNA已成为应用最广泛的一种生物技术。这项技术的基本步骤是：

(1)变性 在高温条件下，DNA双链解离形成单链DNA。

(2)退火 当温度突然降低时引物与其互补的模板在局部形成杂交链。

(3)延伸 在DNA聚合酶、dNTPs和Mg^{2+}存在的条件下，聚合酶催化以引物为起始点的DNA链延伸反应。

以上三步为一个循环，每一循环的产物可以作为下一个循环的模板，几十个循环之后，介于两个引物之间的特异性DNA片段得到了大量复制，通常可扩增10^6倍。

PCR技术在医学、生物学、法医、转基因食品等方面都有广泛的应用。

5.3 核酸的营养价值及其与健康的关系

植物、动物性食品都含有核酸，目前市场上核酸产品很多，如珍奥核酸。

食物中的核酸被肠道中原本就存在的酶降解，变成了没有遗传功能的碱基、核苷、核苷酸，食物中核酸真正被吸收的是这三种物质，而不是具有遗传功能的核酸。核酸的营养体现在膳食核酸对三大营养素的吸收和利用起着调节作用。例如：在低蛋白情况下，核酸可以增加血中蛋白质的吸收和利用，消除低蛋白饮食造成的各种不良的影响；在脂质代谢中，核酸可增加血中高密度脂蛋白和多不饱和脂肪酸的含量，降低胆固醇的含量。核酸虽然对人体有益，但是并非多多益善，日安全补充剂量为2.0g。

总之，核酸营养的根本就在于促进机体中每一个细胞的新陈代谢。

◆**知识拓展**

核酸的水解

(1)酸水解

核酸的糖苷键和磷酸二酯键均可被酸水解,但糖苷键比磷酸二酯键更易被酸水解。嘌呤碱的糖苷键比嘧啶碱糖苷键更容易被酸水解。最容易被酸水解的是嘌呤与脱氧核糖之间的糖苷键。因此 DNA 在 pH 1.6 于 37℃对水透析即可除去嘌呤碱,而成为无嘌呤酸;如在 pH 2.8 于 100℃加热 1h,也可以完全除去嘌呤碱。

(2)碱水解

RNA 的磷酸二酯键易被碱水解,产生核苷酸,DNA 的磷酸键则不易水解,因为 RNA 上 2′-OH基在碱作用下易形成磷酸三酯而易水解。

(3)酶水解

水解核酸的酶种类很多。非特异性水解多聚核苷酸链中磷酸二酯键的酶称为磷酸二酯酶,特异性水解核酸的磷酸二酯酶称为核酸酶:DNA 水解酶(DNases)以 DNA 为底物,RNA 水解酶(RNases)以 RNA 为底物。

水解酶根据作用方式又分为两类:核酸外切酶和核酸内切酶。

核酸外切酶的作用方式是从多聚核苷酸链的一端(3′-端或5′-端)开始,逐个水解切除核苷酸;核酸内切酶的作用方式刚好和外切酶相反,它从多聚核苷酸链中间开始,在某个位点切断磷酸二酯键。

在分子生物学研究中最有应用价值的是限制性核酸内切酶,这种酶可以特异性的水解核酸中某些特定碱基顺序部位。

复习题

一、名词解释

1. 磷酸二酯键 2. 碱基互补规律 3. 反密码子 4. 核酸的变性与复性 5. 增色效应 6. 退火 7. 核酸的一级结构 8. DNA 的二级结构 9. DNA 的熔解温度 10. 超螺旋

二、填空题

1. Watson 和 Crick 于__________年提出 DNA __________结构模型。

2. 核酸的基本单位是__________,它们之间通过__________相互连接而形成多核苷酸链。

3. 两类核酸在细胞中的分布不同, DNA 主要位于__________中, RNA 主要位于__________。

4. 真核 mRNA 的 3′端通常有__________结构, 5′端含有__________结构。

5. 某物种体细胞 DNA 样品含有 25% 的 A, 则其 T 的含量为________ G 的含量应为________。

6. DNA 变性后, 紫外吸收________, 黏度________, 浮力密度________, 生物活性将________。

7. 核酸在________波长下有吸收，这是由于其分子结构中含有________和________。

8. 一种核苷酸是由一种________和________组成的。

9. 一种核苷由一个________和________缩合而成的。

三、选择题

1. 热变性的DNA分子在适当条件下可以复性，条件之一是(　)。
A. 骤然冷却　B. 缓慢冷却　C. 浓缩　D. 加入浓的无机盐

2. 在适宜条件下，核酸分子两条链通过杂交作用可自行形成双螺旋，取决于(　)。
A. DNA的T_m值　B. 序列的重复程度　C. 核酸链的长短　D. 碱基序列的互补

3. 核酸中核苷酸之间的连接方式是(　)。
A. 2′, 5′-磷酸二酯键　B. 氢键　C. 3′, 5′-磷酸二酯键　D. 糖苷键

4. tRNA的分子结构特征是(　)。
A. 有反密码环和3′-端有-CCA序列　B. 有密码环
C. 有反密码环和5′-端有-CCA序列　D. 5′-端有-CCA序列

5. 下列关于DNA分子中的碱基组成的定量关系哪个是不正确的？(　)
A. C+A=G+T　B. C=G　C. A=T　D. C+G=A+T

6. 下面关于Watson-Crick DNA双螺旋结构模型的叙述中哪一项是正确的？(　)
A. 两条单链的走向是反平行的　B. 碱基A和G配对
C. 碱基之间共价结合　D. 磷酸戊糖主链位于双螺旋内侧

7. 具5′-CpGpGpTpAp-3′顺序的单链DNA能与下列哪种RNA杂交？(　)
A. 5′-GpCpCpAp-3′　B. 5′-GpCpCpApUp-3′
C. 5′-UpApCpCpGp-3′　D. 5′-TpApCpCpGp-3′

8. RNA和DNA彻底水解后的产物(　)。
A. 核糖相同，部分碱基不同　B. 碱基相同，核糖不同
C. 碱基不同，核糖不同　D. 碱基不同，核糖相同

9. 下列关于mRNA描述哪项是错误的？(　)
A. 原核细胞的mRNA在翻译开始前需加“PolyA”尾巴
B. 真核细胞mRNA在3′端有特殊的“尾巴”结构
C. 真核细胞mRNA在5′端有特殊的“帽子”结构

10. tRNA的三级结构是(　)。
A. 三叶草叶形结构　B. 倒L形结构　C. 双螺旋结构　D. 发夹结构

11. 维系DNA双螺旋稳定的最主要的力是(　)。
A. 氢键　B. 离子键　C. 碱基堆积力　D. 范德华力

12. 下列关于DNA的双螺旋二级结构稳定的因素中哪一项是不正确的？(　)
A. 3′, 5′-磷酸二酯键
B. 互补碱基对之间的氢键
C. 碱基堆积力
D. 磷酸基团上的负电荷与介质中的阳离子之间形成的离子键

13. T_m 是指(　)的温度。

A 双螺旋 DNA 达到完全变性时　　B 双螺旋 DNA 开始变性时

C 双螺旋 DNA 结构失去 1/2 时　　D 双螺旋结构失去 1/4 时

14. 稀有核苷酸碱基主要见于(　)。

A. DNA　　B. mRNA　　C. tRNA　　D. rRNA

15. 双链 DNA 的解链温度的增加，提示其中含量高的是(　)。

A. A 和 G　　B. C 和 T　　C. A 和 T　　D. C 和 G

16. 核酸变性后，可发生哪种效应？(　)

A 减色效应　　B 增色效应

C 失去对紫外线的吸收能力　　D 最大吸收峰波长发生转移

17. 某双链 DNA 纯样品含 15% 的 A，该样品中 G 的含量为(　)。

A. 35%　　B. 15%　　C. 30%　　D. 20%

18. 下列哪种碱基只存在于 mRNA 而不存在于 DNA 中？(　)

A. 腺嘌呤　　B. 胞嘧啶　　C. 鸟嘌呤　　D. 尿嘧啶　　E. 胸腺嘧啶

四、简答题

1. DNA 和 RNA 在化学组成、分子结构、细胞内分布和生理功能上的主要区别是什么？

2. DNA 双螺旋结构有些什么基本特点？这些特点能解释哪些最重要的生命现象？

3. 比较 tRNA、rRNA 和 mRNA 的结构和功能。

4. 核酸水解后有哪些产物？

5. 从两种不同细菌提取得 DNA 样品，其腺嘌呤核苷酸分别占其碱基总数的 32% 和 21%，计算这两种不同来源的 DNA 中四种核苷酸的相对百分组成。

6. 计算：(1)相对分子质量为 6×10^8 的双股 DNA 分子的长度；(2)这种 DNA 分子占有的螺旋圈数。(一个互补的脱氧核苷酸残基对的平均相对分子质量为 618。)

❖模块六　酶

◆基础理论和知识

1. 掌握酶的化学本质以及酶促反应的特点，了解酶的分类和命名。
2. 掌握酶的分子组成和酶的活性中心，了解酶催化反应的机理。
3. 熟悉酶促反应速率的影响因素。
4. 了解各种酶在生产中的应用。

◆基本技能及要求

1. 学会测定酶活力的实验方法。
2. 能根据酶的作用特点，选择酶的工作条件和储存条件。
3. 能合理使用激活剂和抑制剂改变酶的活性。

◆学习重点

1. 酶的分子组成和酶的活性中心。
2. 酶促反应的特点。

◆学习难点

酶催化反应的机理。

◆导入案例

牛乳中含有4.5%的乳糖。乳糖是一种缺乏甜味且溶解度较低的双糖，难以消化。有些人饮乳后常出现腹泻、腹痛等症状，其原因在于身体中缺少乳糖酶，称为乳糖不耐症。而且由于乳糖难溶于水，常在炼乳、冰淇淋中呈砂状结晶析出，从而影响食品风味。将牛乳用乳糖酶处理，使乳中乳糖水解为半乳糖和葡萄糖即可解决上述问题。

◆讨论

1. 生物体内各种化学反应是如何在常温常压下进行的？
2. 生物体内的催化剂是什么？
3. 酶在食品加工中的作用是什么？

项目一　概述

任务一　酶的概念

酶(enzyme)是生物体活细胞产生的、具有催化活性和高度专一性的生物大分子，绝大部分的酶是蛋白质，还有少量的RNA或DNA。

本章主要讨论蛋白酶。

酶在活细胞中产生，但有些酶被分泌到细胞外发挥作用。如人和动物消化道中以及某些细菌所分泌的水解淀粉、脂肪和蛋白质的酶，这类酶通称胞外酶。其他大部分酶在细胞内起催化作用，称为胞内酶，它在细胞内常与颗粒体结合，并有着一定的分布。如线粒体上分布着三羧酸循环酶系和氧化磷酸化酶系，而蛋白质生物合成的酶系则分布在内质网的核糖体上。

酶又称生物催化剂，存在于所有的细胞和组织中，并不断地进行自我更新。生物体中的各种化学反应，包括能量转化和物质转化，都需要特殊的酶参加催化。在生物化学中，通常把由酶催化进行的反应称为酶促反应。在酶的催化下，发生化学变化的物质称为底物，反应后的物质称为产物。

任务二　酶的催化特点

2.1 酶具有一般催化剂的特性

酶作为生物催化剂具有一般催化剂的特点。

(1)用量少而催化效率高

酶与一般催化剂一样，虽然在细胞中的相对含量很低，却能使反应速率指数成倍增加。

(2)不改变化学反应的平衡点

和一般催化剂一样，酶仅改变化学反应的速率，而不改变化学反应的平衡点，酶本身在反应前后也不发生变化。

(3)降低化学反应的活化能

酶和一般催化剂加速反应的机制相同，即降低化学反应的活化能，使普通分子吸收较少的能力就进入活化态，但不改变反应过程中自由能的变化。

2.2 酶促反应的特点

由于酶在本质上是蛋白质，具有生物大分子的特性，因此，它又具有一般催化剂没有的特点。

2.2.1 高效性

酶促反应速率通常比非催化反应高出$10^8 \sim 10^{20}$倍，比一般催化反应高$10^7 \sim 10^{13}$倍，如用尿酶水解尿素的速度比酸水解尿素高7×10^{12}倍左右。

酶和一般催化剂加速反应的机制相同，即降低化学反应的活化能(图6－1)。所谓的活化能，是指一般分子成为参加化学反应的活化分子所需的能量。在一个热力学允许的化学反应中，并不是所有的分子都能参加反应，只有那些能量较高的分子即活化分子才能参加反应。酶和一般催化剂相比，能有效降低反应的活化能，使一般分子只需少量的能量就能进入活化状态。活化分子愈多，反应速率愈快。

例如过氧化氢的分解，当无催化剂时，每摩尔的活化能为75.3kJ，而过氧化氢酶存在时，每摩尔的活化能仅为8.36kJ，反应速率可提高一亿倍。

$$2H_2O_2 \longrightarrow 2H_2O + O_2$$

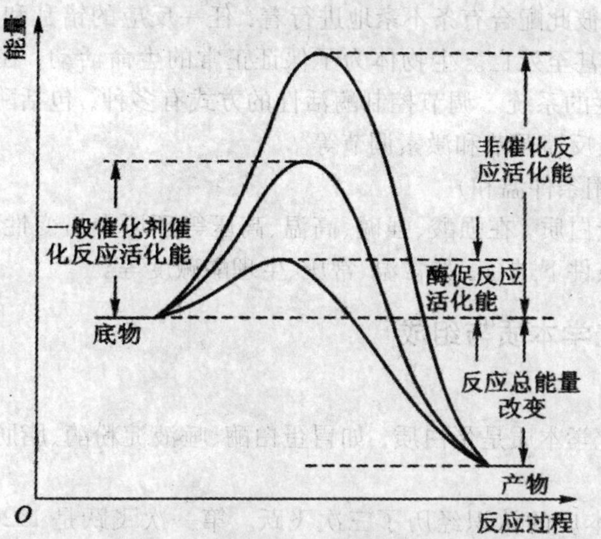

图6-1　酶与一般化学催化剂降低反应活化能示意图

2.2.2 专一性

酶对其所催化的底物具有严格的选择性，称为酶的专一性或特异性。酶的专一性可分为如下两类：

(1)结构专一性

按照专一性程度可分为绝对专一性、族专一性和键专一性。

①绝对专一性

这类酶只作用一种底物催化一种反应，即对化学键及键两侧的基团种类都有要求。例如脲酶只催化尿素的分解，过氧化氢酶只催化过氧化氢的分解。

②族专一性

这种酶作用于一类化合物，即对化学键的种类及一侧的基团种类有要求。如α-葡萄糖苷酶只能作用于α-葡萄糖苷键。

③键专一性

这种酶作用于某种化学键，即只对化学键的种类有要求。如脂酶能水解不同脂酸与醇所合成的酯键，二肽酶可水解由不同氨基酸所组成的二肽的肽键。

(2)立体异构专一性

按照立体异构的种类又分为旋光异构专一性和顺反异构专一性。

①旋光异构专一性

这类酶只对某一构型的化合物作用，而对其对映体无作用。例如L-精氨酸酶只对L-精氨酸起作用，而对D-精氨酸无作用。

②顺反异构专一性

这类酶只对顺式或反式双键起作用，如延胡索酸酶只能催化反丁烯二酸的水化反应，对顺丁烯二酸则无作用。

2.2.3 可调性

生物体内的代谢活动，是由无数错综复杂的酶促反应组成的，这些反应具有一定的顺序性和连续性，反应之间彼此配合有条不紊地进行着，任一反应的错乱和失调，都会导致生物体代谢的紊乱，严重时甚至死亡。生物体为了保证正常的生命活动，在漫长的进化过程中，形成了自动调控酶活性的系统。调节控制酶活性的方式有多种，包括酶原的激活、酶的共价修饰调节、抑制剂调节、反馈调节和激素调节等。

2.2.4 敏感性(作用条件温和)

酶的化学本质是蛋白质，在强酸、强碱、高温、高压等环境中易变性失活，故酶促反应一般要求在比较温和的条件下进行，如常温、常压、生理酸碱度等。

任务三　酶的化学本质与组成

3.1 酶的化学本质

绝大多数的酶其化学本质是蛋白质，如胃蛋白酶、唾液淀粉酶、脂肪合成酶等；少数的酶是 RNA 或 DNA。

人类对酶的化学本质的认识经历了三次飞跃。第一次飞跃是 1926 年美国生物化学家 James B. Sumner 第一次从刀豆中分离得到脲酶结晶，同时通过化学实验证明了脲酶的蛋白质本质。Sumner 因此荣获了 1964 年的诺贝尔化学奖。以后几十年对陆续发现的 2000 多种酶的研究，也证明了酶的本质是蛋白质。所以 20 世纪 30 年代，科学家对酶定义为：酶是一类具有生物催化作用的蛋白质。

第二次飞跃是 20 世纪 80 年代以来的科学研究表明，一些 RNA 也具有酶的催化作用。1982 年美国科罗拉多大学 Cech 等人发现了四膜虫的 26S rRNA 前体在有鸟苷存在，而完全无蛋白质的情况下能进行自我拼接，说明 RNA 具有类似酶的性质，被称为核酶(ribozyme)。因此 Cech 首次提出了 RNA 具有酶活性的概念。1983 年 Altman 和 Pace 的实验分别证实了 Cech 的发现，1986 年 Cech 又发现 L19RNA 也有酶促作用的特征。Cech 和 Altman 为此荣获了 1989 年的诺贝尔化学奖。因此科学家又一次对酶定义为：酶是活细胞产生的具有生物催化功能的有机物，其中大部分是蛋白质，少数是 RNA。

第三次飞跃是 1994 年 Toyce 等人的研究证实了具有酶活性的 DNA 的存在。最小的 DNA 催化剂是由 47 个核苷酸组成的单链 DNA—E_{47}，用于连接两段底物 DNA：S_1 和 S_2。由 E_{47} 催化 S_1 和 S_2 的连接反应比无模板的情况至少快 10^{15} 倍，这样使人们认识到除了蛋白质和 RNA 具有酶的功能外，某些 DNA 也具有酶的功能。科学家再次对酶定义为：酶是活细胞产生的具有生物催化功能的有机物，其中大部分是蛋白质，少数是 RNA 或 DNA。

本章主要讨论蛋白酶，其化学本质是蛋白质，但不是说所有的蛋白质都是酶，只是具有催化作用的蛋白质才称为酶。

◆知识拓展

蛋白酶的蛋白质属性

蛋白酶具有蛋白质属性主要表现在:酶的化学组成中，氮元素含量在16%左右;酶具有两性解离的性质，有确定的等电点;酶的相对分子质量很大，其水溶液具有亲水胶体的性质，不能透析;酶分子具有一、二、三、四级结构;受某些物理因素(加热、紫外线照射等)及化学因素(酸、碱、有机溶剂等)的作用变性或沉淀而丧失酶活性。

3.2 酶的组成

根据酶分子组成的特点，酶可以分为单纯酶和结合酶，单纯酶的分子组成为蛋白质，不含非蛋白质物质，如大多数水解酶类;结合酶的分子组成中除蛋白质外，还有非蛋白质物质，如氧化还原酶。结合酶的蛋白质部分称为酶蛋白，非蛋白质部分称为辅因子，酶蛋白和辅因子结合形成的复合物称为全酶。只有全酶才有催化活性。

酶的辅因子按其与酶蛋白结合的紧密程度不同可分为辅酶和辅基，与酶蛋白松弛结合的辅因子称为辅酶，可用透析或超滤的方法将全酶中的辅酶除去。在少数情况下，有的辅因子是以共价键或络合的形式和酶蛋白牢固结合在一起的，不易透析除去，这种辅因子称为辅基，如 K^+、Na^+、Mg^{2+}、Fe^{2+}、Zn^{2+} 等金属离子，对酶蛋白的构象有稳定作用。

辅酶或辅基数量有限，而酶蛋白种类多，每一种酶蛋白只能与特定的辅因子结合，即对辅酶或辅基有一定的选择性，如谷氨酸脱氢酶需辅酶 I，若换做辅酶Ⅱ则失去活性。同一种辅酶(基)往往可与多种不同的酶蛋白结合而表现出多种不同的催化作用，例如乳酸脱氢酶与苹果酸脱氢酶有同样的辅酶(NAD^+)，但酶蛋白不同，催化不同的底物脱氢。

可见，在全酶催化的反应中，酶蛋白和辅因子所起的作用是不同的，酶蛋白决定酶促反应的专一性，即和什么样的底物结合，辅酶或辅基则起传递电子、原子或某些化学基团的作用，即决定底物的反应类型。

◆知识拓展

核酶的作用

核酶(ribozyme)也是生物催化剂，随着对核酶的深入研究，已经认识到核酶在遗传病、肿瘤和病毒性疾病上的潜力。

比如，对于艾滋病毒 HIV 的转录信息来源于 RNA 而非 DNA，核酶能够在特定位点切断 RNA，使得它失去活性。如果一个能专一识别 HIV 的 RNA 的核酶存在于被病毒感染的细胞内，那么它就能建立抵抗入侵的第一防线。甚至，HIV 确实进入到了细胞并进行了复制，RNA 也可以在病毒生活史的不同阶段切断 HIV 的 RNA 而不影响自身的 RNA。又如，白血病是造血系统的恶性肿瘤，目前尚缺少有效的治疗方法。核酶的发现，尤其是锤头状核酶，为白血病的基因治疗带来了新的希望。近些年，在国外的一些国家已经在小白鼠体内得到较好的效果。核酶是在对多种植物病毒卫星 RNA 及类病毒 RNA 的自我剪接研究中发现的，数量较少，常见于 rRNA 的内含子。

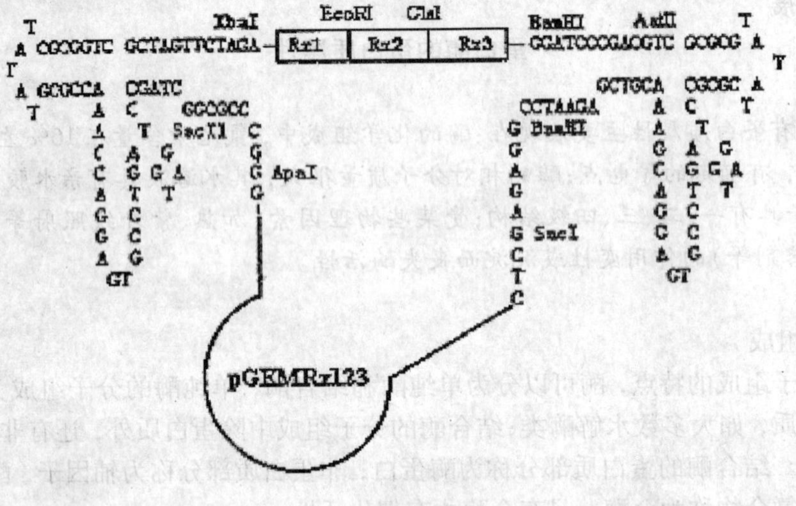

核酶

核酶的具体作用主要有：

1. 核苷酸转移作用。

2. 水解反应，即磷酸二酯酶作用。

3. 磷酸转移反应，类似磷酸转移酶作用。

4. 脱磷酸作用，即酸性磷酸酶作用。

5. RNA 内切反应，即 RNA 限制性内切酶作用。

核酸内切酶可以催化水解多核苷酸内部的磷酸二酯键。有些核酸内切酶仅水解5′－磷酸二酯键，把磷酸基团留在3′位置上，称为5′－内切酶；而有些仅水解3′－磷酸二酯键，把磷酸基团留在5′位置上，称为3′－内切酶。能专一性地识别并水解双链 DNA 上的特异核苷酸顺序，称为限制性核酸内切酶(restriction endonuclease，简称限制酶)。当外源 DNA 侵入细菌后，限制性内切酶可将其水解切成片段，从而限制了外源 DNA 在细菌细胞内的表达，而细菌本身的 DNA 由于在该特异核苷酸顺序处被甲基化酶修饰，不被水解，从而得到保护。限制性核酸内切酶可被分成三种类型。Ⅰ型和Ⅲ型限制酶水解 DNA 需要消耗 ATP，全酶中的部分亚基有通过在特殊碱基上补加甲基基团对 DNA 进行化学修饰的活性。Ⅱ型限制酶水解 DNA 不需要 ATP 也不以甲基化或其他方式修饰 DNA，能在所识别的特殊核苷酸顺序内或附近切割 DNA。因此，被广泛用于 DNA 分子克隆和序列测定。

项目二　酶的命名与分类

任务一　酶的分类

酶的分类方法有两种，一种是根据酶分子的结构特点进行分类，另一种是根据酶催化反应的性质进行分类的。

1.1 根据酶蛋白质分子的结构特点分类

(1)单体酶　只有一条肽链的酶。这类酶不多，一般都是催化水解反应的酶。如溶菌酶、核糖核酸酶等。

(2)寡聚酶 由几个亚基甚至几十个亚基构成的酶。这些亚基可以是相同的，也可以是不同的，亚基间以非共价键相连，彼此易分开。如肌酸激酶、磷酸化酶 a。

(3)多酶复合物 指几种酶彼此嵌合形成的复合体，一般由 2～6 个功能相关的酶组成。它有利于一系列反应的进行，以提高酶的催化效率，同时便于对酶的活性进行调节。如脂肪酸合成酶系及丙酮酸脱氢酶系等多酶复合物。

1.2 根据酶促反应的性质分类

1961 年，国际酶学委员会(Enzyme Committee，EC)根据酶促反应的性质，将酶分成了六类。

(1)氧化还原酶类 即催化底物进行氧化还原反应的酶，如脱氢酶、氧化酶、过氧化物酶、羟化酶以及加氧酶类。例如乳酸脱氢酶、过氧化物酶、谷氨酸脱氢酶等。反应通式如下：

$$AH_2 + B \rightleftharpoons A + BH_2$$

例如，乳酸脱氢酶催化乳酸的脱氢反应：

$$CH_3CHOHCOOH + NAD^+ \longrightarrow CH_3COCOOH + NaDH + H^+$$

(2)转移酶类 催化不同物质分子间某种基团的交换或转移的酶，可以转移的基团有甲基、氨基、醛基、酮基、磷酸基和酰基等，如转甲基酶、转氨基酶、己糖激酶、磷酸化酶等。反应通式如下：

$$AR + B \rightleftharpoons A + BR$$

例如，谷丙转氨酶催化的氨基转移反应：

$$\underset{\text{丙氨酸}}{CH_3CHNH_2COOH} + \underset{\alpha-\text{酮戊二酸}}{HOOCCH_2CH_2COCOOH} \xrightleftharpoons{\text{谷丙转氨酶}} \underset{\text{丙酮酸}}{CH_3COCOOH} + \underset{\text{谷氨酸}}{HOOCCH_2CH_2CHNH_2COOH}$$

(3)水解酶类 利用水使共价键分裂的酶，如淀粉酶、蛋白酶、酯酶等。

反应通式如下：

$$AB + H_2O \rightleftharpoons AOH + BH$$

例如，脂肪酶(lipase)催化的酯的水解反应：

$$RCOOCH_2CH_3 + H_2O \longrightarrow RCOOH + CH_3CH_2OH$$

(4)裂合酶类 催化一种化合物裂解为两种化合物，或两种化合物加合成一种化合物的酶，如脱羧酶、醛缩酶和柠檬酸合成酶等。反应通式如下：

$$AB \rightleftharpoons A + B$$

例如，苹果酸裂合酶即延胡索酸水合酶催化的反应：

$$HOOCCH{=}CHCOOH + H_2O \longrightarrow HOOCCH_2CHOHCOOH$$

(5)异构酶类 促进同分异构体相互转化即分子内部基团重新排列的酶，如消旋酶、顺反异构酶等。如 6－磷酸葡萄糖异构酶、磷酸甘油酸磷酸变位酶。反应通式如下：

$$A \rightleftharpoons B$$

(6)合成酶类 促进两分子化合物互相结合，同时使 ATP 分子中的高能磷酸键断裂的酶，如谷氨酰胺合成酶、谷胱甘肽合成酶、乳丙酮酸羧化酶、谷氨酰胺合成酶等。反应通式如下：

$$A + B + ATP + H{-}O{-}H \rightleftharpoons AB + ADP + Pi$$

例如，丙酮酸羧化酶催化的反应：

$$\text{丙酮酸} + CO_2 \rightleftharpoons \text{草酰乙酸}$$

任务二　酶的命名

酶的名称有两种来源：习惯命名和系统分类命名。

2.1 系统命名法

国际酶学委员会在制定酶的分类方法的同时，制定了与分类法相应的酶的系统命名法。在系统命名法中，一种酶只可能有一个系统名称。在科技文献中，一般使用酶的系统名称。系统名称包括底物名称及酶促反应类型，若有两种底物，它们的名称均应列出，并用“:”隔开，若底物之一为水则可略去。并附有 4 个数字的分类编号，第 1 个数字表示此酶所属的大类，第 2 个数字表示此大类中的某一亚类，第 3 个数字表示亚类中的某一亚亚类，第 4 个数字表示此酶在此亚亚类中的顺序号。编号前常冠以酶学委员会的缩写 EC。

例如催化下列反应的乳酸脱氢酶的系统命名为 L－乳酸:NAD^+ 氧化还原酶，分类编号为 EC l.1.1.27。

$$L－乳酸 + NAD^+ \longrightarrow 丙酮酸 + NADH + H^+$$

反应结构式

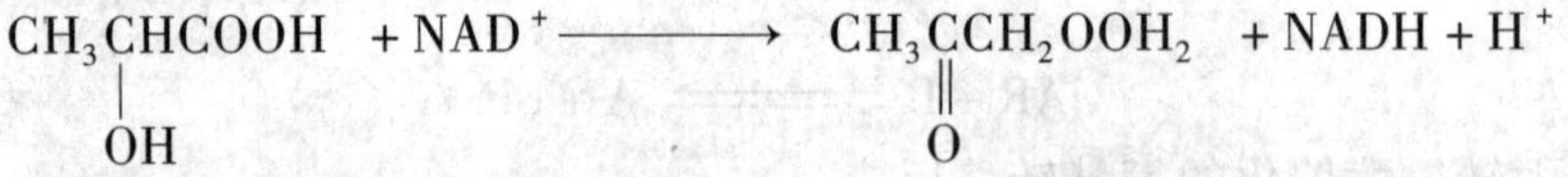

其编号可解释如下：

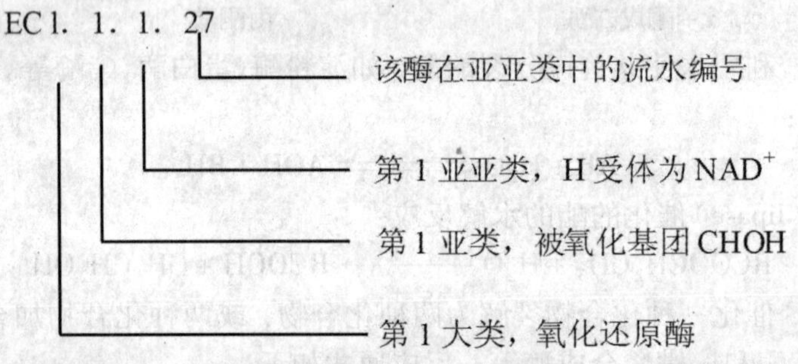

系统命名法根据酶的催化反应的特点，每一种酶对应一个名称，不至于混淆不清，一般在国际杂志、文献及索引中采用，但名称繁琐，使用不便，故为方便起见仍沿用习惯命名法。

2.2 习惯命名法

习惯命名法是根据以下原则来命名的：

(1) 根据作用底物来命名，如淀粉酶、蛋白酶等。

(2) 根据所催化的反应类型命名，如脱氢酶、转移酶等。

(3) 两个原则结合起来命名，例如丙酮酸脱羧酶等。

(4) 根据酶的来源或其他特点来命名，如胃蛋白酶、胰蛋白酶等。

习惯命名法使用起来比较简单、通俗和方便，但缺乏系统性和严格性，有时会出现一酶数名或一名数酶的情况，造成一些混乱。

项目三　酶催化反应的机理

任务一　酶的催化作用与活化能

酶促反应为什么具有很高的效率呢？酶和一般催化剂加速反应的机制相同，即降低化学反应的活化能。所谓的活化能，是指一般分子成为参加化学反应的活化分子所需的能量。在一个热力学允许的化学反应中，并不是所有的分子都能参加反应，只有那些能量较高的分子即活化分子才能参加反应。

要使化学反应迅速进行，就应增加活化分子的数量，要想使一般分子变成活化分子，途径有两条：一是对反应体系增加能量，比如加热或者光照，一般分子吸收能量后变成活化分子；二是降低活化能，使一般分子不吸收或吸收很少的能量成为活化分子。而酶正是通过降低反应的活化能的途径，来增加活化分子的数量。活化分子愈多，反应速率愈快。例如过氧化氢的分解，当无催化剂时，每摩尔的活化能为75.3kJ，而过氧化氢酶存在时，每摩尔的活化能仅为8.36kJ，反应速率可提高一亿倍（见图6－1）。

任务二　中间产物学说

酶为什么可以降低化学反应的活化能而体现出强大的催化效率呢？目前，比较圆满的解释是1913年Michaelis和Menten提出的中间产物学说。

中间产物的基本理论是：在酶促反应中，酶首先和底物结合成不稳定的中间配合物（ES），然后再生成产物（P），并释放出酶（E）。反应式为：

$$E + S \rightleftharpoons ES \longrightarrow E + P$$

这里S代表底物，E代表酶，ES为中间产物，P为反应的产物。

当非酶促反应时，反应S→P所需的活化能很高，但是，有酶存在的情况下，根据中间产物学说，反应分两步进行，首先S＋E→ES中，活化能很低，随后ES→E＋P中，活化能也很低，所以酶促反应比非酶促反应所需的活化能少，因而加快了反应的速率。

中间产物学说是否正确决定于中间产物是否确实存在。由于中间产物很不稳定，易迅速分解成产物，因此不易把它从反应体系中分离出来。但是有不少直接或间接证据表明中间产物确实存在，比如有人在溶菌酶的研究中，已制成它和底物形成复合物的结晶，并已得到了X衍射图，证明了ES复合物的存在。

任务三　酶的活性中心

3.1 概念

酶分子中直接与底物特异性结合，并催化底物变成产物的空间区域称为酶的活性中心。

活性部位包括两个功能部位：一个是直接与底物结合的部位称为结合部位，它决定酶的专一性，即决定同何种底物结合；一个是催化底物变成产物的催化部位，即底物的键在此处被打断或形成新的键，它决定催化反应的类型。有时结合部位与催化部位是难以明确分开的，也就是说有的基团（在活性部位中的基团）既是结合基团，也是催化基团。对单纯酶而言，从一级结构上看，构成活性部位的这些基团相距可能很远，但通过链盘绕，形成高级结构时，这些基团可彼此靠近，形成一个特定构象的空间区域。对结合酶而言，辅因子或辅因子分子的某一部分往往也是构成活性部位的组成成分。

进一步而言，活性部位本质上是蛋白质多肽链上原本相距较远的一系列氨基酸残基经由折叠而形成的特定区域。在这个区域内，特定的、对于催化反应具有贡献的氨基酸残基的侧链基团的空间配置恰到好处，有助于酶与底物的结合，有助于底物的转变。

与酶的活性密切相关的基团称为酶的必需基团，包括—COOH、—NH_2、—OH、—SH 等。必需基团包括活性部位，但必需基团不一定就是活性部位，例如维持酶分子高级结构所需的基团就不和底物结合或催化底物变成产物。若被化学修饰（如氧化、还原、酰化、烷化等）而使其改变，则酶的活性丧失（图 6－2）。

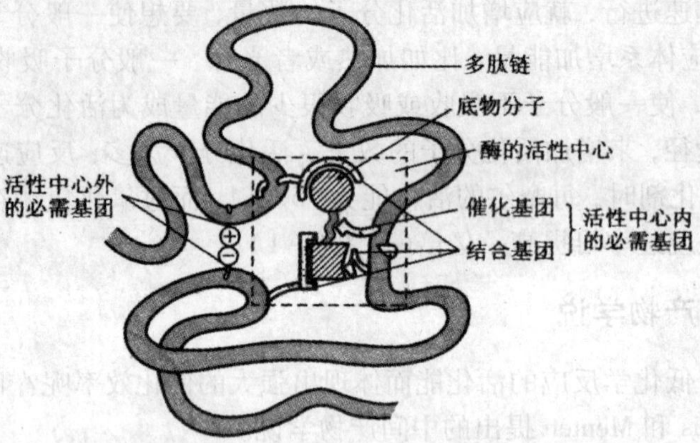

图 6－2　酶活性中心示意图

3.2 活性中心的特点

（1）活性部位存在于酶分子的表面，占每个酶分子体积的 1%～2%。已知几乎所有的酶都由 100 个以上的氨基酸残基组成，而活性部位只有几个氨基酸残基。

（2）活性部位不是一个点，也不是一个面，而是一个错综复杂的三维结构（空间区域）。活性部位的三维结构是由酶的一级结构所决定且在一定条件下形成的。活性部分的氨基酸残基可能在一级结构上相距甚远，甚至位于不同的肽链上，通过肽链的盘绕、折叠而在空间结构上相互靠近。一旦空间结构受理化因素的影响导致活性部位破坏，酶即失去活性。

（3）活性部位的构象并非正好和底物互补，而是在酶和底物结合的过程中，底物或酶分子，有时是两者的构象同时发生了一定的变化后才互补的。

（4）酶的活性部位位于酶分子表面的一个裂缝内，底物分子结合到裂缝内并发生催化作用。

（5）底物通过次级键结合到酶上，主要的次级键有氢键、盐键、范德华力和疏水作用力等。

任务四　“诱导—契合”理论

酶对底物有一定的选择性，为了解释酶作用的专一性，曾提出了不同的假说，主要的有“锁钥学说”和“诱导契合学说”。

4.1 锁钥学说

锁钥学说认为整个酶分子的天然构象是具有刚性结构的，酶表面具有特定的形状。酶与底物的结合如同一把钥匙对一把锁一样。这一学说在一定程度上解释了酶促反应的特性。这个学说的局限性在于无法解释可逆反应，因为底物和产物的结构是不同的；只能解释绝对专一性，无法解释相对专一性和立体异构专一性；而且，酶活性中心并不像这个模型中显示的那样固定不变，酶的X射线衍射研究证明，酶与底物结合时，酶分子的构象的确是发生了变化。

4.2 诱导契合学说

1958年D. E. Koshland提出的“诱导—契合学说”克服了“锁钥学说”的缺点。按照这一学说，酶分子的构象和底物不相吻合，只有当酶和底物接近时，二者才相互诱导适应、变形，酶在底物的诱导下，形成活性中心，并与底物易受催化部位结合，使底物处于不稳定的过渡态，从而使底物转化成产物（图6－3）。诱导契合学说比较圆满地说明了酶的作用方式，并得到了某些酶（乳羧肽酶、溶菌酶）的X光衍射分析结果的支持。

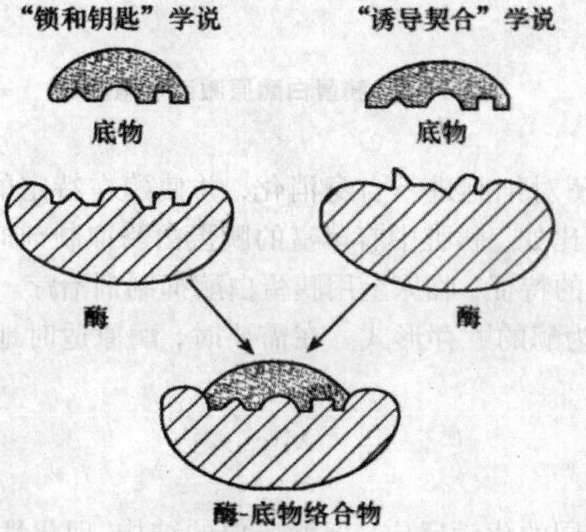

图6－3　酶和底物结合示意图

任务五　酶原的激活

5.1 概念

有些酶在分泌的时候是无活性的，我们把这种无活性的酶的前体称为酶原。酶原激活是酶原变成有活性的酶的过程。比如使蛋白质水解的消化酶在胃和胰脏中作为酶原合成，激活后成为蛋白水解酶。再如血液凝固系统的许多酶也是以酶原形式被合成的，被激活后起作用。

5.2 激活的机理

酶原的激活通常通过在一定条件下一个或几个特定的肽键断裂或水解掉一个或几个短肽来实现，酶的化学本质是蛋白质，具有一定的空间结构，一级结构的改变导致空间结构的改变，酶分子构象的改变使其形成或暴露出酶的活性中心。比如，胰蛋白酶刚从胰腺细胞分泌出来的时候，并不具有活性，随着食物一起流到小肠后，在Ca^{2+}环境下，受肠激酶的作用，切去N端的6肽，从而使肽链螺旋度增加，组氨酸、丝氨酸、缬氨酸、异亮氨酸等残基相互靠近，形成新的活性中心，于是，无活性的胰蛋白酶原就变成了有活性的胰蛋白酶（图6－4）。

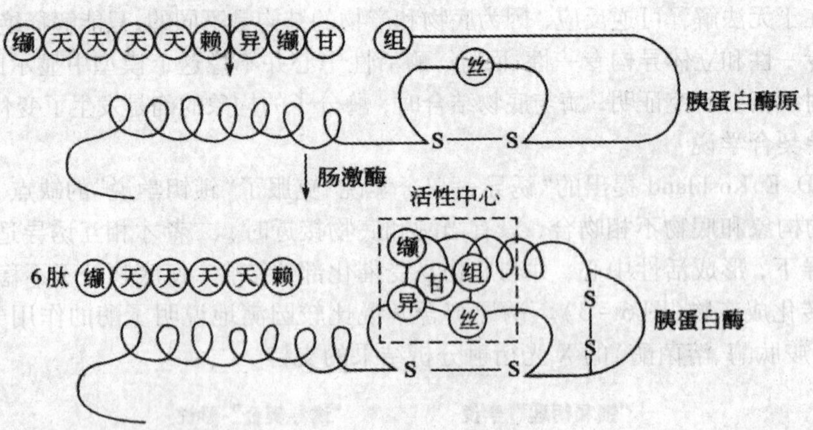

图6-4 胰蛋白酶原激活示意图

5.3 生物学意义

(1)避免细胞产生的酶对细胞进行自身消化，并使酶在特定的部位和环境中发挥作用，保证体内代谢正常进行。比如，胰脏中有丰富的胰蛋白酶抑制剂抑制蛋白酶的活性，酶原在胰脏中提前活化是胰腺炎的特征，临床上用胰蛋白酶抑制剂治疗。

(2)有的酶原可以视为酶的贮存形式。在需要时，酶原适时地转变成有活性的酶，发挥其催化作用。

任务六　同工酶

同工酶是指能催化相同的化学反应，但酶蛋白的结构、理化性质及免疫学性质不同的一组酶。这类酶大多由两个或两个以上的亚基聚合而成。自1959年首次发现乳酸脱氢酶(LDH)具有多种分子形式的同工酶以来，到目前已经发现同工酶约有500多种，但研究较多的仍是乳酸脱氢酶，此酶有5种同工酶，为两种亚基组成的四聚体。

项目四　影响酶促反应速率的因素——酶促反应动力学

酶促反应动力学是研究酶促反应的速率以及影响此速率的各种因素的学科，影响酶促反应速率的因素包括酶浓度、底物浓度、pH、温度、抑制剂、激活剂等。研究酶促反应动力学的意义在于：在研究酶的结构与功能的关系以及酶的作用机制时，需要动力学提供实验证据；为了发挥酶催化反应的高效率，寻找最有利的反应条件；为了解酶在代谢中的作用及其与某些药物的作用机制提供线索。

任务一　酶促反应速率的测定

酶促反应速率可以用单位时间内底物的减少量和产物的生产量来表示。酶促反应速率与酶的活力有关，酶活力就是酶加速其所催化的化学反应速率的能力。酶促反应速率越大，酶的活力就越强；反之，反应速率越小，酶的活力就越弱。一般在酶活力测定实验中，底物往往是过量的，底物的减少量只占总量的极小部分，测定时不易测准确，而产物从无到有，相对较易测准确。因此，在实际的酶活力测定（即酶促反应速率测定）中一般以测定产物的增加量为准。

产物生成量对反应时间作图，曲线的斜率表示单位时间内产物生成量的变化，所有曲线上任何一点的斜率就是相应时间的反应速率。

酶促反应速率受多种因素的影响，如随着反应的进行底物浓度降低，产物的生成逐渐增大了逆反应的发生，酶本身在反应中失活，产物的抑制等，需要特别注意的是，大量数据分析证明，随着时间的延长，反应速率会逐渐降低。因此，为了正确测定酶促反应速率并避免以上因素的干扰，就必须测定酶促反应初期以上因素还来不及作用时的速率，即"反应初速率"，即〔S〕消耗 $<5\%$〔S_0〕时的速率，从而避免各种因素对反应速率的影响。

任务二 酶浓度对酶促反应速率的影响

在一定条件时，如果底物足够多，是过量的，并且反应体系中不含其他抑制剂或激活剂的作用，酶促反应的速率和酶浓度成正比。$V=k[E](V\propto[E])$，其中 k 为比例常数(图 6－5)。

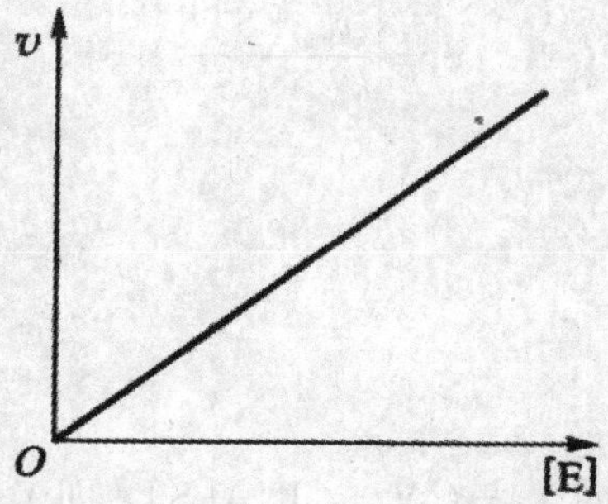

图 6－5 酶浓度对酶促反应速率的影响

任务三 底物浓度对酶促反应速率的影响

3.1 底物浓度与酶促反应速率的关系

在酶浓度、pH、温度等条件不变的情况下，底物浓度对酶促反应速率的影响如图 6－6 所示：在低底物浓度时，反应速率与底物浓度成正比，表现为一级反应特征；随着底物浓度的增高，反应速率不再按正比升高，反应表现为混合级反应；当底物浓度达到一定值时，底物浓度对反应速率的影响变小，反应速率接近最大值(V_{max})，此时再增加底物浓度，反应速率不再增加，表现为零级反应。

根据中间产物学说可以解释底物浓度对酶促反应速率影响的矩形双曲线，在酶浓度一定的条件下，当底物浓度很小时，酶未被底物饱和，这时反应速率取决于底物浓度；随着底物浓度变大，会生成更多的 ES，反应的速率取决于 ES 的浓度，故反应速率也随着增高；当底物浓度很高时，溶液中的酶全部被底物饱和，溶液中没有多余的酶，虽增加底物浓度也不会有更多的 ES 生成，因此，酶促反应速率和底物浓度无关了，达到了最大值。

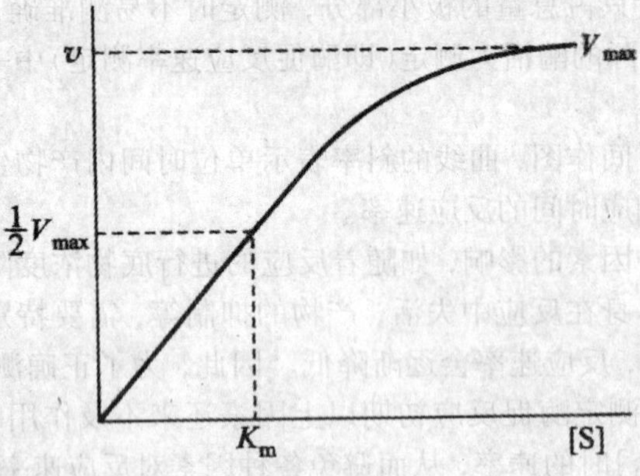

图 6-6　底物浓度对酶促反应速率的影响

3.2 米氏方程式

1913 年，德国化学家 Michaelis 和 Menten 根据中间产物学说对酶促反应的动力学进行研究，推导出了表示整个反应中底物浓度和反应速率关系的著名公式，称为米氏方程。

$$v = \frac{v_{max}[S]}{k_m + [S]}$$

式中

[S]—底物浓度

V—不同[S]时的反应速率

V_{max}—最大反应速率

K_m—米氏常数

从式中可见，当$[S] \ll K_m$时，$V = (V_{max}/K_m)[S]$，即 V 正比于[S]；

$[S] \gg K_m$时，$V = V_{max}$，即[S]增大而 V 不变。

3.3 K_m 和 V_{max}的意义

(1)由米氏方程可知，当反应速率等于最大反应速率一半时，即 $V = 1/2V_{max}$，$K_m = [S]$，由此可得米氏常数的物理意义，即 K_m 是反应速率达到最大速率一半时的底物浓度。因此，米氏常数的单位为 mol/L。

(2)K_m 是酶的一个特征性常数，K_m 的大小只与酶的性质有关，而与酶浓度无关。K_m 值随测定的底物、反应的温度、pH 及离子强度而改变。因此，K_m 作为常数只是对一定的底物、pH、温度和离子强度等条件而言。故对某一酶促反应，在一定条件下都有特定的 K_m 值，可用来鉴别酶。

(3)K_m 值表示酶与底物之间的亲和程度，K_m 值大表示亲和程度小，酶的催化活性低；K_m 值小表示亲和程度大，酶的催化活性高。若一种酶可催化几种底物的反应，每种底物各有相应的 K_m 值，K_m 值小的底物是该酶的最适底物。

(4)V_{max}是酶完全被底物饱和时的反应速率，与酶浓度呈正比。

3.4 K_m 和 V_{max}的测定

V_{max}和 K_m 的测定可通过底物浓度对酶促反应速率的矩形双曲线图求得，但实际上，即使使用很大的底物浓度，也只能得到趋近于 V_{max}的反应速率，而得不到真正的 V_{max}，因此也得不到准确的 K_m。为了方便地测得准确的 V_{max}和 K_m，可采用双倒数作图法(图 6-7)，它是将米氏方程式等号两边取倒数，即得到下面方程式，又称林—贝氏作图法。

$$\frac{1}{v}=\frac{k_m}{v_{max}}\times\frac{1}{[S]}+\frac{1}{v_{max}}$$

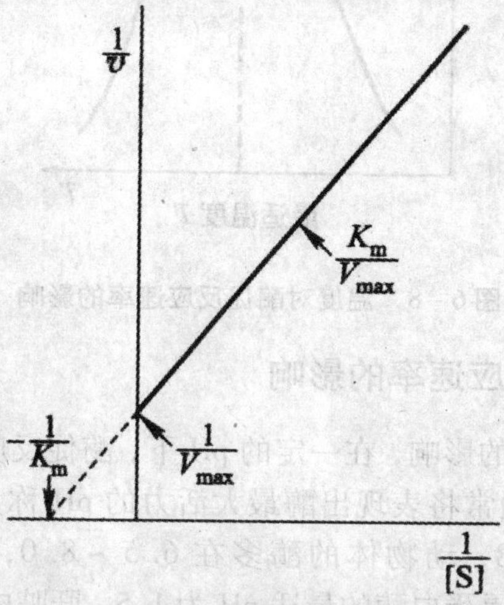

图6-7　双倒数作图

以1/V对1/[S]作图，得到一条直线，横轴截距为 $-1/K_m$，纵轴截距为 $1/V_{max}$。

任务四　温度对酶促反应速率的影响

温度对酶促反应速率的影响表现在两个方面：一方面是随着温度的升高，反应速率加快，一般经验为每升高10℃，反应速率增加1～2倍；另一方面由于酶的化学本质是蛋白质，遇高温易变性失去活性，引起酶促反应速率的下降，酶所表现的最适温度是上述两种影响的综合结果。

一定条件下，用温度对酶促反应速率作图，可得到如图6-8所示的钟罩形曲线。从图上可以看出，温度较低时，速率随着温度升高而升高，但超过一定温度后，反应速率反而下降，因此，只有在某一温度下，反应速率达到最大值，这个温度称为酶反应的最适温度。一般而言，动物细胞内的酶最适温度在35℃～40℃，植物细胞中的酶最适温度稍高，通常在40℃～50℃，微生物细胞中的酶最适温度差别较大。

酶的最适温度不是酶的特征性常数，常受到其他条件如底物种类、作用时间、pH和离子强度等因素影响而改变。如最适温度随着酶促反应时间的长短而改变，由于温度使酶蛋白变性是随时间累加的。一般讲，反应时间长，最适温度低，反应时间短，最适温度高，因此只有在规定的反应时间内才能确定酶的最适温度。

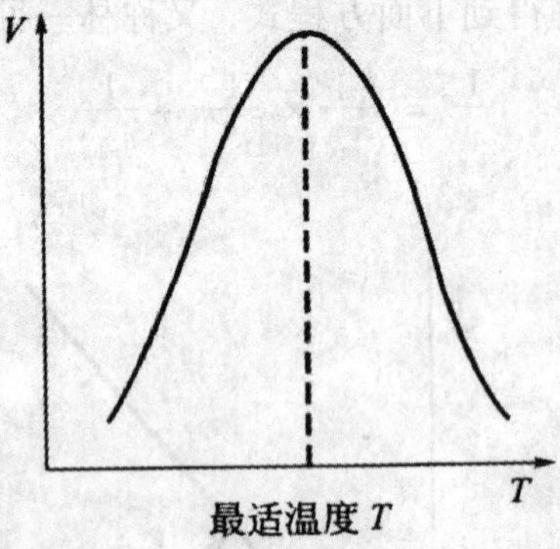

图 6－8　温度对酶促反应速率的影响

任务五　pH 对酶促反应速率的影响

酶促反应速率受环境 pH 的影响，在一定的 pH 下，酶促反应具有最大速率，高于或低于此 pH，酶促反应速率下降，通常将表现出酶最大活力的 pH 称为该酶的最适 pH(图 6－9)。大多数酶的最适 pH 在 5～8，动物体的酶多在 6.5～8.0，植物和微生物中的酶多在 4.5～6.5，但也有例外，比如胃蛋白酶的最适 pH 为 1.5，肝脏中精氨酸酶的最适 pH 为 9.7。

pH 影响酶活力的原因可能有以下几个方面：

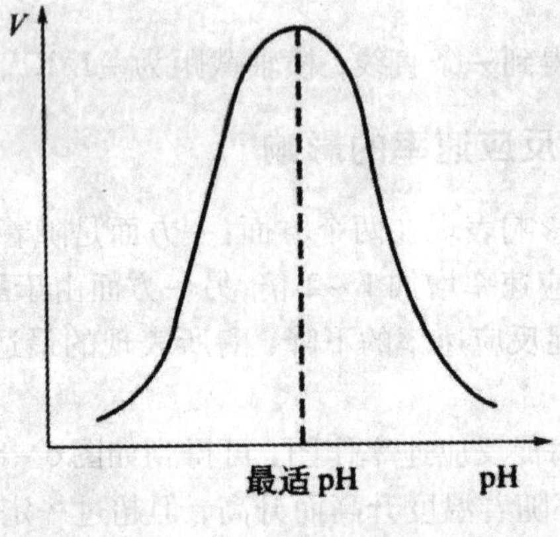

图 6－9　pH 对酶促反应速率的影响

(1) pH 影响酶分子侧链基团的解离，改变它们的带电状态，从而使酶活性中心结构发生变化，影响酶和底物的结合，轻则降低酶的催化功能，重则变性失活。

(2) pH 影响底物的解离状态，或者使底物不能和酶结合，或者结合后不能生成产物。

酶的最适 pH 不是酶的特征性常数，它受底物浓度、缓冲液的种类和浓度以及酶的纯度等因素的影响，因此最适 pH 只有在一定条件下才有意义。

任务六　激活剂对酶促反应速率的影响

凡能提高酶活性的物质，都称为激活剂，激活剂不同于辅因子，辅因子通常参与活性部位的形成；而激活剂通常是与酶的活性部位以外的部分结合，通过结合使酶的活性部位更适于与底物结合，提高活性，加速反应。

激活剂多为一些无机离子或简单的有机化合物。作为激活剂的无机离子有 Na^+、K^+、Ca^{2+}、Mg^{2+}、Cu^{2+}、Zn^{2+}、Co^{2+}、Cr^{2+} 及 Fe^{2+} 等，无机阴离子如 Cl^-、Br^-、I^-、CN^-、NO^{3-}、$PO_4{}^{3-}$ 等，如糖激酶需要 Mg^{2+} 来激活，唾液淀粉酶需要 Cl^- 来激活。一些小分子有机化合物如半胱氨酸、还原型谷胱甘肽等还原剂对某些含巯基的酶有激活作用，它们可使酶分子中的巯基维持还原状态而维持酶的活性。

一般情况下，一种激活剂对某种酶是激活剂，而对另一种酶则起抑制作用。比如 Mg^{2+} 对脱羧酶有激活作用，而对肌球蛋白腺苷三磷酶却有抑制作用。对于同一种酶，不同激活剂浓度会产生不同的作用。例如对于 $NADP^+$ 合成酶，当 Mg^{2+} 浓度为 $(5 \sim 10) \times 10^{-3}$ mol/L 时起作用，但当浓度升高为 30×10^{-3} mol/L 时则酶活性下降。

任务七　抑制剂对酶促反应速率的影响

7.1 酶的抑制剂及抑制作用

使酶的活性降低或丧失的现象，称为酶的抑制作用。能够引起酶的抑制作用的化合物则称为抑制剂。抑制作用不同于由于酶蛋白变性而引起酶活力丧失的失活作用。

酶的抑制剂一般具备两个方面的特点：一是在化学结构上与被抑制的底物分子或底物的过渡状态相似；二是能够与酶的活性中心以非共价或共价的方式形成比较稳定的复合体或结合物。而抑制剂之所以能抑制酶活性，是因为它破坏或改变了酶的活性中心，妨碍了中间产物的形成或分解。

酶的抑制剂多种多样，常见的毒物多是酶的抑制剂，比如有机磷化合物、有机汞化合物、有机砷化合物、重金属离子、氰化物、硫化物、CO 及一些烷化剂等。某些动物组织（如胰脏、肺）和某些植物组织（如大麦、燕麦、大豆、蚕豆、绿豆等）都能产生蛋白酶的抑制剂。也有一些抑制剂用于临床治疗，比如青霉素、磺胺类药物等。因此，研究酶的抑制作用，不仅是研究酶的结构和功能、酶的催化机制以及阐明代谢途径的基本手段，也可以为新药设计和新农药生产提供理论依据。

7.2 抑制剂的分类

根据抑制剂与酶结合的紧密程度不同，抑制剂可以分为可逆的抑制剂和不可逆的抑制剂。

7.2.1 不可逆的抑制作用

抑制剂与酶共价结合，不能用透析、超滤等简单物理方法解除抑制来恢复酶的活性，这类抑制作用称为不可逆抑制作用。如某些重金属离子（Hg^{2+}、Ag^+、Pb^{2+} 及 As^{2+}）对巯基酶不可逆的抑制；有机磷农药（敌百虫、敌敌畏、对硫磷等）对羟基酶不可逆的抑制，如图 6－10 有机磷农药 DFP（二异丙基氟磷酸酯）与羟基酶的丝氨酸羟基反应，形成不可逆的抑制；氰化物可与含铁卟啉的酶（如细胞色素氧化酶）中的 Fe^{2+} 不可逆地结合；青霉素可与糖肽转肽酶活性部位丝氨酸共价结合，而该酶在细菌细胞壁合成中使肽聚糖链交联，一旦酶失活，细菌细胞壁合成受阻，细菌不能生长。

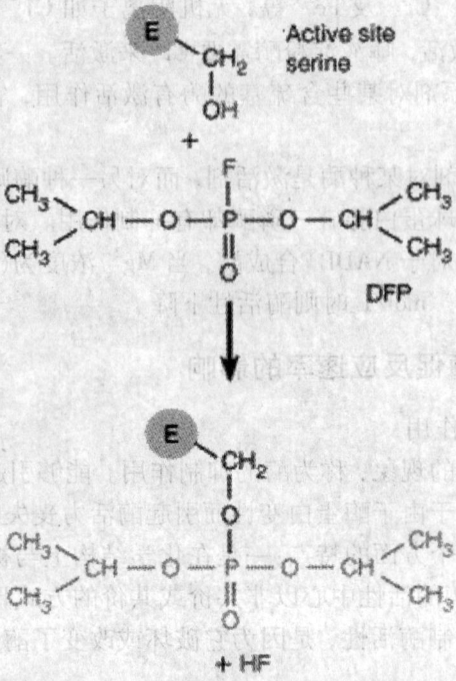

图 6-10　有机磷农药 DFP 对羟基酶不可逆的抑制

7.2.2 可逆的抑制作用

抑制剂与酶非共价结合，可以用透析、超滤等简单物理方法除去抑制剂来恢复酶的活性，这类抑制作用称为可逆的抑制作用。根据抑制剂与底物的关系，可逆抑制作用可分为三种类型。

(1)竞争性抑制剂　这类抑制剂的化学结构与底物相似，因而能与底物竞争与酶活性中心结合，如图 6-11。当抑制剂与活性中心结合后，底物被排斥在活性中心之外，其结果是酶的催化活性降低了。底物与酶的结合也可阻止抑制剂与酶的结合，就是说底物和抑制剂与酶的结合是竞争性的。当底物和抑制剂都存在于溶液中时，酶能够形成酶-底物复合物的比例取决于底物和抑制剂的相对浓度以及酶对它们的亲和性。竞争性抑制通常可以通过增大底物浓度，即提高底物的竞争能力来消除。反应示意图见图 6-11。

有些药物属于酶的竞争性抑制剂，比如磺胺类药物及磺胺增效剂就是典型的例子。对磺胺敏感的细菌生长繁殖时不能直接利用叶酸，而是在体内二氢叶酸还原酶的催化下，由对氨基苯甲酸、2-氨基-4-羟基-6-甲基蝶呤啶及谷氨酸合成二氢叶酸，二氢叶酸再进一步还原成四氢叶酸，四氢叶酸是细菌嘌呤核苷酸合成中的重要辅酶。磺胺结构与对氨基苯甲酸结构相似，是二氢叶酸还原酶的竞争性抑制剂；磺胺增效剂结构与二氢叶酸结构相似，是二氢叶酸还原酶的竞争性抑制剂。它们均可使细菌体内四氢叶酸的合成受阻，从而抑制细菌体内核酸的合成，达到抑菌作用。人不能自己合成叶酸，主要靠食物中摄取，故不受影响。

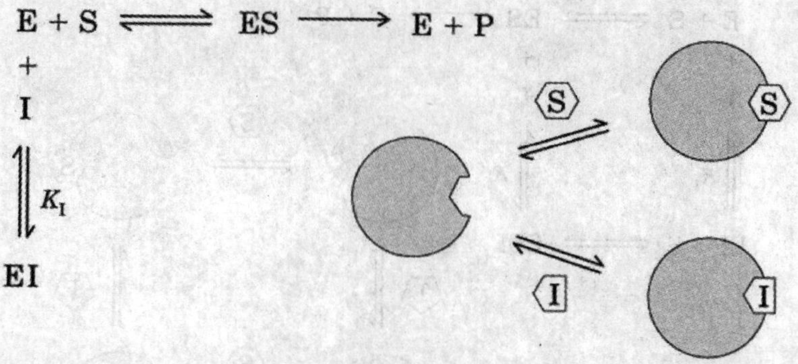

图 6－11　竞争性抑制作用

竞争性抑制作用动力学曲线见图 6－12，从图 6－12A 可以看出，在酶促反应中加入竞争性抑制剂后，V_{max} 不变，K_m 变大，$K'_m > K_m$，而且 K'_m 随$[I]$的增加而增大。从图 6－12B 可以看出，双倒数作图直线相交于纵轴，这是竞争性抑制作用的特点。抑制分数与$[I]$成正比，而与$[S]$成反比。

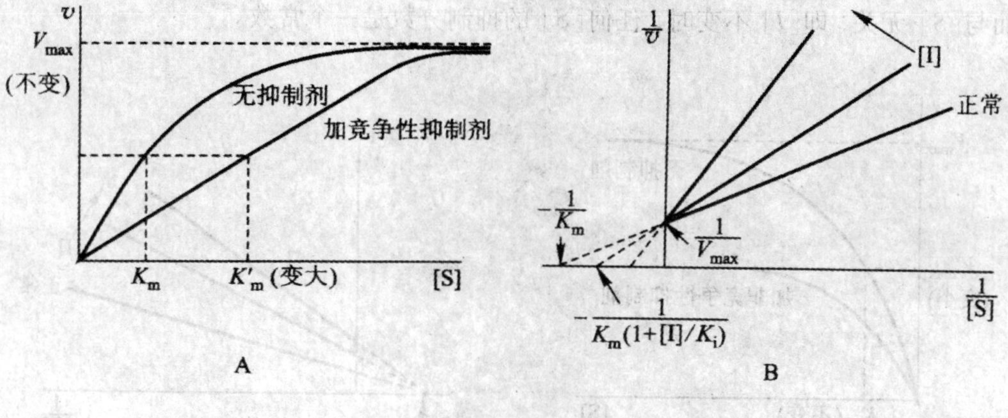

图 6－12　竞争性抑制曲线

(2)非竞争性抑制剂　非竞争性抑制剂与底物结构不相似，两者没有竞争关系，抑制剂不影响酶和底物的结合，酶和底物的结合也不影响酶与抑制剂的结合。换句话说，抑制剂和底物可以同时和酶的不同部位结合，底物结合酶的活性中心，抑制剂结合活性中心外的部位，但形成的酶－底物－抑制剂复合物不能形成产物。非竞争性抑制作用的强弱取决于抑制剂的绝对浓度，不能用增强底物浓度的方法来消除抑制作用。其反应示意图见图 6－13。

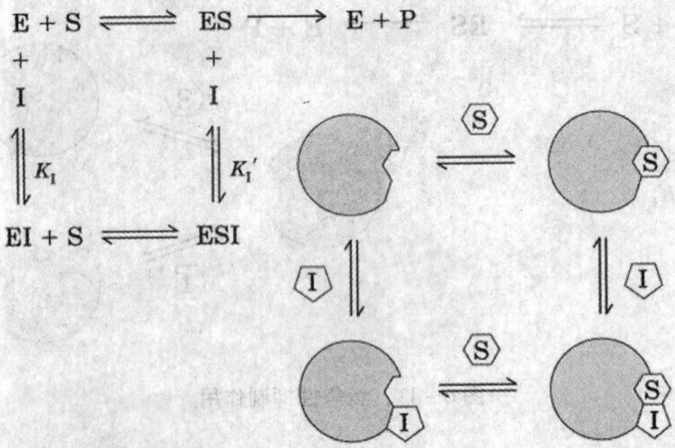

图 6－13　非竞争性抑制作用

非竞争性抑制作用动力学曲线见图 6－14，从图 6－14A 可以看出，在酶促反应中加入非竞争性抑制剂后，K_m 不变，V_{max} 变小，$K'_m = K_m$，而且 V_{max} 随 [I] 的增加而减小。从图 6－14B 可以看出，双倒数作图直线相交于横轴，这是非竞争性抑制作用的特点。抑制分数与 [I] 成正比，而与 [S] 无关，即 [I] 不变时，任何 [S] 的抑制分数是一个常数。

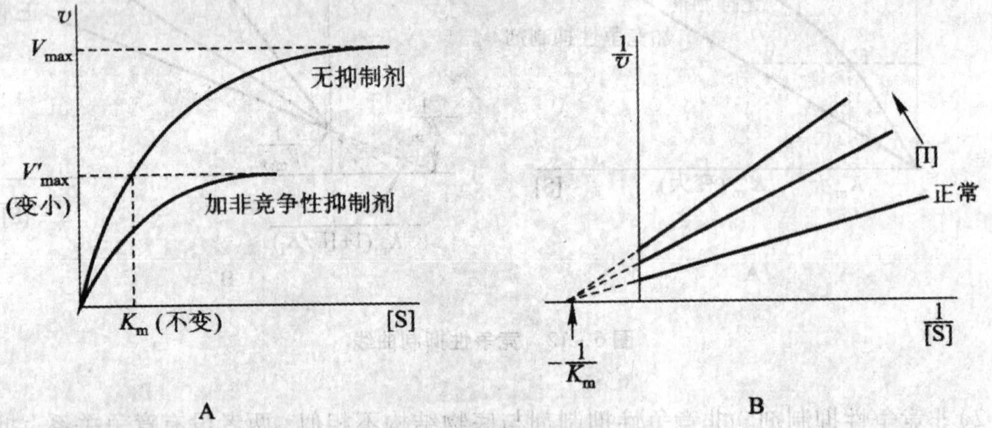

图 6－14　非竞争性抑制曲线

(3) 反竞争性抑制剂　此类抑制剂的特点是酶先和底物结合，然后才与抑制剂结合，换句话说，抑制剂只和酶－底复合物结合，但形成的酶－底－抑制剂复合物既不能生成产物，也不能解离出游离酶，其反应示意图见图 6－15。

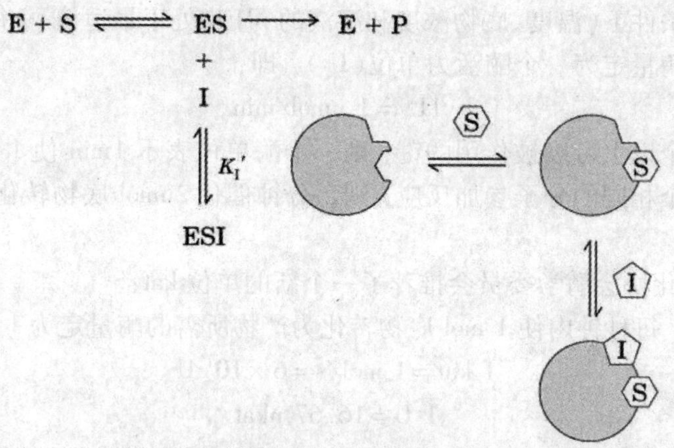

图 6－15 反竞争性抑制作用

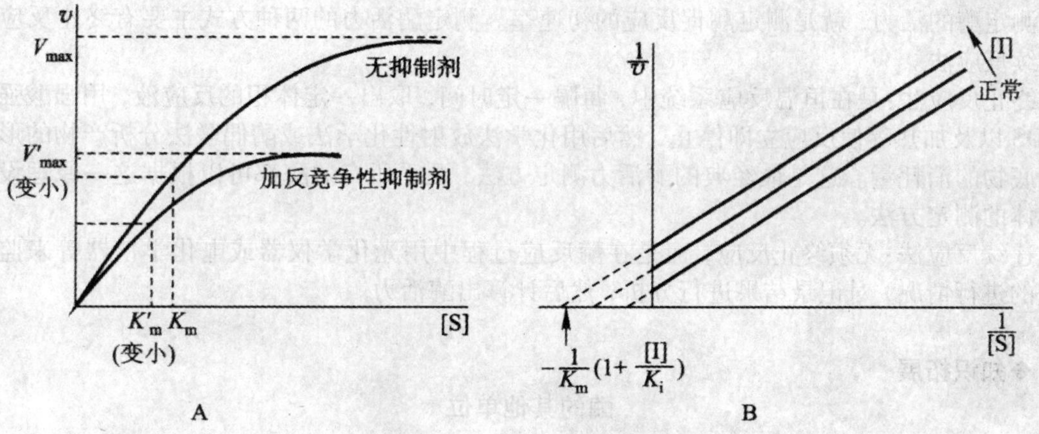

图 6－16 反竞争性抑制作用

反竞争性抑制作用动力学曲线见图 6－16，从图 6－16A 可以看出，在酶促反应中加入反竞争性抑制剂后，K_m 及 V_{max} 都变小，$K'_m < K_m$，$V'_{max} < V_{max}$，即表观 K_m 及表观 V_{max} 都随[I]的增加而减小。从图 6－16B 可以看出，双倒数作图为一组平行线，这是反竞争性抑制作用的特点。抑制分数既与[I]成正比，也与[S]成正比。

项目五 酶的活力测定

任务一 酶的活力与活力单位

酶活力(enzyme activity)是指酶催化化学反应的能力。酶活力的大小可用在一定条件下，催化化学反应的速度来表示，酶催化反应速度愈大，酶活力愈高。

我们用酶促反应的初速率，即[S]消耗 <5%[S_0]时的速率，来表示酶活力的大小。

酶活力的大小用统一的酶活力单位(unit)来表示，简写 U。1964 年 国际生化协会酶学委员会规定：

在最适的反应条件下（温度、底物浓度和溶液的 pH 均处于最适值），每分钟内催化1 umol 底物转化为产物的酶量定为一个酶活力单位（U），即：

$$1U = 1\ umol/min$$

如果底物有一个以上可以被作用的键，则一个酶单位表示 1min 使 1 umol 有关基团转化的酶量。如果是两个相同的分子参加反应，则每分钟催化 2umol 底物转化的酶量称为一个酶单位。

1972 年国际生化协会酶学委员会推荐了一个新的单位 kat：

在最适条件下，每秒钟内使 1 mol 底物转化为产物所需的酶量定为 1 kat 单位，即：

$$1\ kat = 1\ mol/s = 6 \times 10^7\ U$$

$$1\ U = 16.67\ nkat$$

任务二　测定酶活力的两种方式

测定酶的活力，就是测定酶促反应的初速率。测定酶活力的两种方式主要有终止反应法和连续反应法。

终止反应法：是在恒温反应系统中，每隔一定时间，取出一定体积的反应液，用强酸强碱或 SDS 以及加热等使反应立即停止，然后用化学法放射性化学法或酶偶联法分析产物的形成量或底物的消耗量。这是最经典的酶活力测定方法，几乎所有的酶都可以根据这一原理设计出具体的测定方法。

连续反应法：无须终止反应，而是在酶反应过程中用光化学仪器或电化学仪器等来监测反应的进行情况，对记录结果进行分析，然后计算出酶活力。

◆**知识拓展**

酶的其他单位

1. 酶的比活力

在酶学研究和生产中，为了比较不同厂家生产的同种酶制剂的纯度，引入比活力的概念。

比活力是指每单位质量样品中的酶活力，即 1mg 蛋白质中所含的单位数或 1kg 蛋白质中含的 kat 数。一般情况下，酶的比活力随酶纯度的提高而提高。

比活力 = 活力单位/毫克蛋白质（氮）= U/mg 蛋白质

2. 习惯单位

（1）生产上用每小时催化 1 ml 2% 可溶性淀粉液化所需要的酶量，作为 α－淀粉酶的 1 个活力单位。

（2）α－糜蛋白酶在 37℃，pH7.5 作用于酪蛋白，在测定条件下，每分钟产生相当 1 微克酪氨酸所需要的酶量称为一个活力单位。

3. 酶的转换数 Kcat（turnover number）：

酶的转换数 Kcat 是指单位时间，每一个催化中心所转换的底物分子数。通常指每秒钟每个酶分子转换底物的微摩尔数（umol）。

$$转换数\ Kcat = k_3 = V_{max}/[E_t]$$

在数值上，$Kcat = k_3$ 是由 ES 形成产物的速度常数。如 1 个分子碳酸酐酶，每秒钟催化 0.6mol 碳酸产生，则其 $Kcat = 6 \times 10^5/S$（umol/s）

项目六　食品工业中重要的酶及其应用

任务一　水解酶类

水解酶有苷键水解酶、酯水解酶和肽键水解酶三类。它们在食品工业中应用都很广泛。

1.1 淀粉酶

淀粉酶广泛分布于生物界，它的作用是水解淀粉、糖原以及衍生物中的α-1,4糖苷键，根据其作用的不同，淀粉酶分为三类：α-淀粉酶、β-淀粉酶和葡萄糖淀粉酶。

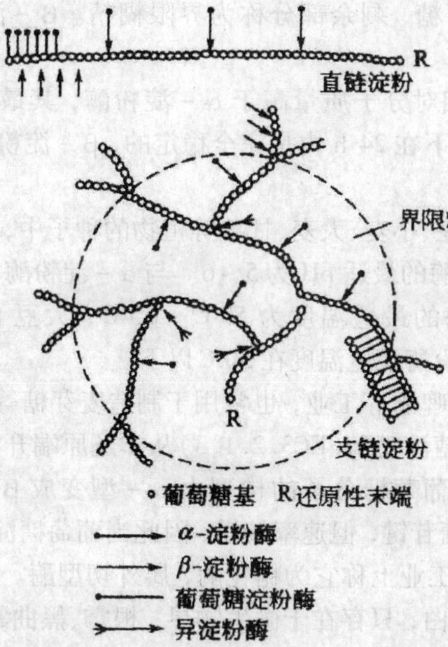

图6-17　几种淀粉酶作用示意图

(1)α-淀粉酶　α-淀粉酶(EC3.2.1.1)广泛存在于胰液、麦芽、唾液及微生物中，属内切酶。它能在淀粉分子内部任意切开α-1,4糖苷键，但不能切开α-1,6糖苷键。它能使淀粉分子迅速降解为麦芽糖和葡萄糖，但在降解支链淀粉时，因不能切开α-1,6键和在分支点附近的α-1,4键而产生小分子糊精。其作用模式见图6-17。降解结果使淀粉黏度迅速下降而液化，产物对碘的呈色消失，这种作用在生产上称之为“液化作用”，因此α-淀粉酶也叫“液化酶”。α-淀粉酶分子中有一个结合得很牢固的钙离子，它对该酶有激活和稳定作用。

α-淀粉酶的相对分子质量为5.0×10^4左右，最适pH在4.5~7.0之间。在工业生产中，当需要在高温条件下使用α-淀粉酶时，总是优先使用细菌α-淀粉酶。使用时，先将淀粉糊加热至其糊化温度以上，然后加入酶制剂，因为淀粉颗粒糊化以后对酶的作用变得非常敏感，有利于发挥酶的作用。

α-淀粉酶的用途广泛。如在酿造工业中水解淀粉，为酵母提供可发酵的糖；在食品加工中缩短婴儿食品的干燥时间；改进面包的体积和结构；除去啤酒中的淀粉浑浊；把较低糖度的淀粉转变成为高度可发酵的糖浆等。

α－淀粉酶可用于改良面团的功效性质。小麦及黑麦面粉只含0.5%～1.0%的可发酵糖，不能供给酵母生长所需的糖。如果面粉中α－淀粉酶的活力不足，淀粉分解所产生的麦芽糖含量很低，面团起发性不好。因此面团中加入约0.3%的α－淀粉酶可以改善面团的发酵性能。

(2)β－淀粉酶　β－淀粉酶(EC3.2.1.2)作用于淀粉链的非还原末端，是一种端切酶。每隔一个的水解α－1,4糖苷键，即每次切下一个麦芽糖分子(两个葡萄糖单位)，并使麦芽糖的构型从α－型变成β－型。由于每次产生两个葡萄糖分子，产物是麦芽糖，从而可增加淀粉溶液的甜味。β－淀粉酶不能水解支链淀粉中的α－1,6糖苷键，且不能超越α－1,6糖苷键，因此，它对支链淀粉的作用是不完全的，仅能切下分支点以外的部分，产生相当于支链淀粉总量50%～60%的麦芽糖，剩余部分称为界限糊精。β－淀粉酶水解淀粉的模式见图6－17。

一般来说，β－淀粉酶的相对分子质量高于α－淀粉酶，其最适pH在5.0～6.0之间。但在pH 4～8范围内，于20℃下在24 h内是完全稳定的，β－淀粉酶的作用不需要无机物或有机物作为辅助因子。

β－淀粉酶主要存在于大豆、小麦、大麦、甘薯等植物的种子中，少数细菌与霉菌中也含有此种酶。植物来源的β－淀粉酶的最适pH为5～6。与α－淀粉酶相比，β－淀粉酶的热稳定性较差。大麦和甘薯中淀粉酶的最适温度为50℃～55℃，大豆β－淀粉酶的最适温度为60℃～65℃，一般细菌β－淀粉酶最适温度在50℃以下。

β－淀粉酶主要用于面包、啤酒等工业，也常用于制造麦芽糖等。

(3)葡萄糖淀粉酶　葡萄糖淀粉酶(EC3.2.1.3)从非还原端开始水解α－1,4糖苷键，逐次切下一个葡萄糖分子，并将葡萄糖分子的构型由α－型变成β－型，也可水解支链淀粉α－1,6糖苷键，以及α－1,3糖苷键，但速率较慢，因此当葡萄糖淀粉酶作用于直链和支链淀粉时，其终产物为葡萄糖。故工业上称它为糖化酶，属外切型酶。

葡萄糖淀粉酶是一种糖蛋白，只存在于微生物界，根霉、黑曲霉、拟内孢霉等真菌及其变异株均可产生此种酶。该酶的最适温度为40℃～60℃，最适pH为4.0～5.0。它与α－淀粉酶共存水解生淀粉的能力可提高3倍。广泛用于各种酒的生产，可增加出酒率，节约粮食，降低成本，也用于葡萄糖及果葡糖浆的制造。

(4)异淀粉酶　异淀粉酶又称淀粉－1,6糊精酶、淀粉解支酶、R－淀粉酶。该酶只作用于α－1,6糖苷键，使支链淀粉变为直链淀粉，存在于马铃薯、酵母、某些细菌和霉菌中，生产上用此酶制造糯米纸和饴糖。

1.2 纤维素酶

纤维素酶(EC3.2.1.4)主要作用于β－1,4糖苷键。它不是一种单一的酶，是由一类水解纤维素生成纤维二糖和葡萄糖酶的总称。霉菌、纤维杆菌、纤维放线菌等微生物可产生纤维素酶。所产生的纤维素酶至少包括三种类型，即破坏纤维素晶状结构的C_1酶、水解游离纤维素C_x酶和水解纤维二糖的β－葡萄糖苷酶。三种酶的作用顺序如下：

C_1酶、C_x酶和β－葡萄糖苷酶都是糖蛋白，最适温度为50℃，最适pH为4～5。在一定条件下，它们协同作用，把纤维素水解为葡萄糖。

$$\text{天然纤维素}\xrightarrow{C_1}\text{游离直链纤维}\xrightarrow{C_x}\text{纤维二糖}\xrightarrow{\beta-\text{葡萄糖苷酶}}\text{葡萄糖}$$

纤维素酶作用于纤维素可使植物性食品原料中的纤维素增溶和糖化，这对食品工业具有重要意义。在已发现的产生纤维素酶的菌株中，分解天然纤维素的能力较弱，即 C_1 酶的活力不高，使纤维素酶在应用上受到一定限制。从长远观点来看，纤维素酶有可能在工业化的规模上将富含纤维素的废物转变成食品原料，因此，自从1906年Seilliere从蜗牛消化液中发现纤维素酶后，培育高效性的纤维素酶的菌种是目前科学家致力研究的重要课题。

纤维素酶存在于昆虫、软体动物以及微生物中，目前，应用于生产纤维素酶的微生物大多为真菌，如木霉属、曲霉属、根酶属、青霉属、漆霉属等。其中以木霉应用最为广泛，我国生产上应用的菌种大多也为木霉。我国主要采用固体法生产，技术含量低，因此我国使用的纤维素酶大部分依靠进口。国外如日本和丹麦采用液体深层发酵获得了高产量、高品质的纤维素酶。

食品工业中可采用纤维素酶将不溶性纤维素转化为葡萄糖，在果汁生产中利用纤维素酶破坏细胞壁从而提高出汁率。近年来，其应用领域又得以大幅度延伸。在果品和蔬菜加工过程中如果采用纤维素酶适当处理，可使植物组织软化膨松，能提高其可消化性和口感。

纤维素酶用于处理大豆，可促使其脱皮，同时，由于它能破坏细胞壁。使包含其中的蛋白质、油脂完全分离，增加其从大豆和豆饼中提取优质水溶性蛋白质和油脂的获得率，既降低了成本、缩短了时间，又提高了产品质量。

速溶茶要求速溶后不留渣。生产上常用热水浸提法提取茶叶中的有效成分。若用沸水浸泡和酶法结合提取，即可缩短抽提时间，又可提高水溶性较差的茶单宁、咖啡因等的抽提率，并能保持茶叶原有的色、香、味。

用纤维素酶生产单细胞蛋白的方法主要有两种：一种是先将纤维素经纤维素酶等水解后再由微生物生产单细胞蛋白；另一种是直接利用纤维分解菌，如纤维杆菌等发酵生产单细胞蛋白。

1.3 脂肪水解酶（脂酶）

脂肪水解酶（EC3.1.1.3）的系统名称为三酰基甘油酰基水解酶。脂酶是一种糖蛋白，存在于动物胰腺、牛羊的可食前胃组织、高等植物的种子以及米曲霉、黑曲霉中，最适温度为30℃～40℃，多数脂肪酶的最适pH8～9，偏碱性。微生物分泌的脂肪酶的最适pH5.6～8.5。盐会影响脂肪酶的活力，重金属一般会抑制酶活力，Ca^{2+} 能活化脂肪酶并可提高其稳定性。

该酶只能在油—水界面上进行催化，即催化乳化状态的脂肪水解，不能催化未乳化的脂肪。任何一种促进脂肪乳化的措施，都可增强脂酶的活力。胆酸盐由于可起到乳化作用能提高酶活力。

脂肪酶在食品工业中应用广泛。脂酶主要用于催化油脂的水解和改善油脂的性质。在奶酪、奶油加工中，添加脂酶可将乳脂分解释放出风味前体和风味化合物，改善产品风味。奶酪加工后熟过程中，利用微生物脂肪酶可促进和改善奶酪的风味；利用脂肪酶可将廉价的脂原料转化为具有高附加值的可可奶油。

脂肪酶还有助于面筋蛋白之间形成较好蛋白质网络结构，从而增加面条的咬劲。目前，国外开发面条加工用酶制剂有北美诺优酶制剂公司开发生产的诺帕酶和日本味之素公司开发的活力发IG—M（溶水型）面用改良剂；诺帕酶是一种来源于微生物的脂肪酶，其活力以转谷氨酰胺酶为主。

脂肪酶对一些含脂食品品质影响很大。牛奶、奶油等产生的不良风味主要来源于脂酶的水解所导致的水解酸败及后续的氧化酸败。在食品加工中由于脂肪酶作用可产生一些短链脂肪酸，当其中的游离脂肪酸含量低时，会产生好的风味和香味。但是超过一定限度时（酸价大于5时），产品会有陈腐的气味、苦味或类似山羊的膻气。但含脂食品如牛奶、奶油、干果等发生水解酸败，产生的不良风味，也来自脂肪酶的水解。

1.4 果胶酯酶

果胶质是指植物中呈胶态的聚合碳水化合物，可分为原果胶、果胶酸和果胶酯酸。果胶酶是一类能水解果胶质的复合酶，其分类见表6－1。

表6－1　　果胶酶的分类

种类			水解方式
果胶质解聚酶	聚半乳糖醛酸酶（简称 PG）	内切	随机水解果胶酸分子中 $\alpha-1,4$ 糖苷键
		外切	从非还原性末端水解果胶酸分子中 $\alpha-1,4$ 糖苷键
	聚甲基半乳糖醛酸酶（简称 PMG）	内切	随机水解果胶分子中 $\alpha-1,4$ 糖苷键
		外切	从非还原性末端水解果胶分子中 $\alpha-1,4$ 糖苷键
	聚半乳糖醛酸裂解酶（简称 PGL）	内切	随机地以反式消去作用并切断果胶酸中 $\alpha-1,4$ 糖苷键，生成具有不饱和键的半乳糖醛酸
		外切	从非还原性末端顺序切断果胶酸中 $\alpha-1,4$ 糖苷键，生成具有不饱和键的半乳糖醛酸
	聚甲基半乳糖醛酸裂解酶（简称 PMGl）	内切	随机地以反式消去作用并切断果胶中 $\alpha-1,4$ 糖苷键，生成具有不饱和键的半乳糖醛酸酯低聚物
		外切	从非还原性末端顺序切断果胶中 $\alpha-1,4$ 糖苷键，生成具有不饱和键的半乳糖醛酸
果胶酯酶（简称 PE）			水解果胶分子生成果胶酸

果胶酶广泛存在于高等植物和微生物中。不同来源的果胶酶的种类、组分和酶学性质有所不同。生产上使用的果胶酶主要来自霉菌，它们往往是几种果胶酶特别是果胶酯酶和半乳糖醛酸酶的混合物。在果汁加工工艺过程中，添加果胶酶制剂可提高出汁率，加速果汁澄清，使成品果汁有较好的稳定性；在果酒制备过程中使用果胶酶制剂，不仅酒易于压榨、澄清和过滤，而且酒的收率和成品酒的稳定性均有提高。此外，果胶酶还可用于橘子脱囊衣、莲子去内皮、大蒜去内膜、麻料脱胶等生产中。

1.5 蛋白酶

蛋白酶能催化蛋白质和多肽水解，主要作用于蛋白质或肽分子中的肽键。根据作用部位不同分内肽酶和外肽酶两类。水解肽链内部肽键的称之为内肽酶，从多肽链两端水解肽键的叫外肽酶，其中作用于氨基端肽键的叫氨肽酶，作用于羧基端肽键的叫羧肽酶。广泛存在于动物内脏、植物茎叶、果实和微生物中。

蛋白酶广泛应用于干酪生产、肉类嫩化、植物蛋白改性、食品发酵及药品等。如在白酒生产中使用纤维酶、淀粉酶、酸性蛋白酶、酯化酶、阿米诺酶等酶可使白酒生产成本降低，缩短生产周期和提高白酒出酒率及质量。

蛋白酶根据来源可分为动物蛋白酶(如胃蛋白酶)、植物蛋白酶(如无花果蛋白酶)和微生物蛋白酶(如细菌蛋白酶);根据蛋白酶作用的最适 pH 可分为酸性蛋白酶(最适 pH2 ~5)、中性蛋白酶(最适 pH7 ~8)、碱性蛋白酶(最适 pH9 ~11);根据其活性中心和最适反应 pH 可分为丝氨酸蛋白酶(如凝血酶、枯草杆菌碱性蛋白酶)、巯基蛋白酶(如木瓜蛋白酶、无花果蛋白酶)、金属蛋白酶(如许多中性蛋白酶)和酸性蛋白酶(如凝乳酶、胃蛋白酶)。

(1)植物蛋白酶　植物体内存在有多种蛋白酶。食品工业中应用较多的有木瓜蛋白酶、菠萝蛋白酶和无花果蛋白酶。它们都属于内切酶。

木瓜蛋白酶主要从鲜木瓜绿色果实的胶乳中提取，属于碱性蛋白质(pI =8.75)。该酶专一性较宽，最适 pH 因底物而异，一般在 5.0 ~8.0，耐热性较强，最适温度 60℃ ~65℃。

菠萝蛋白酶和无花果蛋白酶分别来自菠萝的汁液和无花果胶乳中，主要水解多肽和蛋白质，属碱性蛋白质，最适 pH 在 7 左右。

这三种植物蛋白酶在食品加工中主要用作肉类嫩化剂，对禽畜的肌肉纤维和结缔组织进行适度水解。用于啤酒澄清，可使啤酒不会因低温生成蛋白质与丹宁的复合物产生浑浊。在医药上，作助消化剂等。这些酶对底物的专一性较宽，人的皮肤也易受腐蚀，加工时应注意对人手的防护。

(2)动物蛋白酶　人与动物的消化系统中存在有多种蛋白酶。主要有胃蛋白酶、胰蛋白酶和凝乳酶。

胃蛋白酶存在于哺乳动物的胃液中，前体为胃蛋白酶原，在氢离子或胃蛋白酶作用下激活，最适 pH 为 1 ~4，温度高于 70℃即失活。胃蛋白酶主要水解蛋白质中由芳香族氨基酸形成的肽键。

胰蛋白酶由胰脏分泌，最适 pH 为 7 ~9，它只能水解赖氨酸和精氨酸的羧基参与生成的肽键。生物界中有一些天然的胰蛋白酶抑制剂，其中最常见的是大豆胰蛋白酶抑制剂，故大豆煮熟后才能食用。

凝乳酶主要存在于幼小的哺乳动物的胃液中，属内切酶，用于干酪制作。

动物蛋白酶由于来源少，价格昂贵，在食品工业中应用不多。

(3)微生物蛋白酶　微生物是蛋白酶的重要来源，细菌、酵母菌和霉菌都含有多种蛋白酶，已大量用于食品工业。常用于薄脆饼的制作;在肉类的嫩化，尤其是牛肉的嫩化上运用微生物蛋白酶代替价格较贵的木瓜蛋白酶，可达到较好的效果;在酱油或豆酱的生产时，利用蛋白酶催化大豆蛋白质水解，可缩短生产周期，提高蛋白质的利用率，改善风味;制作糕点时可分解面筋以改良面团;制作香肠肠衣时从牛皮胶制水溶性胶原代替肠衣;酿造啤酒时可改良风味等。

任务二　氧化还原酶类

2.1 酚氧化酶(酚酶)

酚酶系统命名是邻二酚:氧化还原酶(ECl.10.3.1)，该酶以铜为辅基，必须以氧为受氢体，是一种末端氧化酶，酚酶可以一元酚或二元酚为底物，如儿茶素、花色素、绿原酸、咖啡酸和黄酮醇等。酚氧化酶将底物氧化成不稳定的醌，进而聚合产生棕黑色素。新切开的苹果、土豆、芹菜、芦笋的表面，以及新榨出的葡萄汁等水果汁的褐变反应均由此酶作用所致，这种褐变影响食品外观。多酚酶在茶叶生长与加工过程中对茶叶品种和品质，也起着极为重要的作用。

该酶的最适 pH 一般在 4 ~ 7 之间，最适温度一般在 20℃ ~ 35℃之间，并随着酶来源和作用底物的不同而发生变化。阳离子洗涤剂、Ca^{2+} 能活化该酶，抗坏血酸、亚硫酸盐、柠檬酸盐等对该酶具有抑制作用。

食品加工过程中发生的酶促褐变，大多数情况下是有害的，因此必须设法预防酶促褐变现象的发生。食品发生褐变现象有三个条件：一是组织中有多酚类底物；二是组织中有多酚氧化酶存在；三是有氧气参与。因此可从以下角度控制酶促褐变反应：

(1)热处理　如对新鲜果蔬进行适当热处理，如 70℃ ~ 95℃加热 7s 可使大部分多酚氧化酶失去活性。

(2)调节 pH　多数酚氧化酶的最适 pH 一般在 6 ~ 7 之间，pH 在 3 以下酶几乎完全丧失活性。因此可采用柠檬酸、苹果酸、抗坏血酸等调节 pH，使酶活性丧失。如苹果在 pH3.7 以下时褐变速度明显下降，而在 pH2.5 时则不发生褐变。

(3)加入还原性化合物　还原性化合物能将邻苯醌还原成底物从而阻止黑色素的形成。常见的还原性化合物有抗坏血酸、亚硫酸盐和巯基化合物。

(4)加入螯合剂　酚氧化酶含有铜，因此加入柠檬酸、亚硫酸钠和巯基化合物能去除酶活性中心的铜离子而使酶失活。

(5)去除氧　采用真空和充氮包装等方法可以防止或减缓多酚氧化酶引起的酶促褐变现象。

2.2 葡萄糖氧化酶

葡萄糖氧化酶(ECl.1.3.4 β－D－葡萄糖：氧化还原酶)是一种需氧脱氢酶，它使葡萄糖氧化成 δ－D－葡萄糖酸内酯，而自身所含的 FAD 则转变为 $FADH_2$。葡萄糖氧化酶的专一性很强，氧化 β－型葡萄糖的反应速率几乎是 α－型的 160 倍。葡萄糖氧化酶的主要用途是脱氧、脱糖生产葡萄糖酸，在食品加工和生产生化材料时用作检测葡萄糖的试剂等。工业上使用的葡萄糖氧化酶主要来源于金黄色青霉和点青霉，最适温度 30 ~ 50℃，最适 pH 为 4.8 ~ 6.2。

葡萄糖氧化酶在食品加工中的应用较为广泛。在蛋片和蛋粉生产过程中，葡萄糖氧化酶可除去蛋中的少量葡萄糖，从而避免发生美拉德褐变而导致蛋制品感官性质的下降；将含有足够水和葡萄糖氧化酶的混合物用小塑料袋包装后放入乳粉、焙烤、咖啡等食品中，可防止其氧化；将虾肉在葡萄糖氧化酶－过氧化氢酶溶液中浸泡一下，可防止虾肉颜色由于氧化作用从红色转变为黄色；葡萄糖氧化酶还可应用到啤酒中以除去啤酒中的氧气；可稳定乳状液质量，防止蛋黄酱的颜色减退和氧化酸败等；可应用到白葡萄酒生产，防止葡萄酒褐变。

2.3 过氧化氢酶

这是一种含铁的结合酶，催化 $2H_2O_2 \longrightarrow 2H_2O + O_2$ 反应，在麸皮、大豆及牛乳中均含有。过氧化氢酶主要用于去除乳和蛋白低温消毒后的残余过氧化氢，除去葡萄糖氧化酶作用而产生的过氧化氢，也可作为测定粮食食品质量的一项指标。

2.4 脂氧合酶

脂氧合酶(ECl.13.1.13 亚油酸：氧化还原酶)使不饱和脂肪发生酸败，可催化的脂肪底物的脂肪酸残基中必须含有一个顺，顺－戊二烯[1,4]单位，亚油酸、亚麻酸、花生四烯酸等人体必需脂肪酸都具有这样的特征。其最适 pH 为6.5 左右，耐低温，广泛存在于马铃薯、大豆、绿豆、菜豆、花生等豆类和小麦、玉米等谷类中。在梨、苹果等水果中以及动物体内也有存在。由于它的作用使脂肪发生氧化酸败，从而使食品质量发生劣变。例如冷冻食品风味和质量下降，某些面条的不期望的漂白等。但脂氧合酶能改善面团的流变性。

总而言之，脂氧合酶对食品营养的影响主要表现在三个方面，一是破坏食品中的维生素 A 和维生素 A 原；二是减少了食品中的必需不饱和脂肪酸含量；三是酶作用的产物与蛋白质的必需氨基酸作用，从而降低了蛋白质的营养和功能。

通过控制食品加工时的温度使脂氧合酶失活是目前最有效的方法。如在豆奶加工过程中，将未浸泡的脱壳大豆在80℃～100℃的热水中研磨 10min 可以消除脂氧合酶所导致的豆腥味。也可通过加入酚类抗氧化剂的方法来降低脂氧合酶对食品质量的影响。

2.5 过氧化物酶

过氧化物酶(ECl.11.1.7) 催化的反应为：

$$ROOH + AH_2 \longrightarrow H_2O + ROH + A$$

其中，ROOH 可以是过氧化氢或有机过氧化物，AH_2 是电子供体，如抗坏血酸盐、酚、胺类等。

过氧化物酶是广泛存在于各种动物、植物和微生物的一类氧化酶，研究最深入的为辣根过氧化物酶。

过氧化物酶具有高度的耐热性，因此，往往作为果蔬加工时热处理是否充分的指标。另外果蔬经热处理灭酶后过氧化物酶在常温下保藏过程中活力可部分恢复，往往对果蔬加工产品质量造成不良影响。过氧化物酶与食品的色泽、风味和营养关系很大。

过氧化物酶可以导致食品中的维生素 C 氧化而被破坏；可催化食品中的不饱和脂肪酸过氧化物的裂解，从而产生不良风味和大量自由基，而自由基则可继续破坏食品中的其他营养素。当食品中不存在不饱和脂肪酸时，过氧化物酶能氧化破坏胡萝卜素和花青素，在一定条件下使色素漂白，从而破坏食品的颜色。

2.6 抗坏血酸氧化酶

抗坏血酸氧化酶是一种含铜盐，存在于谷物、南瓜、丝瓜等种子以及柑橘等水果中，能引起酶促褐变。加工中应尽量采取使之失活的措施，以保护抗坏血酸免受损失，提高食品质量。

任务三　葡萄糖异构酶

葡萄糖异构酶也称木糖异构酶，它可以催化 D－木糖、D－葡萄糖转变为 D－木酮糖和 D－果糖，即将醛糖异构化为酮糖。它必须在 Mg^{2+}、CO^{2+} 等作用下才表现出较好的对热稳定性及较高的催化活性，但 CO^{2+} 对人体有害，应避免使用。甘露醇、木糖醇、山梨糖醇、阿拉伯糖及糖醇、戊糖等对它具有强烈抑制作用，Hg^{2+}、Ag^{+}、Pb^{2+}、Zn^{2+}、Cu^{2+}、Al^{3+}、Ca^{2+}、Fe^{2+} 等金属离子对其活力也有不同程度的抑制。

葡萄糖异构酶对热稳定，最适温度为65℃～80℃，多数葡萄糖异构酶在碱性条件下稳定，最适 pH 为6.5～8.0。

葡萄糖异构酶主要催化葡萄糖与果糖间的异构化，这是一个吸热反应。反应达平衡时，温度升高有利果糖的生成。一般采用60℃，底物葡萄糖浓度 40%～50%，果糖生成率约在40%左右。

葡萄糖异构酶主要用于生产果葡糖浆。由于葡萄糖异构化为果糖具有重要的经济意义，因此工业上习惯将 D－木糖异构酶称为葡萄糖异构酶，其主要作用是将葡萄糖转化为高果糖浆。

果葡糖浆甜度及营养价值高，全世界果葡糖浆消费量已逾千万吨。我国为解决食糖供应不足，已开始利用粮食和野生淀粉资源生产果葡糖浆。

任务四 固定化酶

固定化酶是 20 世纪 60 年代开始发展起来的一项新技术。所谓固定化酶是指限制或固定于特定空间位置的酶，具体来说，是指经物理或化学方法处理，使酶变成不易随水流失，即运动受到限制，而又能发挥催化作用的酶制剂。

制备固定化酶的过程称为酶的固定化。固定化所采用的酶，可以是经提取分离后得到的有一定纯度的酶，也可以是结合在菌体(死细胞)或细胞碎片上的酶或酶系。

与游离酶相比固定化酶在保持其高效专一及温和的酶催化反应特性的同时，又克服了游离酶的不足之处，呈现贮存稳定性高、分离回收容易、可多次重复使用、操作连续可控、工艺简便等一系列优点。

酶的固定化方法有吸附法、共价结合法、交联法和包埋法等。吸附法和包埋法属于物理法，共价结合法和交联法属于化学法。

吸附法是用离子交换或吸附将酶吸附在水不溶性的惰性载体上的固定化方法。吸附载体主要有活性炭、酸性白土、漂白土、高岭石、氧化铝、纤维素、葡聚糖、琼脂糖、聚丙烯酰胺、淀粉、白蛋白、CM－纤维素、DEAE－葡聚糖凝胶等。此法简便经济，酶活力损失少，但酶与载体的结合力弱，酶易从载体上脱落，实用价值少。

共价结合法又称共价偶联法，是利用共价键使酶的非活性中心基团与载体分子结合的固定化方法。共价结合的载体主要有天然有机载体(如多糖、蛋白质、细胞)、无机物(玻璃、陶瓷等)和人工合成聚合物(聚酯、聚胺、尼龙等)。此法酶与载体结合牢固，但由于化学共价法结合时反应剧烈，常引起酶蛋白的高级结构发生变化，因此不易控制，若控制不当会使酶失活。

交联法利用双官能团试剂与酶分子发生交联，凝集为网状结构的固定化方法。所用载体主要有戊二醛、苯基二异硫氰等。但此法制得的固定化酶颗粒较细，必须与吸附法，包埋法联合使用才有良好效果。见图 6－18。

包埋法把酶分子包埋于凝胶的微细格子中或用半透性的聚合物膜包围起来，使之不漏出孔外的固定化方法，可分为网络型和微囊型两种。使用的载体主要有聚丙烯酰胺凝胶、卡拉胶、大豆蛋白、合成纤维等。具体操作时要注意凝胶网孔应比底物和产物的分子大，允许底物和产物分子能自由通过，不然不利于酶促反应的发生。因此，以大分子为底物的酶不能用包埋法固定。

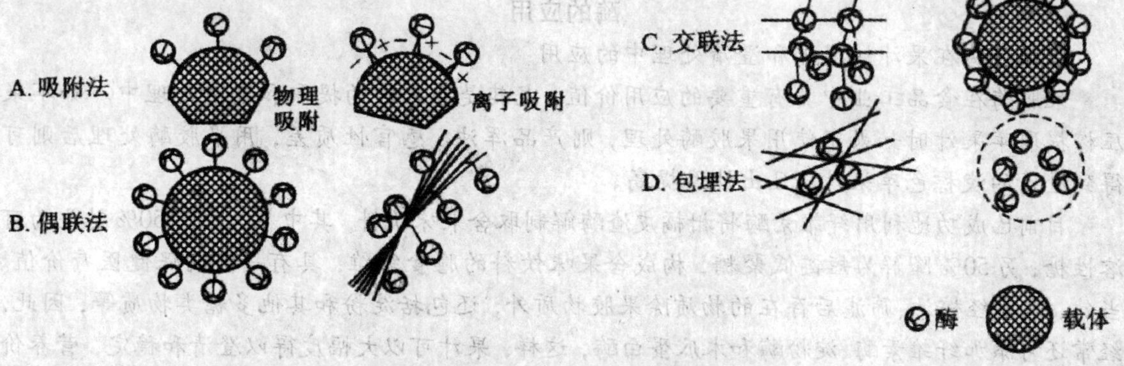

图6-18　各种方法制备的固相酶示意图

固定化酶较游离酶具有许多优点，应用范围越来越广，至今已有多种固定化酶获得工业规模的应用。如固定化葡萄糖异构酶生产高果葡糖浆，固定化微生物细胞生产L-天冬氨酸和L-苹果酸，固定化乳糖酶生产低乳糖牛奶，固定化青霉素酰化酶生产6-氨基青霉烷酸；用固定化氨基酰化酶光学拆分乙酰-DL-氨基酸，从而实现L-氨基酸的连续生产；用固定化木瓜蛋白酶和多酚氧化酶解决啤酒的浑浊等。

随着固定化技术的发展，作为固定化对象不一定是酶，也可以是微生物细胞或细胞器，这些固定化物可统称固定化生物催化剂。近年来，后来居上的固定化细胞技术发展更为迅速，在实际应用方面已大大超过固定化酶。在工业应用方面，利用固定化酵母细胞发酵生产酒精、啤酒的研究较引人注目，也已投入生产。

任务五　酶工程

酶工程是指酶的工业化生产和酶制剂的大规模应用技术，它是酶学、微生物学的基本原理与化学工程有机结合而产生的交叉科学技术，是现代化生物技术的重要组成部分。

酶工程的主要内容有：酶的发酵生产、酶的分离纯化、酶的固定化生产、酶的修饰与酶的应用、酶反应器等。

天然酶是由生物体活细胞组成的，在工业化生产和大规模应用方面受到许多限制，因为酶的工业化生产条件和应用技术往往与生理环境相差甚远，许多酶的分离纯化工艺复杂，导致酶的生产和应用成本增加。为了解决上述问题，酶工程产生两个分支，即化学酶工程和生物酶工程，化学酶工程是通过化学的方法，对酶进行化学修饰和固定化生产，以及酶的人工模拟技术及应用，主要目的是提高酶的稳定性和催化效率，以便适用于现代化生产和大规模使用。生物酶工程是基因重组技术和酶学原理相结合的新型应用技术，主要包括用基因工程技术大量生产酶；修饰酶基因，产生遗传修饰；设计出新酶基因，合成自然界中从未有过的酶。

◆**知识拓展**

酶的应用

1. 果胶酶在果汁的提取和澄清处理中的应用

果胶酶在食品工业中具有重要的应用价值，尤其是在果汁的提取和澄清处理中。如苹果压榨提取苹果汁时如果不使用果胶酶处理，则产品浑浊，感官性质差，用果胶酶处理后则可得到澄清的淡棕色苹果汁，且出汁率提高。

目前已成功地利用纤维素酶将柑橘皮渣酶解制取含果味饮料，其中粗纤维有50%转化为可溶性糖，另50%降解为短链低聚糖，构成含果味饮料的膳食纤维，具有一定的保健医疗价值。当然，果浆经榨汁、筛滤后存在的物质除果胶物质外，还包括淀粉和其他多糖类物质等，因此，经常还可添加纤维素酶、淀粉酶和木瓜蛋白酶，这样，果汁可以大幅度得以澄清和稳定，营养价值同时还有所提高。此外，在植物蛋白提取中使用果胶酶处理也可以提高蛋白质的得率。

需要注意的是，果胶酶有时也能导致我们不期望的现象，如许多果蔬成熟后过分软化而溃烂。番茄酱和柑橘汁一类食品黏度和浓度的降低。所以加工后必须经热处理，使果胶酶失活。

2. 动物蛋白酶的应用

在食品工业中，动物凝乳酶被广泛应用于干酪生产，动物组织中的组织蛋白酶在动物死亡之后被激活，对动物肌肉起到嫩化的作用。在医药上，常用胰酶制造医用蛋白质水解物，如以酪蛋白为底物，用胰酶进行适当水解得到CPP(酪蛋白磷酸肽)，可促进人体对钙的吸收。利用动物蛋白酶水解海洋动物蛋白质得到的水解物往往具有消除自由基、美容或其他特殊功效(如降血压、抗癌等)。但是动物蛋白酶来源相对较少，而且生产成本很高，导致价格相对昂贵，因此动物蛋白酶在食品工业中应用时必须考虑其成本问题。

3. 蛋白酶在焙烤食品中的作用

在面包制作过程中添加适当的蛋白酶，使面筋蛋白部分水解，可缩短1/3的调粉时间，同时面团的机械性能及组织结构也会得到改善。

4. 半纤维素酶在焙烤食品中的作用

研究表明，非淀粉多糖在面包制作过程中起到很重要的作用。白面粉、全麦粉及黑麦粉分别含有2.5%~3%、5%及8%的半纤维素，这些半纤维素在面团吸水能力方面起着重要作用。半纤维素酶尤其是戊聚糖酶可明显提高面团的发酵性能，降低面团的老化，增大面包体积。

5. 氧化酶类在焙烤食品中的作用

脂肪氧合酶，因其能氧化胡萝卜素，故能够漂白小麦面粉；脂肪氧合酶还可以作为面团改良剂，催化面粉中的不饱和脂肪酸产生氧化，形成氢过氧化物，氢过氧化物可以氧化蛋白质分子中的巯基(-SH)，形成二硫桥(-S-S-)，并能引诱蛋白质分子聚合，使蛋白质分子变得更大，从而增加面团的搅拌耐力。

葡萄糖氧化酶和过氧化物酶具有明显的改良面粉中面筋强度和弹性的作用，它与其他酶制剂和添加剂之间具有协同效应，用于烘焙面包等高筋粉的生产，均能获得理想效果。

乳过氧化物酶广泛存在于自然的牛乳、人体和眼泪中，其本身单独存在时并没有杀菌作用，但与硫氰酸根和过氧化氢共同形成的乳过氧化物酶体系，可通过酶反应杀死微生物或使广谱微生物失活。添加过氧化氢和硫氰酸盐，可使鲜乳在2℃~4℃下多保存5~6d，而嗜冷性细菌数目不会增加。另外，用乳过氧化物酶体系鲜乳制作的干酪，可以防止卡门伯特干酪在制作和成熟过程中肠道细菌的生长。

复习题

一、名词解释

1. 酶　2. 核酶　3. 全酶　4. 辅酶和辅基　5. 酶的必需基团　6. 酶的活性中心　7. 酶原　8. 酶原的激活　9. 同工酶　10. 酶促反应的最适温度　11. 酶促反应的最适 pH　12. 酶的抑制剂　13. 酶的激活剂　14. 酶的活力　15. 酶的活力单位　16. 不可逆性抑制作用　17. 可逆性抑制作用　18. 竞争性抑制作用　19. 非竞争性抑制作用　20. 反竞争性抑制作用

二、填空题

1. 国际酶学委员会将酶分为六大类，它们是____________、____________、____________、____________、____________和____________。

2. 酶的特异性分为____________、____________和____________。

3. 酶按其分子组成可分为____________和____________。

4. 结合酶由蛋白质部分和非蛋白质部分组成，前者称为____________，后者称为____________。

5. 酶活性中心以内的基团有两种：____________和____________；其中____________直接与底物结合，决定酶的专一性，____________是发生化学变化的部位，决定催化反应的性质。

6. 根据抑制剂与酶结合的紧密程度不同，酶的抑制作用分为____________与____________两类。

7. 可逆性抑制作用的类型可分为____________、____________和____________三种。

8. 米—曼氏方程式为____________。

9. 酶具有____________、____________、____________和____________等催化特点。

10. 影响酶促反应速率的因素有____________、____________、____________、____________、____________和____________。

三、简答题

1. 比较酶和蛋白质之间的不同点。

2. 简述酶作为生物催化剂与一般化学催化剂的相同点和不同点。

3. 酶的化学本质是什么？如何证明？能否说明有催化能力的生物催化剂都是蛋白质？

4. 解释酶的活性部位、必需基团二者之间的关系。

5. 什么是酶原激活？举例说明其活性中心是怎样形成的。

6. 简述酶原激活的生物学意义。

7. 辅酶与辅基有何不同？它们与激活剂有何区别？

8. 影响酶促反应速率的因素有哪些？试用曲线说明它们各自对酶活力有何影响。

9. 说明米氏常数的意义及应用。

10. 为什么测酶活力时以测初速度为宜，并且底物浓度应大大超过酶浓度？

11. 试述酶的可逆性抑制的种类及其作用机制。

❖模块七　维生素

◆**基础理论和知识**

1. 维生素的定义、种类和命名。
2. 维生素对人体的作用。

◆**基本技能及要求**

1. 掌握维生素的种类和它们在机体中的主要作用。
2. 掌握几种常用维生素的命名和食物来源。
3. 了解维生素在人体内吸收与代谢的一般过程。
4. 熟悉维生素在食品储存和加工过程中的损失情况，以及对食品品质所产生的影响。

◆**学习重点**

牢记水溶性维生素和脂溶性维生素两大分类下所包含的维生素。

◆**学习难点**

清楚记忆各种维生素的食物来源、生理功能和缺乏症。

◆**导入案例**

1519年，葡萄牙航海家麦哲伦率领船队向大西洋进发，到达目的地时，原来200多人，活下来的只有35人。1593年，英国海军一年中坏血病患者竟达1万多名。这些患者全身软弱无力，肌肉和关节疼痛难忍，牙齿肿胀出血，水手们因此而惶恐不安。

18世纪中，坏血病的灾难更加疯狂地席卷了整个欧洲大地，英法的航海业也因而处于瘫痪状态。直到18世纪末，一个叫伦达的医生发现，给病情严重的病人每天吃一只柠檬，这些人竟像吃了仙丹一样迅速见效，半个月全部都恢复了健康。成功的消息给人们带来了战胜凶神的希望。自此，人们才知道令人恐怖的坏血病原来可以用简单的橘子或柠檬来治疗。在伦达医生的建议下，海员航海时每天都要服用柠檬汁，来预防坏血病的发生。根据英国海军部统计：1780年海军中患坏血病死亡人数为1457人，而采用伦达医生的办法后的1806年便骤减到1人。到1808年，坏血病便在英国绝迹了。英国的水兵和海员由此便有了“柠檬人”的称号，并一直延续到今天。

伦达医生用柠檬汁战胜了坏血病，挽救了成千上万人的生命。一百年后的1932年，科学家们终于从柠檬中分离出这种神奇的物质——维生素C，并命名为抗坏血酸。随着时间的推移，越来越多的维生素种类被人们认识和发现，维生素成了一个大家族。人们把它排列起来便于记忆，维生素A、B、C等几十种，它们具体都有什么作用呢？本章将一一为你讲述。

◆讨论

1. 为什么维生素缺乏会对人体造成如此大的影响，甚至危及生命？

2. 常见维生素有哪些？对人体有哪些作用？

项目一　维生素的命名和分类

在各种维生素的发现过程中，一直沿用以拉丁文命名的方法对其进行命名。目前各种维生素最常用的名称是其俗名，如维生素A－视黄醇、维生素D－骨化醇、维生素C－抗坏血酸、维生素H－生物素等。

根据维生素溶解性的特征将它们分为两大类：水溶性维生素和脂溶性维生素。

维生素的化学结构和性质各异，但有共同特点：

1. 均以维生素本身或可被机体利用的维生素原的形式存在于天然食物中；

2. 非机体结构成分，不能提供能量，但担负着特殊的代谢功能；

3. 一般不能在体内合成（维生素D除外）或合成量太少，必须由食物提供；

4. 人体内只需少量即可满足，但绝对不能缺少，否则缺少至一定程度，可引起维生素缺乏病。

任务一　维生素的定义

维生素是维持机体正常生命活动所必需的、但需要极微量的一类有机化合物。

任务二　维生素的命名和分类

维生素的命名有几种方法，这也是同一种维生素往往有几种名称的原因。习惯上按照发现维生素的历史顺序，以对应的英文字母顺序来命名，有的维生素在发现时以为是一种，后来证明其实是多种，便又在英文字母下方注1、2、3等数字加以区别，如维生素B_1、维生素B_2、维生素B_6、维生素B_{12}等统称为B族维生素。有的维生素则根据其化学结构来命名，如维生素B_1，因分子中含有硫和氨基（—NH_2）称为硫胺素，有的维生素根据其化学结构并结合生理功能来命名。例如维生素C能防治坏血病，化学结构又是有机酸，所以称为抗坏血酸。也有根据维生素的特有生理和治疗作用来命名的，如维生素B_1，有防治神经炎的功能，所以也称为抗神经炎维生素。

项目二 脂溶性维生素

脂溶性维生素主要包括维生素 A、维生素 D、维生素 E、维生素 K。脂溶性维生素均不溶于水，而能溶于脂肪及有机溶剂(如乙醇、乙醚、苯及氯仿等)中，故称为脂溶性维生素。在食物中，它们常和脂类同时存在，因此它们在肠道被吸收时也与脂类的吸收密切相关。当脂类吸收不良时，脂溶性维生素的吸收大为减少，甚至会引起缺乏症。吸收后的脂溶性维生素可以在体内，尤其是肝脏内储存。

任务一 维生素 A

1.1 维生素 A 的结构

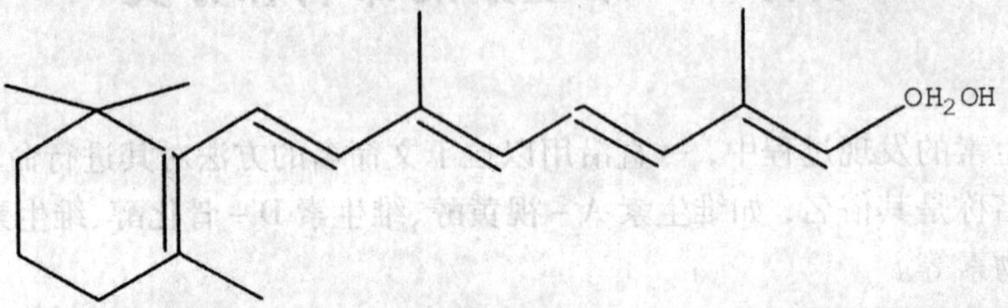

视黄醇，维生素 A_1

维生素 A 是人体必需的 13 种维生素之一，也称为视黄醇，又叫干眼病维生素，维生素 A 包括维生素 A_1 和维生素 A_2 两种。维生素 A_1 存在于哺乳动物及海水鱼的肝脏中，即一般所说的视黄醇。

维生素 A_2 又叫 3－脱氢视黄醇，主要存在于淡水鱼肝中，其生物效价为维生素 A_1 的 40%，平时所说的维生素 A 通常指维生素 A_1。维生素 A 主要存在于动物体内(在鱼肝油中含量极为丰富)，植物组织中不含维生素 A，蔬菜中虽然不含维生素 A，但是蔬菜中所含的类胡萝卜素经动物的肠道吸收后可以部分转化成维生素 A_1，故此类胡萝卜素又被称为维生素 A 原，其中 1 分子 β－胡萝卜素可以生成 2 分子维生素 A，β－胡萝卜素是生物活性最高的维生素 A 原。

1.2 维生素 A 的性质

维生素 A 为淡黄色片状结晶，不溶于水，易溶于油脂及其他有机溶剂，熔点为 62℃～64℃，在有氧条件下紫外线照射或者加热，会使其破坏失去效力，对热比较稳定，在无氧条件下可耐热至 120℃～130℃。在碱性条件下亦稳定，但在酸性条件下不稳定。天然维生素 A 较合成的维生素 A 稳定性好。

1.3 维生素 A 的食物来源

一般来说，存在于动物体内的维生素 A 是与脂肪酸结合成脂，以鱼类最为丰富，如鱼肝油，其次是蛋黄、鱼肉、牛肉、牛乳及乳制品等。类胡萝卜素则在一些蔬菜中含量较高，如胡萝卜、菠菜、紫菜、甘薯、番茄、花椰菜等。

1.4 维生素 A 的吸收与代谢

食物中的维生素 A 在小肠内和其他脂类一起经胆汁和胰脂酶的作用，通过小肠绒毛上皮细胞被吸收，通过淋巴系统进入血液循环，然后转运到肝脏储存。肝脏是储存维生素 A 的主要器官。

正常情况下，维生素 A 由肾脏经尿排出的量很少，但当严重感染并伴有发烧现象时，维生素 A 经肾脏的丢失显著增加。

1.5 维生素 A 的生理功能与缺乏

维生素 A 有维持皮肤黏膜层的完整性；构成视觉细胞内的感光物质；促进生长发育和维护生殖功能；维持和促进免疫功能的作用。当膳食中维生素 A 摄入不足、膳食脂肪含量不足、患有慢性消化道疾病等，可致维生素 A 不足或缺乏。初期有上皮组织、结膜或角膜干燥，严重时可致夜盲、免疫能力下降。过多服用维生素 A 会引起皮肤、骨骼、脑、肝、等多种脏器组织病变。

◆知识拓展

维生素对人体有着非常重要的作用，老人、孕妇、小孩、长期膳食不规律，有抽烟、喝酒等不良生活习惯的人可在医生的建议下适当服用维生素补充剂。美国权威机构发布最新研究结论：维生素补充剂无法降低心血管疾病和癌症风险。来自 Ann Intern Med 的一项系统性回顾研究显示，维生素补充剂，对预防心血管疾病和癌症均不存在显著作用，且 β－胡萝卜素可增加吸烟者的肺癌风险，研究针对的主要为不存在营养缺乏的健康人群。过量服用维生素 E 死亡率增 4%；服用 β 胡萝卜素死亡率增 7%；服用维生素 A 死亡率增 16%；没有证据表明维生素 C 能延年益寿；没有证据显示维生素补充剂能降低任何死亡率，也不能预防心血管疾病。因此健康人群没有必要服用维生素补充剂，只要在生活中注意饮食均衡，从膳食中获得的维生素即可满足人体对维生素的需求。

任务二 维生素 D

2.1 维生素 D 结构

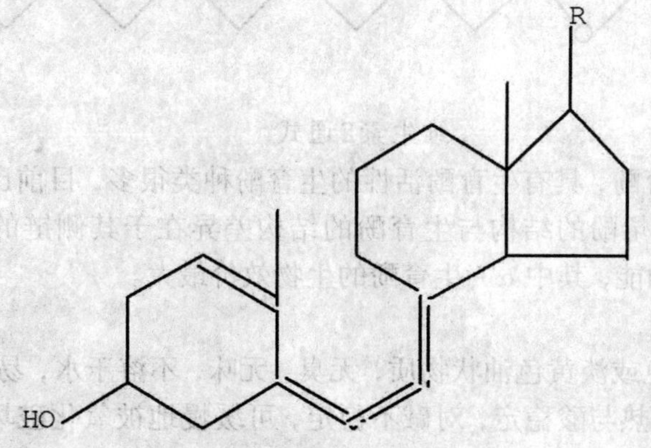

维生素D

维生素 D 具有抗佝偻病作用，因此也叫做抗佝偻病维生素。维生素 D 有多种，其中维生素 D_2（麦角钙化醇）和 D_3（胆钙化醇）较为重要。

2.2 维生素 D 性质

维生素 D 为白色针状结晶，无臭，无味，溶于脂肪溶剂，在中性、碱性条件下能耐高温和氧化，在酸性溶液中则会逐渐分解，所以油脂酸败可引起维生素 D 破坏，而在一般烹调加工中不会损失。

2.3 维生素 D 食物来源

维生素 D 有两个来源，一为外源性，依靠食物来源，在食品中与维生素 A 共存，如鱼、蛋黄、奶油中含量丰富，蔬菜、谷物、水果中几乎不含维生素 D；另一个为内源性，通过阳光（紫外线）的照射由人体皮肤产生，儿童和年轻人每周 2～3 次的短时户外活动就能满足对维生素 D 的需要。

2.4 维生素 D 的吸收与代谢

维生素 D 主要在小肠与脂肪一起被人体吸收，吸收的维生素 D 或与乳糜微粒结合，或被维生素 D 结合蛋白输送到肝脏。

维生素 D 的代谢物进入胆汁入大肠随粪便排出。

2.5 维生素 D 的生理功能和缺乏

维生素 D 的主要功能是调节体内钙、磷代谢，维持血钙和血磷水平，从而维持牙齿和骨骼的正常生长发育。儿童缺乏维生素 D，易发生佝偻病，过多服用维生素 D 会引起急性中毒，引起心脏和肾脏功能障碍。

任务三　维生素 E

3.1 维生素 E 的结构

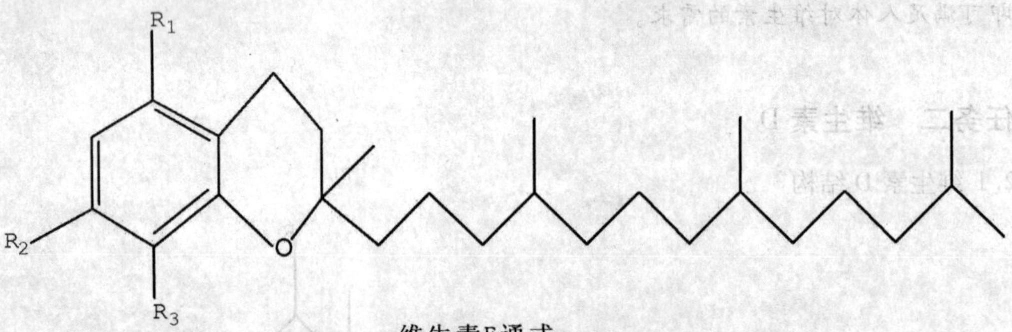

维生素E通式

维生素 E 又叫生育酚，具有生育酚活性的生育酚种类很多，目前已知有 8 种不同生育酚和生育三烯酚，生育三烯酚的结构与生育酚的结构差异在于其侧链的 3、7、11 处存在双键。但都具有相同的生理功能，其中 α－生育酚的生物效价最大。

3.2 维生素 E 性质

维生素 E 为橙黄色或淡黄色油状物质，无臭，无味，不溶于水，易溶于乙醇、乙醚等有机溶剂和脂肪溶剂中，对热与酸稳定，对碱不稳定，可缓慢地被氧化破坏，维生素 E 对氧十分敏感，具有抗氧化作用，因此，是极有效的抗氧化剂。维生素 E 遇光色渐变深，受紫外线照射后即失效。

3.3 维生素 E 的来源

维生素 E 只能在植物中合成，植物的叶子和其他绿色部分均含有维生素 E，绿色植物中的维生素 E 含量高于黄色植物。麦胚油、葵花籽油以及棉籽油、花生油、大豆油等植物油中，花生、小麦、玉米等全粒粮谷也含有。

3.4 维生素 E 的吸收和代谢

维生素 E 和脂肪经同样的方式吸收入小肠，吸收后的维生素 E 主要运转至肝脏，肝脏中的维生素 E 可以适当方式进入血液循环代谢。维生素 E 可以在低密度脂蛋白中富集，并可经多种不同途径进入外周组织细胞膜，因此，维生素 E 在体内的储存主要在肝脏、脂肪和肌肉组织中。

维生素 E 排泄的主要途径是胆汁，还有部分代谢产物经尿排出。

3.5 维生素 E 的生理功能、缺乏

维生素 E 有抗氧化的作用；抗动脉粥样硬化的作用；有对免疫功能的作用；对胚胎发育和生殖的作用；对神经系统和骨骼肌的保护作用，防止肌肉萎缩。

维生素 E 摄入量低，影响了新陈代谢，容易引起未老先衰，并产生各种疾病，患肿瘤、动脉粥样硬化、白内障等疾病的危险性增加。

任务四　维生素 K

4.1 维生素 K 的结构

维生素 K 具有促进血液凝固的功能，故又名凝血维生素或凝血因子。天然维生素 K 有两种：维生素 K_1 和维生素 K_2。

4.2 维生素 K 的性质

维生素 K_1 为黄色油状物，在绿叶植物中含量丰富。维生素 K_2 是细菌的代谢产物，为黄色结晶。维生素 K_1、维生素 K_2 不溶于水，微溶于油和有机溶剂中，对热和水稳定，但易遭光（特别是紫外线）、酸、碱、氧化剂的破坏。临床上常用的维生素 K_3 是人工合成的，亮黄色结晶粉末，是凝血特效药。为了满足人类在医疗上日益增长的需要，科学家合成了与维生素 K 结构相同的维生素 K_3、K_4、K_5 等 70 多种新型维生素。

4.3 维生素 K 的食物来源

维生素 K 的最好食物来源是菠菜、白菜、花菜和猪肝等。

4.4 维生素 K 的吸收与代谢

维生素 K 主要在十二指肠和回肠吸收，与其他脂溶性维生素一样，影响膳食脂肪吸收的因素也影响维生素 K 的吸收。吸收的维生素 K 主要由乳糜微粒经淋巴液转运至肝脏。维生素 K 的吸收取决于正常的胰腺和胆道功能。代谢后维生素 K30% ~40% 经胆汁排到粪便中，15% 左右的维生素 K 以水溶性代谢产物的形式排到尿中。

4.5 维生素 K 的生理功能和缺乏

维生素 K 的主要功能是促进肝脏合成凝血酶原和调节凝血因子的合成。缺乏维生素 K，凝血酶原合成受阻，导致凝血时间延长，常发生皮下、肌肉及胃肠道出血。

由于天然食物中维生素 K 对热稳定，且不是水溶性的，在正常烹调时维生素 K 的损失很少，维生素 K_2 能由肠道中的细菌合成，所以人体是很少缺乏的，但当胆道梗阻、腹泻等引起脂类消化吸收不良，或长期服用抗菌素，抑制了肠道细菌生长等情况下，便可引起维生素 K 缺乏。

任务五　硫辛酸

硫辛酸是一种含硫的脂肪酸，学名6,8－二硫辛酸，以氧化型和还原型两种形式存在，氧化型是脂溶性的，而还原型则是水溶性的。

硫辛酸在代谢中作为α－酮酸氧化脱羧酶和转羟乙醛基酶，起转运酰基和氢的作用，与糖代谢关系密切。硫辛酸是某些微生物的必需维生素，人体能自行合成硫辛酸，尚未发现人类有硫辛酸缺乏症。

硫辛酸在动物肝脏和酵母中含量丰富，在食物中，硫辛酸常与维生素 B_1 同时存在。

项目三　水溶性维生素

水溶性维生素主要包括B族维生素和维生素C。B族维生素有维生素 B_1、维生素 B_2、维生素 B_3、维生素PP、维生素 B_6、生物素、叶酸、维生素 B_{12}。

任务一　维生素 B_1

1.1 维生素 B_1 的化学结构

维生素 B_1，又称抗脚气病维生素，抗神经炎维生素，因分子中含有硫和氨基，故又称硫胺素，是维生素中最早发现的一种。临床使用的维生素 B_1 为人工合成的硫胺素盐酸盐，维生素 B_1 在自然界常与焦磷酸结合成焦磷酸硫胺素。(简称TPP)

1.2 维生素 B_1 的性质

人工合成的维生素 B_1 呈白色针状结晶，易潮解，有微弱的臭味，味苦。熔点248℃(分解)，溶于水和甘油。硫胺素是B族维生素中最不稳定的维生素，它的稳定性与pH值、温度、介质和其他反应物有关。加热、氧气、二氧化硫、水浸提、中性及碱性条件下硫胺素都会遭到破坏，而光则对它没有什么影响。在酸性溶液中pH3.5食物虽加热到120℃高压灭菌硫胺素也破坏很少。而在中性或碱性条件下煮沸或贮存在室温下也会被破坏，因此，食物加工时应尽量避免加碱。

1.3 维生素 B_1 的来源

硫胺素广泛存在于动植物食品中，米糠、麸皮、糙米、全麦粉、豆类都含有丰富的维生素 B_1，肝类、肉类、蛋类、乳类、水果、蔬菜等也含有较多的维生素 B_1。

1.4 维生素 B_1 的吸收与代谢

在小肠组织中，维生素 B_1 经磷酸化后被吸收进入血液循环，与蛋白质结合运送至肝脏代谢。例如：维生素 B_1 在体内经硫胺素激酶催化，可与ATP作用转变为焦磷酸硫胺素(缩写TPP)，也称羧化辅酶：硫胺素 + ATP $\xrightarrow{\text{硫胺素激酶}}$ TPP。

TPP主要参与糖类代谢过程中的酮酸氧化脱羧反应，为机体提供能量。代谢后的维生素 B_1 从尿中被排出，不能被肾小管重吸收。维生素 B_1 不能在组织中大量储存，所以必须不断补充。

1.5 维生素 B_1 生理功能和缺乏症

维生素 B_1 可提高碱酯酶活性，该酶可使乙酰胆碱水解，因为乙酰胆碱是一种重要的神经递质，影响神经传导的作用。当缺乏维生素 B_1 时，神经传导受到限制，可造成胃肠蠕动缓慢，消化不良，食欲不振等症。

维生素 B_1 可以促进糖分氧化，当缺乏维生素 B_1 时，伴有丙酮酸及乳酸等在神经组织中堆积，而造成神经炎，并使人健忘、不安、易怒，进一步发生四肢无力，肌肉疼痛及萎缩，感觉异常，腱反射消失，皮肤渐渐失去知觉，发生脚气病。

任务二　维生素 B_2

2.1 维生素 B_2 的结构

维生素 B_2 又名核黄素。通常医药用维生素 B_2 为人工合成。

2.2 维生素 B_2 的性质

维生素 B_2 呈橙黄色针状结晶，熔点为280℃(分解)，溶于水，在酸性溶液及中性环境中对热稳定，但在碱性溶液中容易被热破坏。光照或紫外光照射下可引起分解。

2.3 维生素 B_2 的食物来源

维生素 B_2 广泛存在于动物和植物中，在酵母、肝、肾、心中最为丰富，奶类和蛋类中含量也较多。绿色蔬菜和豆类中也含有一定量。植物和维生素都能合成核黄素。

2.4 维生素 B_2 的吸收与代谢

维生素 B_2 进入血液后，一部分与白蛋白结合，大部分与其他蛋白如免疫球蛋白结合运转。维生素 B_2 过量摄入后很少在体内储存，主要随尿排出，另外还可以随其他分泌物如汗液排出。

2.5 维生素 B_2 的生理功能和缺乏

维生素 B_2 具有可逆的氧化还原特性，在体内生物氧化过程中起递氢作用，故对机体内物质代谢过程有重大影响，维生素 B_2 能促进发育。维生素 B_2 可以调节视觉，因为维生素 B_2 参与视紫红质的合成，人类缺乏维生素 B_2 时，常见的症状是唇舌炎、口角炎、角膜炎、皮脂溢出性皮炎等。

任务三　维生素 B_3

3.1 维生素 B_3 的结构

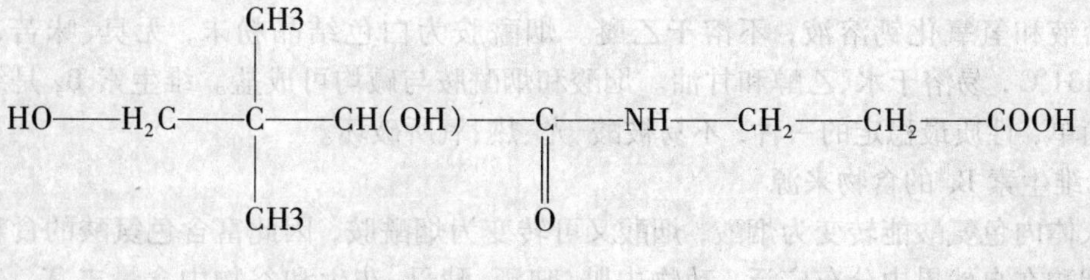

维生素 B_3

维生素 B_3 又称泛酸或遍多酸，由于具有酸性而且广泛存在而得名。

3.2 维生素 B_3 的性质

维生素 B_3 是黄色油状物，无臭、味苦，具有酸性。在中性水溶液中加热稳定，在酸、碱性水溶液中加热容易被水解，对氧化剂和还原剂极为稳定。

3.3 维生素 B_3 的食物来源

维生素 B_3 含量丰富的是酵母、肝脏、肾、蛋黄、新鲜蔬菜、全麦粉面包、牛乳等。人体肠内细菌也能合成维生素 B_3。

3.4 维生素 B_3 的吸收与代谢

大部分食物中的维生素 B_3 是以结合物的形式存在。它们在人体肠腔降解，然后通过一系列变化转变为维生素 B_3。在高浓度情况下，维生素 B_3 通过小肠的简单扩散吸收。

维生素 B_3 在尿中以游离酸的形式排泄，有些也以磷酸泛酸盐的形式排泄，每天摄入量的大约 15% 在体内被完全氧化，以二氧化碳形式从肺中呼出。

3.5 维生素 B_3 的生理功能与缺乏

维生素 B_3 是辅酶 A 的主要组成成分，辅酶 A 的功能是在于合成胆固醇，因此，缺乏泛酸容易引起胆固醇含量不足，因而引起肾上腺机能不足和损伤。维生素 B_3 对糖、脂类及蛋白质代谢都有密切关系。由于人体肠道细菌能合成 B_3，所以尚未发现人的典型缺乏症。

任务四　维生素 B_5

4.1 维生素 B_5 的结构

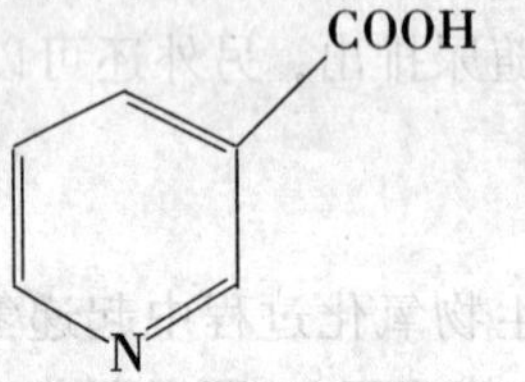

烟酸

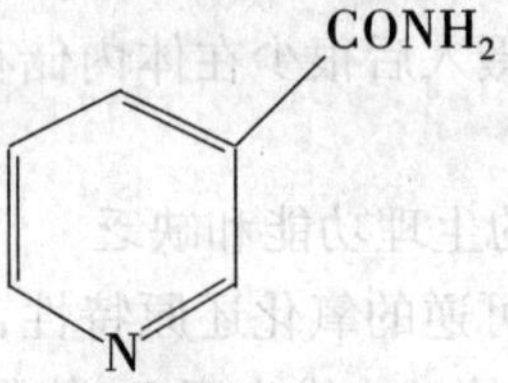

烟酰胺

维生素 B_5 又称为维生素 PP，实际上包括两种物质，即烟酸和烟酰胺，都是吡啶衍生物。在体内主要以烟酰胺的形式存在。烟酸也称为尼克酸，烟酰胺也称为尼克酰胺。

4.2 维生素 B_5 的性质

烟酸为白色针状结晶，无臭、味苦，熔点为 236℃ ~237℃，溶于水，易溶于沸水、沸乙醇、碳酸钙溶液和氢氧化钙溶液，不溶于乙醚。烟酰胺为白色结晶粉末，无臭、味苦，熔点为 128℃ ~131℃，易溶于水、乙醇和甘油。烟酸和烟酰胺与碱均可成盐。维生素 B_5 是维生素中结构最简单，性质最稳定的一种，不易被酸、光、热、氧所破坏。

4.3 维生素 B_5 的食物来源

在人体内色氨酸能转变为烟酸，烟酸又可转变为烟酰胺，因此富含色氨酸的食物也富含烟酸。烟酸在自然界中分布广泛，动物内脏、啤酒、酵母、花生和谷物中含量丰富，牛乳的烟酸含量不多，但含色氨酸多。

4.4 维生素 B_5 的吸收与代谢

人食用含有维生素 B_5 的食物后，通过胃肠道的酶解可产生烟酰胺，在胃肠道被快速吸收。

4.5 维生素 B_5 的生理功能和缺乏

机体组织细胞通过简单扩散的方式摄取烟酰胺或烟酸，并合成辅酶Ⅰ和辅酶Ⅱ，当体内缺乏烟酸时，辅酶Ⅰ和辅酶Ⅱ合成受阻，影响体内的某些代谢，在人和动物身上引起糙皮病、角膜炎和神经、消化系统障碍，所以烟酸又称抗糙皮病因子。维生素 B_5 缺乏症常发生于以玉米为主食而缺乏适当副食物的地区，这是因为玉米蛋白中色氨酸的含量较低，而色氨酸在体内是可以转化成尼克酸的。

任务五 维生素 B_6

5.1 维生素 B_6 的结构

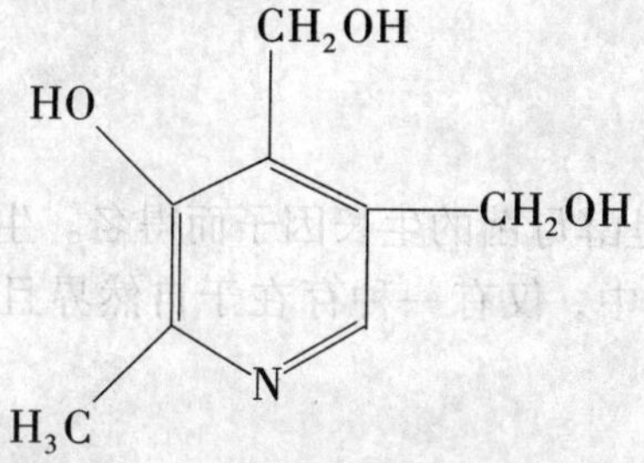

吡哆醇

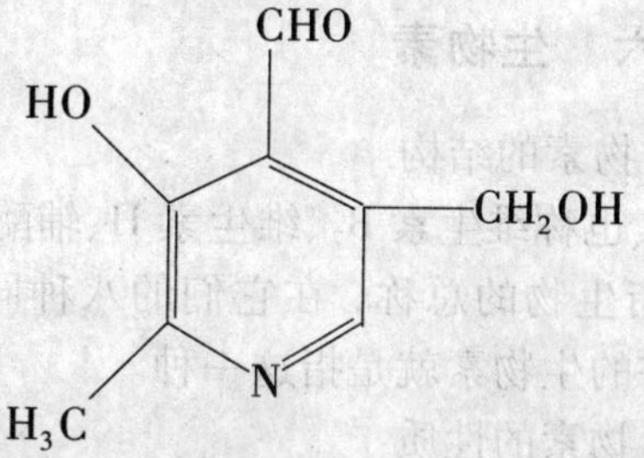

吡哆醛

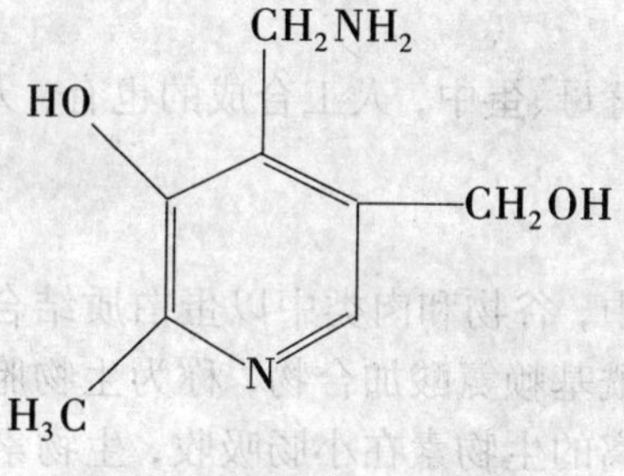

吡哆胺

维生素 B_6 又称抗皮炎维生素，是一组含胺化合物，包括吡哆醇、吡哆醛和吡哆胺 3 种。

5.2 维生素 B_6 的性质

维生素 B_6 是无色晶体，味酸苦，耐热、碱，但对光和酸敏感。溶于水、乙醇。

5.3 维生素 B_6 的食物来源

维生素 B_6 分布很广，谷类食物中的维生素 B_6 几乎多为吡哆醇。人和动物体的维生素 B_6 多为吡哆醛和吡哆胺。含量较多的食物为干酵母、肉、米糠、全谷、菠菜及豆类。

5.4 维生素 B_6 的吸收与代谢

维生素 B_6 在小肠被吸收，大部分被吸收的维生素 B_6 被运到肝脏。维生素 B_6 在体内经磷酸化作用转变为相应的磷酸酯－磷酸吡哆醛、磷酸吡哆胺和磷酸吡哆醇，它们之间也可以相互转变。参加代谢作用的主要是磷酸吡哆醛和磷酸吡哆胺，二者是维生素 B_6 的主要活性形式。大部分被吸收的磷酸吡哆醛等与多种蛋白质结合，在蛋白质代谢中是多种酶的辅酶，起着重要作用。血浆中的磷酸吡哆醛结合蛋白属于清蛋白，它是血浆中该种维生素的主要存在形式。

人体代谢后的维生素 B_6 主要从尿中排出，此外还有少量从粪便中排出，其排泄成分主要是吡哆酸。

5.5 维生素 B_6 的生理功能和缺乏症

维生素 B_6 是机体中有很多重要酶系统的辅酶，参与氨基酸的脱羧基作用、氨基转移作用，也参与某些氨基酸的合成，故维生素 B_6 也称氨基酸代谢维生素，维生素 B_6 在把食物中的蛋白质转化为人体蛋白质的过程中起着重要作用，而在脂肪和糖类代谢过程中起着辅酶作用。

由于维生素 B_6 广泛存在于食物中并且人体肠道细菌能合成一部分供人体需要，故人体一般不会发生维生素 B_6 缺乏症。

任务六　生物素

6.1 生物素的结构

生物素也称维生素 B_7、维生素 H、辅酶 R，由于是酵母菌的生长因子而得名。生物素是戊酸的一类衍生物的总称，在它们的八种同分异构体中，仅有一种存在于自然界且有生物活性，通常讲的生物素就是指这一种。

6.2 生物素的性质

生物素为无色针状结晶，其干粉形式对空气、热、光相当稳定，但在溶液、强酸、强碱中很容易降解。

6.3 生物素的食物来源

生物素主要存在于肝、肾、酵母、蛋中，人工合成的也有，人体细菌也能合成，因此人体一般不会缺乏生物素。

6.4 生物素的吸收与代谢

在食物蛋白质的消化过程中，谷物和肉类中以蛋白质结合形式存在的生物素，通过肠道蛋白酶的水解作用产生生物素酰基赖氨酸加合物，称为生物胞素，生物胞素有肠道生物素酶作用释放出游离的生物素。游离的生物素在小肠吸收，生物素的吸收是从十二指肠到空肠再到回肠的递减过程。生物素转运到外周组织需要生物素结合蛋白作载体。

大约有一半的生物素是经过各种代谢后从尿中排泄的，还有一部分生物素在代谢过程中被氧化。

6.5 生物素的生理功能和缺乏

体内生物素是多种羧化酶如丙酮酸羧化酶、乙酰 CoA 羧化酶等的辅酶，参与体内 CO_2 的羧化过程。

生物素在动植物体内广泛存在，一般不易缺乏。

任务七　叶酸

7.1 叶酸的化学结构

叶酸又称维生素 B_{11}，因植物的绿叶中含量十分丰富而得名，由蝶酸和谷氨酸组成。

7.2 叶酸的性质

叶酸为黄色或橙色薄片状或针状结晶，无臭无味，加热到250℃色渐变深，最后成黑色胶状物，微溶于水和乙醇、不溶于脂溶剂。在酸性溶液中不耐高热，对光敏感。

7.3 叶酸的食物来源

含叶酸最多的是绿叶蔬菜，其次是肝、肾、牛肉、酵母、菜花、菠菜等。

7.4 叶酸的吸收与代谢

叶酸在小肠上段被吸收，在十二指肠及空肠上皮黏膜细胞中含叶酸还原酶，在该酶的作用下，叶酸可转变成叶酸的活性形式四氢叶酸。叶酸可以通过尿与胆汁排出，因为从胆汁排出的叶酸也可在小肠重新被吸收，因此叶酸的排出量很少。叶酸还可以从粪便排出，但由于肠道细菌可以合成叶酸，所以从粪便排出的叶酸数量难以确定。过多的叶酸还可以随上皮细胞脱落排出。

维生素 C、葡萄糖、锌可以促进叶酸的吸收。乙醇、抗惊厥药、口服避孕药、阿司匹林等不利于叶酸的吸收。

7.5 叶酸的生理功能及缺乏

叶酸在合成体内核蛋白中起到重要作用，对正常红细胞的形成有促进作用，具有造血作用。人体肠道细菌能合成叶酸，故一般不易发生缺乏症。但当吸收不良，代谢失常或组织需要量过多及长期使用肠道抑菌药物等情况下皆可造成叶酸缺乏症。

因此，孕妇应在孕前三个月和孕后三个月补充叶酸，以预防新生儿体重过轻，早产以及腭裂等先天性畸形。

缺乏叶酸的人常引起巨球型贫血、疲乏、苍白、眩晕、精神不振、呼吸短促、皮肤变成棕色等。叶酸缺乏表现为巨幼红细胞性贫血、对孕妇胎儿造成影响、高同型半胱氨酸血症。

任务八　维生素 B_{12}

8.1 维生素 B_{12} 的结构

维生素 B_{12} 因分子中含有钴 Co（含量为 4.5%），所以又称为钴胺素，是唯一含有金属元素的维生素，钴元素在这里也只有以维生素 B_{12} 的形式才能发挥微量元素的作用。

8.2 维生素 B_{12} 的性质

维生素 B_{12} 为深红色针状结晶，熔点大于 320℃，晶体在 100℃ 很稳定。无臭无味，溶于水，在水溶液中很稳定。对光、酸、碱、氧化剂及还原剂敏感易被破坏。

8.3 维生素 B_{12} 的食物来源

维生素 B_{12} 主要存在于动物性食品中，如肝、肾、心脏等，在鱼、蛋黄等中含量也较丰富，肉类、乳中含量一般；维生素 B_{12} 可由人体肠道细菌合成，在植物食品中几乎不存在，所以只有患有严重吸收障碍疾病的人和“素食者”才会发生维生素 B_{12} 的缺乏症。

8.4 维生素 B_{12} 的吸收与代谢

食物中的维生素 B_{12} 与蛋白质相结合，进入人体消化道内，在胃酸、胃蛋白酶及胰蛋白酶的作用下，维生素 B_{12} 被释放，并与胃黏膜细胞分泌的一种糖蛋白内因子结合。体内维生素 B_{12} 的贮存量很少，主要贮存于肝脏且主要从尿排出，部分从胆汁排出。即使膳食不含维生素 B_{12}，体内的贮存亦可满足大约 6 年的需要不出现 B_{12} 缺乏症状。

8.5 维生素 B_{12} 的生理功能与缺乏

维生素 B_{12} 在体内以两种辅酶形式即甲基 B_{12} 和辅酶 B_{12} 发挥生理作用，参与体内生化反应。

维生素 B_{12} 缺乏表现为巨幼红细胞性贫血、高同型半胱氨酸血症。

任务九　维生素 C

9.1 维生素 C 的结构

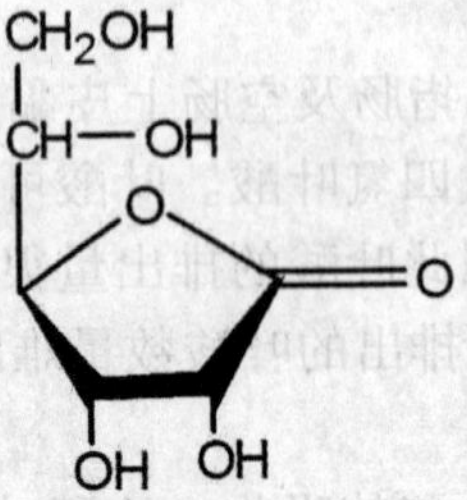

维生素 C

维生素 C 具有防止坏血病的生理功能，并有显著酸味，故又名抗坏血酸。维生素 C 是一种含有 6 个碳原子的酸性多羟基化合物，维生素 C 有四种异构体，天然维生素 C 为 L 型，L－抗坏血酸效价最高，D－异抗坏血酸的效价仅是 L－抗坏血酸的 5%，其余 2 种为零。

9.2 维生素 C 的性质

维生素 C 为无色无臭的片状结晶，易溶于水，在酸性环境中稳定，遇空气中氧、热、光、碱性物质，特别是有氧化酶和痕量铜、铁等金属离子存在时，可促进其氧化破坏。

9.3 维生素 C 的食物来源

维生素 C 在自然界分布广泛，植物的绿色部分、黄瓜、番茄等新鲜蔬菜及许多新鲜水果中都含有丰富的维生素 C，动物的内脏中也含有少量的维生素 C。人类不能合成自身需要的维生素 C，必须从饮食中获得。

9.4 维生素 C 的吸收与代谢

维生素 C 在胃肠道很快被吸收，吸收后的维生素 C 分布于体内不同组织，按照储存浓度不同依次为脑下垂体、肾上腺、肾脏、脾脏、肝脏、胰腺和胸腺。

维生素 C 不与蛋白质结合，多余的维生素 C 及其代谢产物主要由尿排出。

9.5 维生素 C 的生理功能和缺乏

维生素 C 的营养功能主要有：能促进体内胶原蛋白形成；能维持牙齿、骨骼、血管、肌肉的正常功能；能增加对疾病的抵抗力，还能促进外伤的愈合；能发挥肾上腺的功能；能帮助色氨酸及无机铁的吸收和利用。

维生素 C 的缺乏症：严重缺乏维生素 C 将出现坏血病，患者的创口、溃疡不易愈合；骨骼、牙齿等易于折断或脱落；毛细血管通透性增大，引起皮下、黏膜、肌肉出血等。

维生素 C 缺乏病起病缓慢，从饮食中维生素 C 缺乏到维生素 C 缺乏症一般历时 4～7 个月。

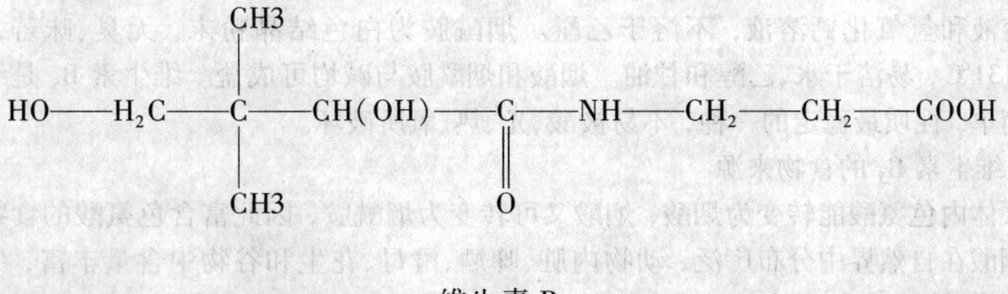# 项目四 维生素在食品贮藏加工中的损失

任务一 食品加工过程中维生素的损失

食品加工过程中导致食品中维生素损失的因素有食品原料的前处理、氧化反应、加热处理、金属离子的存在、酶的作用、pH 值等。一般来说，在进行食品加工时，应设法最大限度地减少维生素的损失和提高产品的安全性。

1.1 清洗与整理

植物食品原料组织在加工前，一般经过清洗、修整和细分的预处理，这种处理会造成维生素相当量的损失。一般在清洗过程中维生素损失较少，但要注意防止挤压、碰撞等机械损伤，以免引起水溶性维生素的流失及酶促褐变等发生。整理过程中伴随着去皮或切块，维生素损失比较大，例如苹果、胡萝卜等在去皮时，其表皮的维生素含量要比其他部位中的维生素含量高；用碱液来浸泡一些水果进行脱皮时，既会破坏表层组织中的维生素，又会因为溶解而损失水溶性维生素；又如在摘除蔬菜的叶、茎部以后，由于这些部分维生素含量高，所造成的损失更是不容忽视的。

1.2 热处理

食品加工过程中的热处理包括烫漂、微波加热、蒸汽加热和加热灭菌处理。

(1)烫漂

烫漂的加工处理方式会导致水溶性维生素的严重损失，其原因主要是维生素发生热降解而被破坏和维生素在水中溶解而致流失。水溶性维生素的损失程度又与 pH 值、温度、含水量、切口表面积及成熟度等不同而不同，其中食品切分越细，单位质量表面积越大，水溶性维生素的损失越大，但是短时间的高温漂烫处理则可以减少维生素的损失。热处理后的冷却方法对维生素的损失也有影响，以空气冷却时损失较小，以水冷却时则会由于水溶性维生素在水中的溶解量增加而增加损失量。

(2)微波加热

利用微波对食品原料进行加热处理时，由于微波加热升温快，食品无水分流失，所以食品中的维生素损失最少。

(3)蒸汽加热

与一般的烫漂处理相比，食品因蒸汽加热处理所造成的维生素损失较少，但仍要比微波加热处理时所损失的维生素多。

(4)加热灭菌处理

食品灭菌处理的目的是杀死其中的微生物，从而提高食品的安全性和货架寿命。经典的灭菌处理是巴氏杀菌，但食品经过巴氏杀菌处理后有相当量的维生素被热破坏，目前广泛采用的高温瞬时灭菌法则是一种很理想的灭菌法，可以达到完全灭菌并最大程度保留维生素的目的。食品灭菌的温度越高，所需灭菌时间越短，维生素的损失量就越少。

1.3 脱水

脱水是食品保藏的一种重要方法，可应用于多种食品，并且方法很多。如日晒法、管道干燥、滚筒干燥、烘房干燥、喷雾干燥及冷冻干燥等。其中冷冻干燥因其在低温、高真空下进行，对维生素影响最小。其余方法在脱水过程中会给维生素造成不同程度的损失。在脱水过程中最不稳定的是维生素 C，在 B 族维生素中，维生素 B_1 对温度最为敏感。此外，脱水还会对脂溶性维生素 A、维生素 E、胡萝卜素带来影响。

1.4 辐射

辐射是近年来用于食品保藏的一种新方法。但辐射对维生素有一定的影响。实验表明，在水溶性维生素中，维生素 B_1 和维生素 B_6 对辐射最不敏感，维生素 C 较敏感，并且在水溶液中的敏感程度要高于在食品中或冻结状态下的敏感程度。

脂溶性维生素对辐射也很敏感。其中，维生素 E 最敏感。其次分别是胡萝卜素、维生素 A、维生素 D、维生素 K。

1.5 碾磨

碾磨是谷类加工过程中特有的方法。存在于谷类的维生素大多分布于谷皮、谷胚及糊粉层，所以在碾磨过程中易造成损失，并且损失量随碾磨程度的精细而增加。例如：维生素 B_1 在标准米中损失率为 41.6%，九二米中为 47.9%，中白米中为 57.6%，上白米中为 62.8%。所以，还应提倡粗粮、细粮搭配食用。

另外，烹调也属于食品加工方法，若方法不当，也会造成维生素严重损失。为了弥补天然食品中维生素的不足和满足不同生理状态下人体对维生素的特殊需求，常在食品中进行维生素的强化。

此外，食品添加剂对维生素也有一定的影响，例如：氧化剂通常对维生素 A、维生素 C 和维生素 E 有破坏作用，所以在面粉中使用漂白剂等氧化剂往往都会降低这些维生素的含量。亚硫酸盐（或 SO_2）常用来防治水果、蔬菜的酶促褐变和非酶褐变以改善感官质量，它作为还原剂时也可以保护维生素 C 不被氧化，但是作为亲核试剂则可破坏维生素 B_1；为了改善肉制品的颜色，往往添加硝酸盐或烟硝酸盐，而有些蔬菜本身如菠菜、甜菜中也有浓度很高的烟硝酸盐，食品中的亚硝酸盐不但与维生素 C 能快速反应，而且还会破坏胡萝卜素、维生素 B_1 和叶酸等。

任务二　食品贮藏过程中维生素的损失

收获的水果和蔬菜在贮存过程中会产生维生素的损失，其损失量的大小与贮存时间、温度、湿度、气体组成、机械损失及种类、品种等因素有关。在贮存过程中，维生素会产生酶促降解、光促分解及氧化降解等。一般情况下，贮存温度越高，水分含量越多，则维生素的损失也越大。采用低温气调贮存，可有效减少维生素的损失。例如红橘在 7℃～9℃贮藏 8 周后，维生素 C 几乎损失一半，但在 0℃贮藏同样的时间，维生素 C 几乎没有损失。低温和低湿条件也能较好保护绿色蔬菜中的胡萝卜素等营养素。

易被氧化分解的维生素有维生素 C、维生素 B_1、维生素 B_6、维生素 H、维生素 A、维生素 D、维生素 E 等，对光、射线敏感的维生素有维生素 A、维生素 K、维生素 B、维生素 C 等。各种食品在贮存过程中，若贮存条件不当，均会引起维生素的损失，湿度因素尤其重要。

复习题

一、名词解释

1. 维生素　　2. 类维生素

二、填空题

1. 脂溶性维生素有：________、________、________、________和________。

2. 水溶性维生素有：________、________、________、________、________、________、________和________。

三、判断题（请在正确的括号里打"√"，错误的括号里打"×"）

1. 泛酸、叶酸、戊酸、烟酸分别是指维生素 B_3、维生素 B_5、维生素 B_7、维生素 B_{11}。（　）
2. 人体内的维生素 C 只能从动物中摄取。（　）
3. 维生素 A 既存在于动物体内也存在于植物体内。（　）
4. 食品加工精度越高，维生素损失越多。（　）
5. 食品脱水加工过程中，可导致水溶性维生素的损失，原料先切后洗也会导致水溶性维生素的损失。（　）

四、思考题

1. 维生素的分类依据是什么？每一类包含哪些维生素？
2. 说出维生素的主要生理作用及主要缺乏症是什么？
3. 维生素在加热情况下会发生什么变化？在有氧条件下的变化是什么？

❖模块八　物质代谢

◆基础理论和知识

1. 呼吸链、生物氧化、糖酵解、三羧酸循环的概念。
2. 糖酵解过程、异生糖途径、糖有氧代谢途径、β-氧化过程。
3. 糖、脂类、蛋白质代谢途径的联系与调节。
4. 动植物代谢特点。

◆基本技能及要求

1. 掌握生物握氧化、糖酵解等基本概念。
2. 掌握几类物质的代谢过程。
3. 熟悉物质之间的相互转化。
4. 能够对动植物组织进行正确的保藏，选择适宜的时期进行组织加工。

◆学习重点

1. 糖酵解、糖有氧代谢、β-氧化具体过程。
2. 糖、脂类、蛋白质代谢途径的联系。

◆学习难点

1. 代谢过程中能量的产生。
2. 如何对几类物质的代谢进行调节。
3. 如何根据动植物组织代谢特点对动植物组织进行保藏和加工。

项目一　生物氧化

生物体所需要的能量大部分都来自于糖、脂肪和蛋白质这些有机物的在体内的氧化分解。有机物在生物体细胞内氧化分解产生二氧化碳、水，并释放出大量能量的过程称为生物氧化(biological oxidation)，又称细胞氧化或细胞呼吸。

任务一　生物氧化过程中二氧化碳的生成

生物体内 CO_2 的生成来源于有机物转变为含羧基化合物(如有机羧酸和氨基酸)的脱羧作用。根据脱羧的性质，脱羧作用可分为：

1.1 直接脱羧

在脱羧酶的催化下直接形成二氧化碳，也称单纯脱羧。如：

$$R—CH(NH_2)—COOH \xrightarrow[\text{维生素 } B_6]{\text{脱羧酶}} R—CH_2—NH_2 + CO_2$$

1.2 氧化脱羧

有机羧酸在氧化脱羧酶的催化下，脱羧形成二氧化碳的同时伴有氧化(脱氢)作用。如：

$$CH_3—\overset{O}{\overset{\|}{C}}—COOH + HSCoA \xrightarrow[NAD^+ \rightarrow NADH + H^+]{\text{丙酮酸氧化脱羧酶}} CH_3—\overset{O}{\overset{\|}{C}} \sim SCoA + CO_2$$

任务二　生物氧化过程中水的生成

无论真核生物还是原核生物，其生物氧化过程中的水都是通过脱氢酶、传递体、末端氧化酶等构成的呼吸链产生的。

生物体内有两条重要的呼吸链：NAD 氧化呼吸链和 FAD 呼吸链。

2.1 NAD 氧化呼吸链

糖、脂肪、蛋白质等有机物在氧化分解过程中脱下的氢，大部分都经此呼吸链氧化生成水。如：丙酮酸、苹果酸、乳酸等。这是目前已知的传递过程最长的一条呼吸链，其传递反应历程如图 8－1 所示。

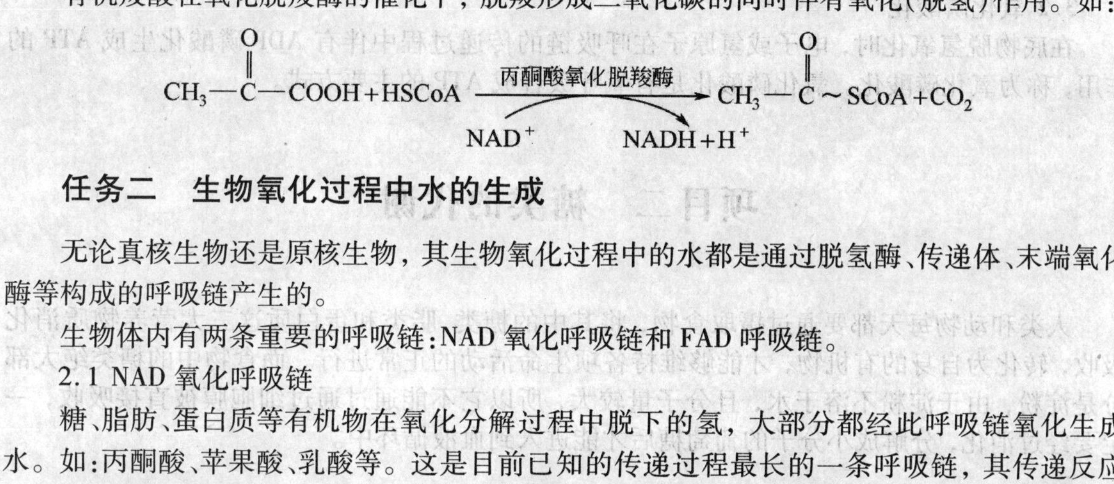

图 8－1　NAD 呼吸链传递反应历程图

2.2 FAD 呼吸链

此呼吸链是由汇集黄素不需氧脱氢酶的氢原子对开始的，故成 FAD 呼吸链。FAD 呼吸链比 NAD 呼吸链的传递历程短，产能也少。其传递反应历程如图 8－2 所示。

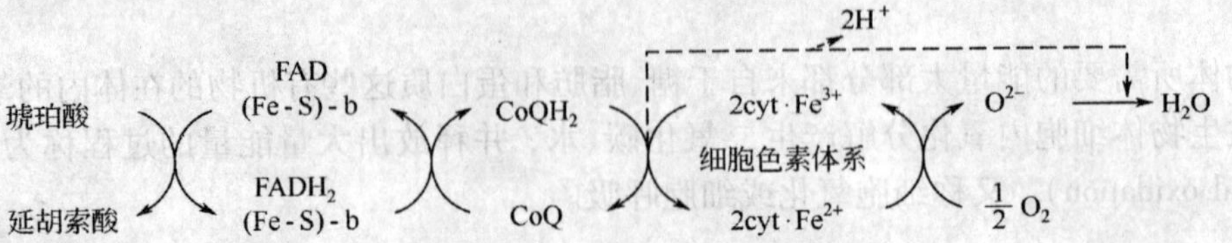

图 8－2　FAD 呼吸链传递反应历程图

任务三　ATP 的生成

在生物氧化过程中，氧化释放的能量会形成高能化合物，即高能磷酸化合物储存起来，作为生命活动的直接能量来源。在氧化放能的过程中，常常有吸能的磷酸话反应偶联发生，这种放能与吸能的偶联，可能发生在两种水平上，即底物水平磷酸化和氧化磷酸化。

3.1 底物水平磷酸化

在底物氧化过程中，底物分子内能重新分布产生的高能磷酸键提供能量使 ADP 磷酸化生成 ATP 的过程称为底物水平磷酸化。

在糖酵解途径、ED 途径、异型乳酸发酵等途径中都存在这种反应。

3.2 氧化磷酸化

在底物脱氢氧化时，电子或氢原子在呼吸链的传递过程中伴有 ADP 磷酸化生成 ATP 的作用，称为氧化磷酸化。氧化磷酸化是有氧呼吸合成 ATP 的主要方式。

项目二　糖类的代谢

人类和动物每天都要通过摄取食物，将其中的糖类、脂类和蛋白质这三大营养物质消化吸收，转化为自身的有机物，才能够维持各项生命活动的正常进行。而食物中的糖类绝大部分是淀粉，由于淀粉不溶于水，且分子量较大，所以它不能通过通过细胞膜被直接吸收，一定要经过消化，分解成小分子的葡萄糖后才能进入到血液循环中。

◆知识拓展

膳食纤维是不能被人体吸收利用的多糖，主要来自植物的细胞壁，如纤维素、半纤维素、木质素和果胶等。

通过近几十年的研究表明，补充膳食纤维对人体的健康有益，这是有膳食纤维的理化特性决定的。由于膳食纤维不能被吸收，也就不能转化为热量，因此有减肥的效果；当膳食纤维进入消化道后，由于吸水增加粪便的体积和重量，促进了肠道的蠕动，使不能吸收的分解产物、代谢毒物能较快地排除体外，既可以防治便秘，也可以达到排毒养颜的功效；此外，膳食纤维还有降脂、抑糖的作用，可预防高脂血症和心血管类疾病。因此，常吃粗粮、新鲜的绿叶蔬菜和水果等富含膳食纤维的食物有助于身体健康。

任务一 糖的代谢分解

糖的代谢主要包括分解代谢和合成代谢。生物体生存所需的能量，主要来自于糖的分解代谢。多糖分子不能够进入细胞直接利用，而是要在胞外先降解成单糖或双糖，才能进入中间代谢。所有糖的代谢一般都回归到葡萄糖代谢。

各类生物对葡萄糖的代谢途径有所不同，主要途径有四条：(1)糖酵解途径；(2)有氧氧化途径；(3)磷酸戊糖途径；(4)糖醛酸途径。

1.1 糖酵解途径

在无氧条件下，葡萄糖或糖原分解形成丙酮酸并产生能量的过程称为糖酵解途径(EMP)。它是动物、植物和微生物细胞中葡萄糖分解代谢的共同途径。

糖酵解途径分为两个阶段，共十个步骤，最终形成丙酮酸。当丙酮酸转化为乳酸时称为酵解；丙酮酸转化为乙醇时称为发酵。

1. 糖酵解第一阶段

糖酵解的第一阶段是酵解的准备阶段，包括五步反应。

(1)葡萄糖磷酸化。进入细胞的葡萄糖在己糖激酶的催化下，第6位碳原子上磷酸化生成6－磷酸葡萄糖。此过程消耗1分子的ATP。

$$\text{葡萄糖(G)} + \text{ATP} \xrightarrow{\text{己糖激酶},\ Mg^{2+}} \text{6－磷酸葡萄糖}$$

(2)磷酸己糖异构反应。在磷酸葡萄糖异构酶的催化下，6－磷酸葡萄糖异构化形成6－磷酸果糖。

$$\text{6－磷酸葡萄糖} \xrightleftharpoons{\text{磷酸葡萄糖异构酶}} \text{6－磷酸果糖}$$

(3)6－磷酸果糖形成1,6－二磷酸果糖。该反应是糖酵解过程中的第二个磷酸化反应。反应过程需要ATP提供能量，在磷酸果糖激酶的催化下完成。

$$\text{6－磷酸果糖} + \text{ATP} \xrightarrow{\text{磷酸果糖激酶},\ Mg^{2+}} \text{1,6－二磷酸果糖} + \text{ADP}$$

(4)裂解反应。1,6－二磷酸果糖在醛缩酶的催化下裂解为两个三碳糖的反应。

$$\text{1,6－二磷酸果糖} \xrightleftharpoons{\text{醛缩酶}} \text{磷酸二氢丙酮} + \text{3－磷酸甘油醛}$$

(5)磷酸丙糖异构反应。第4步反应生成的两个三碳糖中，只有3－磷酸甘油醛能够继续进入糖酵解过程，因此磷酸二氢丙酮必须在磷酸丙糖异构酶的作用下转变成3－磷酸甘油醛。

$$\text{磷酸二氢丙酮} \xrightleftharpoons{\text{磷酸丙糖异构酶}} \text{3－磷酸甘油醛}$$

到此1分子葡萄糖生成2分子3－磷酸甘油醛，通过两次磷酸化作用消耗2分子ATP。

1.2 糖酵解第二阶段

此阶段为氧化产能阶段。3－磷酸甘油醛经5步反应后生成丙酮酸。以下5步反应包括氧化－还原反应、磷酸化反应。

(1)3－磷酸甘油醛氧化磷酸化。3－磷酸甘油醛在3－磷酸甘油醛脱氢酶催化下脱氢氧化，生成1,3－二磷酸甘油酸。1,3－二磷酸甘油酸具有高能磷酸基团，是高能化合物。此反应需要NAD^+和无机磷酸(Pi)参加。

$$\text{3－磷酸甘油醛} + NAD^+ \xrightleftharpoons{\text{3－磷酸甘油醛脱氢酶}} \text{1,3－二磷酸甘油酸} + NADH + H^+$$

(2)高能磷酸基团转移反应。1,3－二磷酸甘油酸在磷酸甘油酸激酶的催化下生成3－磷酸甘油酸。这步反应生成了糖酵解过程中的第 1 个 ATP。按 1 分子葡萄糖计，1 分子葡萄糖生成 2 分子的 3－磷酸甘油酸，经此步反应可得到 2 分子的 ATP。

$$1,3-\text{二磷酸甘油酸}+ADP \xrightleftharpoons{\text{磷酸甘油酸激酶，}Mg^{2+}} 3-\text{磷酸甘油酸}+ATP$$

(3)3－磷酸甘油酸转变为 2－磷酸甘油酸。该反应在磷酸甘油酸变位酶的催化下进行。

$$3-\text{磷酸甘油酸} \xrightleftharpoons{\text{磷酸甘油酸变位酶，}Mg^{2+}} 2-\text{磷酸甘油酸}$$

(4)烯醇化反应。在烯醇化酶的催化下生成 2－磷酸烯醇式丙酮酸。2－磷酸烯醇式丙酮酸含有高能磷酸键。在反应时，烯醇化酶要先和 2 价阳离子结合形成复合物，才具有活性。

$$2-\text{磷酸甘油酸} \xrightleftharpoons{\text{烯醇化酶，}Mg^{2+}\text{，}Mn^{2+}} 2-\text{磷酸烯醇式丙酮酸}+H_2O$$

(5)丙酮酸和 ATP 生成反应。这是葡萄糖形成丙酮酸的最后一步反应。磷酸烯醇式丙酮酸在丙酮酸激酶的催化下将高能磷酸基团转移给 ADP 生成 ATP。

$$2-\text{磷酸烯醇式丙酮酸}+ADP \xrightleftharpoons{\text{丙酮酸激酶，}Mg^{2+}\text{，}K^{+}} \text{烯醇式丙酮酸}+ATP$$

在 pH7.0 时，烯醇式丙酮酸可以迅速重排，形成丙酮酸。

$$\text{烯醇式丙酮酸} \longrightarrow \text{丙酮酸}$$

以上是糖酵解途径的全部反应，由葡萄糖分解为丙酮酸的总反应式可表示为：

$$\text{葡萄糖}+2Pi+2ADP+2NAD^{+} \longrightarrow 2\,\text{丙酮酸}+2ATP+2NADH+2H^{+}+2H_2O$$

从反应式中可以看出，1 分子的葡萄糖经过降解可以形成 2 分子的丙酮酸，同时释放出 2 个 ATP。

1.3 丙酮酸的去路

在无氧条件下，糖酵解生成丙酮酸，此过程在生物体内都是相似的。丙酮酸进一步转化则成为发酵产物，丙酮酸的去路和代谢途径在不同生物体内是不同的。其去路主要有 3 条，统称为 EMP 途径类型的发酵。

(1)生成乳酸

在供氧不足或无氧情况时，可由糖酵解产生的 ATP 暂时满足对能量的需要。还原型辅酶 NADH 作为供氢体，将丙酮酸还原生成乳酸。如剧烈运动后，肌肉所产生的酸胀感就是乳酸积累过多产生的。其反应式如下：

$$\text{丙酮酸}+NADH+H^{+} \xrightarrow{\text{乳酸脱氢酶}} \text{乳酸}+NAD^{+}$$

无氧条件下，每分子葡萄糖代谢形成乳酸的总反应式如下：

$$\text{葡萄糖}+2ADP+2Pi \longrightarrow 2\,\text{乳酸}+2ATP+2H_2O$$

在厌氧条件下，这种以乳酸为最终产物的厌氧发酵称为乳酸发酵。乳酸菌能分泌较多的乳酸脱氢酶把丙酮酸转变成乳酸，食品加工中常利用乳酸菌发酵生产酸奶、泡菜、酸菜等食品。其中 L－型乳酸是重要的食品酸味剂和化工原料。

(2)生成乙醇

酵母细胞内含有丙酮酸脱羧酶和乙醇脱氢酶，可以分两步催化丙酮酸。丙酮酸先通过脱羧反应生成乙醛，乙醛再由 $NADH+H^{+}$ 还原生成乙醇。反应过程如下：

葡萄糖酒精发酵的总反应式：

$$\text{葡萄糖} + 2\text{Pi} + 2\text{ADP} \longrightarrow \text{乙醇} + 2CO_2 + 2\text{ATP} + 2H_2O$$

酒精发酵是酵母菌在无氧条件下分解葡萄糖获得能量的方式，在面包制作、馒头和酿酒工业中起到关键作用。

(3)生成乙酰 CoA

葡萄糖经糖酵解过程分解生成丙酮酸，丙酮酸在脱羧酶的作用下，脱羧生成乙酰 CoA。此过程无能量产生。

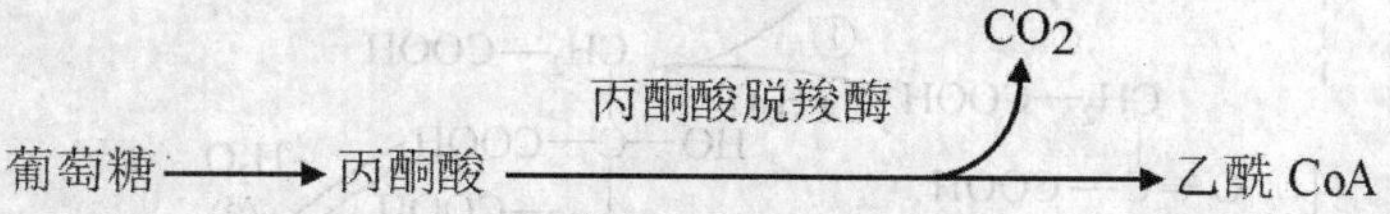

1.4 糖酵解的调控

正常生理条件下，生物体内的各种代谢受到严格而精确的调节，以满足机体的需要，保持内环境的稳定。这种控制主要是通过调节酶的活性来实现的。在一个代谢过程中往往由催化不可逆反应的酶限制代谢反应速度，这种酶称为限速酶。在糖酵解的十步反应中，有三步为限速步骤，分别是第 1 步、第 3 步和第 10 步，每步催化反应用到的酶均为限速酶。特别是第 3 步，1,3－二磷酸甘油酸在磷酸甘油酸激酶的催化下生成 3－磷酸甘油酸的过程，是整个糖酵解途径中的主要限速步骤。

1.5 糖酵解的意义

糖酵解途径是生物体共同经历的途径，是单糖分解代谢的一条最重要的基本途径。单糖分子都可以进入到糖酵解途径中。糖酵解途径是生物体在供养不足时获得能量的一种方式，在无氧条件下，葡萄糖降解生成 ATP，为生命活动提供能量，作为生物体对不良环境的一种适应能力是很有意义的。在糖酵解途径中生成的中间代谢产物可以作为合成其他物质的原料。在有氧条件下，酵解是糖有氧分解的准备阶段，单糖分子经过糖酵解途径后可进入三羧酸循环途径完全分解生成 CO_2 和水。

1.6 有氧氧化途径

糖的有氧氧化途径是指葡萄糖在有氧的情况下经酵解生成丙酮酸，丙酮酸氧化脱羧生成乙酰 CoA 后进入三羧酸循环途径，完全燃烧生成 CO_2 和水，并产生大量能量的过程。糖的有氧氧化可分为三个阶段：葡萄糖分解成丙酮酸；丙酮酸氧化脱羧生成 CoA；三羧酸循环。其中第一阶段反应在胞液中进行，第二、三阶段在线粒体中进行。生成丙酮酸的过程同糖酵解途径，这里主要讨论第二、三阶段反应。

1.6.1 丙酮酸催化生成乙酰 CoA

$$\text{丙酮酸} + \text{辅酶 A} + NAD^{+} \xrightarrow{\text{丙酮酸脱氢酶复合体}} \text{乙酰 CoA} + CO_2 + \text{NADH}$$

丙酮酸脱氢酶复合体是目前研究比较清楚的多酶复合体，有三种酶组成，分别为丙酮酸脱氢酶、二氢硫辛酸转乙酰基酶、二氢硫辛酸脱氢酶。

1.6.2 三羧酸循环

三羧酸循环又称为柠檬酸循环(因柠檬酸是其中的关键化合物)，简称TCA循环，是物质和能量代谢的重要途径。除丙酮酸外，脂肪酸、氨基酸等有机物也可通过该途径氧化分解为CO_2和水。

TCA循环从乙酰CoA开始，经过8步反应后又回到草酰乙酸，其中包括一次底物水平磷酸化，二次脱羧反应，三个关键酶促反应和四次氧化脱氢反应。其反应历程如图8-3所示。

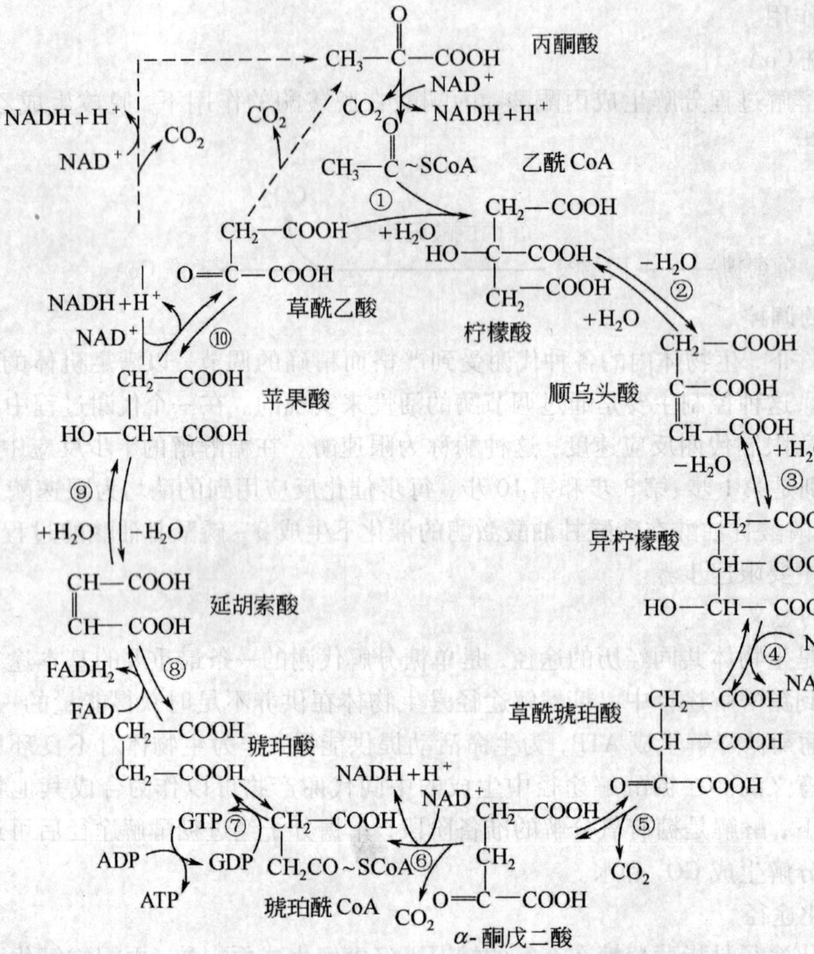

图8-3　三羧酸循环反应历程

(1)乙酰CoA与草酰乙酸形成柠檬酸

这是TCA循环的起始步骤，通过该步骤乙酰CoA进入TCA循环。乙酰CoA中的乙酰基在柠檬酸合成酶的催化下与草酰乙酸发生缩合反应，生成三羧酸循环中的第一个三羧酸——柠檬酸，并释放出CoASH。

$$\text{乙酰CoA} + \text{草酰乙酸} + H_2O \xrightarrow{\text{柠檬酸合酶}} \text{柠檬酸} + \text{CoASH}$$

这是TCA循环中的第一个限速步骤，柠檬酸合酶是第一个限速酶。

(2)柠檬酸异构化生成异柠檬酸

柠檬酸在顺乌头酸酶的催化下，先脱水生成顺乌头酸，在加水生成异柠檬酸。顺乌头酸和异柠檬酸分别为 TCA 循环的第二、三个三羧酸。

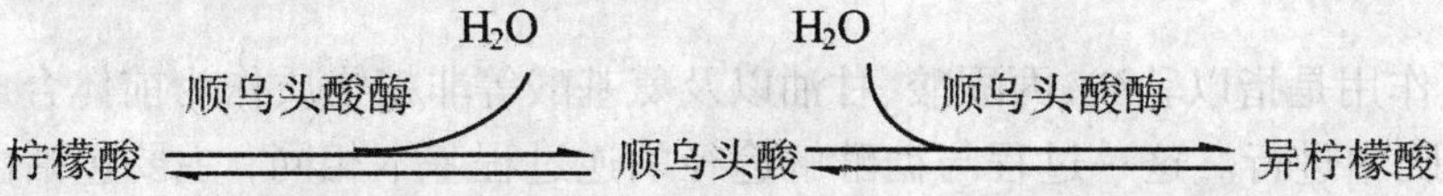

(3)异柠檬酸氧化脱羧形成 α－酮戊二酸

在异柠檬酸脱氢酶的催化下，异柠檬酸通过氧化－还原第一次脱羧生成 α－酮戊二酸，其中的中间产物为不稳定的草酰琥珀酸。

1.6.3 TCA 循环的调控

TCA 循环的速度和其他代谢过程一样，都受到了精确的调节以满足细胞对能量及底物的需要。在 TCA 循环中，有三个限速酶作为调控位点，即柠檬酸合成酶、柠檬酸脱氢酶、α－酮戊二酸脱氢酶复合体。

1.6.4 糖有氧氧化的意义

(1)是糖、脂肪和蛋白质三大营养物质在体内彻底氧化分解的共同途径。三羧酸循环的起始物乙酰 CoA，不但是糖氧化分解产物，也脂肪、蛋白质代谢的中间产物，因此这三大营养物质都可进入到 TCA 循环中被彻底氧化分解。

(2)是糖的有氧分解代谢的最重要阶段，是生物体获取能量的主要方式。糖的有氧氧化可以提供大量的能量，以 1mol 葡萄糖为例，经有氧氧化后生成能量如表 8－1 所示。

表 8－1　　1mol 葡萄糖有氧氧化 ATP 生成情况

反应阶段	反应过程	ATP 数
糖酵解	葡萄糖生成 6－磷酸葡萄糖	－1
	6－磷酸葡萄糖生成 1,6－二磷酸葡萄糖	－1
	3－磷酸甘油醛生成 1,3－二磷酸甘油酸	2×3
	1,3－二磷酸甘油酸生成 3－磷酸甘油酸	2×1
	磷酸烯醇式丙酮酸生成烯醇式丙酮酸	2×1
丙酮酸氧化脱羧	丙酮酸生成乙酰 CoA	2×3
TCA 循环	异柠檬酸生成 α－酮戊二酸	2×3
	α－酮戊二酸生成琥珀酰 CoA	2×3
	琥珀酰 CoA 生成琥珀酸	2×1
	琥珀酸生成延胡索酸	2×2
	苹果酸生成草酰乙酸	2×3
合计		38

(3)是物质转化的枢纽。TCA 循环中许多重要的物质是糖、脂肪和蛋白质代谢的共同中间产物，它们在三大营养物质之间起着联系和沟通的桥梁和纽带作用。如草酰乙酸和 α－酮戊二酸可由糖和甘油代谢产生，这些中间产物也可以转化为某些氨基酸，氨基酸也可以转化为草酰乙酸和 α－酮戊二酸，再经过糖异生途径生成糖和甘油。

任务二　糖异生途径

糖的异生作用是指以乳酸、丙酮酸、甘油以及氨基酸等非糖物质作为前体合成葡萄糖的过程，主要在肝脏中进行。这一过程与糖酵解途径的逆过程基本相同，主要包括丙酮酸通过草酰乙酸形成磷酸烯醇式丙酮酸 ——→ 形成6-磷酸果糖 ——→ 生成葡萄糖。

由于糖酵解途径中存在有不可逆反应，因此在糖异生途径中，要通过其他路径绕过这些不可逆反应。其反应途径如图8-4所示。

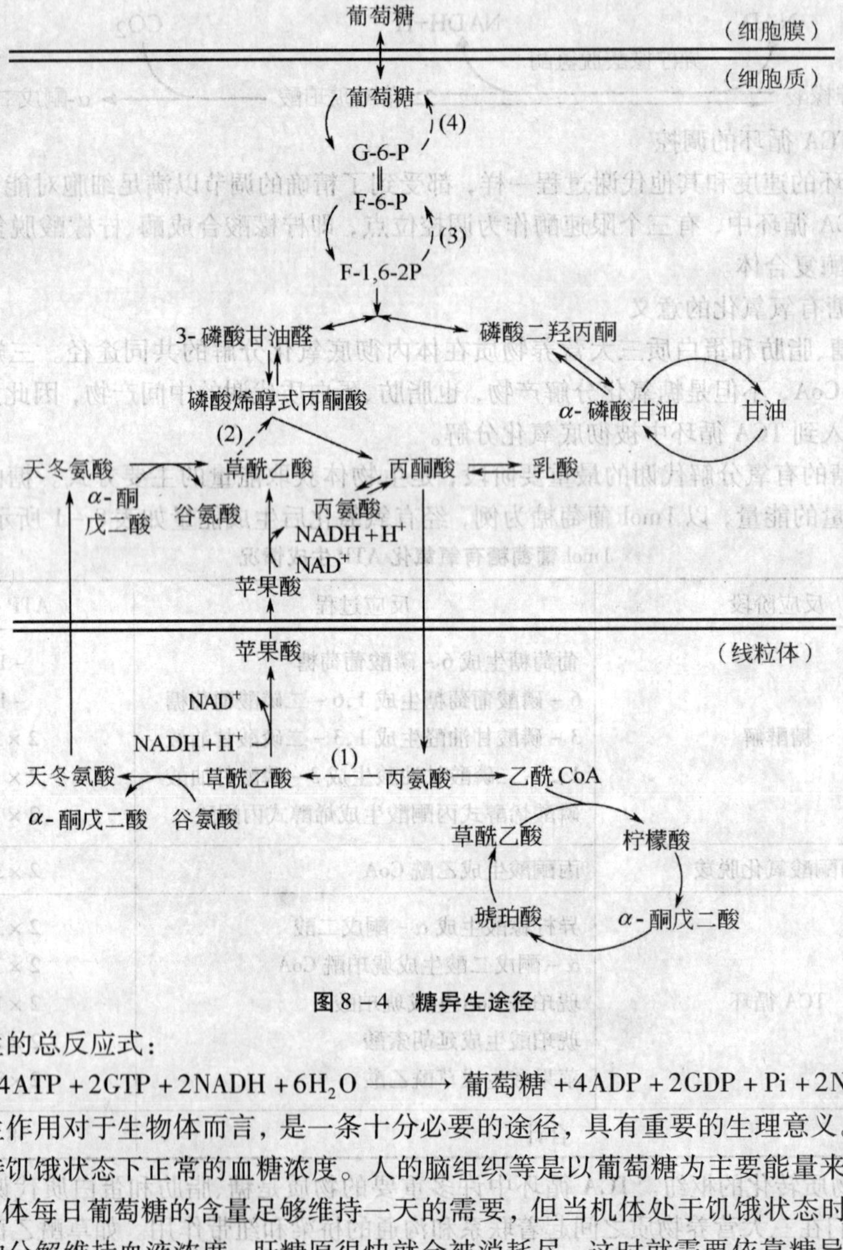

图8-4　糖异生途径

糖异生的总反应式：

$$2\text{丙酮酸} + 4ATP + 2GTP + 2NADH + 6H_2O \longrightarrow \text{葡萄糖} + 4ADP + 2GDP + Pi + 2NAD^+ + 2H^+$$

糖异生作用对于生物体而言，是一条十分必要的途径，具有重要的生理意义。

1. 维持饥饿状态下正常的血糖浓度。人的脑组织等是以葡萄糖为主要能量来源。在正常情况下，人体每日葡萄糖的含量足够维持一天的需要，但当机体处于饥饿状态时，则需要依靠肝糖原的分解维持血液浓度，肝糖原很快就会被消耗尽，这时就需要依靠糖异生作用生成葡萄糖来提供能量。

2. 回收乳酸分子中的能量。葡萄糖经糖酵解后可生成乳酸，乳酸作为代谢的终产物只能转化为丙酮酸。但乳酸可经血液循环运至肝脏，再通过糖的异生作用生成葡萄糖后转运到肌肉组织进行代谢，为肌肉组织和脑组织提供能量。

3. 调节体内酸碱平衡。长期处于饥饿状态，肾的糖异生作用增强，有利于排氢保钠作用进行，维持体内酸碱平衡。

任务三　糖原的合成与分解

糖原是由葡萄糖聚合而成的多分支结构的大分子多糖，是葡萄糖的一种高效能的储存形式。机体内储存糖原的器官主要是肝脏和肌肉。糖原的连接方式有两种：一种以α－1,4－糖苷键连接形成直链，另一种是以α－1,6－糖苷键连接，主要在多糖的分支处。

3.1 糖原的合成

糖原的合成是葡萄糖合成糖原的过程，此过程在肝脏、肌肉组织等细胞的胞浆中进行。糖原的合成过程包括4步。

1. 葡萄糖生成6－磷酸葡萄糖。葡萄糖在葡萄糖激酶的催化下生成6－磷酸葡萄糖，此过程需消耗能量。

2. 6－磷酸葡萄糖在磷酸葡萄糖变位酶的催化下生成1－磷酸葡萄糖。

3. 1－磷酸葡萄糖在尿苷二磷酸葡萄糖焦磷酸化酶的催化下生成尿苷二磷酸葡萄糖。

4. 尿苷二磷酸葡萄糖在糖原合酶的催化下生成糖原。通过糖原合酶的作用，尿苷二磷酸葡萄糖中的葡萄糖连接到了糖原引物上。糖原合酶是糖原合成途径中的限速酶，是糖原合成的调节点。

糖原的合成必须有原有糖原分子作为引物，在合成时每增加一个葡萄糖残基需消耗2分子ATP。

3.2 糖原的分解

糖原的分解过程是糖原从分支的非还原端开始，逐个分解葡萄糖残基，经一系列转变后变成游离的葡萄糖。具体过程如下：

1. 糖原在糖原磷酸化酶催化下对α－1,4－糖苷键磷酸解，生成1－磷酸葡萄糖。磷酸化酶为糖原分解的限速酶。

2. 脱枝反应。在α－1,6－葡萄糖苷酶的催化下，对α－1,6－糖苷键进行水解，生成自由葡萄糖。

3. 变位反应。1－磷酸葡萄糖在磷酸葡萄糖变位酶的催化下转变为6－磷酸葡萄糖。

4. 6－磷酸葡萄糖在6－磷酸葡萄糖酶的催化下水解生成葡萄糖。

糖原的分解是从糖原的非还原端进行的，此过程不消耗能量。

项目三　脂类的代谢

脂类是生物体中一类低溶于水而高溶于非极性有机溶剂的多种化合物的总称。根据分子组成和结构特点，脂类可分为三大类：单纯脂类、复合脂类和衍生脂类。其中后两类又统称为类脂。

单纯脂类是指仅由脂肪酸和醇形成的酯，如甘油三酯、蜡。类脂则包括磷脂（如脑磷脂、卵磷脂、鞘氨醇磷脂等）、糖脂（如脑苷脂、神经节苷脂、甘油糖脂等）和异戊二烯脂（如类胡萝卜素、类固醇等）。

在高等动物和人体中脂肪主要贮存于大网膜、肠系膜、皮下脂肪等结缔组织中，在植物体中；油脂多存在于果实和种子中，如芝麻含油质量分数为46.2%～61.0%；在微生物中油脂以脂肪滴的形式存在。油脂在生物体内氧化可产生大量的热量，比糖和蛋白质在同样条件下释放的热量高一倍多，因此它的主要生理功能就是为细胞能量的储存物质。此外，磷脂可构成细胞膜，一些脂类还可调节细胞生理代谢。人体中的脂类可以润滑组织，保持体温，食物中的油脂可提供人体所需的必需脂肪酸，帮助脂溶性维生素吸收。

任务一　脂类的消化、分解与吸收

脂类的消化及吸收主要在小肠中进行，首先在小肠上段，通过小肠蠕动，由胆汁中的胆汁酸盐使食物脂类乳化，使不溶于水的脂类分散成水包油的小胶体颗粒，提高溶解度，增加了酶与脂类的接触面积，有利于脂类的消化及吸收。

食物中的脂肪乳化后，被胰脂肪酶催化，水解甘油三酯，生成2－甘油一酯和脂肪酸。此反应需要辅脂酶协助，将脂肪酶吸附在水界面上，有利于胰脂酶发挥作用。

$$\text{甘油三酯} \xrightarrow{\text{胰脂肪酶}} 2-\text{甘油一酯} + 2\ \text{脂肪酸}$$

脂肪组织中的甘油三酯在一系列脂肪酶的作用下，最终水解生成甘油和脂肪酸。脂肪酶是限速酶。

$$\text{甘油三酯} \xrightarrow{\text{脂肪酶}} \text{甘油} + 3\ \text{脂肪酸}$$

磷脂的降解主要是体内磷酸甘油脂酶催化的水解过程。磷酸甘油酯酶分为4类，即磷酸甘油脂酶 A_1、A_2、C 和 D。食物中的磷脂如果被磷脂酶 A_2 催化，则水解生成溶血磷脂和脂肪酸。胰腺分泌的是磷脂酶 A_2 原，是一种无活性的酶原，在肠道被胰蛋白酶水解后成为有活性的磷脂酶 A_2 催化上述反应。

$$\text{磷脂} \xrightarrow{\text{磷脂酶 } A_2} \text{溶血磷脂} + \text{脂肪酸}$$

甘油磷脂分子完全水解后的产物为甘油、脂肪酸、磷酸和各种氨基醇。鞘氨磷脂的分解代谢由神经鞘磷脂酶（属磷脂酶 C 类）作用，使磷酸酯键水解产生磷酸胆碱及神经酰胺（N－脂酰鞘氨醇）。若体内缺乏此酶，可引起痴呆等鞘磷脂沉积病。

食物中的胆固醇酯被胆固醇酯酶水解，生成胆固醇及脂肪酸。

$$\text{胆固醇酯} \xrightarrow{\text{胆固醇酯酶}} \text{胆固醇} + \text{脂肪酸}$$

食物中的脂类经上述胰液中酶类消化后，生成甘油一酯、脂肪酸、胆固醇及溶血磷脂等，与胆汁乳化成混合微团，微团体积很小可被肠黏膜细胞吸收。

脂类的吸收主要在十二指肠下段和盲肠。甘油及中短链脂肪酸无需混合微团协助，直接吸收入小肠黏膜细胞后，进而通过门静脉进入血液。长链脂肪酸及其他脂类消化产物随微团吸收入小肠黏膜细胞。长链脂肪酸在脂酰 CoA 合成酶催化下，生成脂酰 CoA，此反应消耗 ATP。

$$\text{脂肪酸} + \text{HSCoA} + \text{ATP} \xrightarrow{\text{脂酰 CoA 合成酶}} \text{脂酰 CoA} + \text{AMP}$$

脂酰 CoA 在转酰基酶作用下，将甘油一酯、溶血磷脂和胆固醇酯化生成相应的甘油三酯、磷脂和胆固醇酯。生成的甘油三酯、磷脂、胆固醇酯及少量胆固醇，与细胞内合成的载脂蛋白构成乳糜微粒，通过淋巴最终进入血液，被其他细胞所利用。

食物中脂类的吸收与糖的吸收不同，大部分脂类通过淋巴直接进入体循环，而不通过肝脏。因此食物中脂类主要被肝外组织利用，肝脏利用外源的脂类是很少的。

任务二 脂肪的分解代谢

脂肪在肠中消化，在脂肪酶的催化下水解生成甘油和脂肪酸后被细胞吸收。其分解过程如下：

$$\text{甘油三酯} \xrightarrow{\text{三脂酰甘油脂肪酶}} \text{甘油二酯} \xrightarrow{\text{二脂酰甘油脂肪酶}} \text{甘油一酯} \xrightarrow{\text{单酯酰甘油脂肪酶}} \text{甘油}$$

在脂肪的水解过程中，三脂酰甘油脂肪酶是限速酶。

2.1 甘油的代谢

甘油在甘油激酶的催化下，磷酸化生成 α－磷酸甘油，再经磷酸甘油脱氢酶及辅酶 I 的作用，变成磷酸二羟丙酮。磷酸二羟丙酮在变构酶作用下转化为 3－磷酸甘油醛，再转化为丙酮酸，丙酮酸进入三羧酸循环彻底氧化，或经过糖异生途径合成糖元。

2.2 脂肪酸的氧化分解

1904 年德国生化学家 Franz Knoop 用化学标记发进行脂肪酸的代谢实验，根据代谢结果提出脂肪酸 β－氧化学说。β－氧化线粒体基质中进行，是脂肪酸分解的一条主要途径。β－氧化是指脂肪酸在体内氧化时在羧基端的 β－碳原子上进行氧化，即 α 与 β 碳原子之间断裂，碳链逐次断裂，每次切下一个二碳单位，即乙酰 CoA。每次 β－氧化都由脱氢、加水、再脱氢、硫解四步组成。脂肪酸必须先在胞液中活化为脂酰 CoA，然后进入线粒体进行 β－氧化。

2.2.1 脂肪酸的活化

脂肪酸由位于内质网和线粒体外膜的脂酰 CoA 合成酶催化，与 CoASH 反应，生成脂酰 CoA。该反应消耗能量，不可逆。

$$\text{脂肪酸} + \text{ATP} + \text{CoASH} \xrightarrow{\text{脂酰 CoA 合成酶, } Mg^{2+}} \text{脂酰 CoA} + \text{AMP} + \text{PPi}$$

2.2.2 脂酰 CoA 进入线粒体

胞液中活化的长链脂酰 CoA 不能直接透过线粒体内膜，必须要由肉毒碱作为载体，借助于两种肉碱脂肪酰转移酶才能将脂酰基转运到线粒体内。其中肉碱脂肪酰转移酶 I 是脂肪酸 β－氧化的关键酶。运输过程如图 8－5 所示。

$$\text{脂酰 CoA} + \text{肉碱} \rightleftharpoons \text{CoASH} + \text{脂酰肉碱}$$

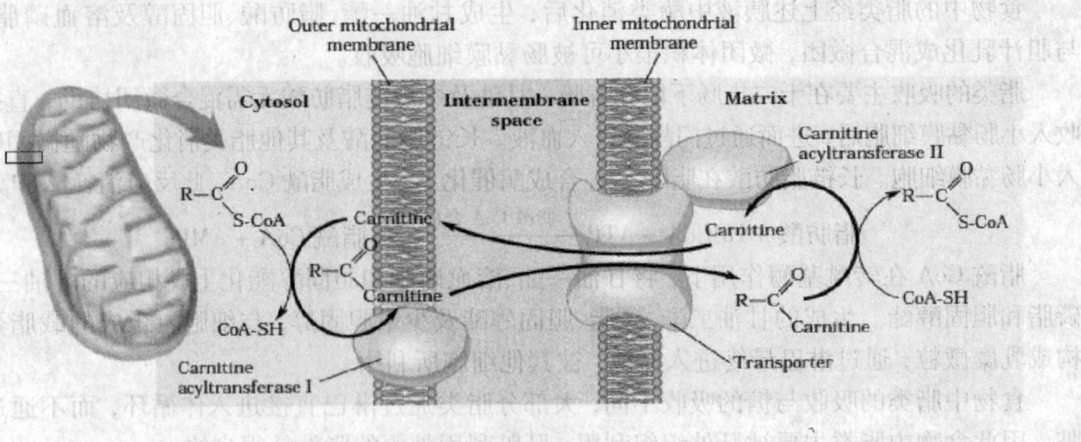

图 8-5　肉毒碱转运脂酰 CoA 进入线粒体

2.2.3 β-氧化过程

(1)脱氢。脂酰 CoA 在脂酰 CoA 脱氢酶催化下，在 α 和 β 碳原子上各脱去一个氢原子，生成 $\triangle^2$ 反式烯脂酰 CoA。

$$\text{脂酰 CoA} + \text{FAD} \xrightleftharpoons{\text{脂酰 CoA 脱氢酶}} \triangle^2 \text{ 反式烯脂酰 CoA} + \text{FADH}_2$$

(2)加水。$\triangle^2$ 反式烯脂酰 CoA 在烯脂酰 CoA 水合酶的催化下，发生水合反应，生成 L-β-羟脂酰 CoA。

$$\triangle^2 \text{ 反式烯脂酰 CoA} + H_2O \xrightleftharpoons{\text{烯脂酰 CoA 水合酶}} \text{L-β-羟脂酰 CoA}$$

(3)脱氢。L-β-羟脂酰 CoA 在 L-β-羟脂酰 CoA 脱氢酶催化下，脱去 β 碳原子与羟基上的氢原子生成 β-酮脂酰 CoA。L-β-羟脂酰 CoA 脱氢酶需 NAD^+ 作为辅酶，可作用于碳链长短不同的 L-型底物。

$$\text{L-β-羟脂酰 CoA} \xrightleftharpoons[\text{L-β-羟脂酰 CoA 脱氢酶}]{NAD^+ \quad NADH+H^+} \text{β-酮脂酰 CoA}$$

(4)硫解。β-酮脂酰 CoA 在硫解酶催化下，与 CoASH 反应生成 1 分子乙酰 CoA 和比原来少了两个碳原子的脂酰 CoA。

$$\text{β-酮脂酰 CoA} + \text{CoASH} \xrightarrow{\text{硫解酶}} \text{乙酰 CoA} + \text{脂酰 CoA}$$

经过上述 4 步反应，完成了一次 β-氧化，生成了一个乙酰 CoA、1 个 $FADH_2$ 和 1 个 $NADH + H^+$。对碳原子数为 Cn 的脂肪酸进行 β-氧化，则需要(n/2-1)次循环才能完全分解为 n/2 个乙酰 CoA，产生 n/2 个 $FADH_2$ 和 n/2 个 NADH。乙酰 CoA 可通过三羧酸循环彻底氧化成 CO_2 和水，并释放能量；$FADH_2$ 和 NADH 可通过呼吸链传递电子生成 ATP。反应过程如图 8-6 所示。

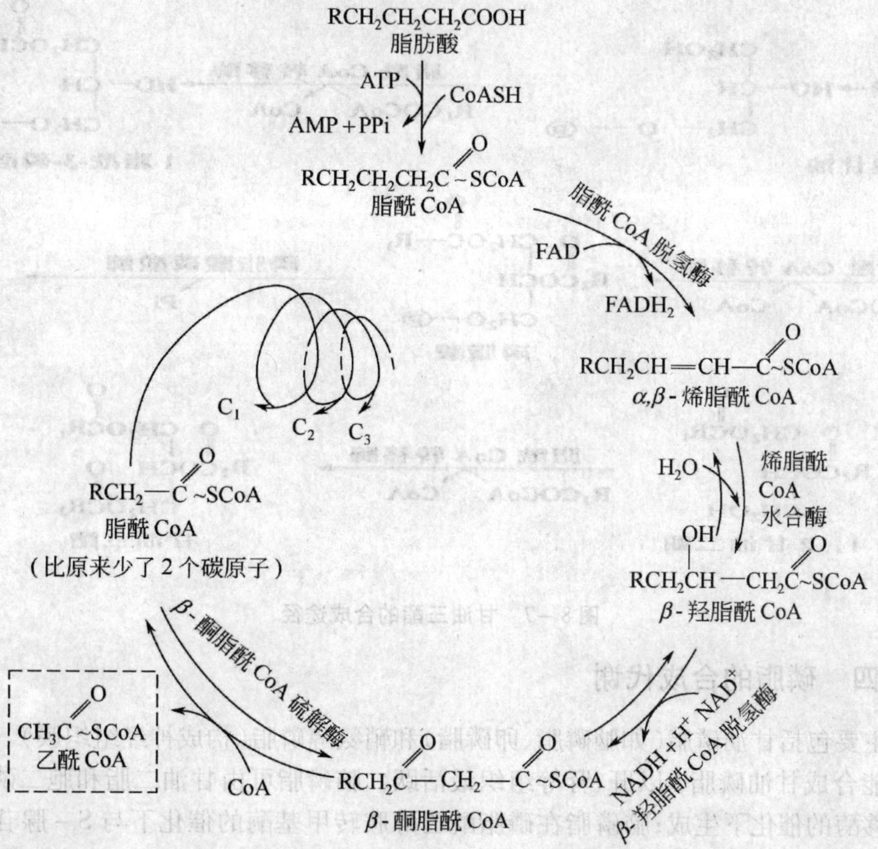

图 8 - 6　脂肪酸 β - 氧化反应过程

2.2.4 脂肪酸经 β - 氧化生成能量的计算。1 次 β - 氧化生成一个乙酰 CoA，通过三羧酸循环完全氧化可产生 12 个 ATP，1 分子的 $FADH_2$ 和 1 分子的 $NADH + H^+$ 通过呼吸链传递电子分别生成 2 个 ATP 和 3 个 ATP，共产生 17 个 ATP。

以 1 分子 16 个碳的软脂酸分子为例，共消耗 2 个 ATP，经过 7 次 β - 氧化循环，生成 8 个乙酰 CoA，产生 8 个 $FADH_2$ 和 8 个 NADH。生成 ATP 的数量为 $17 \times 7 + 12 - 2 = 129$ 个 ATP。

任务三　甘油三酯的合成代谢

当生物体内细胞营养过剩，合成大量能量时，乙酰 CoA 就会转换代谢方向，合成脂肪酸，进一步合成脂肪（甘油三酯）。人体的大多数组织都能合成脂肪，但主要在肝脏和脂肪组织。其合成过程如图 8 - 7 所示。

甘油三酯的合成速度可以受激素的影响而改变，如胰岛素可促进糖转变为甘油三酯。由于胰岛素分泌不足或作用失效所致的糖尿病患者，不仅不能很好利用葡萄糖，而且葡萄糖或某些氨基酸也不能用于合成脂肪酸，而表现为脂肪的氧化速度增加，酮体生成过多，其结果是患者体重下降。此外，胰高血糖素、肾上腺皮质激素等也影响甘油三酯的合成。

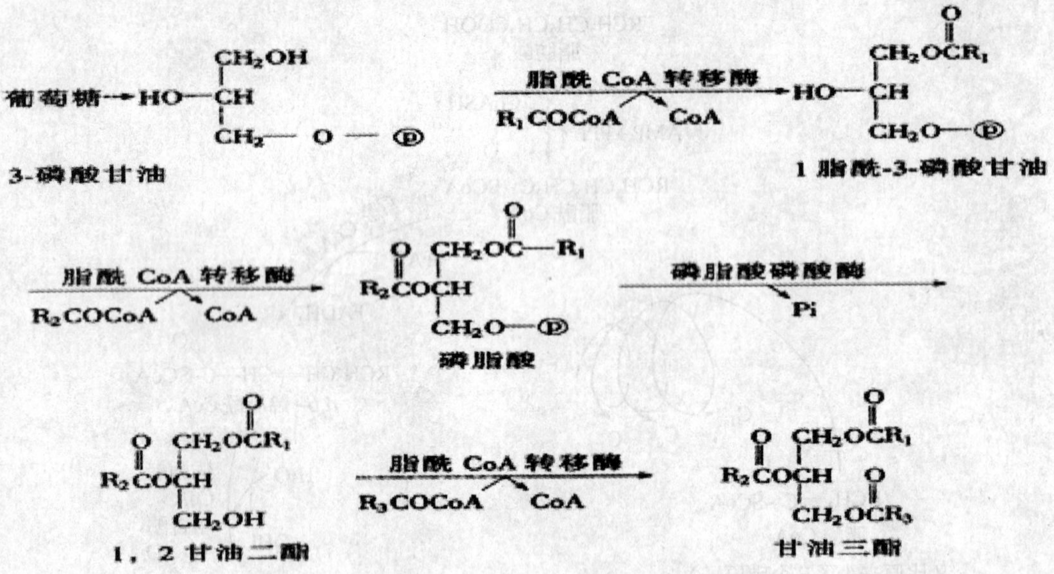

图 8－7　甘油三酯的合成途径

任务四　磷脂的合成代谢

磷脂主要包括甘油磷脂（如脑磷脂、卵磷脂）和鞘氨醇磷脂（构成神经组织膜）。人的全身各组织均能合成甘油磷脂，以肝、肾等组织最活跃。脑磷脂可由甘油二脂和胞二磷胆胺在磷酰胆胺转移酶的催化下生成；脑磷脂在磷脂酰乙醇胺转甲基酶的催化下与 S－腺苷蛋氨酸反应生成卵磷脂。

鞘磷脂的合成代谢以脑组织最活跃，主要在内质网进行。反应过程需磷酸吡哆醛，NADPH + H^+ 等辅酶，基本原料为软脂酰 CoA 及丝氨酸。

项目四　核酸的代谢

任务一　核酸的分解代谢

食物中的核酸通常以核蛋白的形式存在，在胃中受胃酸作用分解成蛋白质和核酸，在小肠中核酸在胰核酸酶的作用下分解成单核苷酸，单酶核苷酸进一步在核苷酸的催化下降解成磷酸和核苷，核苷在核苷酶和核苷磷酸化酶作用下，水解为碱基、戊糖或 1－磷酸核糖。

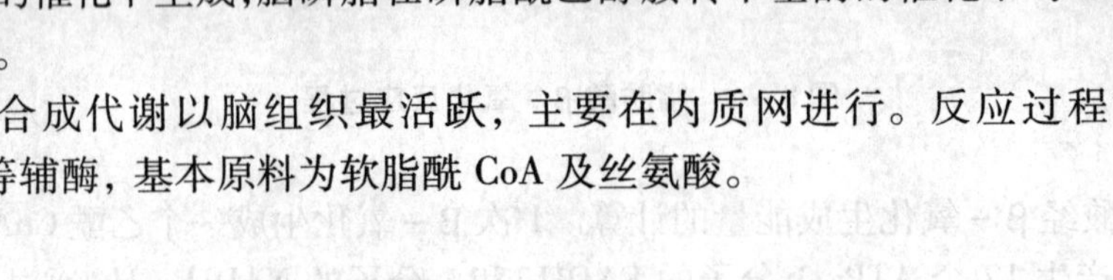

1.1 嘌呤核苷酸的分解代谢

嘌呤核苷酸的分解代谢主要在肝脏、小肠和肾脏中进行。生物的种类不同，分解嘌呤的能力不同。嘌呤的分解过程如图 8 - 8 所示。通过分解，嘌呤最终生成 NH_3、CO_2 及一些有机酸。

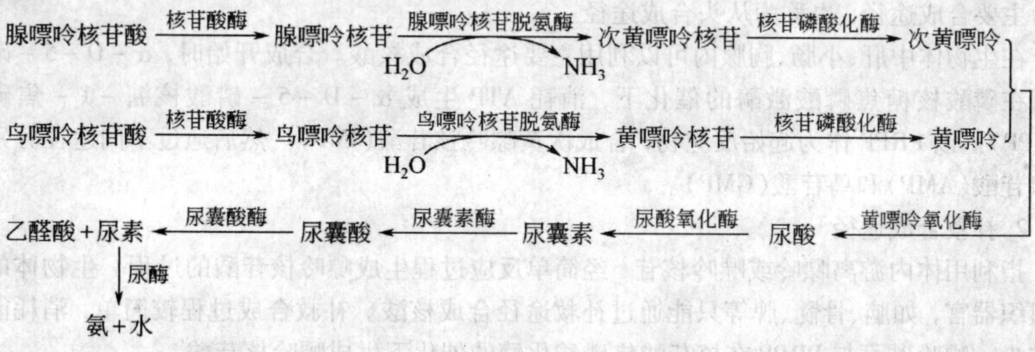

图 8 - 8　嘌呤核苷酸的分解代谢

1.2 嘧啶核苷酸的分解代谢

核苷酸的分解产物嘧啶碱可以进一步被分解。不同生物体对嘧啶碱的分解过程也不完全相同。胞嘧啶可通过脱氨作用转变为尿嘧啶，最后生成 β - 丙氨酸、CO_2、氨。胸腺嘧啶经反应后最后生成 CO_2、氨、β - 氨基异丁酸。

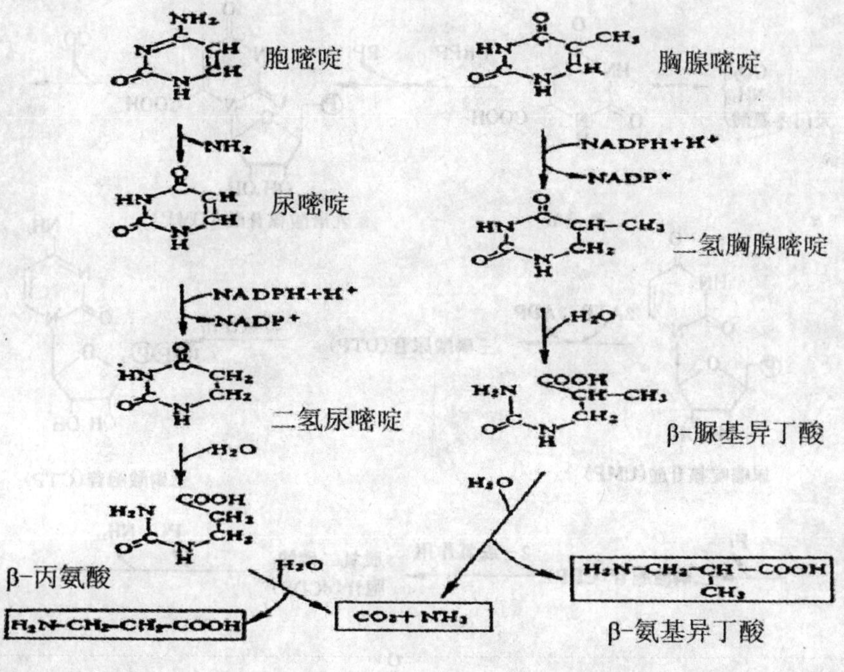

图 8 - 9　嘧啶核苷酸的分解代谢

任务二　核酸的合成代谢

生物体都能利用氨基酸等简单的前体物质合成核苷酸。

2.1 嘌呤核苷酸的合成

嘌呤核苷酸可能通过两条途径合成，一条为主要合成途径，另一条为补救合成途径。

1. 主要合成途径

利用磷酸核糖、氨基酸、一碳单位有机物及 CO_2 等简单物质为原料合成嘌呤核苷酸的过程为主要合成途径，也称为从头合成途径。

在生物体中肝、小肠、胸腺内可以利用主要途径合成核酸。合成开始时，α－D－5－磷酸核糖在磷酸核糖焦磷酸激酶的催化下，消耗 ATP 生成 α－D－5－磷酸核糖－1－焦磷酸（PRPP）。以 PRPP 作为起始反应物，合成次黄嘌呤核苷酸（IMP）。然后通过不同途径分别生成腺苷酸（AMP）和鸟苷酸（GMP）。

2. 补救合成途径

指利用体内游离嘌呤或嘌呤核苷，经简单反应过程生成嘌呤核苷酸的过程。生物体的某些组织器官，如脑、骨髓、脾等只能通过补救途径合成核酸。补救合成过程较简单，消耗能量亦较少。嘌呤碱可与 PRPP 在核苷酸焦磷酸化酶的催化下生成嘌呤核苷酸。

2.2 嘧啶核苷酸的合成

嘧啶核苷酸可以天冬氨酸、CO_2 等为前体，通过主要合成途径和补救途径合成。

1. 主要合成途径。

嘧啶核苷酸在合成时，先合成一个嘧啶环乳清酸，再生成尿苷酸。其他嘧啶核苷酸都是由 UMP 转变而来。嘧啶核苷酸的合成如图 8－10 所示。

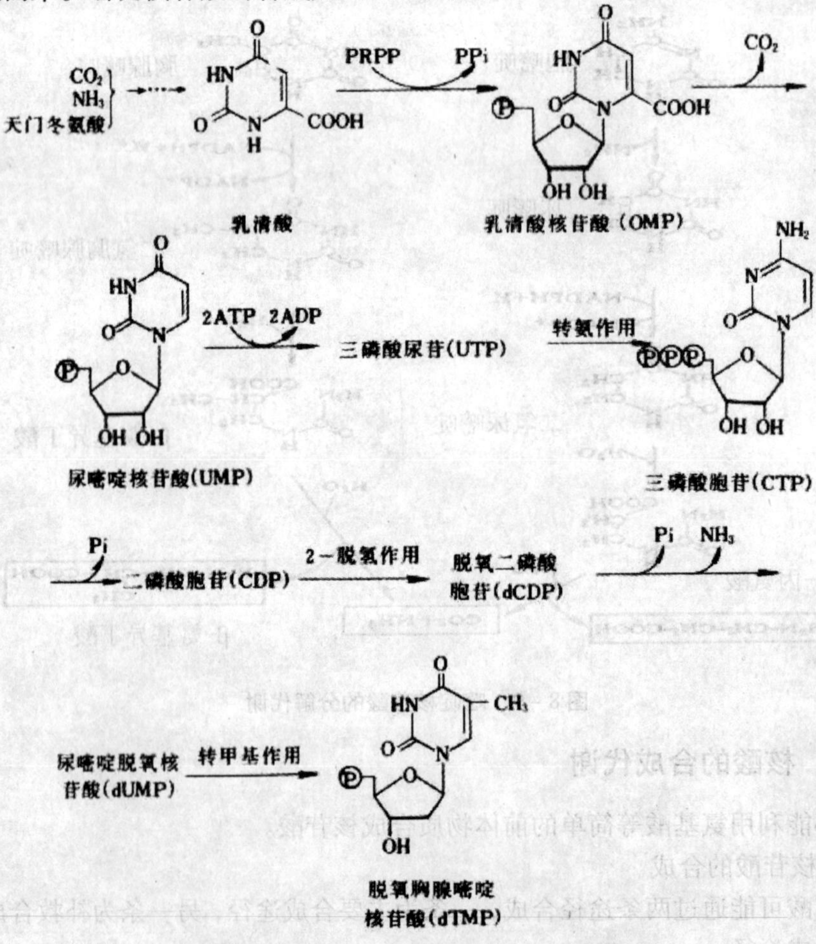

图 8－10　嘧啶核苷酸的合成途径

2. 补救合成途径

由分解代谢产生的嘧啶/嘧啶核苷转变为嘧啶核苷酸的过程称为补救合成途径。在嘧啶磷酸核糖转移酶的催化下，尿嘧啶、胸腺嘧啶及乳清酸转变为相应核苷酸，但对胞嘧啶不起作用。尿嘧啶也可在尿苷磷酸化酶的催化下生成尿苷，尿苷继续在尿苷激酶的催化下生成尿苷酸。

项目五　蛋白质的代谢

蛋白质在胃和小肠中可被胃蛋白酶、胰蛋白酶、羧肽酶等各种蛋白质水解酶催化，最终水解为氨基酸。氨基酸在细胞内有多种代谢途径，一种是经生物合成形成蛋白质，另一种是蛋白质进行分解代谢，通过脱氨形成碳骨架，也可进行氧化产生能量，或进一步转化为糖和脂肪。

任务一　蛋白质的分解代谢

不同的氨基酸因具有共同的结构特征，因此也具有共同的分解代谢途径。氨基酸分解代谢的公共途径一般为三步：脱氨基、脱羧基和氨基酸转化为代谢中间产物。

1.1 氨基酸的脱氨基作用

脱氨基作用是指氨基酸在酶的催化下脱去氨基的过程。氨基酸的脱氨基作用主要有氧化脱氨、非氧化脱氨、转氨基、联合脱氨等方式。

1.1.1 氧化脱氨作用。氧化脱氨作用是指在酶的催化下氨基酸在氧化脱氢的同时脱去氨基的过程。该反应分为脱氢和水解两步。

$$\text{氨基酸} + FAD \longrightarrow \text{亚氨基酸} + FADH_2$$
$$\text{亚氨基酸} + H_2O \longrightarrow \alpha - \text{酮酸} + NH_3$$

反应过程需要有氨基酸氧化酶和脱氨酶催化。氨基酸氧化酶以 FAD 为辅基，催化脱下的氢传给氧形成过氧化氢，此酶活力低，不是主要的氧化脱氨基酶类。脱氨酶以 NAD^+ 或 $NADP^+$ 为辅酶，脱下的氢经电子传递链产生 3 个 ATP。该酶种类很多，最重要的是 L－谷氨酸脱氢酶，该酶普遍存在，活力很高，可催化化谷氨酸生成 α－酮戊二酸。

1.1.2 非氧化脱氨作用。除氧化脱氨基作用以外的一些脱氨基方式，可产生氨和 α－酮酸。这种方式主要存在于微生物中。主要作用方式有：

（1）直接脱氨基反应。氨基酸直接脱去氨基后形成不饱和脂肪酸。如天冬氨酸在天冬氨酸酶的催化下脱去氨基形成延胡索酸和氨。

（2）还原脱氨基反应。无氧条件下，氨基酸在氢化酶的催化下加氢脱氨，生成饱和脂肪酸。如甘氨酸在氢化酶的催化下，生成乙酸和氨。反应过程中 NADH 作为辅酶，反应后转变为 NAD^+。

（3）脱水脱氨基作用。含羟基的氨基酸，在氨基酸脱水酶的催化下，通过脱水、分子重排、自发水解，形成 α－酮酸和氨。如苏氨酸在苏氨酸脱水酶的催化下，先生成 α－亚氨基丁酸，再能过水解生成 α－酮丁酸和氨。

（4）脱巯基脱氨基反应。半胱氨酸含有－SH，可在氨基酸脱巯基酶催化下，脱去 H_2S，重排后脱氨，生成α－丙酮酸和氨。

(5)氧化还原偶联脱氨基反应。该反应必须有两个氨基酸，且只能在特定氨基酸间才能发生反应，经氧化脱氨后生成相应的有机酸、α－酮酸和氨。

1.1.3 转氨基作用。又称为氨基移换作用，指在转氨酶催化下将α－氨基酸的氨基转给α－酮酸，生成相应的α－酮酸和一种新的α－氨基酸的过程。

$$\text{氨基酸} + \alpha - \text{酮戊二酸} \xrightarrow{\text{氨基酸转氨酶}} \text{谷氨酸} + \alpha - \text{酮酸}$$

如丙氨酸可在丙氨酸转氨酶的催化下发生转氨作用，生成谷氨酸。L－天冬氨酸与α－酮戊二酸发生转氨作用则生成草酰乙酸和L－谷氨酸。谷氨酸也可在谷丙转氨酶作用下将氨基转移给丙酮酸，生成α－酮戊二酸和丙氨酸。

除苏氨酸、精氨酸和赖氨酸不参加转氨基反应外，大多数氨基酸都可通过转氨作用形成丙氨酸、谷氨酸等非必需氨基酸。

1.1.4 联合脱氨作用。是生物体内主要的脱氨方式。联合脱氨作用两种反应途径。

(1)联合脱氨基作用。先在转氨酶催化下，将某种氨基酸的α－氨基转移到α－酮戊二酸上生成谷氨酸，谷氨酸在L－谷氨酸脱氢酶作用下将谷氨酸氧化脱氨生成α－酮戊二酸，而α－酮戊二酸再继续参加转氨基作用。

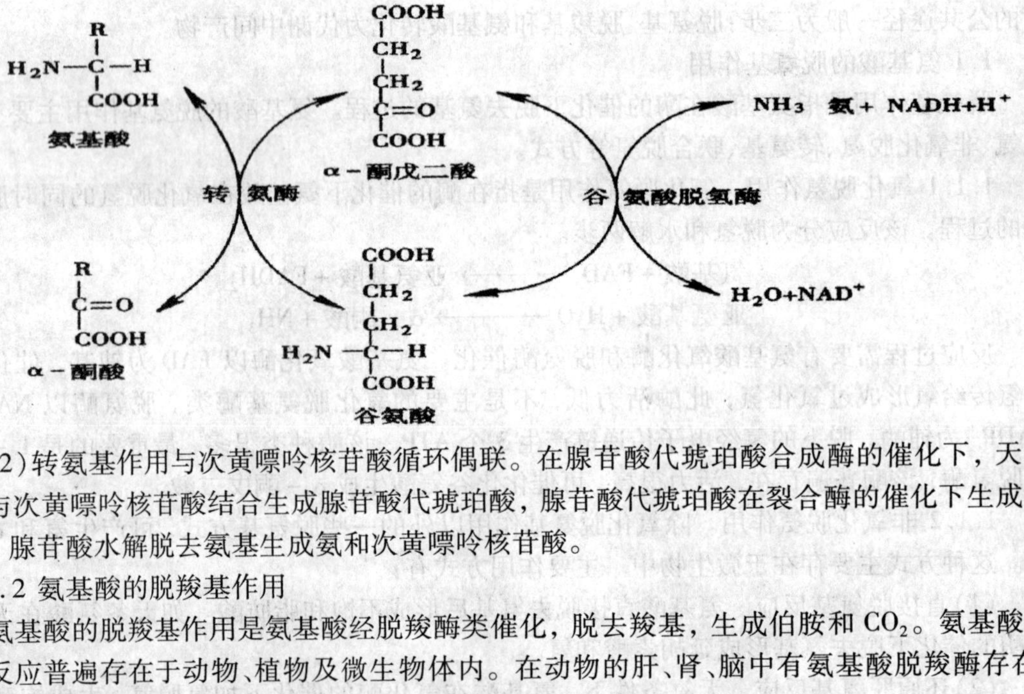

(2)转氨基作用与次黄嘌呤核苷酸循环偶联。在腺苷酸代琥珀酸合成酶的催化下，天冬氨酸与次黄嘌呤核苷酸结合生成腺苷酸代琥珀酸，腺苷酸代琥珀酸在裂合酶的催化下生成腺苷酸，腺苷酸水解脱去氨基生成氨和次黄嘌呤核苷酸。

1.2 氨基酸的脱羧基作用

氨基酸的脱羧基作用是氨基酸经脱羧酶类催化，脱去羧基，生成伯胺和CO_2。氨基酸的脱羧反应普遍存在于动物、植物及微生物体内。在动物的肝、肾、脑中有氨基酸脱羧酶存在，氨基酸脱羧酶的专一性很高，一般一种氨基酸有一种脱羧酶。

在动物体内由氨基酸脱羧转变而成的具有重要生理功能的物质主要有γ－氨基丁酸、组胺、5－羟色胺、精胺、亚精胺及儿茶酚胺类物质。

1.2.1 γ－氨基丁酸。是一种仅见于中枢神经系统的抑制性神经递质，对中枢神经元有普遍性抑制作用，由谷氨酸脱羧酶催化谷氨酸脱羧基生成。

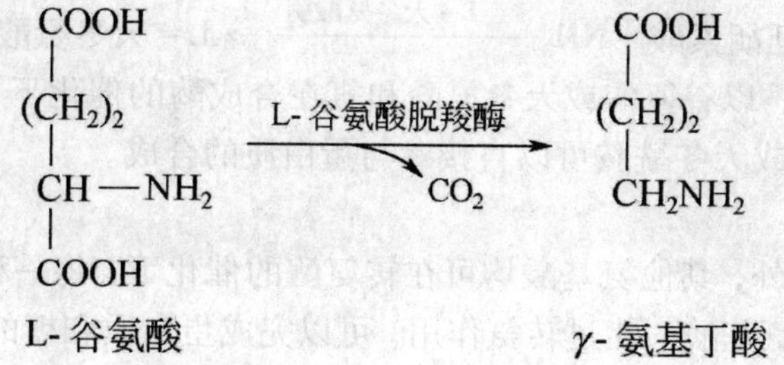

1.2.2 组胺。是一种强烈的血管舒张剂，并能增加毛细血管的通透性。组胺可刺激胃蛋白酶和胃酸的分泌。其生成过程如下：

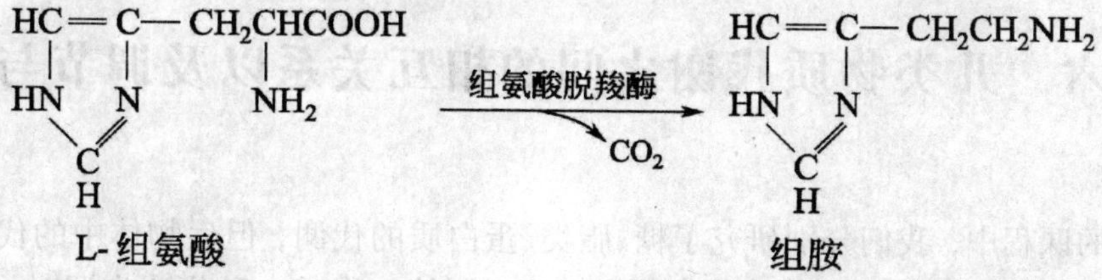

1.2.3 5－羟色胺

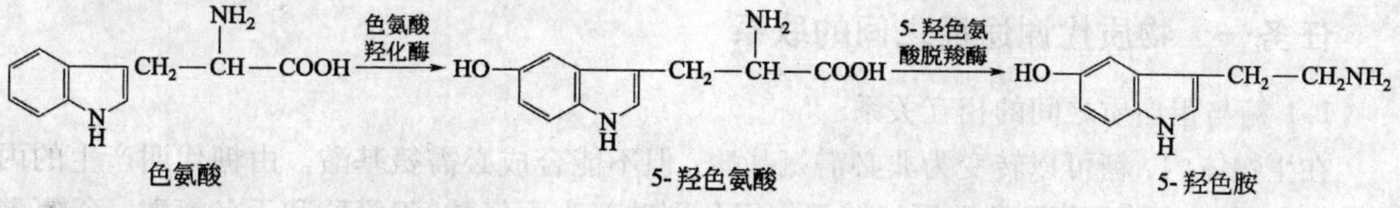

1.3 氨基酸转化为代谢中间产物(氨基酸的脱氨、脱羧作用)

某些细菌和酵母菌可以对氨基酸脱氨基的同时脱羧基，生成少一个碳原子的伯醇、CO_2和NH_3。如亮氨酸可以水解生成异戊醇、CO_2和NH_3。

氨基酸分解代谢后的主要产物可以进一步进行代谢，以各种方式进入到TCA循环，氧化生成CO_2和H_2O。也可以能过糖异生作用合成糖类物质，或在向糖转变过程中生成磷酸二羟丙酮，还原生成甘油，进一步合成脂肪。

任务二　蛋白质的合成代谢

氨基酸不仅是合成蛋白质的原料，也是发酵生产的产品，因此，氨基酸的合成代谢更具有生产实践意义。

氨基酸合成代谢的公共途径主要是氨基化作用和转氨作用。

2.1 氨基化作用

2.1.1 还原氨基化作用。该反应是氧化脱氨基的逆反应。α－酮戊二酸先在L－谷氨酸脱氢酶的催化下脱水缩合后，再以NADH为辅酶，在L－谷氨酸脱氢酶的催化继续反应生成L－谷氨酸。

2.1.2 直接氨基化作用。是分解脱氨基反应的逆反应。有些有机酸可以在L－天冬氨酸酶的催化下，直接进行氨基化反应生成天冬氨酸。如：

$$延胡索酸 + NH_3 \xrightarrow{L-天冬氨酸酶} L-天冬氨酸$$

2.1.3 酰胺化作用。以谷氨酸或天冬氨酸和氨在合成酶的催化下，生成相应的谷氨酰胺或天冬酰胺。谷氨酰胺或天冬酰胺可以直接参与蛋白质的合成。

2.2 转氨作用

除苏氨酸和赖氨酸外，其他氨基酸均可在转氨酶的催化下，将一种氨基酸上的氨基转移给 α－酮酸，生成新的氨基酸。能过转氨作用，可以完成蛋白质和糖的相互转化。

氨基酸的合成代谢除了采用公共途径外，还可以采用其他特殊方式。如直接从糖代谢产物（如丙酮酸等）合成不同的碳链骨架，通过酶的催化进一步合成氨基酸。

项目六　几类物质代谢之间的相互关系以及调节与控制

在前面的课程中，我们分别研究了糖、脂类、蛋白质的代谢，但生物体中的代谢并不是孤立的，各种物质代谢之间相互联系、相互影响、相互制约。当某一种代谢失调时，其他代谢也会受到影响，发生代谢紊乱。

任务一　物质代谢途径之间的联系

1.1 糖与蛋白质之间的相互关系

在生物体内，糖可以转变为非必需氨基酸，但不能合成必需氨基酸。由糖代谢产生的丙酮酸、α－酮戊二酸和草酰乙酸可经转氨作用分别转变为丙氨酸、谷氨酸和天冬氨酸。谷氨酸进一步可转变为其他氨基酸。生成糖的氨基酸和生成糖兼生成酮的氨基酸在体内分解代谢时，其碳链部分可全部或部分转变成糖异生的原料，最后生成糖。生糖氨基酸主要是指可生成丙酮酸、α－酮戊二酸、草酰乙酸、琥珀酸的氨基酸。生成糖兼生成酮的氨基酸如苯丙氨酸、酪氨酸等。

1.2 糖与脂类之间的相互关系

在体内，糖分解代谢产生的乙酰 CoA，可转变成脂肪。糖代谢还可分解产生脂肪酸和甘油再合成脂肪。在动物体内，脂肪绝大部分不能在体内转变为糖，因为脂肪分解产生的乙酰 CoA 不能逆转成丙酮酸，而在植物和微生物中，脂肪可以转变为糖。

1.3 脂类与蛋白质之间的相互关系

脂肪水解后生成甘油和脂肪酸，可进一步转变为草酰乙酸、α－酮戊二酸，接受氨基后可转变为丙氨酸、天冬氨酸、谷氨酸。脂肪的甘油部分可经糖异生途径转变成某些 α－酮酸，再与氨基化合成某些氨基酸，但脂肪酸部分合成氨基酸的可能性极小。

组成蛋白质的氨基酸均可在动物体内转变为脂肪。生酮氨基酸的代谢中间产物乙酰 CoA 可生成脂肪酸。生糖氨基酸可直接生成丙酮酸后转变为甘油，进一步合成脂肪。

三大物质代谢分解途径虽不相同，但彻底氧化为水和二氧化碳最终汇合到 TCA 循环中，三羧酸循环不仅是各类物质共同的代谢途径，而且也是它们之间相互联系的渠道。其中的丙酮酸、酰基 CoA、α－酮戊二酸和草酰乙酸等代谢产物则是各类物质相互转化的重要中间产物。生物体内脂类、蛋白质代谢的强度主要由糖类的代谢强度决定。当糖类供应充足时，糖类在体内大量氧化分解供能，这时脂肪、蛋白质的分解就受到一定的制约。糖类供应短缺时，脂类可大量分解供能，蛋白质也有供能作用。

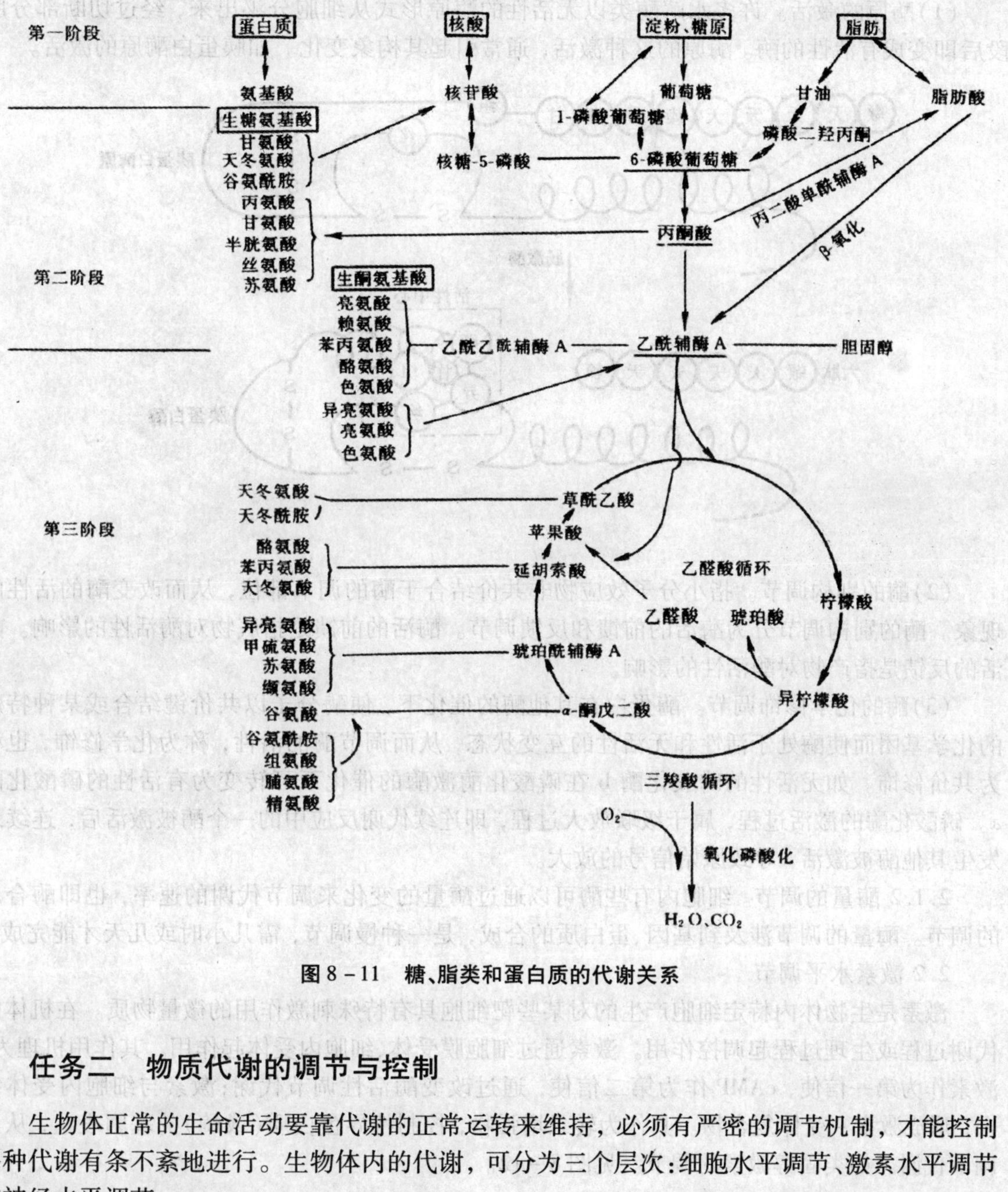

图 8－11　糖、脂类和蛋白质的代谢关系

任务二　物质代谢的调节与控制

生物体正常的生命活动要靠代谢的正常运转来维持，必须有严密的调节机制，才能控制各种代谢有条不紊地进行。生物体内的代谢，可分为三个层次：细胞水平调节、激素水平调节和神经水平调节。

2.1 细胞水平调节

细胞水平调节即酶水平的调节。生物体内的代谢绝大多数是由酶催化的化学反应组成的。酶除了具有催化功能外，还具有调节的控制功能。因此，控制酶的生物合成和活性是机体调节自身代谢的重要措施。

酶水平的调节作用主要有两种方式，一种是改变酶的活力，另一种是改变酶的含量。

2.1.1 酶活性的调节。酶活性调节是快速调节，可在几分钟到几十分钟内完成。酶结构的变化改变酶活性，酶可以通过别构调节和化学修饰调节两种方式进行调节。

(1)酶原的激活。许多水解酶类以无活性的酶原形式从细胞分泌出来，经过切断部分肽段后即变成有活性的酶。酶原的这种激活，通常引起其构象变化。如胰蛋白酶原的激活。

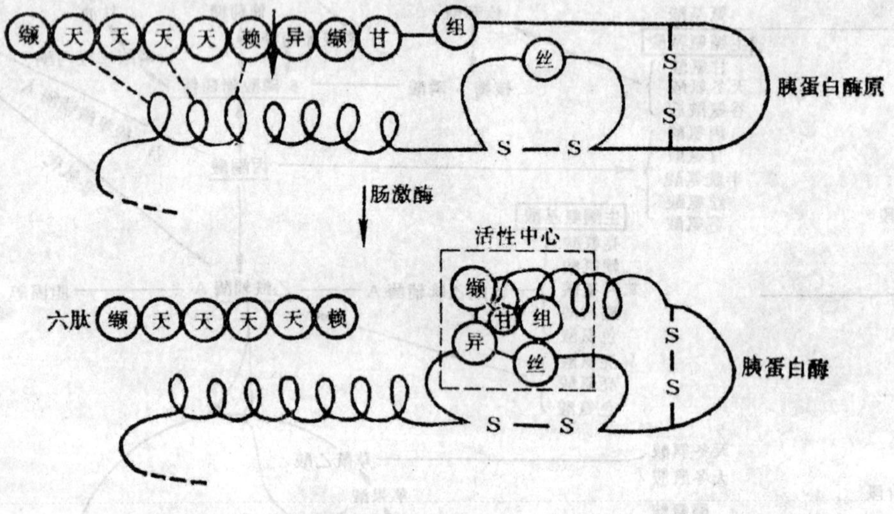

(2)酶的别构调节。指小分子效应物非共价结合于酶的调节部位，从而改变酶的活性的现象。酶的别构调节分为酶活的前馈和反馈调节。酶活的前馈是指底物对酶活性的影响。酶活的反馈是指产物对酶活性的影响。

(3)酶的化学修饰调节。酶蛋白在其他酶的催化下，使酶分子以共价键结合或某种特殊的化学基团而使酶处于活性和无活性的互变状态，从而调节酶的活性，称为化学修饰，也称为共价修饰。如无活性的磷酸化酶 b 在磷酸化酶激酶的催化下可转变为有活性的磷酸化酶 a。磷酸化酶的激活过程，属于级联放大过程，即连续代谢反应中的一个酶被激活后，连续地发生其他酶被激活，导致原始信号的放大。

2.1.2 酶量的调节。细胞内有些酶可以通过酶量的变化来调节代谢的速率，也即酶合成的调节。酶量的调节涉及到基因、蛋白质的合成，是一种慢调节，需几小时或几天才能完成。

2.2 激素水平调节

激素是生物体内特定细胞产生的对某些靶细胞具有特殊刺激作用的微量物质。在机体的代谢过程或生理过程起调控作用。激素通过细胞膜受体、细胞内受体起作用。其作用机理为：激素作为第一信使，cAMP 作为第二信使，通过改变酶活性调节代谢；激素与细胞内受体结合，形成激素－受体复合物。其作为转录增强物，控制特异蛋白质(或酶)的基因表达，从而调节代谢。如类固醇激素的调节。见图 8－12。

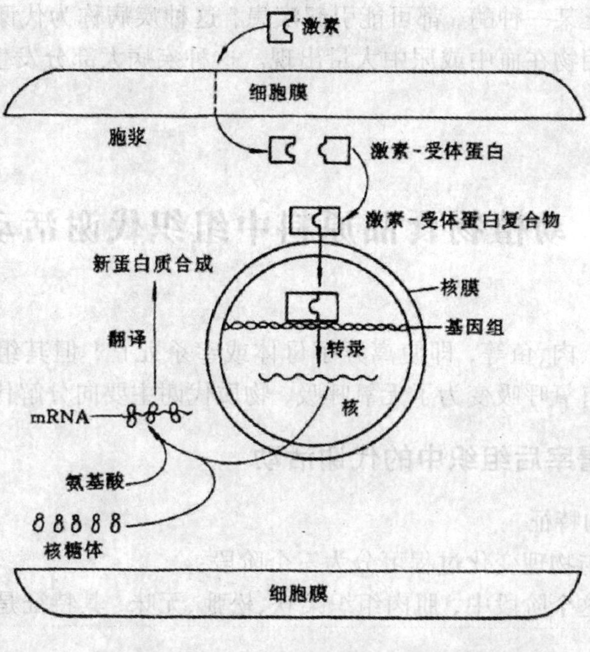

图 8－12　类固醇激素作用原理

2.3 神经水平调节

人和高等动物的新陈代谢处于中枢神经系统的控制下。神经系统的作用短而快，激素的作用缓慢而持久。神经系统的调节是能通过激素发挥作用的。神经系统的调节既能直接影响代谢活动，又能影响内分泌腺分泌激素而间接控制新陈代谢的进行，所以神经系统的调节具有整体性特点。

任务三　代谢紊乱与人体健康的关系

3.1 糖代谢紊乱

糖代谢正常可维持血糖浓度的相对恒定。正常人空腹血糖浓度为 80 ~ 120mg/10dL。当血糖低于 60 mg/dL，就会严重妨碍脑等组织的能量代谢，导致低血糖症状；当血糖浓度高于 160mg/dL 时，糖不能完全被机体利用导致高血糖症，多余的糖随尿液排除，导致糖尿病。糖代谢紊乱将会引起血糖浓度过高或血糖浓度过低，从而引发相关疾病。人体内血糖浓度可通过胰岛素、肾上腺素进行调节。

3.2 脂代谢紊乱

脂类代谢紊乱，一方面会引起肥胖，导致肥胖症；另一方面，脂类在肝脏堆积，肝脏脂蛋白不能及时将肝细胞中的脂肪运出，造成脂肪在肝细胞中的堆积，引起脂肪肝，脂肪肝继续加剧会导致肝硬化。此外，脂类代谢紊乱，还将导致高血脂症、高血脂蛋白症、高甘油三酯、高游离脂肪酸症、高血酮症、动脉硬化等疾病。

3.3 蛋白质代谢紊乱

由于蛋白质在人体内不能储存，因此要从食物中补充足够的蛋白质。蛋白质是机体组成的重要成分，蛋白质缺乏将导致营养不良，成人消瘦疲乏，易感染，小儿生长发育迟缓；蛋白质的摄入量过少则会起营养不良性消瘦 。

氨基酸代谢中缺乏某一种酶，都可能引起疾患，这种疾病称为代谢缺陷症。由于某种酶的缺乏致使该酶的作用物在血中或尿中大量出现。这种疾病大部分发生在婴儿时期，常在幼年就导致死亡。

项目七　动植物食品原料中组织代谢活动的特点

新鲜的水果、蔬菜、肉、鱼等，即使离开了母体或宰杀死亡，但其组织细胞仍然具有生物活性。动物在屠宰后有氧呼吸变为了无氧呼吸，物质代谢主要向分解代谢的方向进行。

任务一　动物屠宰后组织中的代谢活动

1.1 动物死亡后的特征

动物死亡后生化与物理变化过程可分为三个阶段：

1. 尸僵前期。在这个阶段中，肌肉组织柔软、松弛、无味，其特征是 ATP 及磷酸肌酸含量下降，无氧呼吸活跃。

2. 尸僵期。此时期特征是磷酸肌酸消失，ATP 含量下降，肌肉中的肌动蛋白及肌球蛋白逐渐结合，形成没有延伸性的肌动球蛋白。肌肉的持水性降低，呈僵硬强直的状态，即尸僵。此阶段的肉不适合进行加工。

哺乳动物死亡后 8 ~ 12h 开始僵化，经 15 ~ 20h 后终止；鱼类死后僵化开始于死后约 1 ~ 7h，持续时间约 5 ~ 20h 不等。

3. 尸僵后期。尸僵缓解。此阶段蛋白酶的活性作用而使肌肉蛋白质发生部分水解，非蛋白氮增加，肉的食用质量随着尸僵缓解达到最佳适口度。此阶段可对肉进行烹调。

1.2 组织呼吸途径的转变

在正常生物体内，存在着有氧和无氧呼吸两种方式，主要的呼吸过程是有氧呼吸。动物宰杀后，血液循环停止而供氧也停止，组织呼吸转变为无氧的酵解途径，最终产物为乳酸。

1.3 动物死亡后组织中 ATP 含量的变化

动物宰杀死亡后，哺乳动物主要通过磷酸解途径进行糖原的降解，鱼中糖原的降解主要通过水解途径。由于糖原不能再继续被氧化为 CO_2 和 H_2O，因而阻断了肌肉中 ATP 的主要来源。在无氧条件下，每一个己糖残基只能净获 3 个 ATP 分子。在动物死后的一段时间里，肌肉中的 ATP 尚能保持一定的水平，这是一种暂时性的表面现象，其原因是在刚死后的动物肌肉中肌酸激酶与 ATP 酶的偶联作用而使一部分 ATP 得以再生，一旦磷酸肌酸消耗完毕，ATP 量就显著降低。

1.4 pH 的变化

动物被屠宰后，动物组织的呼吸途径由有氧呼吸转变为无氧酵解，组织中乳酸逐渐积累，肌肉的 pH 立即下降。屠宰后 pH 受屠宰前动物体内糖原贮藏量的影响，若屠宰前动物曾强烈挣扎或运动，则体内糖原含量减少，宰后 pH 也较高，在牲畜中可达6.0 ~ 6.6，在鱼类达 7.0，被称为碱性尸僵。温血动物宰杀后 24 小时内肌肉组织的 pH 值由正常生活时 7.2 ~ 7.4 降至 5.3 ~ 5.5，随着乳酸的生成积累，pH 值下降。宰后动物肌肉保持较低的 pH，有利于抑制腐败细菌的生长和保持肌肉色泽。

1.5 肌肉中蛋白质的变化

蛋白质对于温度和pH都很敏感，由于动物肌肉组织中的酵解作用，在一段时间内，肉尸组织中的温度升高，pH降低，肌肉蛋白质很容易因此而变性。因此大型屠宰场中要将肉胴体清洗干净后立即放在冷却室中冷却。

(1)肌肉蛋白质的变性。动物肌肉中主要有两种蛋白质:肌动蛋白和肌球蛋白，在尸僵前期两者是分离的，随着ATP浓度降低，肌动蛋白及肌球蛋白逐渐结合成没有弹性的肌动球蛋白，这是尸僵发生的一个主要标志。

(2)肌肉蛋白质持水力的变化。肌肉蛋白质在尸僵前具有高度的持水力，随着尸僵的发生，在组织pH降到最低点时，持水力也降至最低点;尸僵以后，肌肉的持水力又有所回升，其原因是尸僵缓解过程中，肌肉中的钠、钾、钙、镁等阳离子的移动造成蛋白质分子电荷增加，从而有助于水合离子的形成。

任务二 新鲜水果、蔬菜组织中的代谢活动

2.1 采收后水果、蔬菜组织的呼吸

2.1.1 呼吸途径。在贮藏的水果、蔬菜中，呼吸作用的基本途径包括酵解、三羧酸循环及磷酸己糖支路。在未发育成熟的植物组织中，主要是通过酵解－三羧酸循环这一代谢主流途径进行，磷酸己糖支路的比例增大，例如在辣椒中为28%～36%，番茄中为16%。水果、蔬菜的成熟度不同，呼吸途径不同。

2.1.2 呼吸强度。不同种类植物的呼吸强度不同，同一植物不同器官的呼吸强度也不同。一般而言，凡是生长快的植物呼吸速率就快，生长慢的植物呼吸速率就慢。采收后呼吸强度下降。

组织、器官不同，呼吸强度不同。叶片组织细胞间隙发达，气孔极多，表面积大，因而叶片随时受到大量空气的洗刷，表现为呼吸强度大，所以叶菜类不易在普通条件下保存。而肉质的植物组织，由于不易透过气体，所以呼吸强度比叶片组织低，相同条件下较易保存。

组织间隙气体的存在，给水果、蔬菜的罐藏加工至少带来以下三个问题:褐变;在罐头杀菌时因气体受高温而发生物理性的膨胀;影响罐头沥干。

可以采取两种方法排除水果、蔬菜组织间隙气体:热烫法和真空渗入法。

2.1.3 影响呼吸的因素

(1)温度。温度高则酶活性强，呼吸强;湿度80%～90%可防水分蒸发，湿度过大微生物滋生，易腐败;大气组成中减氧与增二氧化碳利保鲜;机械损伤及微生物感染引起呼吸强度增高;植物组织较嫩则呼吸强度高。蔬菜在室温下放置24h，可损失其所含糖的1/3～1/2，直到接近生命活动结束的限度为止。

在冰点以下保藏水果、蔬菜，会造成果蔬细胞结冰异常膨胀，细胞质损坏，细胞中的酶和底物游离出来，加快细胞的呼吸，使水果、蔬菜加速衰老。如香蕉贮藏的最适温度是11℃－14℃，放入冰箱反而会受“冷害”，造成果皮上起斑点或变成黑褐色，破坏品质和风味。

一般水果、蔬菜汁液的冰点在－4℃－2.5℃，因此大多数蔬菜、水果可以在0℃附近保存(实际保存温度是4℃－5℃。)

(2)湿度。生长中的植株一方面不断由其表面蒸发水分，一方面由根部吸收水分而得到

补充。当保存水果、蔬菜的环境中的相对湿度以保持在80% ~90%，可防止水分蒸发。湿度过大以至饱和时，大量微生物滋生，水果、蔬菜易腐败；微生物呼吸又消耗大量的氧，生成大量的 CO_2 使贮藏条件恶化，蔬菜的呼吸和蒸发会使之失重和萎缩。减少一些含水量利于贮藏，但保持一定含水量利于保鲜。减少一些含水量利于贮藏，但保持一定含水量利于保鲜。

(3)大气组成的影响。改变环境大气的组成可以有效地控制植物组织的呼吸强度。减少空气中的氧气、增加 CO_2 的含量都有利于水果、蔬菜的保鲜。随着氧浓度增高，呼吸加强；降低氧浓度，呼吸减弱。但应保持氧的最低浓度，使其不发生或微有无氧呼吸，后者产生有毒物质(乙醛、乙醇)，有碍正常生理作用。CO_2 浓度增高会使呼吸作用降低，但会引起一系列生理生化反应，常使水果、蔬菜出现异味，许多水果、蔬菜的最适氧浓度为3%左右，CO_2 浓度为0 ~5%左右。根据这一原理制定的贮藏方法称为气调贮藏法或调变大气贮藏法。

(4)机械损伤及微生物感染的影响。机械损伤及微生物感染引起呼吸强度增高，组织通透性增加，氧含量上升，伤口要愈合组织，就要消耗大量的原料和能源，这是一种呼吸强度加大的伤呼吸。伤口流出的糖、蛋白质、维生素等营养物质，又会刺激微生物的生长，故受伤严重的蔬菜易发热和腐烂。如切开的苹果会发生霉变，不利于储藏。

(5)植物组织的龄期与呼吸强度的关系。水果、蔬菜的呼吸强度不仅依种类而异，而且因龄期而不同。幼嫩器官的呼吸能力强，趋向成熟的器官呼吸能力弱。种子内胚的呼吸比胚乳强。

2.2 水果、蔬菜成熟的过程

成熟是指植物种子的胚发育完全，具有萌发成新植株能力时的状态。

2.2.1 成熟过程中的生物化学变化

(1)糖类物质的变化。果实在发育初期，糖分在果肉组织细胞内转化为淀粉而贮存，因而缺乏甜味，而有机酸的含量则相对较高。随后随着温度的降低，淀粉又转变为糖，糖分比例上升。

(2)蛋白质的变化。果蔬成熟过程中，氨基酸与蛋白质代谢总的趋势是降解占优势。最终蛋白质降解为氨基酸，氨基酸在呼吸作用下彻底分解。

(3)色素物质的变化。果蔬成熟过程中，叶绿素被降解，绿色减退，类胡萝卜素、花青素呈现，从而显红色或橙色。水果成熟与否，颜色是重要标志。

(4)鞣质的变化。幼嫩果实常因含有鞣质(多酚类混合物，如单宁)而具有强烈涩味，在成熟过程中涩味逐渐消失。

(5)果胶物质的变化。果胶质转化为可溶性果胶，水果由硬变软。果胶酶活力增大，将果肉组织细胞间的不溶性果胶物质溶解，果肉细胞失去相互联系，多汁果实的果肉在成熟后变软。

(6)芳香物质的变化。成熟过程中产生芳香的醇、醛、酮、酸、脂、酚、醚及萜烯类化合物等挥发性物质。

(7) V_C 的变化。果实通常在成熟期间大量积累 V_C。成熟后如果继续储存，V_C 会因为呼吸作用而成为有机酸，因此不宜久存。

2.2.2 水果、蔬菜成熟过程中的呼吸作用特征

许多水果在成熟过程中其呼吸强度有急剧陡然上升的现象，称为呼吸跃变或呼吸高峰。此时果实的色、香、味都达到最佳状态，呼吸高峰后，果实进入衰老阶段。苹果、香蕉、芒果、草莓等一般都在呼吸跃变之前收获，而无呼吸跃变现象的水果如柑橘类等应在成熟后采摘。

绿叶蔬菜没有明显的呼吸跃变现象，因此在成熟与衰老之间没有明显的区别。

2.2.3 水果成熟的机制。

乙烯对水果的催熟机制是由于它能提高果实组织原生质对氧的渗透性，促进果实的呼吸作用和有氧参与的其他生化过程。同时乙烯能改变果实酶的活动方向，使水解酶类从吸附状态转变为游离状态，从而增强了果实成熟过程的水解作用。乙烯利是人工使用的催熟剂，几乎对所有水果都有不同程度的催熟作用。

复习题

一、名词解释

1. 呼吸链　　　　2. 糖酵解

二、填空题

1. 葡萄糖的代谢途径主要包括__________、__________、__________、__________。

2. 动物死亡后生化与物理变化过程可分为__________、__________和__________三个阶段。

三、判断题（请在正确的括号里打"√"，错误的括号里打"×"）

1. 当保存水果、蔬菜时，相对湿度应保持在60%～70%。（　）
2. 每分子葡萄糖彻底氧化转变为丙酮酸可净生成12个ATP。（　）
3. 氧化磷酸化过程是在线粒体中进行的。（　）
4. 脂肪酸β－氧化时，包括水化、脱水、脱氢、羟基氧化四个过程。（　）
5. 人体内嘌呤核苷酸分解代谢的主要产物是肌酸。（　）

四、思考题

1. 葡萄糖有氧氧化过程包括哪几个阶段？
2. 简述三羧酸循环的过程及生理意义。
3. 简述氨基酸、糖、脂肪在代谢上的联系。
4. 试述乙酰CoA在代谢中的作用。

❖模块九　食品的色香味

◆基础理论和知识

1. 食品色素的定义和作用。
2. 味觉的概念和生理基础。
3. 嗅觉的概念和生理基础。

◆基本技能及要求

1. 掌握常见食品天然色素的物理化学性质。
2. 掌握常见食品天然色素可能在食品贮藏加工中发生的重要变化及其条件。
3. 掌握食品贮藏和加工中的褐变及其抑制。
4. 掌握几种呈味物质的呈味特点及其在食品中的应用。
5. 了解食品中嗅感物质形成的基本途径 。
6. 了解嗅感及其生理学、嗅感理论、嗅感分子的构性关系。

◆学习重点

食品色、香、味的形成及加工因素的影响。

◆学习难点

几种常见呈味物质及其呈味机理。

◆导入案例

2005 年在我国发生了一起严重的食品安全事件，即部分食品企业在其产品中添加了非食品原料——苏丹红。一时间我国开始紧急“围剿”苏丹红，对于这一事件，你了解多少？苏丹红是一种什么样的物质，为什么这些食品企业要在其产品中添加苏丹红？它会对人体造成哪些危害？哪些物质可以代替苏丹红添加在食品中呢？

食品有各种各样的味道，我们平时在品尝食品时常感受到不同的味道，不同的人对同一种食物所感受到的味道也不尽相同。大家平时吃杏子时是先感受到甜还是先感受到酸，人体能感受到味觉的器官是什么？

饮食文化经过了上千年的发展，在我国形成了各具特色的地方风味，这些风味是哪些化学物质作用的结果，它们之间是如何作用的呢？

在生活中常遇到这样的现象：冰激凌在刚拿出冰箱的时候并不感觉十分甜，一旦融化以后吃起来就觉得特别甜；还有些食物在趁热吃的时候味道很好，可是凉了以后就会出现味道过重，如太咸或太甜等现象。产生这些现象的原因是什么呢？

◆讨论

1. 大家平时看到的很多食品的颜色五彩缤纷，是什么原因形成的呢？

2. 绿叶蔬菜有时放置一段时间会发黄，是为什么呢？

3. 虾经过加热处理会变红色，这是为什么呢？

4. 自然界的花朵为什么会有五颜六色的颜色？

项目一 食品中的色素

食品的色泽是构成食品感官质量的一个重要因素。食品的色泽能诱导人的食欲，红色的草莓、橙色的柑橘，紫色的葡萄、金黄的鸭梨，使人赏心悦目，刺激人们的食欲。因此，保持或赋予食品以良好的色泽是食品科学技术中的重要问题。

食品中的天然色素在加工、贮存过程中常褪色或变色。食品工业中广泛使用一些人工合成的色素来使食品着色。因而，开发无害食用色素是非常重要的。

1.1 人类使用色素的历史

早在公元10世纪以前，古人就开始利用植物性天然色素给食品着色。

最早使用色素的是大不列颠的阿利克撒人。

美洲的托尔铁克人与阿芒特克族人相继从雌性胭脂虫中提取胭脂红。

我国自古就有将红曲米酿酒、酱肉、制红肠等习惯。西南一带用黄饭花、江南一带用乌饭树叶捣汁染糯米饭食用。

1.2 颜色的产生的

各种色素都是由发色基团和助色基团组成的。凡是有机化合物分子在紫外及可见光区域内(200～700nm)有吸收峰的基团都称为发色基团，如—C ═ C—、—C ═ O、—CHO、—COOH、—N ═ N—、—N ═ O、—NO_2、—C ═ S等。有些基团的吸收波段在紫外区，不可能发色，但当它们与发色团相连时，可使整个分子对光的吸收向长波方向移动，这类基团被称为助色团。如：—OH、—OR、—NH_2、—NR_2、—SH、—Cl、—Br。不同色素的颜色差异和变化主要取决于发色基团和助色基团。

食品所显示出的颜色，不是吸收光自身的颜色，而是食品反射光(或透射光)中可见光的颜色。若光源为自然光，食品吸收光的颜色与反射光的颜色互为补色。例如，食品呈现紫色，是其吸收绿色光所致，紫色和绿色互为补色。食品将可见光全部吸收时呈黑色，食品将可见光全部通过时无色。

1.3 食品色素的作用

1.3.1 通过视觉给人以美感；

1.3.2 决定食品的质量；

1.3.3 决定食品的可接受性。

任务一 食品中的天然色素

1.1 概念

天然色素即食品中固有的色素，一般是指新鲜原料中眼睛能看到的有色物质，或者本来无色而能经过化学反应呈现颜色的物质。

1.2 分类

(1)按来源不同

植物色素 如绿色(叶绿素)、红色或紫色(花青素)等。

动物色素 如肌肉中的血红色，虾、蟹表皮的类胡萝卜素等。

微生物色素 如红曲霉的红曲素等。

植物色素最为缤纷多彩，是构成食品色泽的主体。

(2)按溶解性不同

脂溶性色素 如叶绿素、类胡萝卜素等。

水溶性色素 如花青素等。

(3)按化学结构的不同

四吡咯衍生物(或卟啉衍生物) 如叶绿素、血红色、肌红素等。

异戊二烯衍生物 如类胡萝卜素、虾青素、虾红素等。

多酚类衍生物 如花青素、花黄素(花酮素)、儿茶素、单宁等。

酮类衍生物 如红曲色素、姜黄素等。

醌类衍生物 如虫胶色素、胭脂虫红等。

1.3 常见的食品天然色素

(1)吡咯类色素

吡咯色素是由四个吡咯环的 α－碳原子通过次甲基相连而形成的共轭体系，中间通过共价键或配位键与金属元素形成配合物，而呈现各种颜色。由四个吡咯联成的环称为卟吩，当卟吩环带有取代基时，称为卟啉类化合物。

★血红素

血红素是高等动物血液、肌肉中的红色色素，是亚铁卟啉化合物。它是血红蛋白、肌红蛋白等的辅基。血红素由两个部分即一个铁原子和一个平面卟啉环所组成，卟啉是由四个吡咯通过亚甲桥连接构成的平面环。动物肉的颜色是由于存在着两种色素即肌肉中的肌红蛋白和血液中的血红蛋白。它们都是血红素与球状蛋白结合而成的结合蛋白，因此，肉的色素化学实际上是血红素色素化学。

血红素的结构特点为:铁为 +2 价;有一个由 4 个吡咯环连接而成的卟吩环;存在共轭体系，使该物质呈现颜色，有酸性。血红素基团的结构如图 9－1 所示。

动物屠宰放血后，对肌肉组织的供氧停止，新鲜肉中的肌红蛋白则保持还原状态，肌肉的颜色呈稍暗的紫红色。当鲜肉存放在空气中，肌红蛋白向两种不同的方向转变，部分肌红蛋白与氧气发生氧合反应生成鲜红色的氧合肌红蛋白，部分肌红蛋白与氧气发生氧化反应，生成褐色的高铁肌红蛋白。肌红蛋白的相互转化如图 9－2 所示。

新鲜肉的红色就是由于氧肌红蛋存在而呈红色，它可以通过两个阶段变为褐色。其机理为：(a)动物屠宰放血后，肌肉组织供氧停止，此时肌肉中的色素为肌红蛋白而呈紫红色。(b) 当鲜肉放置于空气中时表面的肌红蛋白与氧气结合而形成氧合肌红蛋白呈紫红色，而其内部仍处于还原状因而仍呈紫红色。(c)在有氧或氧化剂存在时亚铁血红素可被氧化为高铁肌红蛋白，形成了棕褐色，所以只要肉中还有还原性物质存在肌红蛋白就会保持红色，当还原性物质耗尽时高铁肌红蛋白的褐色就会成为主要色泽。

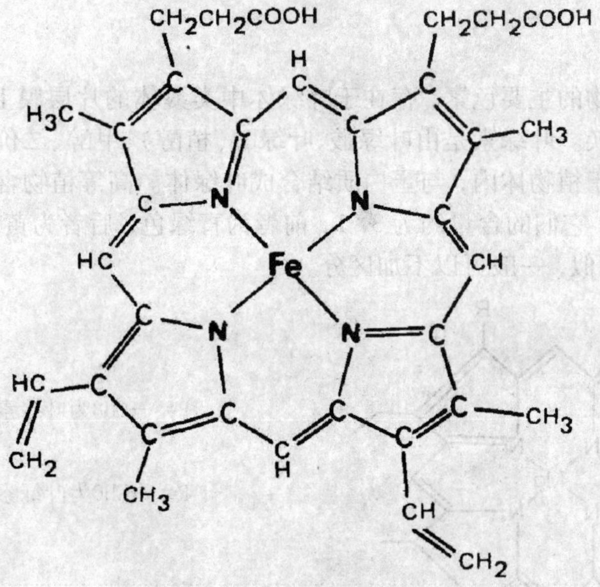

图 9－1 血红素基团的结构

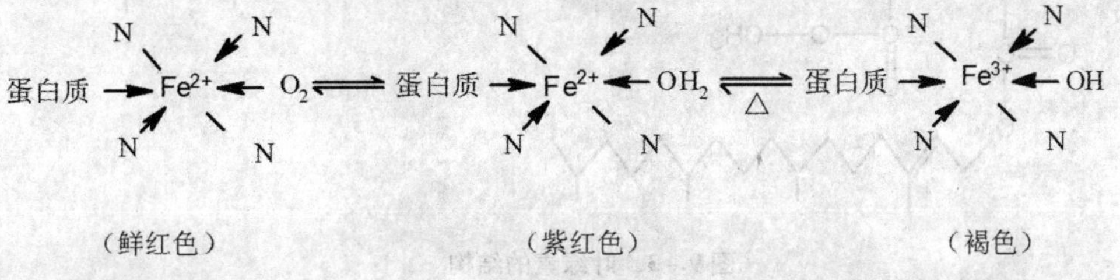

图 9－2 肌红蛋白的相互转化

影响肉色泽的因素主要有：a. 还原剂的影响：例如当有还原性巯基（－SH）存在时肌红蛋白会形成绿色的硫肌红蛋白；当有其他还原剂如 Vc 时可以生成胆肌红蛋白，并很快地被氧化生成球蛋白、铁和四吡咯环，这个反应在 pH＝5～7 的范围内发生。b. 加热的影响：在加热时球蛋白变性，Fe^{2+} 暴露出被氧化变为 Fe^{3+}，所以熟肉的色泽为褐色，称为高铁血色原。c. 护色剂的影响：在对肉进行腌制时肌红蛋白等会同亚硝酸盐的分解产物 NO 等发生反应，生成不太稳定的亚硝酰基肌红蛋白（NO－Mb），它在加热后可以形成稳定的亚硝基血色原，这是腌肉中的主要色素。

火腿、香肠等肉类腌制品的加工中经常使用硝酸盐或亚硝酸盐作为发色剂。血红素的中心铁离子可与氧化氮以配价键结合而转变为氧化氮肌红蛋白，加热则生成鲜红的氧化氮肌色原。因此，腌肉制品的颜色更加诱人，并对加热和氧化表现出更大的稳定性。但可见光可促使氧化氮肌红蛋白和氧化氮肌色原重新分解为肌红蛋白和肌色原，并被继续氧化为高铁肌红蛋白和高铁肌色原。这就是腌肉制品见光褐变的原因。

血红素在强烈氧化后会变成绿色，反应发生在α-亚甲基上，绿色的形成有三种情况：a. 由于一些细菌活动产生的 H_2O_2 可直接氧化α-亚甲基；b. 由于细菌活动产生的 H_2S 等硫化物，在氧或 H_2O_2 存在下，可直接加在α-亚甲基上；c. 由于 MNO_2 过量引起。这是肉类偶尔发生变绿现象的原因。

★叶绿素

叶绿素是绿色植物的主要色素，存在于叶绿体中类囊体的片层膜上，在植物光合作用中进行光能的捕获和转换。叶绿素是由叶绿酸、叶绿醇(植醇)、甲醇、二价镁离子等部分构成的二醇酯。叶绿素存在于植物体内，与蛋白质结合成叶绿体。高等植物含有两种叶绿素即叶绿素 a 和叶绿素 b 共存，它们的含量约为 3∶1，前者为青绿色，后者为黄绿色。二者的结构、性质、分布和变化极为相似，一般可以不加区分。

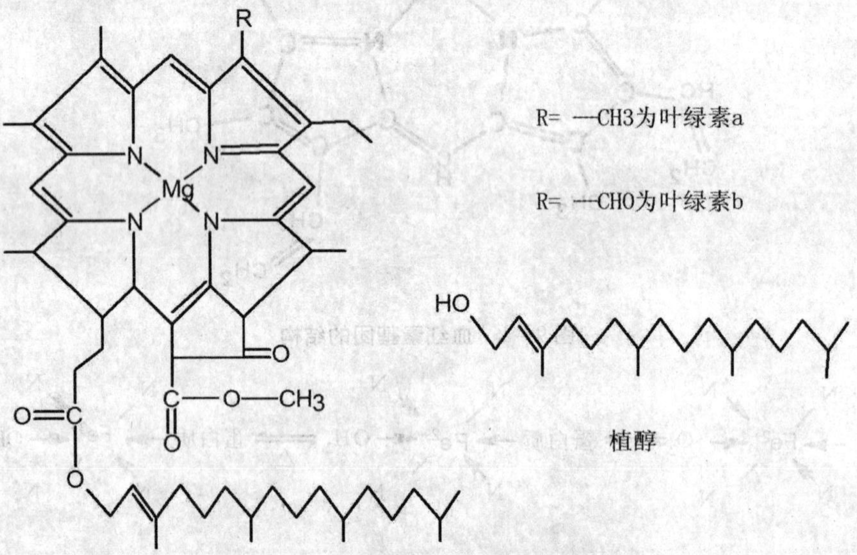

图 9-3　叶绿素的结构

叶绿素对酸敏感，在酸性条件下，叶绿素中的镁原子会被氢原子代替而形成暗绿色或绿褐色的去镁叶绿素，但在碱性溶液中叶绿素会被水解为仍为鲜绿色的叶绿酸盐，且形成的绿色更为稳定，因此在蔬菜技术工中可用石灰水或氢氧化镁处理，以提高溶液 pH，保持蔬菜的鲜绿色。而在适当条件下叶绿素中的 Mg 还可以被其他元素如：Cu、Fe、Zn 等取代或置换，形成的取代物的颜色仍为鲜绿色，且稳定性大为提高，尤其以叶绿素铜钠的颜色最为鲜亮。

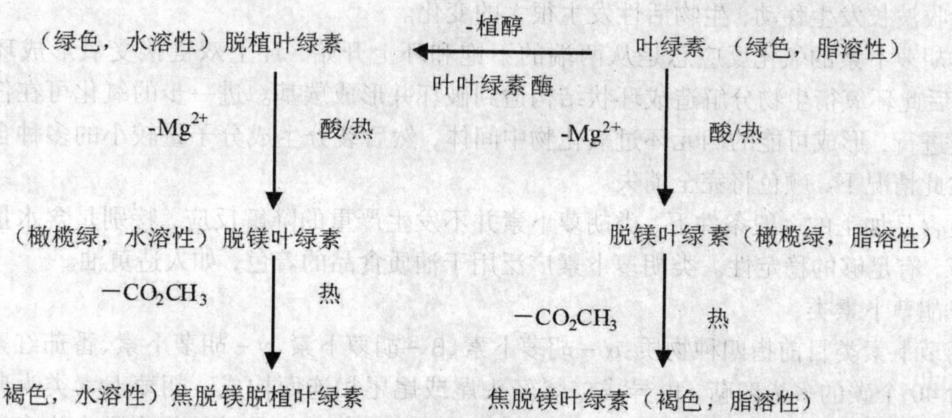

图 9－4　叶绿素的衍生物

叶绿素 a 为蓝黑色的粉末，熔点为 117℃～120℃，溶于乙醇溶液而呈蓝绿色，并有深红色荧光。叶绿素 b 为深绿色粉末，熔点为 120℃～130℃，其醇溶液呈绿色或黄绿色，并有荧光。二者不溶于水而溶于乙醇、乙醚、丙酮等脂肪溶剂中，不耐热和光。

叶绿素在酸的作用下能生成脱镁叶绿素，颜色由绿色向褐色转变。如蔬菜在收获后，由于植株体内有机酸的存在，生成脱镁叶绿素，颜色变黄甚至变褐，腌制蔬菜时颜色的变化则由乳酸而致。许多酶能促进叶绿素的破坏，如脂酶、蛋白酶，叶绿素酶直接以叶绿素为底物。

叶绿素损失的主要原因是蔬菜的加工处理（热烫和杀菌），其变化主要是热和酸造成了叶绿素向焦脱镁叶绿素的转化，造成颜色的变化。这是由于：(a)加热下组织的破坏，细胞内的成分（包括有机酸）不再区域化，因而加强了与叶绿素的接触。(b)加热时，生成新的有机酸如草酸、苹果酸、乙酸、琥珀酸、柠檬酸，脂肪会水解成脂肪酸，蛋白质分解成 H_2S 或脱羧产生 CO_2 等，降低了 pH，使其酸性化。为了护色，常将石灰水或氢氧化镁加入热烫液中，以提高 pH，并有一定的保脆作用。绿色植物在储藏加工过程中经常发生光解，即在光和氧气的作用下破坏卟吩环，产生一系列小分子，因此在储藏绿色植物性食品时，应避光、除氧，以防止光氧化褪色。

(2)多烯色素（类胡萝卜素）

类胡萝卜素是由戊二烯残基为单位组成的共轭双键长链体系。总称此类色素为类胡萝卜素。类胡萝卜素是一类使动植物食品显现黄色和红色、橙色的脂溶性色素。它广泛分布于自然界，据估计自然界每年生成类胡萝卜素达 1 亿吨以上，其中大部分存在于高等植物中。类胡萝卜素和叶绿素同时存在于陆生植物中，类胡萝卜素的黄色常常被叶绿体的绿色所覆盖，在秋天当叶绿体被破坏之后类胡萝卜素的黄色才会显现出来。

类胡萝卜素热稳定性较好，pH 对其影响不大，但抗氧化、抗光照性能较差，易被酶分解褪色。类胡萝卜素为具有多个共轭双键的分子，按其结构中是否含有 C、H 元素组成的官能团而将类胡萝卜素分为两大类：一类为纯碳氢化物，被称为胡萝卜素；另一类的结构中含有含氧基团，称为叶黄素类。含氧胡萝卜素可溶于甲醇和乙醇，而不含氧的只在甲醇、乙醇中微溶，易溶于石油醚。

由于类胡萝卜素特殊的结构（多烯，全反），使得其容易发生异构化和氧化降解反应。在加热、酸或光的作用下，类胡萝卜素可发生异构化反应，部分双键的构型由反式变为顺式，导致其吸收波长发生移动，生物活性发生很大的变化。

类胡萝卜素的氧化反应总是从两端的不饱和环上开始，环上双键接受氧形成环氧衍生物，然后此环氧衍生物分解造成环状结构遭到破坏并形成羰基。进一步的氧化可在任何一个双键上进行，形成可能的四元环过氧化物中间体，然后裂分生成分子量较小的多种含氧化合物。在此情况下，颜色将完全消失。

在食品加工的一般条件下，类胡萝卜素并不发生严重的降解反应，特别是含水量较大的情况下，有足够的稳定性。类胡萝卜素广泛用于油质食品的着色，如人造黄油。

★胡萝卜素类

胡萝卜素类目前指四种物质：α－胡萝卜素、β－胡萝卜素、γ－胡萝卜素、番茄红素。它们都是含40个碳的多烯四萜，由异戊二烯经头尾或尾尾相连而构成。胡萝卜素类为典型的脂溶性色素，易溶于石油醚、乙醚难溶于甲醇和乙醇。胡萝卜素是动植物产品中许多黄色或红色的来源。如β－胡萝卜素广泛应用于人造奶油、胶囊、鱼浆炼制品、素食产品、速食面的调色等。而经过微胶囊处理的β－胡萝卜素，可转化为水溶性色素，几乎所有的食品都可以应用。另外，β－胡萝卜素在饲料、化妆品等方面有重要用途。

胡萝卜素颜色在多数加工和贮藏条件下是相当稳定的，变化只是轻微的，但在有些加工条件下，使得其容易发生异构化和氧化降解反应，严重影响胡萝卜素在食品中的色感。

★叶黄素类

叶黄素类是胡萝卜素类的含氧衍生物，随着含氧量的增加，它们的脂溶性下降，因此叶黄素在甲醇和乙醇中很好溶解，而难溶于乙醚、石油醚。叶黄素类的颜色为黄色或橙黄色，少数为红色，如与蛋白质相结合，颜色可能发生改变。

叶黄素类在加工中遇到光照、氧化、中性或酸性条件下加热，会发生异构化和氧化降解反应，缓慢地使食品发生褪色或褐变。

(3)多酚类色素(花色素苷)

花色素苷是一类在自然界分布最广泛的水溶性色素。由于细胞汁液中存在着这类水溶性化合物，因此水果、蔬菜和花能够显示鲜艳的颜色。植物中的许多颜色(包括蓝色、红紫色、紫色、红色及橙色等)都是由花色素苷产生。花色素苷是植物中最主要的水溶色素，它包括花青素、花黄素和植物鞣质。鞣质既可视为呈味(涩)物质，也可列入呈色物质，它们都是多元酚的衍生物。

★花青素类

花青素的基本结构是α－苯基苯并吡喃。由于其上的取代基及取代基的位置不同，就形成了形形色色的花青素。水果、花卉的缤纷色彩就是由于它们的存在而形成的。花青素的颜色随着结构和环境的pH不同而显现出不同的颜色。

花青素是一大类主要的水溶性色素，并构成植物花、茎、叶及果实等的美丽色彩。已知有20种花青素，但在食品中重要的仅有6种，分别是天竺葵色素、矢车菊色素、芍药色素、飞燕草色素、牵牛花色素、核锦葵色素等。

花青素在自然状态下以糖苷形式存在，在氧及氧化剂存在下极不稳定。花青素是水溶性色素，在果蔬加工时会大量流失。花青素分子中吡喃环上的氧为4价，呈碱性，同时因为有酚羟基，又具有酸性，故使花青素在不同的pH下有不同的结构，从而呈现不同的颜色。果蔬在成熟前后分别出现不同的颜色，就是因为pH变化的缘故，这也是同一种花青素在不同的花果中呈现不同颜色的原因之一。因此含花青素的水果必须装在玻璃瓶中。

花青素在光照下或受热下会发生聚合反应，生成高分子聚合物而呈褐色。二氧化硫能与花青素发生加成反应，使之褪色，若将二氧化硫加热除去，原有的颜色可以部分恢复。因此在加工含有花青素的食品时一定要进行护色处理。花青素与金属离子钙、镁、铁、铝反应生成盐类而呈现灰紫色、紫红色等深色，不再受 pH 的影响，因而果蔬加工时宜用不锈钢器皿。

霉菌和植物组织中有分解花青素的酶，使花青素褪色。在许多水果蔬菜中，广泛存在一种无色或接近无色的酚类物质，称为无色花青素，它的结构不同于花青素，但可以转变为有色的花青素。这是罐藏水果果肉变红、变褐的原因。

★花黄素

花黄素的结构母核是 α－苯基苯并吡喃酮，也称去氢黄酮或简称黄酮。在此基础上作出变形或在不同碳位上发生羟基或甲氧基取代，即成为各种黄酮色素，如杨梅素、槲皮素及橙皮素等。花黄素广泛分布于植物组织细胞中，为水溶性色素物质。花黄素的颜色一般并不显著，常为浅黄色至无色，偶为鲜明橙黄。呈色能力不强，但在加工过程中会因 pH 和金属离子的存在而产生不良颜色，影响产品的色泽。

花黄素在碱性条件下显现出明显的黄色，原因是花黄素在碱性条件下发生转型形成查尔酮型结构，如马铃薯、稻米、芦笋、荸荠、花椰菜、甘蓝等用碱性水(如硬水)煮制后出现变黄现象。在加工这类食物时可通过醋酸或柠檬酸调整水的 pH，避免黄酮色素的变化。

★植物鞣质

鞣质是指一切有涩味，能与金属离子反应或因氧化而产生黑色的物质，也称为单宁。是高分子多元酚的衍生物，易氧化，易与金属离子反应生成褐黑色物质，含多个酚羟基。它有涩味，是植物可食部分涩味的主要来源。在某些植物如石榴、咖啡、茶叶、柿子等中含量较多，是涩味的主要来源。主要单体为儿茶酚、焦性没食子酸、原儿茶酸、没食子酸等。

植物鞣质可分为水解型和缩合型两类，水解型由单体通过酯键形成，在温和的条件下用稀酸、酶或沸水可水解为鞣质单体物质。缩合型鞣质是由单体分子之间用 C－C 键相连而成，在温和的条件下处理，不易分解为单体分子而是进一步聚合成高分子物质。

鞣质都具有潮解性，在空气中氧化成暗黑色的氧化物，碱可强化这一氧化作用；鞣质与金属离子反应可生成不溶性的盐类，与铁离子反应生成蓝黑色物质，所以加工这类食物不能使用铁质器皿。果汁中的鞣质能与果胶作用生成沉淀。作为呈色物质，鞣质在植物组织受损及加工过程中起作用，影响制品的色泽。在食品加工中，可利用单宁与蛋白质发生的沉淀反应，从而消除涩味。单宁在加热、氧化等条件下可发生缩合反应而消除涩味。

(4)醌酮类色素

用于食品着色的天然醌酮类色素主要是红曲色素、姜黄色素、甜菜色素等。

★红曲色素

是红曲霉在生长代谢过程中产生的天然色素。红曲色素是用水将米浸透、蒸熟，接种红曲霉菌发酵而成。用乙醇提取得到红曲色素溶液，进一步精制结晶可得红曲色素。红曲色素具有较强的耐光、耐热性，对 pH 稳定，几乎不受金属离子的影响，抗氧化剂、还原剂的能力强。我国民间将其作为食品着色剂有着悠久的历史。红曲色素有 6 种结构相似的组分，其中黄色、橙色和紫色各两种，均属于酮类化合物，其化学结构如图 9－5。

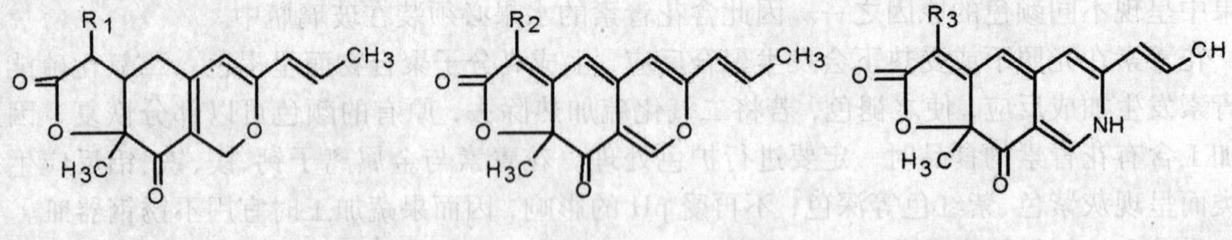

（黄色）　　　　（橙色）　　　　（紫色）

R_1= —COC_3H_{11}　　R_2= —COC_5H_{11}　　R_3= —COC_5H_{11}

红曲素　　红斑红曲素　　红斑红曲胺

R_1= —COC_7H_{15}　　R_2= —COC_7H_{15}　　R_3= —COC_7H_{15}

黄红曲素　　红曲玉红素　　红曲玉红胺

图 9－5　红曲色素的结构

红曲色素安全性高，稳定性强，着色性好，特别是对蛋白质着色。广泛用于畜产品、水产品、豆制品、酿造食品和酒类的着色。我国允许按正常生产需要量添加于食品中。

★姜黄色素

是从草本植物姜黄根茎中提取得到的一种黄色色素，它是一种二酮类化合物。分子结构见图 9－6。

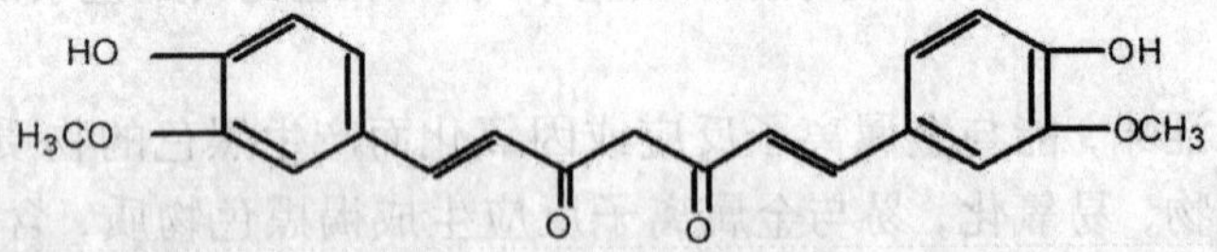

图 9－6　姜黄素的结构

姜黄色素为橙黄色粉末，在中性和酸性水溶液中呈黄色，碱性溶液中呈褐红色，对蛋白质着色力较强，常用于咖喱粉、黄色萝卜条的增香着色，它具有类似胡椒的香味。耐光耐热性差，易与铁离子结合而变色。

★甜菜色素

甜菜色素是存在于食用红甜菜(俗称紫菜头)中的天然食用色素，也存在于一些花和果实中，它包括甜菜红素与甜菜黄素，都是吡啶的衍生物，与糖生成苷而存在于植物中。其结构如图 9－7 所示

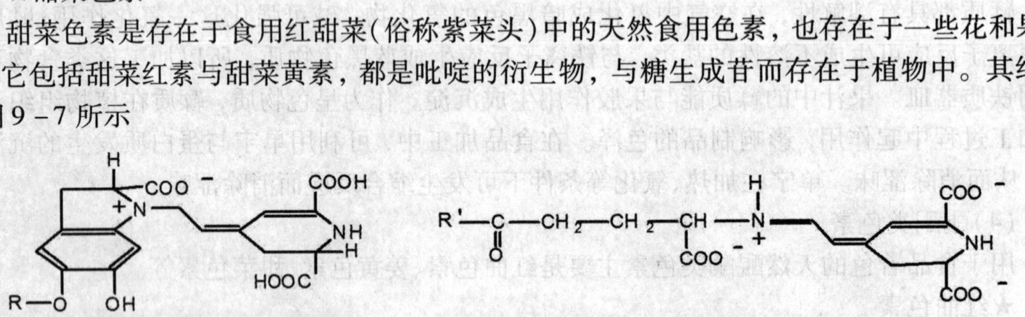

甜菜红素　　　　甜菜黄素

甜菜红素：R = H　　甜菜黄素 I：R′ = —NH_2

甜菜红苷：R = β–葡萄糖　　甜菜黄素 II：R′ = —OH

前甜菜红素：R = 6–硫酸葡萄糖

图 9－7　甜菜红的结构

甜菜色素易溶于水呈红紫色，在 pH4.0～7.0 范围内不变色；pH 小于4.0 或大于7.0 时，溶液颜色由红变紫；pH 超过 10.0 时，溶液颜色迅速变黄，此时甜菜红素转变成甜菜黄素。

甜菜色素的耐热性不高，在 pH4.0～5.0 时相对稳定，光、氧、金属离子等可促进其降解。水分活性对甜菜色素的稳定性影响较大，其稳定性随水分活性的降低而增大，因此可作为低水分食品的着色剂。甜菜色素对食品的着色性好，能使食品具有杨梅或玫瑰的鲜红色泽，我国允许用量按正常生产需要而定。

(5)其他天然色素

除了上述几大类外，存在于食品中或添加于食品中的天然色素还有紫胶虫色素、胭脂虫色素、紫草色素等多种。

紫胶虫也是一种树木寄生昆虫，其分泌物即紫胶，又称紫草茸，是一种中药。紫虫胶色素主要成分为紫胶红酸，系蒽酮衍生物。胭脂红酸和紫胶红酸的性质相似，酸性时呈橙黄色，中性时为红色，碱性为紫色，在强碱溶液中褪色。常用于果汁、果子露、汽水、配制酒及糖果的着色。

胭脂虫色素是寄生在胭脂仙人掌上的雌性昆虫体内一种蒽醌色素(又称胭脂红酸)。耐热、耐光、耐微生物性好。主要用作化妆品和食品着色用。

紫草色素又名碱蓝素，是紫草科的紫草属、滇紫草属、红根草属等属植物根中所含的紫红色素，是一种萘醌衍生物。紫草色素在中性条件下为紫色，在碱性条件下为蓝色，在酸性条件下为红紫色。溶于热水、稀酸碱液及除石油醚以外的各种有机溶剂。

任务二　人工合成色素

在食品工业中，食用色素除天然色素外，还有较多的合成色素。人工合成色素用于食品着色有很多优点，例如色彩鲜艳，着色力强，性质较稳定，结合牢固等，这些都是天然色素所不及的。但人工合成色素有很多是对人体有害的，例如煤焦油染料。世界各国对人工合成食用色素的品种、质量及用量等都有严格限制，GB2760－1996《食品添加剂使用卫生标准》规定允许使用的人工合成色素主要有苋菜红、胭脂红、赤藓红、柠檬黄、靛蓝等。

★苋菜红

苋菜红即食用红色 2 号，又名蓝光酸性红，偶氮磺酸型水溶性红色色素，可溶于甘油及丙二醇，微溶于乙醇，不溶于脂类。对光、热和盐类较稳定，且耐酸性很好，但在碱性条件下容易变为暗红色。此外，这种色素对氧化还原作用较为敏感，不宜用于有氧化剂或还原剂存在的食品(例如发酵食品)的着色，适合于配制酒、汽水、果子露等多水食品着色。

本品曾是各国广泛准许使用的一种色素，但最近几年来对其致癌性和致畸性提出了许多争议。我国卫生法规定苋菜红在食品中的最大允许用量为 50mg/kg 食品。

★胭脂红

胭脂红即食用红色 1 号，又名丽春红 4R，是苋菜红的异构体。红色水溶性色素，在胃肠道内还原为黄色代谢产物。难溶于乙醇，不溶于油脂，为红色至暗红色颗粒或粉末状物质，无臭味，对光和酸较稳定，但对高温和还原剂的耐受性很差，能被细菌所分解，遇碱变成褐色。大白鼠喂饲试验结果表明，这种色素无致肿瘤作用。我国食品添加剂使用卫生标准规定胭脂红最大允许用量为 50mg/kg 食品。主要用于饮料、配制酒、糖果等。

★柠檬黄

柠檬黄又名酒石黄肼，即食用黄色5号，水溶性色素，也溶于甘油、丙二醇、稍溶于乙醇，不溶于油脂，对热、酸、光及盐均稳定，在柠檬酸、酒石酸中稳定，耐氧性差，遇碱变红色，还原时褪色。人体每日允许摄入量(ADI) <7.5mg/kg 体重。最大允许使用量为 100mg/kg 食品。

★日落黄

日落黄是橙黄色均匀粉末或颗粒。耐光、耐酸、耐热，易溶于水、甘油，微溶于乙醇，不溶于油脂。在酒石酸和柠檬酸中稳定，遇碱变红褐色。ADI 为 0－2.5mg/kg 体重。可用于饮料、配制酒、糖果等，最大允许使用量为 100mg/kg 食品。

★靛蓝

又名靛胭脂、酸性靛蓝或磺化靛蓝，水溶液为深蓝色，在水中溶解度较低，溶于甘油、丙二醇，稍溶于乙醇，不溶于油脂，耐光、耐热和耐氧化性都较差，耐盐性也较差，易被细菌分解，还原后褪色，但染着力好，常与其他色素配合使用以调色。ADI <2.5mg/kg 体重。我国规定最大允许使用量为 100mg/kg 食品。

★亮蓝

亮蓝又名蓝色 1 号，是紫红色均匀粉末或颗粒，有金属光泽。有较好的耐光性、耐热性、耐酸性和耐碱性，溶于乙醇、甘油。可用于饮料、配制酒、糖果和冰淇淋等，最大允许使用量为 25mg/kg 食品。

★赤藓红

又名樱桃红或新酸性品红，即食用红色 3 号。赤藓红是红至红褐色均匀粉末颗粒，对蛋白质着色性好。可溶于乙醇、甘油，不溶于油脂。水溶性色素，对碱、热、氧化还原剂的耐受性好，着色力强，但耐酸及耐光性差，在 $pH < 4.5$ 的条件下，形成不溶性的酸。用于饮料、配制酒和糖果等，最大允许使用量为 50mg/kg 食品。

★新红

新红为红色粉末，易溶于水，微溶于乙醇，不溶于油脂，可用于饮料、配制酒、糖果等，最大允许使用量为 50mg/kg 食品。

任务三　食品加工和贮藏中的褐变现象

食品在加工、贮藏过程中，经常会发生变色现象，原有的颜色变深，或者变成褐色，就称为褐变。褐变是一种最普遍的变色现象，在一些食品中，适当程度的褐变是有益的，如酱油、咖啡、红茶、啤酒的生产和面包、糕点的烘烤形成了良好的风味和色泽，这是人们所希望的。而在另一些食品中，特别是水果和蔬菜，褐变是有害的，它不仅影响外观，还影响风味，并降低营养价值，而且往往是食品腐败、不堪食用的标志。因此，了解食品的褐变机理，寻找抑制或控制褐变的途径，在食品工业中具有重要意义。

褐变按其发生的机理分为：酶促褐变（生化褐变），即在氧化酶催化下多酚类的氧化和抗坏血酸的氧化；非酶促褐变（非生化褐变），即不需酶催化的焦糖化作用、美拉德反应和抗坏血酸在空气中的自动氧化。

3.1 酶促褐变

(1)酶促褐变的机理

酶引起的褐变多发生在较浅色的水果和蔬菜中，例如苹果、香蕉和土豆等，当它们的组织被碰伤、切开、削皮，就很易发生褐变，这是因为它们的组织暴露在空气中，在多酚酶的催化下，多酚类物质被氧化为邻醌，邻醌再进一步氧化聚合而形成褐色色素(或黑色素、类黑精)。例如，果蔬组织中含有丰富的邻苯二酚类物质，在完整的细胞中作为呼吸传递物质。在正常的情况下，氧化还原反应之间(酚和醌的互变)保持着动态平衡，当细胞组织破损时氧就大量侵入，打破了氧化还原反应的平衡，于是发生了氧化产物醌的积累和进一步聚合及氧化，形成黑色。

(2)酶促褐变的物质条件

由于各种果蔬所含的酶与底物不同，故其褐变作用有差异。但食品发生酶促褐变，必须具备三个条件:即有多酚类物质、多酚氧化酶和氧气。

酚类物质:植物体内的酚类物质种类多，分布广，含量丰富。该物质主要是由碳水化合物代谢衍生出来的产物。

与褐变有关的酶类:与酶促褐变密切相关的酶类主要是多酚氧化酶(PPO)。它是一种含铜离子的膜蛋白酶，大多存在于细胞中，有的也存在于细胞膜和细胞壁上。PPO 所能引起的反应常会使果肉褐变，产生异味，并造成营养成分损失等。

氧的存在:氧气是生物生命活动的主要参加物质，也是生命活动不可缺少的。在正常发育的植物组织中，酚类物质、氧气、PPO 同时存在并不发生褐变。而当细胞膜的结构发生变化和破坏时，则为酶创造了与酚类物质接触的条件，在氧存在的情况下使酚类物质氧化成醌，进行一系列的脱水、聚合反应，最后形成黑褐色物质，从而引起褐变。

(3)酶促褐变的预防

有些瓜果，如柠檬、橘子、橙子、柚子、香瓜、西瓜等，因为本身不含多酚氧化酶，它们不存在酶促褐变问题。但是，很多果蔬，如苹果、柿子、石榴、马蹄、莲藕等，它们既有多酚氧化酶，又有多酚类化合物，这就需要采取措施防止酶促褐变现象的发生。在控制酶促褐变的实践中，主要措施有:钝化酶的活性、改变酶作用的条件、隔绝氧气、使用抑制剂等。

加热处理:果汁生产中常采用原料的烫漂和高温短时间迅速灭酶，因为适当加热可使酚酶及其他的酶失活。如蔬菜在冷冻保藏或在脱水干制之前需要在沸水或蒸汽中进行短时间的热烫处理，以破坏其中的酶，然后用冷水或冷风迅速将果蔬冷却，停止热处理作用，以保持果蔬的脆嫩。来源不同的多酚氧化酶对热的敏感性不同，70℃ ~90℃加热约 7s，可使大部分多酚氧化酶失活。而使多酚氧化酶完全失活，需要在 80℃时 10 ~20min 或沸水中 2min。但加热处理也有缺点，因为水果和蔬菜经加热后，会影响原有风味，所以必须严格控制加热灭菌的温度和时间，要求在最短时间内，既能达到钝化酶的要求，又不影响食品原有的风味。

调节 pH 值:多数酚酶最适宜的 pH 范围是 6 ~7 之间，在 pH 为 3 以下时已无明显活性。因此降低 pH 值可抑制酶的催化作用。用降低 pH 值的方法来防止果蔬饮料发生褐变是最常用的方法。常用的酸有柠檬酸、苹果酸、抗坏血酸等。实践证明:0.5% 的柠檬酸与 0.3% 的抗坏血酸合成效果较好。

用二氧化硫及亚硫酸盐处理:二氧化硫、亚硫酸钠、焦亚硫酸钠、亚硫酸氢钠、连二亚硫酸钠(低亚硫酸钠)都是广泛使用的酚酶抑制剂。在蘑菇、马铃薯、桃、苹果加工中常用二氧化硫及亚硫酸盐溶液作为护色剂。

用二氧化硫和亚硫酸盐处理(弱酸性 pH =6 条件下)，不仅能抑制褐变，还有一定的防腐作用，并可避免维生素 C 的氧化，但其特点是对色素(花青素)有漂白作用，腐蚀铁罐内壁，

破坏维生素 B_1，有不愉快的味感和嗅感，浓度高时有碍健康。食品卫生标准规定其残留量不得超过0.05 g/kg(以二氧化硫计)。

驱氧法:将切开的水果蔬菜浸泡在水中，隔绝氧以防止酶促褐变，更有效的方法是在水中加入抗坏血酸，使抗坏血酸在自动氧化过程中消耗果蔬切开组织表面的氧，使表面生成一层氧化态抗坏血酸隔离层，对组织中含氧较多的水果如苹果、梨，组织中的氧也会引起缓慢褐变，需要用真空渗入法把糖水或盐水强行渗入组织内部，驱出细胞间隙中的氧。

加酚酶底物的类似物:最近报道，加入酚酶底物的类似物，如肉桂酸、阿魏酸，对位香豆酸等能有效抑制苹果汁的酶促褐变，而且这3种有机酸是果蔬中天然存在的芳香有机酸。

3.2 非酶褐变

与酶无关的褐变作用，称为非酶褐变。这类褐变常伴随着热加工和长时间贮藏而发生，如奶粉、蛋粉、脱水蔬菜及水果、肉干、鱼、糖浆等食品中屡见不鲜。按机理分类:美拉德反应、焦糖化作用和抗坏血酸褐变。

(1)美拉德反应

指羰基与氨基经缩合、聚合反应生成类黑色素和某些风味物质的非酶褐变反应(又称羰氨反应)。

法国化学家美拉德在1912年发现，当甘氨酸和葡萄糖的混和液在一起加热时，会形成褐色的色素(又称为类黑色素)。它包括胺基化合物和羰基化合物之间的类似反应在内。由于食品中都含有这二类物质(蛋白质及碳水化合物)，所以食品都有可能发生此反应。

影响美拉德反应的因素很多，如糖的结构、种类及含量、氨基酸及其他含氨物质种类(肽类、蛋白质、胺类)、pH值、反应物浓度(水分含量)、温度、金属离子等都会影响美拉德反应的进行。

选用氨基酸、还原糖含量少的品种;水分含量降到很低;降低pH;降低温度;除去一种作用物;加入亚硫酸盐或酸式亚硫酸盐;加入钙等均可抑制褐变作用的产生。

(2)焦糖化作用

糖类在没有氨基化合物存在的情况下，加热至其熔点以上，也会变为黑褐色色素物质(焦糖或酱色)，这一作用称为焦糖化作用。它是糖的脱水产物，此外还有一些裂解产物(挥发性的醛、酮等)。在焙烤、油炸食品中，焦糖化作用控制得当，可以使产品得到悦人的色泽及风味。

(3)抗坏血酸褐变

是指抗坏血酸脱氢氧化成脱氢抗坏血酸，酯键水解呈酸，脱水、脱二氧化碳成羟基糠醛，聚合或经美拉德反应生成褐色物质。抗坏血酸褐变在果汁及果汁浓缩物的褐变中起着重要作用，尤其是柑橘类果汁在贮藏过程中色泽变暗，放出二氧化碳，同时抗坏血酸含量也降低，都是由于抗坏血酸自动氧化造成的。抗坏血酸褐变主要发生在富含维生素C的果汁中。

从上述3种非酶褐变的过程中可见，这些变化具有共同的中间产物。因而很难确定是哪一种非酶褐变在起作用。美拉德反应和焦糖作用是脱水干制过程中常见的非酶褐变，两者的区别是前者为氨基酸与还原糖的相互反应，而后者是糖先裂解为各种羰基中间产物，然后聚合成褐色物质。

非酶褐变对食品的营养质量和感官质量会产生影响。首先会造成氨基酸(特别是赖氨酸)的损失，适当的焦糖化作用在其表面会呈现诱人的金黄色和褐黄色，并产生愉快的焦香味和悦人的色泽，但过度的焦糖化则产生苦味。因此，必须根据被加工物的特点，正确控制非酶褐变的程度。非酶褐变一般可用降温、加 SO_2、改变 pH 值、降低成品浓度、使用较不易发生褐变的糖类（蔗糖）等方法加以延缓及抑制。

项目二　味觉及味觉物质

任务一　味觉的概念和生理基础

1.1 味觉的概念

味觉是指食物在人的口腔内对味觉器官化学感受系统的刺激并产生的一种感觉。这种刺激有时是单一性的，但是多数情况下是复合性的。

1.2 味觉的生理基础

（1）味觉产生的过程

呈味物质刺激口腔内的味觉感受体，然后通过一个收集和传递信息的神经感觉系统传导到大脑的味觉中枢，最后通过大脑的综合神经中枢系统的分析，从而产生味觉。不同的味觉产生有不同的味觉感受体，味觉感受体与呈味物质之间的作用力也不相同。

（2）味蕾

口腔内感受味觉的主要是味蕾，其次是自由神经末梢，婴儿有 10000 个味蕾，成人几千个，味蕾数量随年龄的增大而减少，对呈味物质的敏感性也降低。味蕾一般由 40 – 150 个味觉细胞构成，大约 10 – 14 天更换 1 次，味觉细胞表面有许多味觉感受分子，不同物质能与不同的味觉感受分子结合而呈现不同的味道。舌头不同部位对不同味觉的敏感度不一样，人对不同味觉的感觉速度也不一样。一般人的舌尖和边缘对咸味比较敏感，舌的前部对甜味比较敏感，舌靠腮的两侧对酸味比较敏感，而舌根对苦、辣味比较敏感。人的味蕾结构如图 9 – 8。

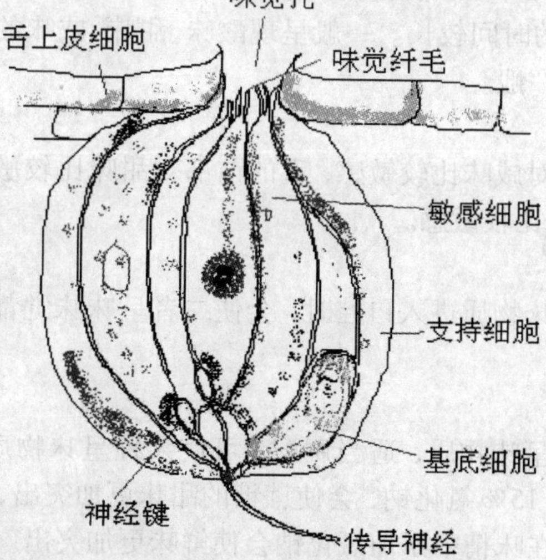

图 9 – 8　味蕾的解剖图

(3)味的阈值

人对4种味感的感觉速度以咸味最快，苦味反应最慢，但是从对味的敏感性来看，苦味往往更容易被察觉到，这就涉及到一个味感强度的测量和表达问题，目前一般采用的方法是品尝统计法，由味觉专家在相同条件下进行品尝评定，得出一个统计值，并采用阈值味衡量标准。所谓阈值是指能够感受到该物质的最低浓度(以 mol/m^3 或 mg/kg 单位表示)，一种物质的阈值越小，表明该物质的敏感性越强。根据阈值的测定方法的不同，又可将阈值分为：

绝对阈值:是指人从感觉某种物质的味觉从无到有的刺激量。

差别阈值:是指人感觉某种物质的味觉有显著差别的刺激量的差值。

最终阈值:是指人感觉某种物质的刺激不随刺激量的增加而增加的刺激量。

任务二　影响味觉的主要因素

2.1 年龄与生理状态

随着年龄的增长，人的味觉功能逐渐下降。一般人味蕾细胞数在45岁时达到顶峰。从50岁开始对味的感受性明显下降，其中酸味感觉性下降不太明显，甜味下降1/2，苦味下降约1/3，咸味下降1/4。各种病变和身体不适均可使味觉减褪或味觉失调。

2.2 物质的结构

物质的结构是影响味觉的内因，不同的物质对人体会产生不同的味觉，如糖类呈现甜味，酸类呈现酸味，盐类呈现咸味，生物碱呈现苦味，重金属多是苦味。但也有例外，如草酸、碘化钾呈苦味。

2.3 温度

一般随温度的升高，味觉加强，最适宜的味觉产生的温度是10℃～40℃，尤其是30℃最敏感，大于或小于此温度都将变得迟钝。温度对呈味物质的阈值也有明显的影响。

2.4 物质的水溶性

呈味物质必须有一定的水溶性才可能有一定的味感，完全不溶于水的物质是无味的，溶解度小于阈值的物质也是无味的。易溶解的物质呈味快，消失亦快，难溶的物质在口腔中味觉产生较慢，但味觉维持的时间较长。一般呈现酸味、甜味、咸味的物质有较大的水溶性，而呈现苦味的物质的水溶性一般。

2.5 味觉的感受部位

一般人的舌尖和边缘对咸味比较敏感，舌的前部对甜味比较敏感，舌靠腮的两侧对酸味比较敏感，舌根对苦、辣味比较敏感。

2.6 味的相互作用

两种相同或不同的呈味物质进入口腔时，会使二者呈味味觉都有所改变的现象，称为味觉的相互作用。

(1)味的对比现象

指两种或两种以上的呈味物质，适当调配，可使某种呈味物质的味觉更加突出的现象。如在10%的蔗糖中添加0.15%氯化钠，会使蔗糖的甜味更加突出，在醋中添加一定量的氯化钠可以使酸味更加突出，在味精中添加氯化钠会使鲜味更加突出。

(2)味的相乘作用

指两种具有相同味感的物质进入口腔时，其味觉强度超过两者单独使用的味觉强度之和，又称为味的协同效应。甘草铵本身的甜度是蔗糖的50倍，但与蔗糖共同使用时末期甜度可达到蔗糖的100倍。谷氨酸钠与肌苷酸纳共存时，鲜味显著增强，产生相乘作用。

(3)味的消杀作用

指一种呈味物质能够减弱另外一种呈味物质味觉强度的现象，又称为味的拮抗作用。如蔗糖与硫酸奎宁之间的相互作用。

(4)味的变调作用

指两种呈味物质相互影响而导致其味感发生改变的现象。如当尝过食盐或奎宁后，即刻饮无味的清水，会感到清水有甜味。刷过牙后吃酸的东西就有苦味产生。

(5)味的疲劳作用

当长期受到某种呈味物质的刺激后，就感觉刺激量或刺激强度减小的现象。俗话讲："饥不择食"，当你处于饥饿状态时，吃什么都感到格外香；当情绪欠佳时，总感到没有味道，这是心理因素在起作用。如经常吃鸡鸭鱼肉，即使山珍海味，美味佳肴也不感觉新鲜，这是味觉疲劳现象。

(6)味的阻塞

受到某种呈味物质的刺激后味感被阻塞的现象。如吃"神秘果"后再吃酸味食品感觉不到酸味。

任务三　甜味与甜味物质

3.1 甜味理论(夏伦贝格尔(Shallenberger)的AH/B理论)

早期人类对甜味的认识有很大的局限性，认为糖分子中含有多个羟基则可产生甜味，可是这种观点不久就被否定，因为多羟基化合物的甜味相差很大，并且很多物质中并不含羟基，也具有甜味。如:糖精、某些氨基酸、甚至氯仿分子也具有甜味。显然在甜味物质之间存在着某些共同的特性。Shallenberger和Acre在1967年提出了解释物质呈甜味的理论——AH/B理论。该理论认为:甜味物质的分子中都含有一个电负性的A原子(可能是O、N原子)，与氢原子以共价键形成AH基团(如;—OH、═NH、—NH_2)，在距氢0.25～0.4nm的范围内，必须有另外一个电负性原子B(也可以是O、N原子)，在甜味受体上也有AH和B基团，甜味物质上AH/B单元可和味觉感受器上的AH/B单元形成氢键结合而产生甜味感觉。甜味的强弱与这种氢键的强度有关。沙伦伯格的理论应用于分析氨基酸、氯仿、单糖等物质上，能说明该类物质具有甜味的道理。

Shallenberger理论不能解释为什么具有上述特征的甜味物质其甜度相差数千倍。后来克伊尔(Kier)又对Shallenberger理论进行了补充。Kier认为在甜味分子中除了存在AH/B特征外，还存在一个立体结构的亲油区(如苯基，甲基，亚甲基等，以γ表示)，这个亲油区可以和味觉感受器类似的亲脂部位相互吸引。强甜味分子的几何形状有利于所有的活性单元(AH、B和γ)都能与受体分子的相应位点形成一个三角形的接触，从而产生甜味。

为什么具备上述特征的一些物质(如多糖和多肽等)没有甜味，而一些不具备上述特征的物质却具有甜味？曾广植于1984年提出了诱导适应甜味受体理论来解释该现象。该理论认为甜味受体对甜味剂有某种引力，二者结合产生的能量促使甜味受体的构象发生改变，通过量子交换引起低频声子激发，将甜味信息传导至神经系统。定味基决定甜味分子可达到的最高甜味深度，助味基决定其分子的甜味倍数，二者能否与受体中氨基酸顺序密切契合均将影响甜味强度。

3.2 甜度及其影响因素

甜味的强弱称为甜度。一般以蔗糖溶液为甜度的参比标准，规定以5%或10%的蔗糖溶液在20℃时候的甜度定为1。

(1)温度对甜度的影响

在较低的温度范围内，温度对大多数糖的甜度影响不大，尤其对蔗糖和葡萄糖影响很小，但果糖的甜度随温度的变化较大，当温度低于40℃时，果糖的甜度较蔗糖大，而在温度大于50℃时，其甜度反比蔗糖小。这主要是由于高甜味的果糖分子向低甜味异构体转化的结果。甜度受温度变化而变化，一般温度越高，甜度越低。

(2)糖的结构对甜度的影响

★聚合度的影响

单糖和低聚糖都具有甜味，其甜度顺序是：葡萄糖 > 麦芽糖 > 麦芽三糖，而淀粉和纤维素虽然基本构成单位都是葡萄糖，但无甜味。聚合度大则甜度降低。

★糖异构体的影响

异构体之间的甜度不同，如α－D－葡萄糖 >β－D－葡萄糖。β－果糖 >α－果糖。★环结构的影响

如结晶的β－D－吡喃果糖（五元环）的甜度是蔗糖的2倍，溶于水后，向β－D－呋喃（六元环）果糖转化，甜度降低。

★糖苷键的影响

如麦芽糖是由两个葡萄糖通过α－1，4糖苷键形成的，有甜味；同样由两个葡萄糖组成而以β－1，6糖苷键形成的龙胆二糖，不但无甜味，而且还有苦味。

(3)结晶颗粒对甜度的影响

商品蔗糖结晶颗粒大小不同，可分成粗砂糖、细砂糖，还有绵白糖。一般认为绵白糖的甜度比细砂糖甜，细砂糖又比粗砂糖甜，实际上这些糖的化学组成相同，产生甜度的差异是结晶颗粒大小对溶解速度的影响造成的。糖与唾液接触，晶体越小，表面积越大，与舌的接触面积越大，溶解速度越快，能很快达到甜度高峰。

(4)浓度的影响

糖类的甜度一般随着糖浓度的增加。在相等的甜度下，几种糖的浓度从小到大的顺序是：果糖、蔗糖、葡萄糖、乳糖、麦芽糖。

(5)不同糖之间的增甜效应

各种糖类混合使用时，表现有相乘现象。如蔗糖与果葡糖浆结合使用时，其甜度增加20%～30%；5%葡萄糖溶液的甜度仅为同浓度蔗糖甜度的50%，但若配成5%葡萄糖与10%蔗糖的混合溶液，甜度相当于15%蔗糖溶液的甜度。

(6)介质的影响

不同介质对甜度有不同的影响，如醋酸能提高甜味，盐酸无影响；盐浓度高时降低甜度，而浓度 <0.5%可提高甜度；增稠剂可使甜度稍有提高。

3.3 甜味物质

甜味物质的种类很多，按来源分成天然甜味剂和人工合成甜味剂。按种类可分成糖类甜味剂、非糖天然甜味剂、天然衍生物甜味剂和人工合成甜味剂。

(1)糖类甜味剂

糖类甜味剂包括糖、糖浆、糖醇。如蔗糖、果糖、葡萄糖、山梨糖醇、木糖醇、淀粉糖浆、异构糖浆等。该类物质是否呈甜味，取决于分子中碳数与羟基数之比，碳数与羟基数之比小于2时为甜味，2～7时产生苦味或甜而苦，大于7时则味淡。

(2)非糖天然甜味剂

这是一类天然的、化学结构差别很大的甜味的物质。主要有甘草苷，我国民间惯用于酱及腌渍食品；甜叶菊苷，适于在糖尿病人用的低能量食品中作甜味剂。

(3)天然的衍生物甜味剂

该类甜味剂是指本来不甜的天然物质，通过改性加工而成的安全甜味剂。

二肽和氨基酸衍生物

如天门冬氨酰苯丙氨酸甲酯(二肽衍生物)，商品名Aspartame(阿斯巴甜)，是一种营养性的非糖甜味剂，可被人体代谢，其甜味为蔗糖的150倍，其缺点是高温下的热稳定性差。6-氯-D-色氨酸及6-甲基-D-色氨酸(氨基酸衍生物)，它们的甜度可达蔗糖的1000倍。

二氢查尔酮衍生物

是柚苷、橙皮苷等黄酮类糖酐在碱性条件下还原生成的开环化合物。这类衍生物大多数有甜味，其甜度大约为蔗糖的100～2000倍，甜味类似水果甜味，其缺点是热稳定性较差，使用受到一定的限制。

(4)合成甜味剂

很多合成甜味剂对哺乳动物有致癌、致畸作用，我国目前仅准许使用邻甲苯酰磺酰亚胺，俗称糖精。它的甜度为蔗糖的500～700倍，后味微苦。一般认为，糖精本身并不致癌，但是生产糖精时的中间产物的结构与致癌物相似。我国允许使用的糖精的最大用量不得超过0.15g/kg，而婴儿食品中不允许使用。

任务四　酸味与酸味物质

4.1 呈酸机理

酸味是由质子(H^+)与存在于味蕾中的磷脂相互作用刺激舌粘膜而产生的味感。因此，凡是在溶液中能离解出氢离子的化合物都具有酸味。一般而言，酸味是氢离子的性质，但是溶液的酸度并非是决定酸感的主要因素。

酸味的定位基是质子，助味基是其酸根负离子。不同的酸有不同的酸味感。在相同的pH值下，有机酸的酸味一般大于无机酸。这是因为有机酸的酸根、负离子在磷脂受体表面的吸附性较强，从而减少受体表面的正电荷，降低其对质子的排斥能力，有利于质子(H^+)与磷脂作用，所以有机酸的酸味强于无机酸。有机酸的酸味阈值约在pH3.7～4.9，而无机酸的阈值约在pH3.5～4.0。多数无机酸有苦、涩味，酸感在水溶液中与实际食物也不相同。酸味的强度与酸的强度不呈正相关关系。酸味物质的阴离子对酸味强度有影响，有机酸根A^-结构上增加羟基或羧基，则亲脂性减弱，酸味减弱；增加疏水性基团，有利于A^-在脂膜上的吸附，酸味增强。

4.2 常见的酸味剂

★柠檬酸

柠檬酸为含1分子结晶水的白色斜方晶系三棱晶体或粉末，易溶于水及乙醇，溶于乙醚，在冷水中比在热水中更易溶解，在20℃水中可溶100%。柠檬酸含有三个羧基，因此可形成三种形式的盐，除碱金属外，其他金属盐绝大部分不溶或难溶于水。

柠檬酸是水果、蔬菜中分布最广的有机酸，也称3－羟基－3－羧基戊二酸，别名枸橼酸。是食品工业中使用最广的酸味剂，工业上用黑曲霉发酵法生产，它在柑橘类及浆果类水果中含量最多，并且大都与苹果酸共存，酸味圆润、滋美，但后味延续较短，通常使用量为0.1%～1.0%。

★苹果酸

苹果酸为无色针状结晶，或白色晶体粉末，易溶于水及乙醇，不溶于乙醚，在20℃ 100mL水中的溶解度为55.5克，化学名为L－二羟基丁二酸。有较强吸湿性，一般聚集成球状物，在空气中易松散。无臭，带有刺激性爽快酸味，但味道柔和(具有较高的缓冲指数)，具特殊香味，不损害口腔与牙齿，代谢上有利于氨基酸吸收，不积累脂肪，是新一代的食品酸味剂，被生物界和营养界誉为“最理想的食品酸味剂”。几乎一切果实中都含有苹果酸，以仁果类中最多。天然存在的苹果酸都是L－型。

苹果酸酸味较柠檬酸强，酸味爽口，呈味时间也长，微有涩苦感。与柠檬酸合用，可强调酸味，工业上用合成法生产柠檬酸，通常用作清凉饮料(如乳酸菌饮料、乳饮料、汽水、可乐等)、冷冻食品(如果子露、冰激凌等)、加工食品(如果子酒、蛋黄酱等)的酸味剂，也有保持天然果汁色泽的作用，苹果酸具有抗疲劳和保护肝、肾、心脏的作用。

★酒石酸

酒石酸为白色结晶粉末或无色透明结晶颗粒，化学名为L－(＋)－2,3－二羟基丁二酸，是一种羧酸。酒石酸分子中含有两个相同的手性碳原子，存在三种立体异构体：右旋酒石酸、左旋酒石酸和内消旋酒石酸。

酒石酸存在于许多水果中，以葡萄中含量最多，菠萝中亦存在。酒石酸因由葡萄酿造过程中的沉淀物酒石中提取而得名。酒石即酒石酸氢钾，易溶于水，不溶于乙醇，酒石酸钙则仅微溶于水。

酒石酸的酸味比柠檬酸和苹果酸都强，约为柠檬酸的1.2～1.3倍，稍有涩感，多与其他酸并用，一般用量为0.1%～0.2%。

★其他

在未成熟的水果中存在较多的琥珀酸及延索酸，可以用作酸味剂，但不普遍。

此外，醋酸及乳酸也是常用的烹饪调味用酸，在果蔬中存在很微少。除了上述大量存在的脂肪族有机酸外，一般水果中还含有各种芳香族氨基酸，虽然分布不如脂肪族有机酸广，但种类很多，其中最重要的是苯甲酸和水杨酸。

苯甲酸存在于李子、蔓越橘等水果中，在蔓越橘中可达178mg/100g。水杨酸常以酯态或葡萄糖苷态存在于莓类浆果如草莓中。水杨酸具镇痛作用，欧洲民间常食用大量草莓治疗风湿痛。

任务五　咸味与咸味物质

咸味(salty)是中性盐呈现的味道，咸味是人类的最基本味感。食盐虽然在生理上是人体所不可缺少的物质，但其味道本身并无诱人之处。在味感性质上，食盐的主要作用是起风味增强或调味作用。没有咸味就没有美味佳肴，可见咸味在调味中的作用。虽然不少中性盐都能显示出咸味，但在所有中性盐中，氯化钠的咸味最纯正，未精制的粗食盐中因含有 KCl、$MgCl_2$和 $MgSO_4$，而略带苦味，因此，目前食品中使用的主要咸味物质是氯化钠。在中性盐中，正负离子半径小的盐以咸味为主；正负离子半径大的盐以苦味为主。

咸味是由盐类离解出的正负离子共同作用的结果。正离子和负离子对咸味味觉感受器的作用存在着依赖的关系，正离子是定位基，被味觉感受器中蛋白质的羟基或磷酸基吸附，并产生咸味，而负离子是助味基，影响咸味的强弱和副味。当盐的原子量增大，有苦味增大的倾向。阴离子抑制咸味，氯离子本身无味，对咸味抑制最小。较复杂的阴离子不但抑制阳离子的味道，而且它们本身也产生味道。长链脂肪酸或长链烷基磺酸钠盐中阴离子所产生的肥皂味可以完全掩蔽阳离子的味道。

具有咸味的化合物主要是碱金属卤化物，如 LiCl、$CuCl_2$、KCl、KI、NaBr、NaCl、NH_4Cl、Na_2SO_4 等，还有苹果酸钠和新近发现的一些肽类分子，而 KBr、NH_4I 呈咸苦味。

食盐除了风味增强和调味作用外，还具有一些重要的生理功能。食盐摄入太少会引起乏力及虚脱，但食盐长期摄入过量可引起高血压。苹果酸钠和葡萄糖酸钠也具有纯正的咸味，可用于无盐酱油和肾脏病人的特殊需要。

任务六 苦味及苦味物质

苦味是分布广泛的味觉，食品中有不少苦味物质，单纯的苦味并不令人愉快，但它在调味和生理上都有重要意义。当苦味与甜、酸或其他味感物质调配适当时，能起到丰富或改进食品风味的特殊作用。如苦瓜、白果、莲子的苦味被人们视为美味，啤酒、咖啡、茶叶的苦味也广泛受到人们的欢迎。当消化道活动发生障碍时，味觉的感受能力会减退，需要对味觉受体进行强烈刺激，用苦味能起到提高和恢复味觉正常功能的作用，可见苦味物质对人的消化和味觉的正常活动是重要的。俗话讲“良药苦口”，说明苦味物质对治疗疾病方面有着重要作用。

6.1 呈苦机理

人们对苦味物质的结构进行分析发现，大多数苦味物质和甜味物质一样，分子中都具有 AH/B 基团和疏水基团两部分，只有少数苦味分子中只具有一个疏水基团。虽然结构相似，但有的物质与受体结合后产生甜味，有的却产生苦味。人们认为产生这种现象的原因主要是在特定受体部位中，AH/B 单元的取向决定分子的甜味与苦味，而这些特定的受体部位则位于受体腔的平坦底部，当呈味分子与苦味受体部位相契合时则产生苦味感，与甜味部位相匹配时则产生甜味感，若呈味分子的空间结构适合上述两种受体，就能产生苦—甜感。这样一种模式对氨基酸显得特别正确，氨基酸 D 异构体呈甜味，而 L 异构体呈苦味。甜味感受器的疏水或 γ 位置是非方向性的亲脂性，它可能参与甜味或苦味反应。大多数有关苦味和分子结构的关系可以通过这些学说加以解释。

6.2 食物中的重要苦味物质

（1）茶碱、咖啡碱、可可碱

茶碱、咖啡碱和可可碱是生物碱类苦味物质，属于嘌呤类的衍生物。

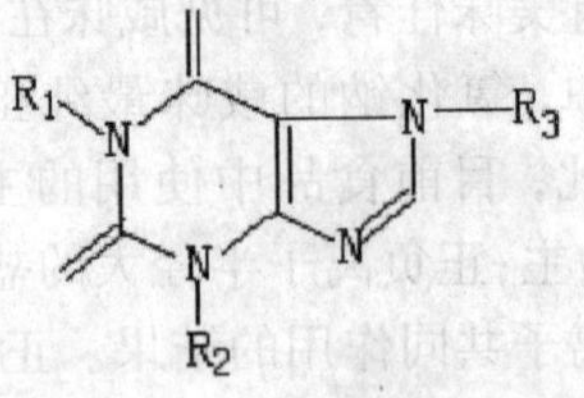

咖啡碱：$R_1 = R_2 = R_3 = CH_3$；　可可碱：$R_1 = H$，$R_2 = R_3 = CH_3$；　茶碱：$R_1 = R_2 = CH_3$，$R_3 = H$

图 9－9　生物碱类苦味物质

咖啡碱主要存在于咖啡和茶叶中，在茶叶中含量约为1%～5%左右。纯品为白色具有丝绢光泽的结晶，含一分子结晶水，易溶于热水，能溶于冷水、乙醇、乙醚、氯仿等。咖啡碱较稳定，在茶叶加工中损失较少。

可可碱主要存在于可可和茶叶中，在茶叶中的含量约为0.05%左右，纯品为白色粉末结晶，溶于热水，难溶于冷水、乙醇和乙醚等。

茶碱主要存在于茶叶中，含量极微，在茶叶中的含量约0.002%左右，与可可碱是同分异构体，具有丝光的针状结晶，易溶于热水，微溶于冷水。

(2)苦杏仁苷

苦杏仁苷存在于桃、李、杏、樱桃、苹果等的果核种仁及叶子中，种仁中同时含有分解它的酶，苦杏仁苷本身无毒，生食杏仁，桃仁过多引起中毒的原因是在同时摄取入体内的苦杏仁酶作用下，它分解出 HCN 之故。

(3)柚皮苷

柚皮苷是柑橘类果实中的主要苦味物质。柚皮苷的苦味与连接它的双糖有关，该糖为芸香糖，由鼠李糖和葡萄糖通过1→2 苷键结合而成，柚苷酶能切断柚皮苷中的鼠李糖和葡萄糖之间的1→2 糖苷键，可脱除柚皮苷的苦味。在工业上制备柑橘果胶时可以提取柚皮苷酶，并采用酶的固定化技术分解柚皮苷，脱除葡萄柚果汁中的苦味。

(4)胆汁

它是动物肝脏分泌并贮存于胆囊中的一种液体，味极苦。在禽、畜、鱼类加工中稍不注意，破坏胆囊将会产生严重的苦味。胆汁中的主成分是胆酸、鹅胆酸及脱氧胆酸。

任务七　其他味觉及呈味物质

7.1 辣味和辣味物质

辣味是刺激口腔黏膜、鼻腔黏膜、皮肤、三叉神经而引起的一种痛觉。适当的辣味可增进食欲，促进消化液的分泌，在食品烹调中经常使用辣味物质作调味品。辣味刺激的部位在舌根部的表皮，产生一种灼痛的感觉，严格讲属触觉，机械刺激现象。辣味物质的结构中具有起定味作用的亲水基团和起助味作用的疏水基团。

一般情况下，有机化合物中含醛、酮、硫、硫氰基团者常有辣味。丙酮酸常用作辣味比较的定性尺度，每克物质含相当于丙酮酸 10～20 微摩尔时，为强辣；8～10 微摩尔，为中辣；2～4微摩尔，为微辣。常见的辣味成分有：辣椒中的辣椒素，肉豆蔻中的丁香酚，生姜中的姜酮、姜酚、姜醇及大蒜中的蒜苷、蒜素等。

某些辣味成分(例如红辣椒、黑胡椒和生姜中存在的)是非挥发性的，它们能作用于口腔组织。而某些调味料和蔬菜所含的辣味成分中具有微弱的挥发性，产生辣味和香味，例如芥末、辣根、小萝卜、洋葱、水田芥菜和芳香调味料丁香等。

辣味包括热辣味和辛辣味两种。热辣味在口腔中产生灼烧的感觉，常温下不刺鼻(挥发性不大)，高温下能刺激咽喉黏膜。如:红辣椒中的辣椒素、二氢辣椒素，胡椒中的胡椒碱。辛辣味是具有冲鼻的刺激性辣味，对味觉和嗅觉器官有双重刺激，常温下具有挥发性。如:姜(姜酮和姜脑等)、葱、蒜、芥子等。蒜的辛辣味成分是硫醚类化合物，如蒜素。葱的辣味也是硫醚。葱、蒜类在煮熟后失去辛辣味而发生甜味，这是由于二硫化合物被还原成硫醇。这些辛辣成分，有的是挥发性物质，如芥子油等，加热时能挥发掉一部分，因而加热后其辣味有所降低。但有的则相反，即当加热后，原来结合型的辣味成分游离出来，使得辣味有所增高。

7.2 鲜味和鲜味物质

鲜味是呈味物质产生的能使食品风味更为柔和、协调的特殊味感。鲜味物质与其他味感物质相配合时，有强化其他风味的作用，所以，各国都把鲜味列为风味增强剂或增效剂。化学角度讲，鲜味的产生与氨基酸(通式 $H_2N \cdot R \cdot COOH$)、缩胺酸、甜菜碱、核苷酸、酰胺、有机碱等类物质有关。常用的鲜味物质主要有氨基酸和核苷酸类。氨基酸类有谷氨酸一钠(MSG)、谷甘丝三肽和水解植物蛋白等;核苷酸类有5′-肌苷酸(IMP)、5′-鸟苷酸(GMP)、5′-黄苷酸(XMP)等。当鲜味物质使用量高于阈值时，表现出鲜味，低于阈值时则增强其他物质的风味。相同类型的鲜味剂共存时，与受体结合时有竞争作用。不同类型的鲜味剂共存时，有协同作用。如:味精与肌苷酸按1∶5比例混合，其鲜味提高6倍。

★味精(谷氨酸钠)

味精又叫味素，化学名为谷氨酸钠(分子式 $C_5H_8NO_4Na$)，白色晶体或结晶性粉末，含一分子结晶水，无气味，易溶于水，微溶于乙醇，无吸湿性，对光稳定，中性条件下水溶液加热也不分解，一般情况下无毒性。L-型谷氨酸钠是肉类鲜味的主要成分，D-型异构体则无鲜味，其鲜味与其离解度有关。

使用味精的适宜温度为80℃左右，最高不超过120℃，一般在食用之前添加，效果最佳。味精在150℃会失去结晶水，210℃会发生吡咯烷酮化生成有害的焦谷氨酸盐。达到熔点(270℃)左右则分解。在pH值小于5的酸性或碱性条件下加热，味精也会发生吡咯烷酮化，使鲜度下降。味精能被吸收进入体内参与合成人体所需要的蛋白质，可刺激食欲促进消化，但不宜多食。成人每日摄入量一般不宜超过6克，婴儿更应少食。过多食用会使血液中谷氨酸含量升高，影响人体对新陈代谢必需的二价钙、镁离子的利用，造成短时间的头痛、心跳加速、恶心等症状。

★鲜味核苷酸

动物的肌肉中含有丰富的核苷酸，植物中含量少。5′-肌苷酸广泛存在于肉类中，使肉具有良好的鲜味，肉中5′-肌苷酸来自于动物屠宰后ATP的降解。动物屠宰后，需要放置一段时间后，味道方能变得更加鲜美，这是因为ATP转变成5′-肌苷酸需要时间。但肉类存放时间过长，5′-肌苷酸会继续降解为无味的肌苷，最后分解成有苦味的次黄嘌呤，使鲜味降低。在实际工作中通过检测次黄嘌呤的含量判断肉类、尤其是水产品的新鲜程度。

三磷酸腺苷(ATP)是无鲜味的物质，单磷酸肌苷酸(IMP)是具有很好鲜味的物质，肌苷是无味的物质，次黄嘌呤(Hx)是苦味物质。鱼肉在尸僵前主要核苷酸类物质是ATP，此时鱼肉风味不好;贮藏2~4天时大多数ATP转化为IMP，此时的肉最鲜美;贮藏到10天后肌苷酸类物质都转化为 Hx，肉的味感变差。

★其他鲜味剂

除了以上介绍的鲜味物质外，常用的还有琥珀酸及其钠盐，琥珀酸多用于果酒、清凉饮料、糖果，其钠盐多用于酿造食品及肉制品。天然存在的有些肽类，如：谷胱甘肽、谷谷丝三肽，植物蛋白质和微生物核酸水解产生的鲜味剂等。

7.3 涩味和涩味物质

当口腔黏膜蛋白质被凝固，就会引起收敛，这时的滋味便是涩味，涩味并非是作用于味蕾产生的，而且由于刺激触觉神经末梢所产生。涩味可使口腔有干燥感觉，同时能使口腔组织粗糙收缩。涩味通常是由于单宁或多酚与唾液中的蛋白质缔合而产生沉淀或聚集体而引起的。另外，难溶解的蛋白质（例如某些干奶粉中存在的蛋白质）与唾液的蛋白质和黏多糖结合也产生涩味。

涩味物质主要是多酚类的化合物。引起食品涩味的主要化学成分是：多酚化合物（主要）、铁金属、明矾、醛类等物质，另外草酸、香豆素、奎宁酸也会引起涩味。单宁是最典型的涩味物，缩合度适中的单宁具有涩味，缩合度超过 8 个黄烷醇单体后，其溶解度大为降低，不再呈涩味。明矾、醛类也具有涩味。

涩味也是一种适宜的风味，例如茶叶的涩味。如果在茶中加入牛乳或稀奶油，多酚便和牛乳蛋白质结合，使涩味去掉。红葡萄酒是涩味和苦味型饮料，这种风味是由多酚引起的。考虑到葡萄酒中涩味不宜太重，通常要没法降低多酚单宁的含量。常用脱涩方法有：焯水处理；在果汁中加入蛋白质，使单宁沉淀；提高原料采用时的成熟度等。

7.4 清凉味

清凉味是指某些化合物与神经或口腔接触时刺激了特殊受体而产生的清凉感觉。效果很类似薄荷、留兰香卷（叶）薄荷和冬青油等薄荷风味。虽然许多化合物都能引起这种感觉，但以天然形式存在的 L－(－) 薄荷醇是最常用的，对此芳香成分总的感觉是樟脑味。樟脑除产生清凉感觉外，还具一种由 D－樟脑产生的特有樟脑气味。与薄荷有关的化合物所产生的清凉作用和结晶多元醇甜味剂（例如木糖醇）所产生的凉味机理有稍许不同，后者一般认为是物质吸热溶解所产生。

7.5 碱味

碱味是碱类物质刺激口腔神经末梢引起的感觉，并无确定的感知区域。碱味是 －OH 的呈味属性，溶液中只要有 0.01% 的碱即可感知。碱味往往是在加工过程中形成的，如防止蛋白饮料沉淀而加入的 $NaHCO_3$ 使饮料呈现碱味。

7.6 金属味

一些金属在舌头和口腔中产生的感觉，其阈值为 20～30ppm 离子浓度范围。容器、工具、机器等与食物之间可能存在着离子交换型的关系，所以存放时间稍长的铁制罐头食品中常有此令人不快的金属味。金属味的阈值因食物中某些成分的存在而有所升降，在食盐、糖、柠檬酸等存在下，铜的呈味能力下降，而鞣质存在则降低铜阈值而使铜味更加显著。

任务八　风味物在食品加工中的变化

风味物会因加工条件的影响而变化，可造成风味变劣，也可使风味改善。如动物在宰杀以后，然后继续降解为肉香及鲜味物质——肌苷酸，这种降解过程需要一定的时间，称为肉类的“后熟”过程。但是肉类原料贮存期过长，最终可使三磷酸腺苷分解为苦味的肌苷和次黄嘌呤使风味变差；葡萄酒生产过程如与氧气接触，则会因氧化作用而使酒中出现苦味和涩味；热加工过程中发生的褐变反应可以赋予食品多种风味(如肉香、焦糖香等)。因此在食品的加工过程中应注意风味物质的变化，使其朝着人们所期望的方向发展。

项目三 嗅觉及嗅觉物质

任务一 嗅觉的概念和生理基础

1.1 嗅觉的概念

嗅觉是指挥发性物质刺激鼻腔的嗅觉神经而在中枢引起的一种感觉。其中产生的令人愉快的挥发性物质称为香气，产生令人厌恶的挥发性物质称为臭气。

1.2 嗅觉的生理基础

(1)嗅觉现象

在人的鼻腔前庭部分有一块嗅感上皮区域，也叫嗅黏膜。膜上密集排列着许多嗅细胞即嗅感受器。它由嗅纤毛、嗅小胞、细胞树突和嗅细胞体等组成。人类鼻腔每侧约有2000万个嗅细胞，挥发性物质的小分子在空气中扩散进入鼻腔，人们从嗅到气味到产生感觉时间很短，仅需0.2～0.3S。某物质的嗅感强度常用香气值(Flavor unit)衡量：

FU(香气值) = 嗅感物质的浓度 / 阈值

FU小于1，不能产生嗅感，FU越大，说明是该体系的特征嗅感成分。

(2)嗅觉信息分类

由于各种食品都有复杂的化学组成，食品的嗅感物质一般都有几百种。有人用物理、化学分类法，根据气味与基本化学结构，把600多种气味物质分为44类：如花味、甜味、汗味等。有人采用心理分类法，由180人对30种物质进行嗅感评价，按各人的感觉，归纳嗅感因子，如辛香、香味、醚味等9种嗅感因子。因此科学分类嗅感信息，对于研究食品的香气是十分重要的。目前，研究工作中采用较多的是根据物质分子的嗅感强度分为：基本特征类、综合特征类、背景特征类三大类。

基本特征类：在食品中具有占优势的嗅感，如麝香气味、尿气味是基本特征类气味。基本特征类风味有30多种，但目前还有很多的没有确定分子结构特征。

综合特征类：一些物质不具有很强的特征嗅感，但与其他物质综合作用嗅感器官时，具有多个互不占优势的嗅感信息的复合气味。这类气味也能赋予食品风味的一些特征。

背景特征类：是多种低强度嗅感的组合，信息图形非常复杂，信息结构与“噪音本底”的概念类似，对食品风味只有较小的作用。

在食品风味的研究中，掌握食品的特征性香气成分是重要的分析方法之一。

任务二 影响嗅觉的因素

2.1 嗅觉过敏

在受到番木鳖碱中毒时，嗅觉的感受性会增强2～3倍。

2.2 嗅觉异常

当人们受到某些药物的影响，致使嗅觉中枢发生了障碍，造成人们感受所嗅到的气息与正常场合中所感受嗅到的气息完全相反。

2.3 嗅觉减退

当人们接触或服用如吗啡或类吗啡物质就会引起三叉神经麻痹而引起嗅觉减退。

2.4 嗅觉脱失

人们由于疾病、负伤、气道闭锁等因素致使嗅黏膜丧失机能或人们由于受到一些化学物质的侵袭，如硫化氢、石炭酸强烈熏染后使嗅黏膜丧失机能，即完全没有了嗅觉的现象叫嗅觉脱失。

任务三　植物性食物的香气

3.1 蔬菜类的香气

各种蔬菜的香气成分主要是一些含硫化合物。蔬菜类的香气总体香气较弱，但气味多样。不同的蔬菜不尽相同，香气物质有：含硫化合物（硫醚、硫醇、异硫氰酸酯、亚砜）、不饱和醇醛、萜烯类、杂环衍生物（吡嗪衍生物、吡喃）等。

百合科蔬菜（葱、蒜、洋葱、韭菜、芦笋等）具有刺鼻的芳香，其主要的风味物是含硫化合物，如二丙烯基二硫醚（洋葱气味），二烯丙基二硫醚（大蒜气味），2－丙烯基亚砜（催泪而刺激的气味），硫醇（韭菜中的特征气味物之一）。

十字花科蔬菜最主要的气味物也是含硫化合物，如卷心菜中的硫醚、硫醇和异硫氰酸酯及不饱和醇与醛为主体风味物，异硫氰酸酯也是萝卜、芥菜和花椰菜中的特征风味物；而在伞形花科的胡萝卜和芹菜中，萜烯类气味物突出，与醇类和羰化物共同形成有点刺鼻的气味。

黄瓜和番茄具青鲜气味，其特征气味物是 C_6 或 C_9 的不饱和醇与醛，如2，6－壬二烯醛，2－壬烯醛，2－己烯醛。青椒、莴苣和马铃薯也具有青鲜气味，其特征气味物为嗪类，如青椒中主要为2－甲氧基－3－异丁基吡嗪，马铃薯的特征气味物之一为3－乙基－2－甲氧基吡嗪，莴苣的主要香气成分为2－异丙基－3－甲氧基吡嗪和2－仲丁基－3－甲氧基吡嗪。

青豌豆的主要成分为一些醇、醛、吡喃类。鲜蘑菇中以3－辛烯－1－醇或庚烯醇的气味最大，而香菇中以香菇精为最主要的气味物。

3.2 水果的香气

水果的香气比较单纯，是天然食品中具有高度爽快的香气。水果的香味主要通过酶促作用生物合成，随着果实逐渐成熟而增加。水果的香气成分醛、醇来源于亚油酸与亚麻酸的分解，带支链的脂肪族酯、醇、酸来源于支链氨基酸。水果香在贮藏期会不断减弱，热加工时一般原有香气破坏，形成加工后的臭感物质。水果的主要香气物质有：有机酸酯类、醛类、萜烯类，其次还有有机酸类、醇类和羰基化合物类。

3.3 蕈类的香气

食用蕈的种类很多，它们以风味鲜美和富含蛋白质及多种维生素而受到人们的喜爱，蘑菇的挥发性成分已鉴定出20多种，其中呈强烈蘑菇香的主成分为辛烯－1－醇。而香菇中的为香菇精。蕈类的香气成分的前体是蘑菇酸，它经S－烷基－L－半胱氨酸亚砜裂解酶等的作用，产生了蘑菇香精，它是一种非常活泼的香气成分，是香菇的主要风味物质。至于其他的多硫化合物的风味作用尚不清楚。

任务四 动物性食物的香气与臭气

4.1 肉类的香气

生肉的风味是清淡的，但经加工，熟肉的香气十分诱人，称为肉香。肉香风味物主要是内酯、呋喃类、含氮化合物和含硫化合物，另外也有羰基化合物、脂肪酸、脂肪醇、芳香族化合物等。

肉类在烧烤时发生美好的香气，有二百多种，其中有醇、醛、酮、酸、酯、醚、呋喃、吡咯、内酯、碳水化合物、苯系化合物（硫醇、硫酸酯、噻吩、噻唑）、含氮化合物（氨、胺、吡嗪）等类化合物。在这些成分中，没有哪一种成分具有特征性的肉香味，显然，肉香味是这许多种成分综合作用的结果。这些肉香味主要是糖和氨基酸反应生成的各种挥发性物质，此外，也与油脂分解和含硫化合物热分解的生成物有关。

肉香与其前体物质有关，瘦肉中水溶性低分子量化合物（还原糖、肽类、氨基酸等）在加工过程中形成风味物质，肌肉组织中低分子量物质愈多，风味愈好，这是肉风味的主体。另外一些含硫氨基酸在高温加工条件下也产生特有风味。脂肪是形成畜禽肉风味差异的主要物质，脂肪酸组成的差异、脂肪的酶促氧化产物的不同、脂溶性成分的不同（脂溶维生素、脂蛋白等），都导致肉制品风味的不同。完全无脂肪的瘦肉，难区别肉的种类。

4.2 乳品香气

乳品具有鲜美可口的香味，其组成成分很复杂。牛乳中的脂肪吸收外界异味的能力较强，特别是在35 ℃，其吸收能力最强。因此刚挤出的牛乳应防止与有异臭气味的物料接触。

乳品主要的香气成分鲜乳、黄油、发酵乳品各不相同。主要是低级脂肪酸、羰基化合物（如2－已酮，2－戊酮，丁酮，丙酮，乙酯，甲醛等），以及极微量的挥发性成分（如乙醚，乙醇，氯仿，乙腈，氯化乙烯等）和微量的甲硫醚。

牛乳风味的主要成分是甲硫醚，含量很少。牛乳有时有一种酸败味，主要是因为牛乳中有一种脂酶，能使乳脂水解生成低级脂肪酸（如丁酸）。牛乳及乳制品长时间暴露在空气中因乳脂中不饱和脂肪酸自动氧化产生α，β－不饱和醛和两个双键的不饱和醛而出现氧化臭味。牛乳在日光下也会产生日光臭（日晒气味），这是因为蛋氨酸会降解为β－甲巯基丙醛。

新鲜黄油的香气主要由挥发性脂肪酸、异戊醛、3－羟基丁酮等组成。发酵乳品是通过特定微生物的作用来制造的。如酸奶利用了嗜热乳链球菌和保加利亚乳杆菌发酵，产生了乳酸、乙酸、异戊醛等重要风味成分，同时乙醇与脂肪酸形成的酯给酸奶带来了一些水果气味，在酸奶的后熟过程中，酶促作用产生的丁二酮是酸奶重要的特征风味物质。奶酪的加工过程中，常使用混合菌发酵，一方面促进了凝乳，另一方面在后熟期促进了香气物的产生。

4.3 鱼类香气

（1）鱼香气

鱼类香气成分研究较少。已经测出其中以三甲胺为代表的挥发性碱性物质、脂肪酸、羰基化合物、二甲硫为代表的含硫化合物以及其他物质。

（2）鱼腥臭味

鱼类具有代表性的气味即为鱼的腥臭味，它随着鲜度的降低而增强。鱼类臭味的主要成分为三甲胺。新鲜的鱼中很少含有三甲胺，而在陈放之后的鱼体中大量产生，这是由氧化三甲胺还原而生成的。除三甲胺外，还有氨、硫化氢、甲硫醇、吲哚、粪臭素以及脂肪氧化的生成物等。这些都是碱性物质，若添加醋酸等酸性物质使溶液呈酸性，鱼腥气便可大减。海水鱼含氧化三甲胺比淡水鱼高，故海水鱼比淡水鱼腥味强。

任务五　发酵食品的香气

发酵食品的种类很多，酒类、酱油、醋、酸奶等都是发酵食品。它们的风味物质非常复杂。主要由下列途径形成：①原料本身含有的风味物质；②原料中所含的糖类、氨基酸及其他类无味物质，经发酵在微生物的作用下代谢而生成风味物质；③在制作过程和熟化过程中产生的风味物质。由于酿造选择的原料、菌种不同，发酵条件不同，产生的风味物质千差万别，形成各自独特的风味。发酵食品的香气主要由微生物作用于蛋白质、糖、脂肪等而产生的，主要成分是醇、醛、酮、酸、酯等。而微生物代谢产物繁多，各种成分比例各异，因此风味各异。

5.1 酒类

由于酿酒原料、酿造的方法和酿酒菌种及其条件不同，香气物质的含量比例也不相同，因而酒类具有不同的香型。如白酒有酱香型、浓香型、清香型、米香型和其他香型之分。

一般酿造酒中的香气主要有：原料中原有的物质在发酵时转入酒中；原料中挥发性化合物，经发酵作用变成另一挥发性化合物；原料中所含的糖类、氨基酸类及其他原来无香味的物质，经发酵微生物的代谢，而产生香味物质；经贮藏后熟阶段残存酶的作用以及长期而缓慢的化学变化而产生许多重要的风味成分。

在各种白酒中已鉴定出了300多种挥发性成分，包括醇、酯、酸、羰基化合物、缩醛、含氮化合物、含硫化合物、酚、醚等。其中醇、酯、酸和羰基化合物成分多样，含量也最多。醇是酒的主要香气物质，除乙醇之外，还有正丙醇、异丁醇、异戊醇等，统称为杂醇油或高级醇。如果酒中杂醇油含量高则使酒产生异杂味，含量低则酒的香气不够。乙酸乙酯、乳酸乙酯、乙酸戊酯是主要的酯，乙酸、乳酸和已酸是主要的酸，乙醛、糠醛、丁二酮是主要的羰基化合物。

啤酒中也已鉴定出了300种以上的挥发成分，但总体含量较低，对香气贡献大的是醇、酯、羰基化合物、酸和硫化物，双乙酰是啤酒特有的香气成分之一。发酵葡萄酒中香气物更多(350种以上)，除了醇、酯、羰基化合物外，萜类和芳香族类物质含量也较多。

5.2 酱类

酱制品是以大豆、小麦为原料，由霉菌、酵母菌和细菌综合发酵生成的调味品，其中的香味成分十分复杂，主要是醇类、醛类、酚类、酯类和有机酸等。其中醇类的主要成分为乙醇、正丁醇、异戊醇、β-苯乙醇(酪醇)等；羰基化合物中构成酱油芳香成分主要有乙醛、丙酮、丁醛、异戊醛、糠醛、不饱和酮醛等；缩醛类有α-羟基异已醛、二乙缩醛和异戊醛二乙缩醛；酚类以4-乙基愈创木酚、4-乙基苯酚、对羟基苯乙醇为代表；酯类中的主要成分是乙酸戊酯、乙酸丁酯及酪醇乙酸酯；酸类主要有乙酸、丙酸、异戊酸、已酸等。酱油中还由含硫氨基酸转化而得的硫醇、甲基硫等香味物质，其中甲基硫是构成酱油特征香气的主要成分。

任务六　食物焙烤香气的形成

许多食品在焙烤过程中都会形成特有的香气，香气成分形成是因为加热过程中发生了羰氨反应，还有油脂分解、含硫化合物(维生素 B_1、含硫氨基酸)分解的产物，综合形成各种食品特有的焙烤香气。

糖类是生成香味物质的重要前驱物。糖类加热时产生的香味物质主要有：呋喃衍生物、酮类、醛类、丁二酮、吡嗪类化合物等，与氨基酸的反应对香味的贡献很大，随条件不同香味有所不同。

肉类加热产生的主体香气成分是 1 - 甲硫基 - 1 - 乙硫醇、4 - 羟基 - 5 - 甲基 - 2(2H) - 呋喃酮，以及相对分子质量低的醛、酮、硫醇等。

面包香气一方面来自于用酵母发酵时生成的醇类和酯类，另一方面主要来自于焙烤时氨基酸与糖反应生成的约 20 多种羰基化合物。

生花生的香味成分为己醛和壬烯醛，加热后产生的香气，除羰基化合物外，特有的香气成分已知有 5 种吡嗪类化合物和 N - 甲基吡咯。芝麻香气中的主要特征性成分是含硫化合物。

复习题

一、名词解释

1. 色素　　2. 褐变　　3. 味觉　　4. 嗅觉

二、填空

1. 四种基本的味感物质为________、________、________和________，其中________是最易感知的一种。

2. 按来源不同将天然色素分类可分为________、________和________。

3. 酶促褐变的物质条件为________、________和________。

4. 口腔内感受味觉的主要是________，其次是________，婴儿有 10000 个味蕾，成人几千个，其数量随年龄的增大而________，对呈味物质的敏感性也________。

5. 一般人的舌尖和边缘对______味比较敏感，舌的前部对______味比较敏感，舌靠腮的两侧对______味比较敏感，舌根对______味、______味比较敏感。

6. 味的相互作用包括________、________、________、________、________、________。

7. 甜味的强弱称为________。一般以 5% 或 10% 的________溶液为甜度的参比标准，其在 20℃时候的甜度定为 1。

8. 酸味是由质子______与存在于味蕾中的________相互作用刺激舌黏膜而产生的味感。因此，凡是在溶液中能离解出氢离子的化合物都具有酸味。

9. ________是水果蔬菜中分布最广的有机酸，化学名为________，别名为________。苹果酸的化学名为________，酒石酸的化学名为________。

10. 一般情况下，有机化合物中含______、______、______、______基团者常有辣味。________常用作辣味比较的定性尺度。

三、简答

1. 色素的发色原理是什么？

2. 简述叶绿素在食品加工与储藏中的变化。

3. 虾蟹经烹煮后变色的原因是什么？

4. 新鲜的活鱼具有优美的芳香，但当鱼的新鲜度稍差后会呈现出一种以腥臭味为主的特殊气味，在烹调时怎么处理这种腥臭味？

5. 什么是甜味？常见的甜味物质有哪些？

❖模块十　实训

项目一　食品水分活度的测定

◆导入任务

食品中的水分，都随环境条件的变动而变化。当环境空气的相对湿度低于食品的水分活度时，食品中的水分向空气中蒸发，食品的质量减轻；相反，当环境空气的相对湿度高于食品的水分活度时，食品就会从空气中吸收水分，使质量增加。不管是蒸发水分还是吸收水分，最终是食品和环境的水分达平衡时为止。据此原理，我们采用标准水分活度的试剂，形成相应湿度的空气环境，在密封和恒温条件下，观察食品试样在此空气环境中因水分变化而引起的质量变化，通常使试样在康威微量扩散皿的密封和恒温条件下，分别在 Aw 较高、中等和较低的标准饱和盐溶液中扩散平衡后，根据试样质量的增加（即在较高 Aw 标准饱和盐溶液达平衡）和减少（即在较低 Aw 标准饱和盐溶液达平衡）的量，计算试样的 Aw 值，食品试样放在以此为相对湿度的空气中时，既不吸湿也不解吸，即其质量保持不变。

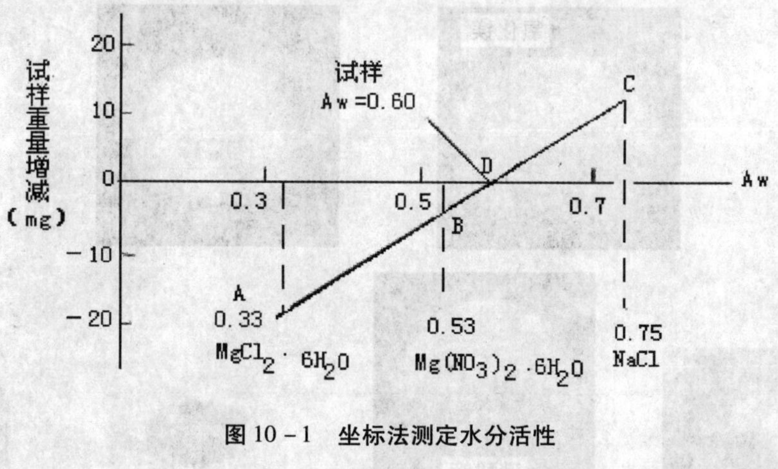

图 10－1　坐标法测定水分活性

示例

例一：

根据试样与标准饱和盐溶液平衡后试样重量的增减作坐标图（见图 10－1），纵坐标为试样重量增减的毫克数，横坐标为水分活性值。如图 10－1 的 A 点是试样与标准 $MgCl_2 \cdot 6H_2O$ 饱和溶液平衡后重量减少 20.0 毫克，试样与标准 $Mg(NO_3)_2 \cdot 6H_2O$ 平衡后失重 5.2 毫克，相应作出 B 点，与 NaCl 饱和溶液平衡后试样增加 11.1 毫克作出 C 点，把三点连成一线与横坐标交于 D 点，得出试样的水分活性为 0.60。

例二：某食品样品在硝酸钾（0.924）中增重 7mg，在溴化钾（0.807）中减重 15 mg，可求得其 Aw＝0.878。

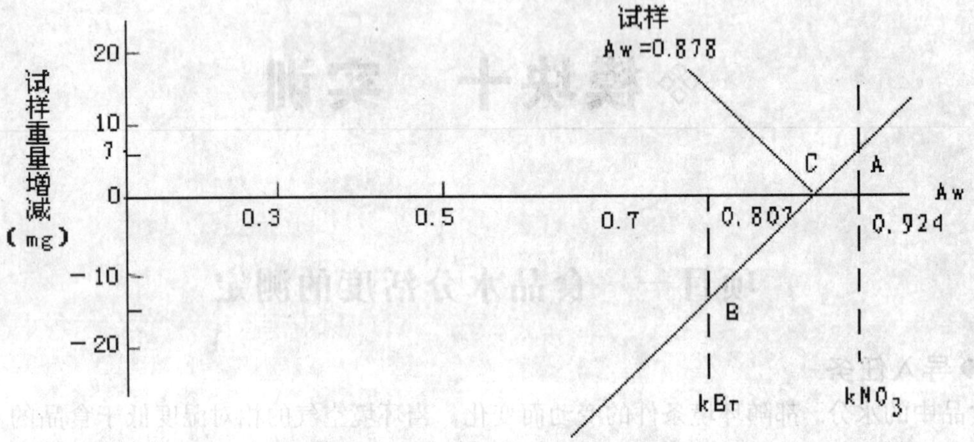

图 10－2　坐标法测定水分活性例图

◆操作流程

一、试剂的准备

1. 氯化镁
2. 氯化钾
3. 硝酸钾
4. 各种果蔬、粮食等

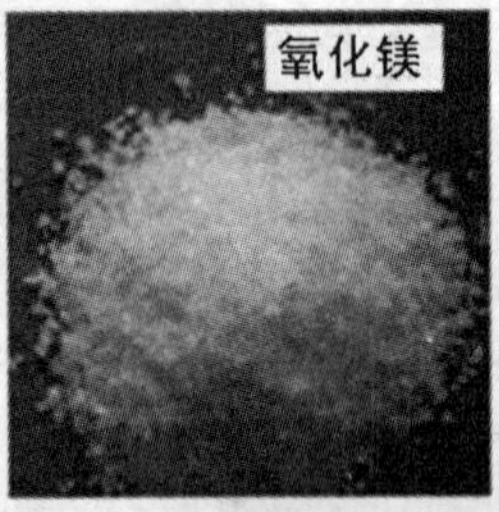

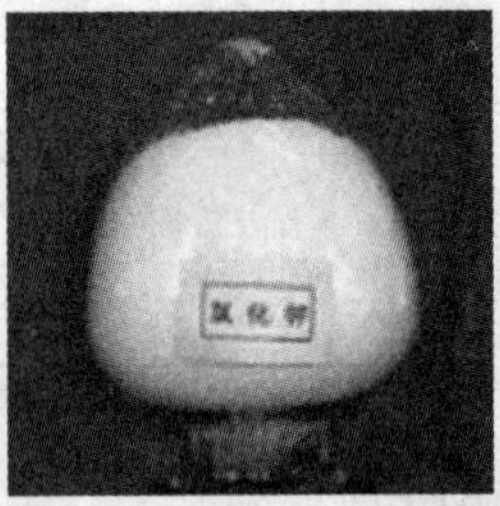

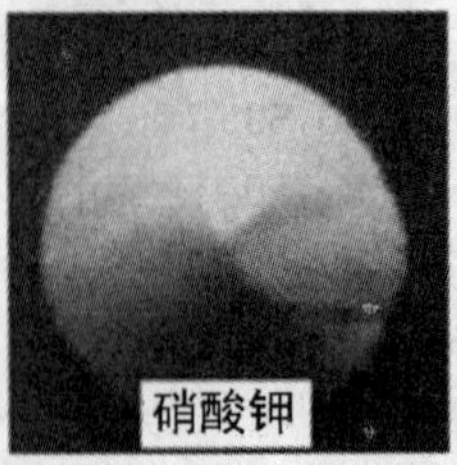

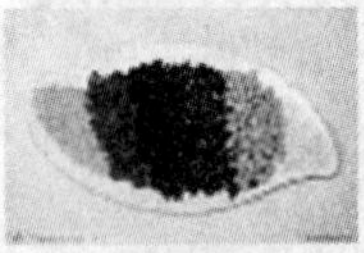

二、仪器的准备

康威皿、电子天平、烘箱、硫酸纸。

康威皿

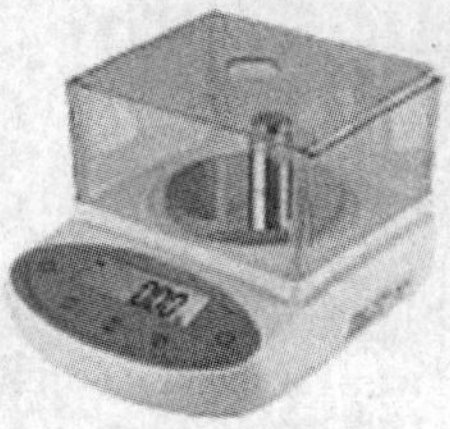
电子天平

烘箱

硫酸纸

知识点拨

主要测定容器是康威皿容器，它分内外二室，测定时在外室加入标准盐饱和溶液，在内室的铝箔皿中加入1克左右的待测试样。试样应用天平精确称量，记下初读数。固体食品试样最好切细后放入。然后用玻璃盖涂上真空脂密封，放入恒温箱在25℃条件下保持2~3小时，然后取出滤波皿再次精确称出试样的重量，算出试样的增减量。如试样重量增加，说明内室的试样水分活性比外室的盐饱和溶液水分活性低，因此在密封容器内试样由于吸附水分而增重；反之，如试样的水分活性比盐饱和溶液水分活性高，则试样重量减少。

三、实验进程

将三种饱和试剂各取20毫升(或5毫升)放入三个康威皿的外室，称取1克(保留3位有效值)实验材料，用硫酸纸包好后放入康威皿的内室，用凡士林将玻片光面与皿口密封，防止水分外逸。将三个康威皿放在一起，小心放入25℃ ±0.5℃的烘箱中，静置2~3小时(平行作2~4份不同Aw值的标准饱和溶液及样品)。取出纸包称其重量。在取样前将称量皿烘干，置于干燥器中冷至室温，称重(W_0)。取样，盖上皿盖，称重(W_1)。将取样后的称量皿开盖置于已调节到规定加热温度的烘箱内，常压烘干一定时间，然后取出称量皿，在干燥器内放冷到室温以后再称重，重复此操作，达恒重时(前后两次称量不超过0.5mg)，记录数据(W_2)。烘干前后的重量差即为水分含量。结果计算及其表示方法为:以各种标准盐的饱和溶液在25℃时的水分活度值为横坐标，被测样品的增减重量(即±mg样品量)为纵坐标，在方格坐标纸上作图，并将各点连结成一条直线，此线与横轴的交点即为所测样品的水分活度Aw。

注意事项:样品称重要迅速;若样品中含有水溶性挥发物，不可能准确测定;康威皿与玻片之间的密封性要好。

1. 注意称重试样的精确度，否则会造成测定误差。对试样的Aw值范围预先最好有个估计，以便正确选用标准盐饱和溶液。

若试样中含有酒精一类水溶性挥发物质时难以正确测定Aw值。

2. 如有米饭类、油脂类食品在25℃下放置2~3小时测不出Aw值，可继续放置1~4天，先测定2小时后的试样重量，然后间隔一定时间称重，再作坐标求出。把首次与横坐标的相交点作为测定值。为防止试样腐烂，可以加入0.2%的山梨酸钾作为防腐剂。

◆实验结果：

◆分析与讨论：

◆思考题：

1. 测定食品的水分活度，要用饱和盐溶液的原因是________________________。

2. 测水分含量过程中，干燥前后两次称量差值为____________方可认为是恒重。

3. 以各种标准盐的饱和溶液在25℃时的水分活度值为横坐标，被测样品的增减重量(即±mg 样品量)为纵坐标，在方格坐标纸上作图，并将各点连结成一条直线，此线与横轴的交点即为所测样品的____________。

4. 若试样中含有____________一类水溶性挥发物质时难以正确测定 Aw 值。

项目二　糖的定性试验

◆导入任务

工业上的糖，多由植物果实或组织中提取。葡萄糖可以通过淀粉水解得到，而工业上的淀粉多由马铃薯或玉米等原料分离、纯化而成。

一、淀粉的制备和水解

(一) 马铃薯淀粉的制备

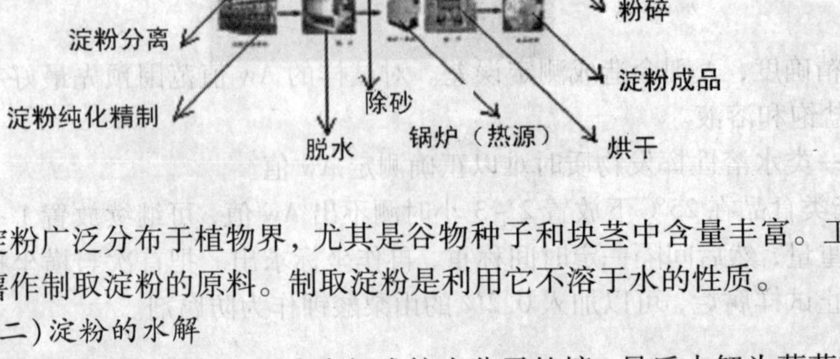

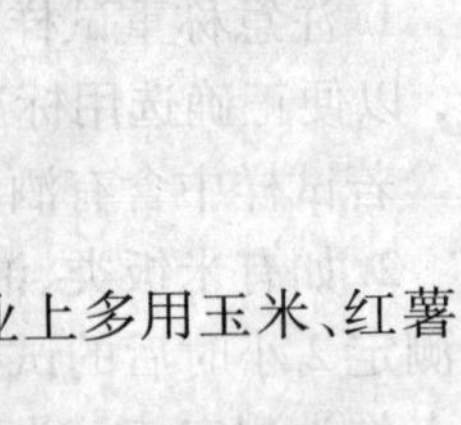

淀粉广泛分布于植物界，尤其是谷物种子和块茎中含量丰富。工业上多用玉米、红薯和马铃薯作制取淀粉的原料。制取淀粉是利用它不溶于水的性质。

(二) 淀粉的水解

淀粉在酸的作用下，逐步水解成较小分子的糖，最后水解为葡萄糖。

知识点拨

利用碘遇淀粉会变蓝色的原理，只有淀粉被完全水解后，即无淀粉存在时，加碘才不会有蓝色出现。

此试验中所说的作本尼迪克特试验，实际上是用中和了的淀粉液代替1%葡萄糖溶液、1%蔗糖溶液、粮食的糖提取液作试验。

二、还原糖试验

(一)四唑盐试验

具有自由醛基或酮基的单糖和双糖均为还原糖。水溶性四唑盐在遇到具有活泼的还原性基团的化合物时，则被还原为不溶性的有色甲瓒(zàn，Formazan)。反应可能经过自由基阶段，如：

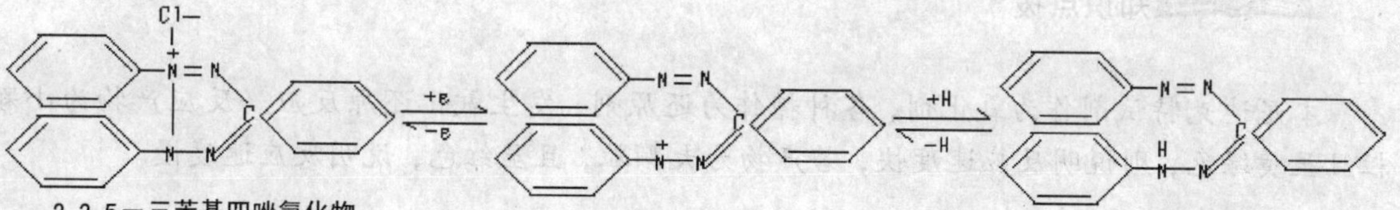

2，3，5－三苯基四唑氯化物　　　　2，3，5－三苯基甲瓒

在pH2.5的缓冲溶液中，还原糖与四唑盐共热时，溶液变成红、紫或蓝(颜色视所用的四唑盐而异)，在一分钟内生成不溶性甲瓒。常用于此试验的三种四唑盐是：2，3，5－三苯基四唑氯化物、2，3－二苯基－3－邻联苯基氯化物(邻联苯紫)和2，2－二联苯基－5，5－(3，4－二甲氧苯基)－3，3－二甲基－4，4联苯四唑盐(甲氧苯四唑蓝)。后两种物质的反应灵敏性更高。

知识点拨

向四唑盐溶液加氢氧化钠溶液是为了调整缓冲溶液的pH；加葡萄糖溶液、果糖溶液、蔗糖溶液和粮食的糖提取液是为了提供反应的还原糖。0.1%四唑盐溶液为红四唑盐。

(二)本尼迪克特(Benedict)反应

本尼迪克特试剂为费林试剂的改良试剂，其碱性较费林试剂弱，灵敏度则较高。它也是含有Cu^{2+}离子的碱性溶液。它能被还原糖还原为红色或黄色的氧化铜，还原糖本身被氧化呈酸。其反应可用下式反应式表示：

$$\begin{array}{c}CHO\\|\\(CHOH)_4\\|\\CH_2OH\end{array} + 2Cu(OH)_2 + NaOH \longrightarrow \begin{array}{c}COONa\\|\\(CHOH)_4\\|\\CH_2OH\end{array} + 2CuOH + 2H_2O$$

$$2CuOH \longrightarrow Cu_2O + H_2O$$

应该指出，糖在碱作用下，不仅发生烯醇化、异构化等作用而促使还原作用进行，同时还能发生糖的分解、氧化、还原或多聚等作用。这些作用所形成的复杂混合物具有强烈的还原作用。因此，用简单的氧化作用写出糖的反应方程或用简单的还原作用写出金属离子的反应方程，都是不可能的。

为了防止铜离子与碱反应生成沉淀，可在含铜试剂中加入适量的含羟基化合物，如柠檬酸盐，使铜离子成为可溶性的络离子，使溶液含有一定浓度的氢氧化铜。

知识点拨

本尼迪克特试剂作为氧化剂，各种糖作为还原剂，发生氧化还原反应。反应产物为小颗粒且呈黄绿色，则说明反应速度快，若产物为大颗粒，且呈红色，说明反应速度慢。

三、颜色反应

粮食中含有多种糖类物质，其中淀粉占绝大部分，此外还含有少量的葡萄糖、果糖、麦芽糖和蔗糖等，它们占粮食干物质的85% ~90%。

这些糖类物质，经浓硫酸处理，脱水产生糠醛及其衍生物。戊糖形成糠醛，甲基戊糖形成甲基糠醛，已糖形成羟甲基糠醛。

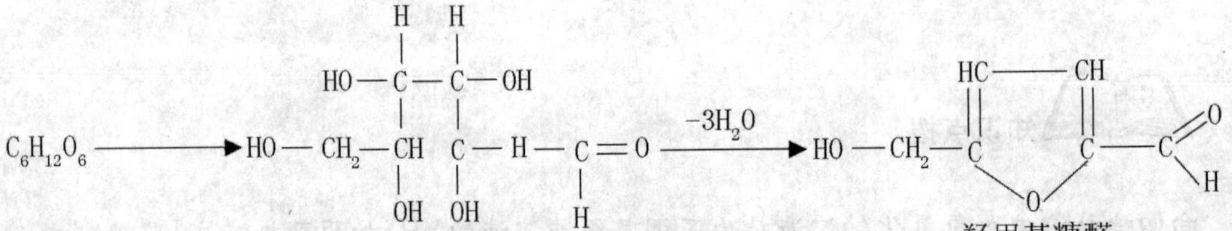

己糖　　羟甲基糖醛

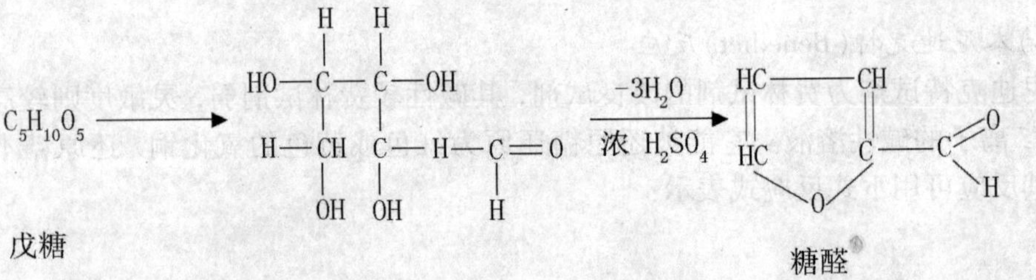

戊糖　　糖醛

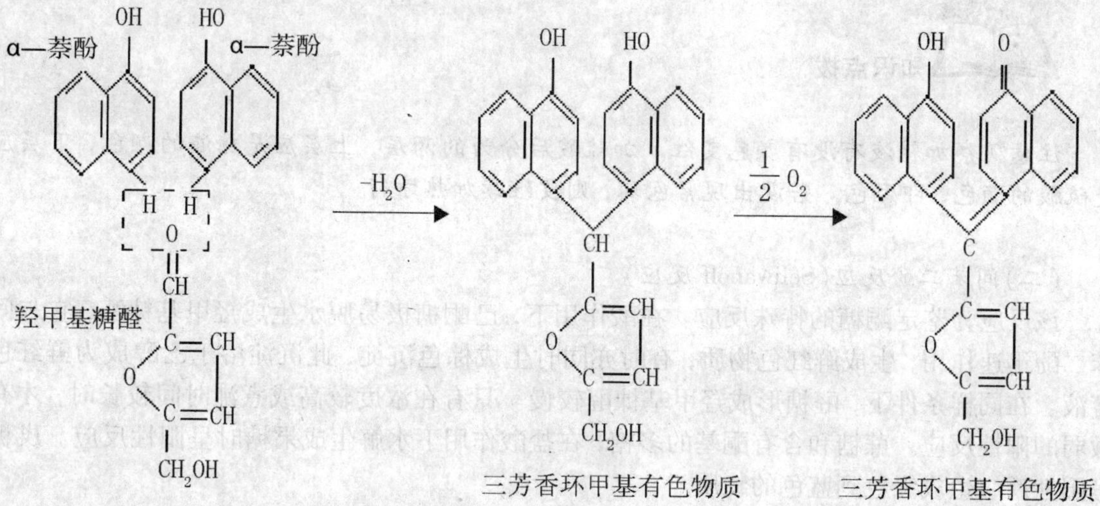

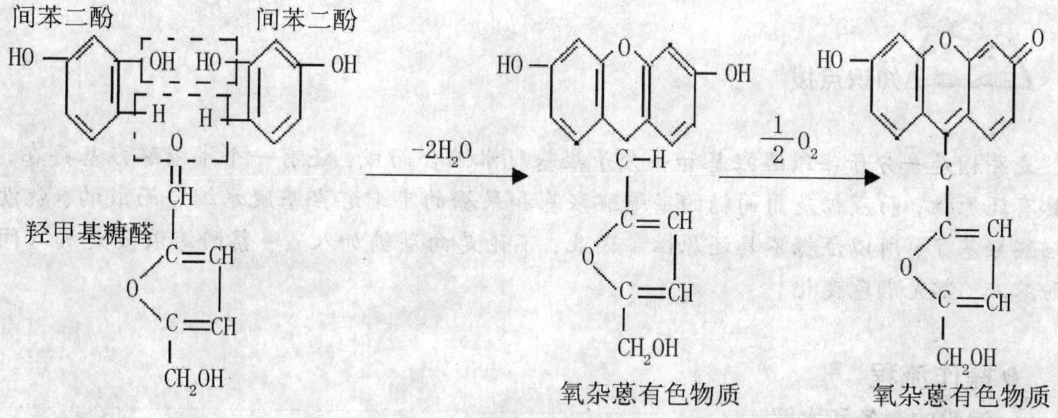

这些糠醛及其衍生物，在浓无机酸作用下，能与酚类化合物结合生成有色物质。常用的酚类物质有α－萘酚（鉴定糖类）、间苯二酚（区别酮糖和醛糖）、甲基苯二酚（又名地衣酚，鉴定戊糖）。常用的无机酸为硫酸。若用盐酸则需加热。

与一元酚如α－萘酚作用，形成三芳香环甲基有色物质。与多元酚如间苯二酚作用，则形成氧杂蒽有色物质。

（一）α－萘酚（Molisch反应）

糖类经浓硫酸脱水后生成的糠醛及其衍生物，能与α－萘酚结合生成红紫色物质。在糖溶液与硫酸两液面间出现紫环，故又叫紫环反应。此反应为鉴定糖类最常用的颜色反应。自由形式存在的糖和以结合形式存在的糖均呈阳性反应。此外，丙酮、甲酸、乳酸、草酸、葡萄糖醛酸、糠醛及其衍生物也呈颜色近似的阳性反应。因此，阴性反应能确证无糖类物质存在，而阳性反应只能说明有糖存在的可能，需进一步作其他糖的定性试验才能肯定确有糖的存在。

知识点拨

注意观察加糖液有没有颜色变红。加硫酸后分为的两层，上层应是糖液的颜色，下层应是硫酸的颜色，即无色。若没出现紫色环，则要继续加热才行。

（二）间苯二酚反应（Seliwanoff 反应）

该反应为鉴定酮糖的特殊反应。在酸作用下，己酮糖极易脱水生成羟甲基糠醛，它与间苯二酚迅速作用，生成鲜红色物质，有时亦同时生成棕色沉淀，此沉淀溶于乙醇成为鲜红色溶液。在同样条件下，醛糖形成羟甲基糠醛较慢。只有在浓度较高或煮沸时间较长时，才有微弱的阳性反应。蔗糖和含有酮基的多糖，在盐酸作用下水解生成果糖时呈阳性反应。戊糖呈阳性反应生成绿色到蓝色的物质。

知识点拨

麦芽糖是一分子半缩醛羟基和一分子羟基脱水缩合而成，还有一个半缩醛羟基存在，因而具有还原性，而蔗糖是葡萄糖的半缩醛羟基和果糖的半缩醛羟基脱水缩合而成的，就没有半缩醛羟基了，所以蔗糖不具还原性。因此，不论是向蔗糖加入 α－萘酚溶液还是加入间苯二酚溶液，都无颜色变化。

◆操作流程

一、淀粉的制备和水解

（一）马铃薯淀粉的制备

1. 试剂及原料的准备

马铃薯。

马铃薯

布氏漏斗

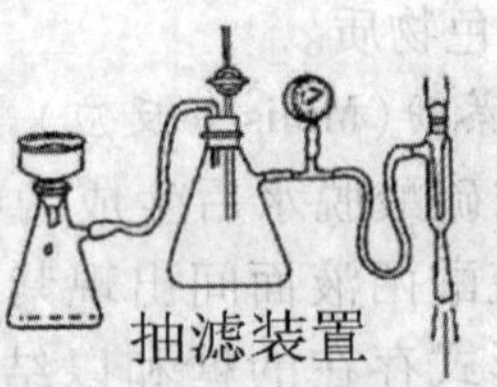
抽滤装置

2. 仪器及用具的准备

小刀、研钵、纱布、表面皿、布氏漏斗及抽滤装置。

小刀

研钵

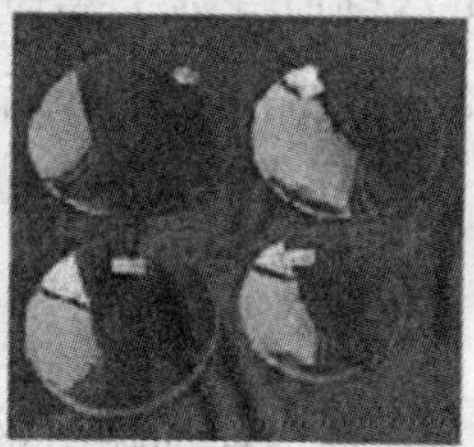
表面皿

3. 实验进程

将生马铃薯去皮捣碎，加水混合，用纱布过滤。滤液中，淀粉很快沉于底部，多次用水洗淀粉，抽滤，将滤饼放在表面皿上，在空气中干燥即得。

（二）淀粉的水解

1. 试剂的准备

（1）稀碘液：配制2%碘化钾溶液，加入适量的碘，使溶液呈浅的棕黄色即可。

（2）本尼迪克特试剂。

（3）1%淀粉溶液。

（4）20%硫酸溶液：将20毫升浓硫酸缓缓加入78毫升蒸馏水中，混匀即可。

（5）10%碳酸钠溶液：称取10克无水碳酸钠，溶于水并稀释到100毫升。

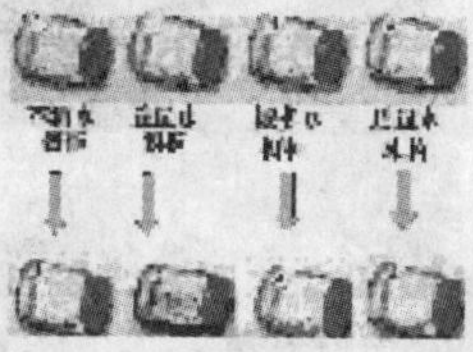
稀碘液

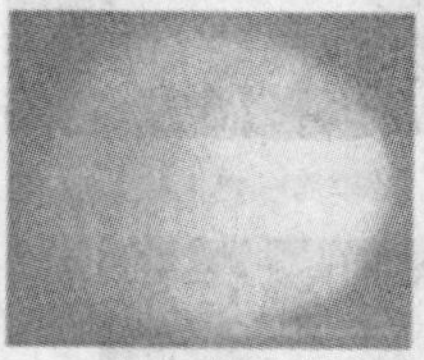
无水碳酸钠

碘

硫酸

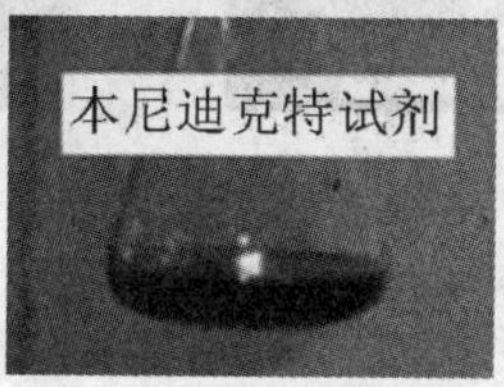
本尼迪克特试剂

淀粉

2. 仪器及用具的准备

烧杯、移液管、洗耳球、水浴锅、白瓷板。

烧杯

移液管

洗耳球

水浴锅

白瓷板

3. 实验进程

取10毫升1%的淀粉溶液于小烧杯中，加入1毫升20%硫酸溶液，置沸水浴上加热。每隔3分钟取试液1滴放在白瓷板上作碘试验，至试液遇碘不呈蓝色为止。取出3滴试液，加10%碳酸钠溶液中和后，作本尼迪克特试验。

二、还原糖试验

（一）四唑盐试验

1. 试剂的准备

（1）1%葡萄糖溶液：称取1克葡萄糖，溶于100mL水中。

（2）1%果糖溶液：称取1克果糖，溶于100mL水中。

（3）1%蔗糖溶液：称取1克蔗糖，溶于100mL水中。

（4）粮食的糖提取液：称取5克磨碎的玉米或小麦试样于三角瓶中，加入50mL水，在70℃~80℃水浴上加热30min，过滤。

（5）0.1%四唑盐溶液：称取0.1克四唑盐，溶于100mL水中。

（6）2%氢氧化钠溶液：称取2克氢氧化钠，溶于100mL水中。

（7）丙酮。

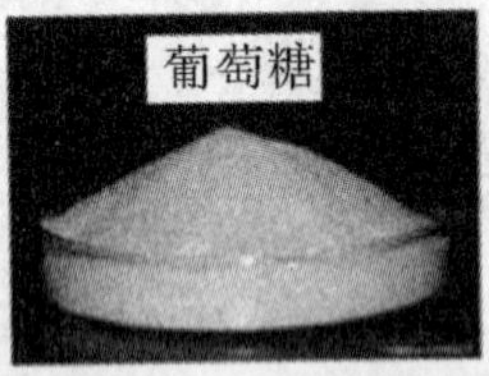

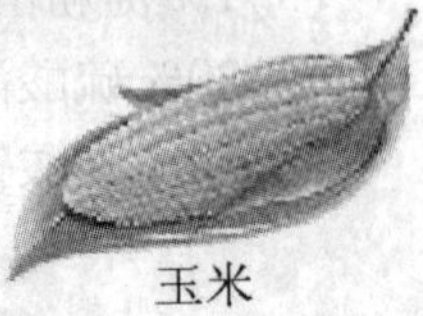
玉米

2. 仪器及用具的准备

试管、移液管、酒精灯、天平。

试管

移液管

酒精灯

天平

3. 实验进程

取4支试管，各加入0.5mL四唑盐溶液和1滴氢氧化钠溶液，加热到刚沸，在白色背景下观察颜色。若有颜色，可加入2~3滴水，再加热，至颜色消失止。分别向4支试管加入

0.1mL葡萄糖溶液、果糖溶液、蔗糖溶液和粮食的糖提取液，加热至沸，静置数秒。溶液在数秒钟后显红、紫或蓝色。若还原性试样超过10微克，则生成不溶性甲瓒而使溶液混浊。为加强溶液色调，可加入1～2mL丙酮使甲瓒溶解。

（二）本尼迪克特（Benedict）反应

1. 试剂的准备

（1）本尼迪克特试剂：称17克柠檬酸三钠和10克无水碳酸钠溶于80mL水中，再称1.7克硫酸铜溶于10mL热水中。将硫酸铜溶液缓缓倒入柠檬酸三钠和碳酸钠溶液中，边加边搅拌。此溶液可长期使用。

（2）1%葡萄糖溶液。

（3）1%蔗糖溶液。

（4）粮食的糖提取液：称取5克磨碎的玉米或汪麦试样于三角瓶中，加入50mL水，在70℃～80℃水浴上加热30min，过滤。

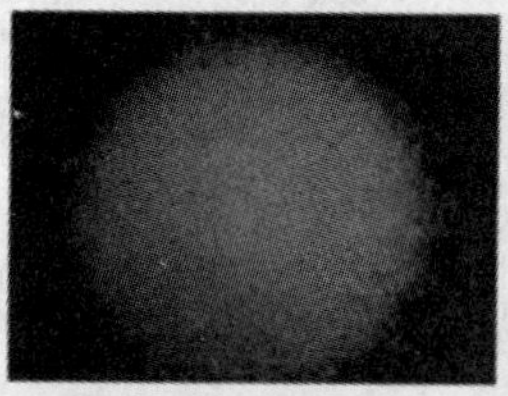

柠檬酸三钠

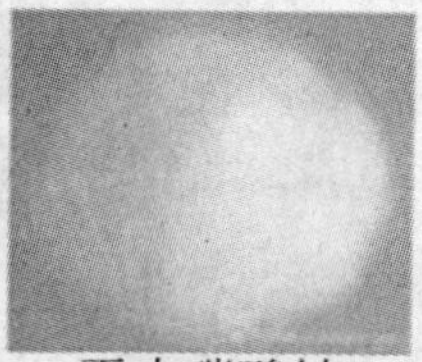

无水碳酸钠

2. 仪器及用具的准备

试管、试管夹、移液管、水浴锅。

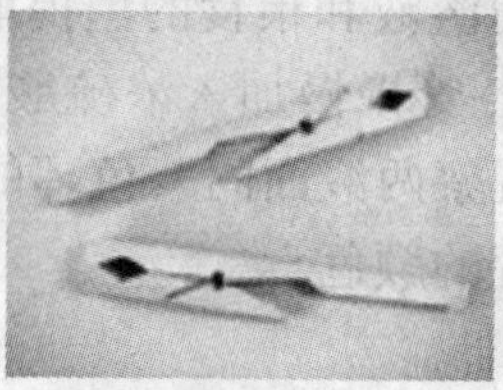

试管夹

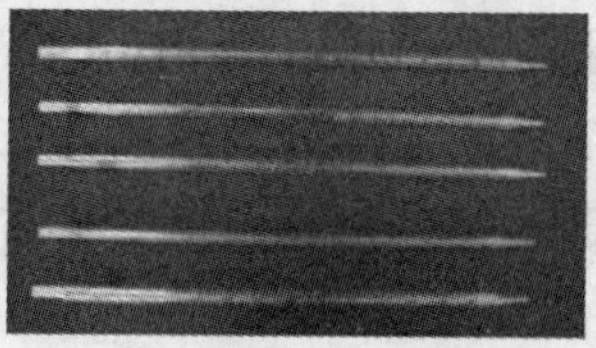

移液管

水浴锅

3. 实验进程

取3支试管，各加入1mL本尼迪克特试剂，再分别加入葡萄糖溶液、蔗糖溶液和粮食的糖提取液各2mL，混匀，置沸水浴加热数分钟，取出，观察各管变化（找出出现颜色变化所需的时间）。

注意事项：

（1）沉淀的颜色与Cu_2O的颗粒大小有关，而Cu_2O的颗粒大小又取决于反应速度的快慢。反应快，则生成的颗粒小，呈黄绿色；反之，生成的颗粒较大，呈红色。

（2）若存放较久的试剂产生沉淀，可取上层清液使用，不必重配。存放较久的试剂比新配的试剂更好。

（3）溶液中还原糖的浓度可由生成的沉淀多少来估计，而不能根据颜色来判断。

三、颜色反应

(一)α－萘酚(Molisch 反应)

1. 试剂的准备

(1)α－萘酚溶液:称取 5 克 α－萘酚溶于 100 毫升 95% 乙醇并储于棕色瓶中。(临用时现配)

(2)1% 蔗糖溶液。

(3)1% 葡萄糖溶液。

(4)1% 淀粉溶液:称取 1 克可溶性淀粉，溶于少量蒸馏水中，搅成浆状，缓慢加入沸蒸馏水中并稀释到 100 毫升。

(5)粮食的糖提取液:称取 5 克磨碎的玉米或小麦试样于三角瓶中，加入 50mL 水，在 70～80℃水浴上加热 30min，过滤。

(6)浓硫酸。

2. 仪器及用具的准备

试管、试管夹、移液管、水浴锅。

3. 实验进程

取 4 支试管，分别加入 1 毫升蔗糖溶液、葡萄糖溶液、淀粉溶液和粮食的糖提取液，再各加入 2 滴 α－萘酚溶液，摇匀。将试管倾斜，分别沿管壁向各管慢慢加入浓硫酸约 1 毫升，小心地将试管竖起，使硫酸和糖溶液明显地分为两层。注意观察两液面间紫色环的出现。若数分钟内无颜色变化，可在水浴中温热几分钟。记录各管出现的颜色。

注意事项:

(1)样液中含有高浓度的有机化合物，将因浓硫酸的焦化作用而出现红色，故样液浓度不宜过高。

(2)可用麝香草酚或其他苯酚化合物代替 α－萘酚。麝香草酚的优点是溶液稳定，且灵敏度与 α－萘酚一样。

(3)α－萘酚溶液应直接滴入试液中，切勿接触试管壁。否则，它将与硫酸生成绿色而掩盖紫色环。

(二)间苯二酚反应(Seliwanoff 反应)

1. 试剂的准备

(1)间苯二酚溶液:称取 0.05 克间苯二酚溶于 30 毫升浓盐酸中，加水稀释到 100 毫升，临用前现配。

(2)1% 果糖溶液。

(3)1% 蔗糖溶液。

(4)1% 葡萄糖溶液。

(5)粮食的糖提取液。

间苯二酚

2. 仪器及用具的准备

试管、试管夹、移液管、烧杯、洗耳球、水浴锅

烧杯

洗耳球

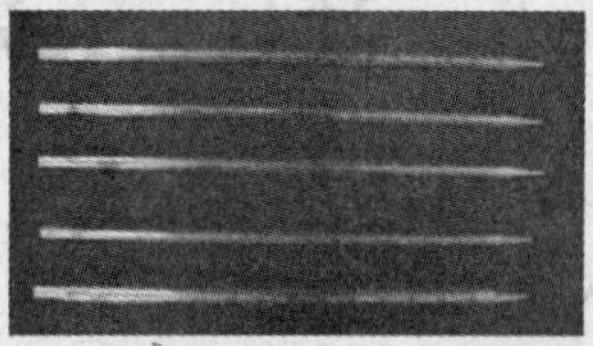

移液管

3. 实验进程

取4支试管，分别加入0.5毫升果糖溶液、蔗糖溶液、葡萄糖溶液和粮食的糖提取液，再各加入2.5毫升间苯二酚溶液，混匀。将4支试管同时放入沸水浴中，注意观察和记录各管出现颜色的时间和颜色的变化，分析说明原因。

注意事项：

(1)果糖的红色出现及沉淀的产生应在20~30秒钟内，且生成的沉淀应溶于乙醇。

(2)酸浓度不宜超过12%。近来有人用低浓度盐酸代替，或采用较弱的有机酸如醋酸代替12%的盐酸。

◆实验结果：

◆分析与讨论：

◆思考题：

1. 具有自由醛基或酮基的单糖和双糖均为________________。

2. 在pH2.5的缓冲溶液中，还原糖与四唑盐共热时，溶液变成________________、________________或________________（颜色视所用的四唑盐而异），在一分钟内生成不溶性________________。

3. 常用于此试验的三种四唑盐是：________________、________________或________________。

后两种物质的反应灵敏性更高。

4. 在四唑盐试验中，若用0.1%四唑盐溶液做试验，则分别向4支试管加入0.1mL葡萄糖溶液、果糖溶液、蔗糖溶液和粮食的糖提取液，加热至沸，静置数秒。溶液在数秒钟后分别显________、________和________。

5. ________为费林试剂的改良试剂，其碱性较费林试剂________，灵敏度则较________。

6. 糖类经浓硫酸脱水后生成的糠醛及其衍生物，能与α－萘酚结合生成________。在糖溶液与硫酸两液面间出现紫环，故又叫________。

7. 阴性反应能确证________糖类物质存在，而阳性反应只能说明有________糖存在的可能，需进一步作其他糖的定性试验才能肯定确证________糖的存在。

项目三　淀粉的显色、水解和老化

◆导入任务

1. 淀粉与碘的反应

直链淀粉遇碘呈蓝色，支链淀粉遇碘呈紫红色，糊精遇碘呈蓝紫、紫、橙等颜色。这些显色反应的灵敏度很高，可以用作鉴别淀粉的定量和定性的方法，也可以用它来分析碘的含量。纺织工业上用它来衡量布匹退浆的完全度，它还可以用来测定水果果实（如苹果等）的淀粉含量。近年来用先进的分析技术（如X射线、红外光谱等）研究碘跟淀粉生成的蓝色物，证明碘和淀粉的显色除吸附原因外，主要是由于生成包合物的缘故。直链淀粉是由α－葡萄糖分子缩合而成螺旋状的长长的螺旋体，每个葡萄糖单元都仍有羟基暴露在螺旋外。碘分子跟这些羟基作用，使碘分子嵌入淀粉螺旋体的轴心部位。碘跟淀粉的这种作用叫做包合作用，生成物叫做包合物。在淀粉跟碘生成的包合物中，每个碘分子跟6个葡萄糖单元配合，淀粉链以直径0.13μm绕成螺旋状，碘分子处在螺旋的轴心部位。淀粉跟碘生成的包合物的颜色，跟淀粉的聚合度或相对分子质量有关。在一定的聚合度或相对分子质量范围内，随聚合度或相对分子质量的增加，包合物的颜色的变化由无色、橙色、淡红、紫色到蓝色。例如，直链淀粉的聚合度是200～980或相对分子质量范围是32 000～160 000时，包合物的颜色是蓝色。分支很多的支链淀粉，在支链上的直链平均聚合度20～28，这样形成的包合物是紫色的。糊精的聚合度更低，显棕红色、红色、淡红色等。表10－1就是淀粉的聚合度和生成碘包合物的颜色。

表10－1　淀粉的聚合度和生成碘包合物的颜色

葡萄糖单位的聚合度	3.8	7.4	12.9	18.3	20.2	29.3	34.7以上
包合物的颜色	无色	淡红	红	棕红	紫色	蓝紫色	蓝色

淀粉跟碘生成的包合物在pH＝4时最稳定，所以它的显色反应在微酸性溶液里最明显。

2. 淀粉的水解

淀粉是一种重要的多糖，是一种相对分子量很大的天然高分子化合物。虽属糖类，但本身没有甜味，是一种白色粉末，不溶于冷水。在热水里淀粉颗粒会膨胀，有一部分淀粉溶解在水里，另一部分悬浮在水里，形成胶状淀粉糊。淀粉进入人体后，一部分淀粉由唾液所产生的淀粉酶的催化作用，发生水解反应，生成麦芽糖；余下的淀粉在小肠里胰脏分泌出的淀粉酶的作用下，继续进行水解，生成麦芽糖。麦芽糖在肠液中麦芽糖酶的催化下，水解为人体可吸收的葡萄糖，供人体组织的营养需要。反应过程为：

$$\underset{\text{淀粉}}{(C_6H_{12}O_5)_m} \longrightarrow \underset{\text{糊精}}{(C_6H_{10}O_5)_n} \longrightarrow \underset{\text{麦芽糖}}{C_{12}H_{22}O_{11}} \longrightarrow \underset{\text{葡萄糖}}{C_6H_{12}O_6}$$

葡萄糖是淀粉最重要的下游产品之一，工业生产中常常使用玉米淀粉水解来加工结晶葡萄糖。

3. 淀粉的老化

淀粉加入适量水，加热搅拌糊化成淀粉糊（α－淀粉），冷却或冷冻后，会变得不透明甚至凝结而沉淀，这种现象称为淀粉的老化。将淀粉拌水制成糊状物，用悬垂法或挤出法成型，然后在沸水中煮沸片刻，令其糊化，捞出水冷（老化），干燥即得粉丝。

◆操作流程

1. 试剂的准备

（1）淀粉及0.1%溶液。

（2）10% NaOH 溶液。

（3）20% H_2SO_4 溶液。

（4）10% Na_2SO_4 溶液。

（5）稀碘液。

（6）乙醇。

（7）2% $CuSO_4$ 溶液。

（8）绿豆粉和甘薯（有的又叫红薯或山芋或地瓜或番薯）淀粉（1∶1）或玉米和绿豆淀粉（7∶3）。

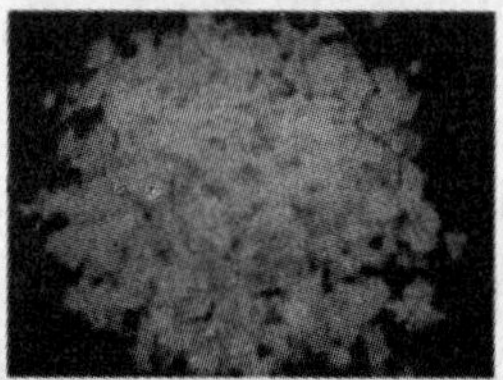

氢氧化钠

玉米

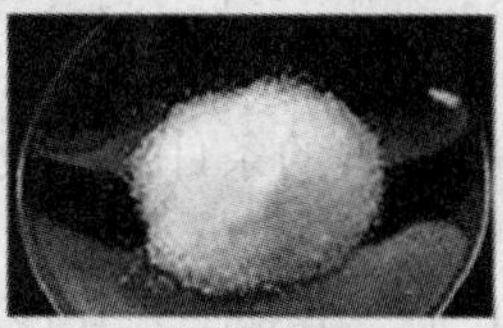

硫酸钠

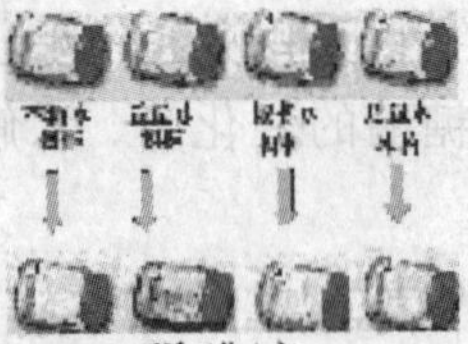
稀碘液

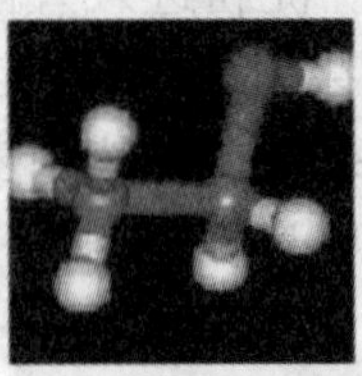
乙醇

硫酸铜

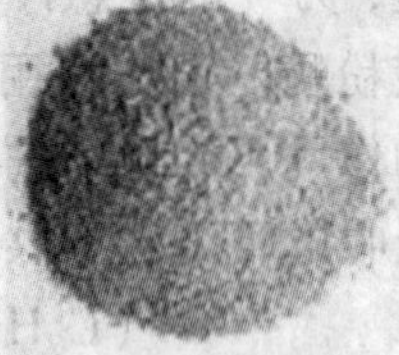
绿豆粉

2. 仪器及用具的准备

试管夹、量筒、烧杯各一只、白瓷板一块、试管一支、恒温水浴锅、多孔容器或分析筛。

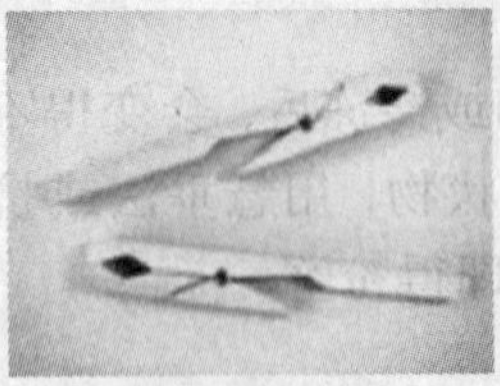

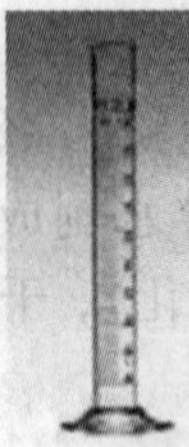

恒温水浴锅

分析筛

3. 实验进程

知识点拨

本试验是利用碘遇淀粉变蓝色的原理来判断淀粉是否被水解了。淀粉在酸性或碱性或淀粉酶的存在下都可被水解为最终产物葡萄糖和果糖，也有一些中间产物，如糊精、蔗糖、麦芽糖等。如果不具备淀粉水解的相应条件的话，淀粉就不能水解，仍以淀粉存在，加碘时仍会有蓝色出现。

3.1 淀粉与碘的反应

(1)取少量淀粉于白瓷板空内，加碘液两滴，观察颜色。

(2)取试管一支，加入0.1%的淀粉6mL，碘两滴，摇匀，观察颜色变化。另取试管两支，将此淀粉均分为三等份并编号做如下实验：1号管在酒精灯上加热，观察颜色变化。然后冷却，观察颜色变化。2号管加入10% NaOH溶液几滴，观察颜色变化。3号管加入乙醇几滴，观察颜色变化。记载上述实验过程和结果，并解释现象。

3.2 淀粉水解实验设计

设计实验方案，试验淀粉能不能水解，水解的条件和产物是什么？怎样判断淀粉是否水解了？

(1)在试管1中加入0.5g淀粉和4mL水，在试管2中加入0.5g淀粉和4mL 20%的硫酸溶液。分别加热试管3～4min。

(2)把试管2中的一部分溶液倒入试管3中，留作下一步实验用。

(3)向试管1和试管2中加入几滴碘溶液，观察现象。发现试管1的溶液呈蓝色(淀粉遇碘变成蓝色），试管2无明显现象。不同现象的原因是：淀粉在酸性并加热的条件下发生了水解反应。

（4）向试管3中滴入10%的碱液，中和溶液中的硫酸，把溶液调呈弱碱性，使溶液的pH值约为9～10。

（5）另取一只试管4加入3mL氢氧化钠溶液，并向其中滴入4滴2%的硫酸铜溶液，立即有蓝色的氢氧化铜沉淀生成。再取试管3中的水解液1mL滴入，振荡混合均匀后，用酒精灯加热煮沸，溶液颜色常有蓝色——黄色——绿色（黄蓝两色混合）——红色等一系列变化。最终有红色沉淀生成。原因是氢氧化铜被还原生成红色难溶于水的氧化亚铜。

实验结论：淀粉在酸的催化作用下，能发生水解；淀粉的水解过程：先生成分子量较小的糊精（淀粉不完全水解的产物），糊精继续水解生成麦芽糖，最终水解产物是葡萄糖。

3.3 粉丝制备

将10g绿豆粉加入适量开水使其糊化，然后再加90g生绿豆淀粉，搅拌均匀至无块，不沾手，再用底部有7～9mm孔径的多孔容器（或分析筛）将淀粉糊状物漏入沸水锅中，煮沸3min，使其糊化，捞出水冷10min，再捞出置于搪瓷盘中，置烘箱中干燥即得粉丝。将实验制得的粉丝，任意选出5个产品，编号为1，2，3，4，5，用加权平均法对5个产品进行感官质量评价，填于表10－2中，计算排列名次。

注意事项：淀粉水解的中间产物糊精（有分子量较大的红糊精和分子量较小的白糊精），对碘反应的颜色变化是：紫色—棕色—黄色，若淀粉水解不彻底，也会有不同的颜色出现。

◆实验结果：

1. 淀粉与碘的反应

（1）试管1 。

（2）试管2 。

（3）试管3 。

2. 淀粉水解实验结果与分析

（1）试管1 。

（2）试管2 。

（3）试管3 。

（4）试管4 。

3. 粉丝质量感官评价

表10－2　　粉丝感官质量评价表

项目 / 样品	颜色 10分	气味 10分	光泽 10分	透明度 20分	粗细度 10分	咬劲 20分	耐煮性 20分	评价 100分
1								
2								
3								
4								
5								

◆**分析与讨论：**

◆**思考题：**

1. 试管1为什么变成了蓝色？试管2为什么无明显现象？为什么？
2. 如何验证淀粉没有还原性？
3. 实验延伸设计：如何验证唾液酶对淀粉水解的催化作用？
4. 通过本实验，你认为可以采取哪些措施提高粉丝质量？
5. 淀粉加入适量水，加热搅拌糊化成淀粉糊（α-淀粉），冷却或冷冻后，会变得不透明甚至凝结而沉淀，这种现象称为____________________。

项目四　中性脂肪的组成

◆**导入任务**

根据化学结构，脂类化合物可分为真脂、类脂。真脂为中性脂肪，是高级脂肪酸和甘油所构成的脂。一切脂肪均可为酸、碱、蒸汽和酶所水解，生成甘油和脂肪酸。若催化剂为碱，则得甘油脂肪酸盐，这种盐称为皂，这种碱的水解过程叫皂化作用。

皂化液为无机酸酸化，析出难溶于水的脂肪酸。

$$RCOONa + HCl \longrightarrow RCOOH + NaCl$$

脂肪酸能溶于脂溶性溶剂中，如乙醚、石油醚、氯仿、苯和二硫化碳。甘油与脱水剂（如 $KHSO_4$、P_2O_5、$CaCl_2$、无水 Na_2SO_4）共热或单独加热到450℃以上时，则脱水生成丙烯醛，丙烯醛具有刺激性和特殊臭味，可以辨别。丙烯醛还可将银离子还原成金属银。

$$CH_2OHCHOHCH_2OH \xrightarrow[\text{加热}]{KHSO_4} CH_2{=}CHCHO \uparrow + 2H_2O$$

◆**操作流程**

1. 试剂的准备

（1）0.5mol/L 氢氧化钠酒精溶液：将 20gNaOH 溶于 40mL 水中，将此溶液缓缓倒入 960mL95%乙醇中（乙醇中如含有乙醛，遇碱将生成黄色树脂类化合物，若颜色较深，应采用无醛乙醇。无醛乙醇制法是：溶 1.5 克 $AgNO_3$ 于 3mL 水中，加入 100mL 乙醇，摇匀。另溶 3gKOH 于 15 mL 热乙醇中，冷后倾入含 $AgNO_3$ 的乙醇中，混匀，静置，使氧化银沉淀，虹吸上层清液，蒸馏即得）。

（2）10% HCl。

（3）3mol/LNaOH 溶液。

（4）甘油。

（5）无水乙醇。

（6）乙醚。

(7)苯。

(8)10% $AgNO_3$ 溶液。

(9)浓氨水。

(10)硫酸氢钾。

(11)植物油。

氢氧化钠

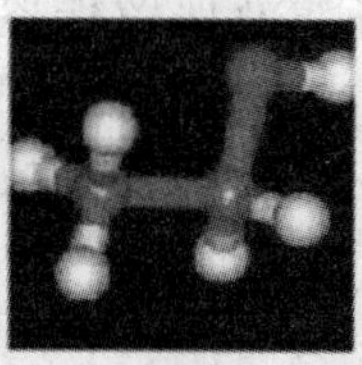
乙醇

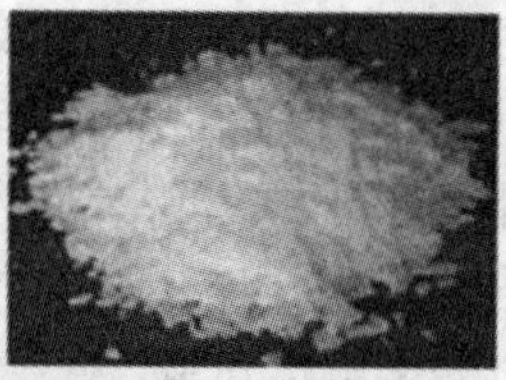
氢氧化钾

甘油

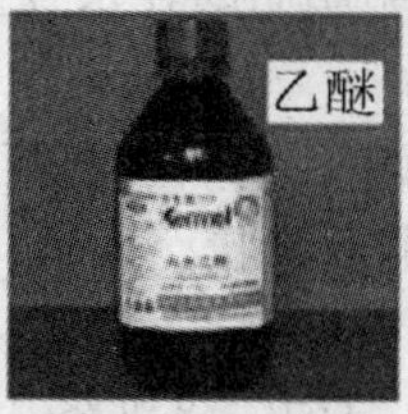
乙醚

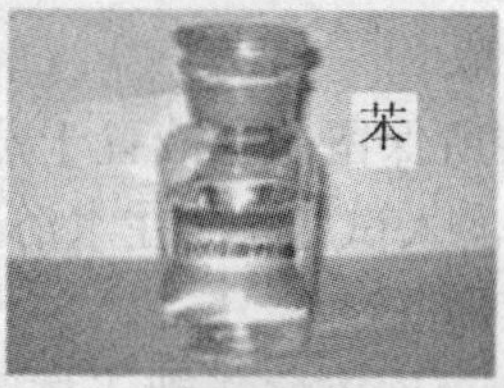
苯

浓氨水

盐酸

植物油

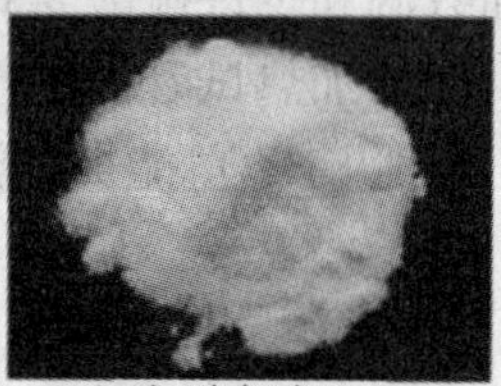
硫酸氢钾

2. 仪器及用具的准备

(1)空气冷凝管。

(2)250mL 三角瓶。

(3)恒温水浴锅。

(4)漏斗。

(5)烘箱。

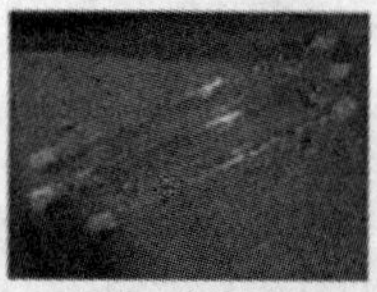
空气冷凝管

三角瓶

恒温水浴锅

漏斗

烘箱

3. 实验进程

知识点拨

脂肪在碱存在的条件下发生水解生成甘油脂肪酸盐，即皂。脂肪酸能溶于有机溶剂，而不溶于水。

3.1 皂化

取约2.5克澄清植物油于250mL三角瓶中，加入40mL，0.5mol/LNaOH酒精溶液，瓶口接一空气冷凝管，置沸水浴上0.5~1小时。冷却后，瓶内无油滴即皂化作用完成。

3.2 脂肪酸与甘油分离

将皂化液在水浴上温热，徐徐滴加10% HCl，边加边摇，至液体呈淡黄色或白色止。此时，脂肪酸完全析出。冷却，过滤。将滤液保留作鉴定甘油用。用热水反复洗涤脂肪酸数次，每次约100mL，除去混杂于脂肪酸中的无机盐、甘油和盐酸等，至洗液呈中性止。

取少量脂肪酸于试管中，加入10mL水和2滴3mol/LNaOH溶液，加热（勿沸）并振荡，脂肪酸与碱合成肥皂，加入盐酸酸化，脂肪酸再度析出。

3.3 脂肪酸溶解度试验

将脂肪酸放入烘箱内干燥，取出后再试验脂肪酸在水、乙醚和苯中的溶解度。

3.4 甘油的提取

将分离脂肪酸所保留的滤液置于蒸发皿中，用蒸汽浴蒸干。加入10mL无水乙醇，搅匀后，静置数分钟，滤入试管中，在水浴上浓缩呈浆状。

3.5 甘油的丙烯醛试验

取甘油数滴和少许硫酸氢钾于试管中，混匀。将纸条用含有$AgNO_3$的浓氨水浸湿并置于试管口。徐徐加热试管，注意丙烯醛的特殊臭味，观察纸条上出现的棕黑色金属银。加热不能过急，否则$KHSO_4$能被甘油还原而生成SO_2，SO_2的气味虽与丙烯醛不同，但容易干扰试验。

◆实验结果：

◆分析与讨论：

◆思考题：

1. 一切脂肪均可为酸、碱、蒸汽和酶所水解，生成皂吗？
2. 用什么方法可以知道有甘油存在？

项目五　卵磷脂提取、鉴定及乳化特性试验

◆导入任务

磷脂是分子中含磷酸的复合脂，是生物体细胞组织的重要成分，分为磷酸甘油脂和鞘（shāo）氨醇磷脂类，其醇类物质分别为甘油和鞘氨醇。磷脂酰胆碱属磷酸甘油脂，俗名为卵磷脂，在生物体内以及食品工业应用中起着重要的作用。

卵磷脂是一种在动植物中分布极广的磷脂，如植物的种子、动物的卵、脑、肝、脾、心及神

经组织均含有之，其中大豆中含量约为2.0%，卵黄中含量高达8%～10%。卵磷脂在细胞中以游离态或与蛋白质结合成不稳定的化合物存在，易溶于乙醇、乙醚、氯仿等有机溶剂，不溶于丙酮；脑磷脂溶于乙醚不溶于乙醇和丙酮。利用在溶解性质上的差异，可将它们加以分离。磷脂不含水时可溶于油脂，但加热或蒸汽而被水化的磷脂则不溶于油脂。磷脂是良好的乳化剂。本实验采用乙醇提取植物油或蛋黄中的卵磷脂。

纯卵磷脂为白色的蜡状物，与空气接触后，因结构含不饱和脂肪酸被氧化后而呈黄色至黄棕色，粗制品中色素的存在可使之呈淡黄色。磷脂被碱水解为脂肪酸盐、甘油、磷酸盐和含氮碱基。将类脂的碱水解液酸化，脂肪酸即析出。磷酸盐在酸性条件下与铝酸铵作用，生成黄色的磷铝酸铵沉淀。

$$H_3PO_4 + 12(NH_4)_2M_OO_3 + 21HNO_3 \longrightarrow (NH_4)_3PO_4 \cdot 12M_OO_3 + 12NH_4NO_3 + 12H_2O$$

在碱性溶液中，胆碱将分解出具有鱼腥味的三甲胺。三甲胺为碱性物质，能使红色石蕊变蓝。

$$HOCH_2CH_2\overset{\overset{\displaystyle OH}{|}}{N}(CH_3)_3 \xrightarrow{NaOH} HOCH_2CH_2OH + N(CH_3)_3$$

三甲胺有特异的鱼腥味，利用此性质可鉴别卵磷脂。

在生物体中的作用是保持细胞膜的通透性，控制动物体内脂肪代谢，防止脂肪肝的形成。在食品工业中广泛充当乳化剂、抗氧化剂和营养添加剂。

使互不相溶的两种液体中的一种呈微滴状分散在另一种的作用称为乳化作用。这两种不同的液体称为“相”，在体系中量大的称为连续相，量小的为分散相，能使互不相溶的两相中的一相分散到另一相中的物质称为乳化剂。油与乳化剂一起在大量水中用高速搅拌混合机混合，油滴将以微滴状分散在水相中，在细滴的表面上乳化剂以亲油的非极性端相对，而以其亲水的极性端伸向水中。由于极性相斥，体系中微滴之间的斥力比相互间的引力要大，因而形成稳定的乳浊液。

乳浊液的稳定性与系统中各组分间的比例、乳化剂种类及其用量、乳化的机械条件等密切相关。食品工业中可从大豆油精练过程中获得廉价卵磷脂。

◆操作流程

1. 试剂的准备

(1)95%乙醇。

(2)10%的NaOH溶液：称取10gNaOH，用蒸馏水溶解并稀释至100mL。

(3)鸡蛋。

(4)花生油。

(5)浓硝酸。

(6)0.1mol/L铝酸铵溶液。

(7)卵磷脂。

(8)菜油脚或大豆油脚。

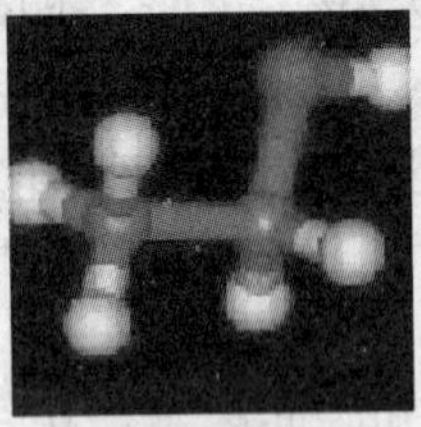

乙醇

氢氧化钠

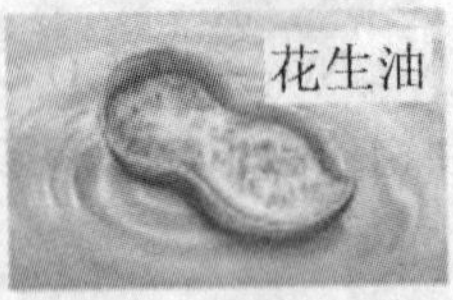

2. 仪器及用具的准备

(1)恒温水浴锅。

(2)磁力搅拌器。

(3)高速电动搅拌机。

(4)摄像显微系统(由电脑、摄像头、显微镜、摄像控制软件组成)。

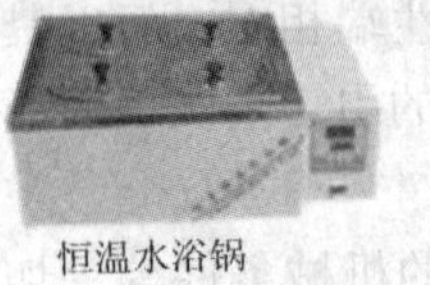

恒温水浴锅

摄像显微系统

显微镜

磁力搅拌器

3. 实验进程

知识点拨

此试验是用乙醇来提取卵磷脂。由于三甲胺有特异的鱼腥味，所以可以用来鉴别卵磷脂。乳化实际上是让两种互不相溶的物质充分的混合在一起。

3.1 卵磷脂的提取及鉴定

方法一:以植物油脚为原料

取约 10 克油脚，在 60℃ ~65℃ 水浴加热 5 分钟，加入 10 毫升 80℃ 热水，搅拌 10 分钟，使磷脂充分水化。待大片絮状沉淀生成后，静置 3 ~4 小时或以 1500 转/分钟离心 10 分钟，将浓缩磷脂分离出来。

向浓缩磷脂加入 15 毫升 95% 的热乙醇，边加边搅拌，冷却滤入干燥试管中。若滤液混浊，应重滤，至透明止。

取2毫升滤液于试管中，加入少许蒸馏水，振荡并观察溶液变化。再加入4毫升10%的NaOH溶液(不要将碱粘在管口，否则妨碍三甲胺试验)，在管口挂一红色石蕊试纸，沸水浴加热，观察颜色有无变化并注意鱼腥味。水解15分钟后加入浓硝酸呈酸性(硝酸用量不可过多，否则影响磷钼酸铵反应)，有不溶物析出，过滤。取滤液2毫升于试管中，加入0.5毫升0.1mol/L钼酸铵溶液(钼酸铵用量不可过多，最好现用现配)，水浴加热并观察结果。

方法二:以鸡蛋为原料

1.提取

选新鲜鸡蛋一个，轻轻在鸡蛋两头击破一小孔，让蛋液从小孔流出，破壳取出蛋黄，或两手各拿一个鸡蛋轻轻相击，被击破了的那个蛋用两手扳开，再将两半边破了的蛋壳从破口处相接并略留一小缝，让其蛋清从小缝中流出入一小烧杯内，剩下的留在蛋壳内的并是纯蛋黄。将蛋黄置小烧杯内，捣烂，搅拌下加入50℃95%乙醇60mL，保温提取5min，冷却过滤，将滤液置于瓷蒸发皿，水浴蒸干，残留物即为卵磷脂。

2.鉴定

(1)三甲胺试验:取少量本实验提取的卵磷脂于试管内，加入2毫升10%的NaOH溶液，混匀，水浴加热，嗅之是否产生鱼腥味。

(2)丙酮溶解试验:加入5mL丙酮于装有卵磷脂提取物的蒸发皿，不断用玻棒搅拌卵磷脂观察其在丙酮中的溶解情况,同时也是提取卵磷脂的过程。

3.2 乳化试验

1.乳化液制备:按表10-3选择乳化液制备方法。

表10-3 乳化液制备方法表

序号	蒸馏水	花生油	卵磷脂	乳化处理方法及处理时间
1	100mL	1mL	/	
2	100mL	1mL	适量	

2.利用显微摄像系统观察油脂在水中的乳化效果，并对乳化液进行摄像，根据油脂在水相中的分散情况，评价油脂乳化试验的效果。

乳化效果摄像操作步骤:

(1)水平放置显微镜，开启并调节照明光源，装上合适的目镜，旋上适当的低倍物镜。

(2)用点滴管取少量乳化液滴在载玻片上，小心把盛有样品的载玻片放上光学显微镜的物台，用标本固定夹固定。移动标本移动器，使观察的部位对准聚光器上面的透镜中心。

(3)上下移动显微镜的粗调选钮，使物镜下至距离标本片最低的位置，但不能接触载玻片以免损坏镜头或标本。

(4)用眼睛在目镜上观察，两手向上慢慢旋动粗调使显微镜上升至视野中出现较清晰的被检物。

(5)移动载片标本，寻找具有代表性的被检物点放在视野中心，反复调整微调旋钮使被检物至最清晰为止。

(6)把摄像头放入摄像连接管，拉开摄像光路开关，进入电脑摄像软件应用程序，把鼠标移至[USB2.0相机]菜单，出现[连按]按钮，点击[连按]→调整显微镜微粗细调旋钮至要检测的图象在视屏中清晰为止→点击[捉捕图象键]，对图象进行摄像→对摄影像片进行保存。点击[视屏键]可以返回图象观察状态，重新对另一图象进行摄像。

(7)测量摄像图中物体的大小：进入 DN－2 应用软件→调出所存图片文件→点击[测量]菜单→选择[线测量键]→从测定物的起点拉动鼠标把测量连线至测定终点，从屏幕中可直接读出物体相关长度值（单位：μm）→点击[融合]键，将测量值标注在图片中→保存测量图片结果。

(8)打印分析摄像图谱。

◆实验结果：

乳化结果记录

乳化液处理静置 15min 后，观察比较各乳化实验结果并记录在表 10－4 中。

表 10－4　　乳化实验结果比较表

乳化剂种类	油水分散处理方法及条件	描述油水乳化体系感官分析	描述显微镜观察油水乳化体系情况（油滴分散、大小等）
无			
卵磷脂			

◆分析与讨论：

◆思考题：

1. 向卵磷脂粗品添加丙酮的作用是什么？可去除何种杂质？
2. 乳化过程要形成稳定的乳浊液，可采用什么仪器方法实现？
3. 目镜＿＿＿＿＿螺纹，物镜＿＿＿＿＿螺纹。
4. 目镜、物镜的长短与其放大倍数的关系是目镜短，放大倍数＿＿＿＿＿，目镜长，放大倍数＿＿＿＿＿；物镜短，放大倍数＿＿＿＿＿，物镜长，放大倍数＿＿＿＿＿。
5. 载玻片的移动方向与物象的移动方向＿＿＿＿＿。比如，将载玻片向左下移动，物像会向＿＿＿＿＿移动。
6. 显微镜的放大倍数等于＿＿＿＿＿＿＿＿＿＿。
7. 必须将要观察的物体制得＿＿＿＿＿而透明。
8. 用擦镜纸轻轻向＿＿＿＿＿擦拭，或由中心向外＿＿＿＿＿式轻轻擦拭。如果只是清除镜片上的灰尘，只需用＿＿＿＿＿吹去即可。擦拭光学镜头时习惯来回反复擦或用力过大，这样会使物镜、目镜的＿＿＿＿＿受破坏，或物镜（目镜）表面的＿＿＿＿＿损伤，影响＿＿＿＿＿的清晰度。
9. 转换不同倍数的物镜时直接用手扳物镜镜头，这样就容易使物镜的＿＿＿＿＿发生倾斜。因为物镜转换器是一个机械精密度要求高的重要部件，其转动板采用铜合金制成，性能稳定，但材料质地较软，螺纹受力很易破坏。经常用力扳动物镜，会造成光学系统的轴线倾斜，致使物镜参数的改变，从而，影响显微镜的质量，影响观察效果。正确的操作方法是：

用手捏着显微镜物镜转换器的转动板____________。

10. 对一定型号的显微镜来说，其视野与放大率成____________关系，即显微镜放大率越高其视野越____________。

11. 低倍镜采光均匀成明亮的青白色，换高倍镜、油镜时扩大光栏，或换用凹面反光镜和上升聚光镜来加强____________。当然，最科学的方法是用____________控制人工光源，调节入射光线的____________是最为合适的。

12. 观察临时装片时若将显微镜倾斜观察的话，就造成____________流至载物台上，腐蚀、污染了载物台，此外要观察的____________（如动物细胞）可能随水流跑了。

项目六　果胶的制备和特性测定

◆导入任务

一、果胶的制备

果胶物质可分为三类，原果胶、果胶及果胶酸，其基本结构是不同程度甲酯化和被钠、钾离子中和的α－半乳糖醛酸以1，4－苷键形成的聚合物，分子量高达200000左右。原果胶不溶于水，主要存在于细胞壁中，在一定温度经稀酸长时加热条件下，果皮层细胞壁的原果胶发生水解，由于结构甲酯化程度降低及部分苷键断裂而转变成水溶性果胶。

水溶性果胶经脱水干制有利于保藏和运输，果胶干制有直接干燥法和沉淀脱水两种方法。直接干燥法通常是把浓缩的果胶水溶液通过喷雾干燥获得。沉淀脱水则是根据果胶不溶于高浓度乙醇特性，采用乙醇沉淀提取。乙醇沉淀提取果胶，控制酒精浓度极为关键，浓度太高或太低都是不利的，浓度过高等于水分减少，水溶性的非胶物质没有机会溶解在水中，会随果胶一起沉淀出来，使果胶纯度降低；反之如果乙醇浓度太低，水分含量过高，果胶沉淀不完全，因此用乙醇沉淀提取果胶，乙醇用量最好为55%～60%左右。果胶溶液中存在有微量电解质时，加入乙醇果胶将以海绵絮状沉淀析出，反之不易聚集析出。

柑橘类果皮是提取果胶的优良原料，新鲜果皮含果胶约1.5%～3%，干果皮则含9%～18%，柠檬皮果胶含量更多，新鲜是相对内含2.5%～5.5%，干果皮内含量高达30%～40%。

二、果酱的制备

果胶是亲水性多糖，在pH＝3～3.5，蔗糖含量为65%～70%，0.7%～1%的果胶水溶液经煮沸冷却后，可形成具有一定强度的三维网状结构凝胶，其主要作用力是分子间的氢键及静电引力。在凝胶过程中，溶液中的水含量对凝胶影响很大，过量的水阻碍果胶形成凝胶。果胶水化后和水分子形成稳定的溶胶，由于氢键的作用，水分子被果胶紧紧地结合起来不易分离，向果胶溶液中添加糖类，其目的在于脱水，糖溶解时形成夺取水分的势力，促使果胶粒周围的水化层发生变化，使原来果胶表面吸附水减少，胶粒与胶粒易于结合成为链状胶束，促进果胶形成凝胶。在果胶－糖溶液分散体系内添加一定量的酸，可起到中和果胶所带的负电荷，减少果胶分子变成阴离子的作用，促进它聚结成网状结构，而形成凝胶。果酱、果冻等食品就是利用这些特性生产的。

◆操作流程

一、果胶的制备

1. 试剂的准备

(1)0.5% HCl 溶液:量取 12mL 浓盐酸，加水稀释至 1000mL。

(2)1mol/lNaOH 溶液:称取 40gNaOH，用水溶解并稀释至 1000mL。

(3)95% 乙醇。

(4)柑橘皮和柚子皮。

柑橘皮

柚子皮

乙醇

氢氧化钠

2. 仪器及用具的准备

天平、小刀、烧杯、电炉、移液管、纱布、玻璃棒。

天秤

小刀

移液管

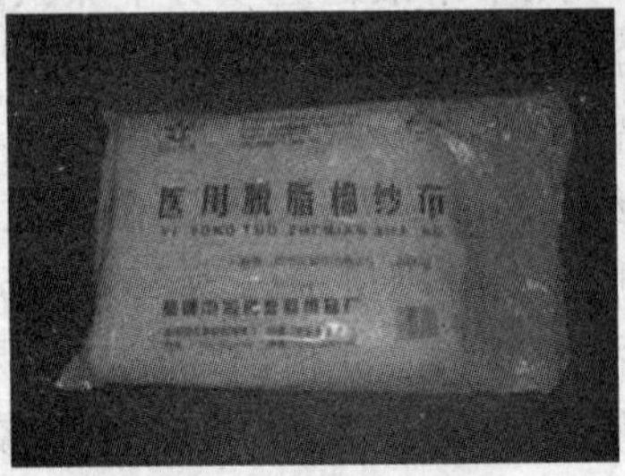

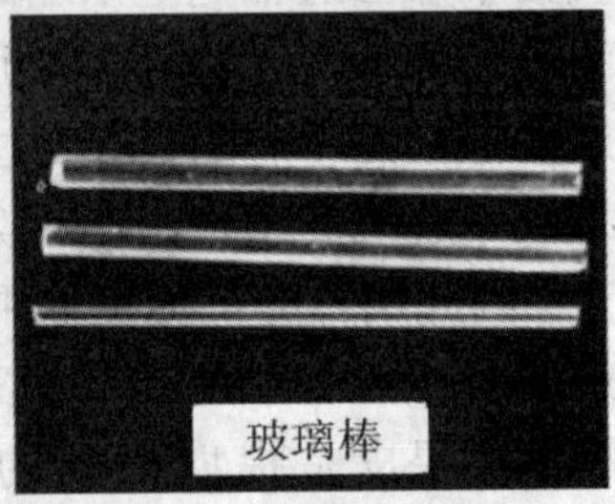

3. 实验进程

知识点拨

本试验就是采用一定温度和稀酸条件将原果胶如何转换成果胶，再利用果胶不溶于高浓度乙醇的特点将果胶沉淀出来。

(1)称取 50 ~ 100g 果皮，分切，把果皮放入沸水中煮沸 3 分钟，而后用清水漂洗，以除去色素、苦味等非胶物质，并把多余水分除去。

(2)把上述处理后的果皮放入 600mL 烧杯中，加入 0.5% HCl200 ~ 300mL，一般以浸没果皮为度，在搅拌条件下保持微沸提取20min。

(3)趁热用4层纱布过滤，用少量50℃的热水分次将滤渣洗涤2～3次，合并滤液，冷却至室温。

(4)用1mol/lNaOH调整滤液的pH值至3～4。

(5)缓缓向提取液加入95%乙醇约300mL，并略加搅拌，待果胶呈棉絮状沉淀后，用四层纱布过滤，压干除去大量水分，滤渣则为粗制的果胶产品。

二、果酱的制备

1. 试剂的准备

白砂糖、柠檬酸、柠檬酸钠、自制果胶。

白砂糖

柠檬酸

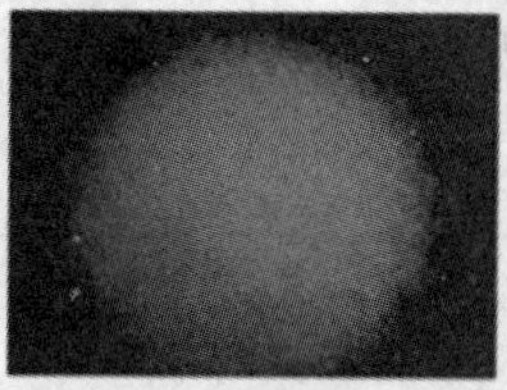
柠檬酸钠

果胶

2. 仪器及用具的准备

天平、烧杯、玻璃棒、硫酸纸。

天秤

烧杯

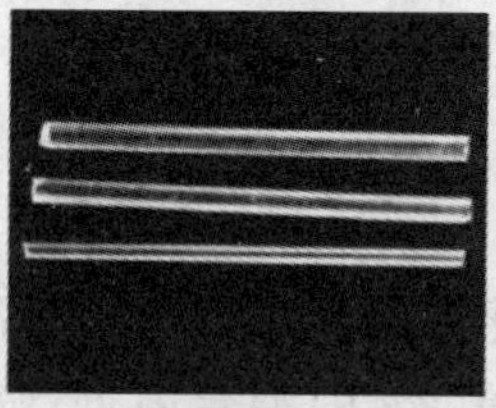
玻璃棒

硫酸纸

3. 实验进程

知识点拨

由于在凝胶过程中，溶液中的水含量对凝胶影响很大，所以要控制好溶液的水分含量，可以通过加减蔗糖的量来调节溶液中的水含量。

3.1 配方

蔗糖70g，柠檬酸0.5g，柠檬酸钠0.4g，水20g，自制果胶适量。

3.2 将柠檬酸、柠檬酸钠溶于20g水中，用蔗糖把果胶充分拌匀，加入柠檬酸水溶液。

3.3 在不断搅拌下，小心加热至沸，保温熬煮约10～15min，待水分含量为一定时，以溶胶糖液挂珠为度，冷却，观察，描述形成凝胶的体态。

◆**实验结果:**

◆**分析与讨论:**

◆**思考题:**

1. 提取果胶前，用沸水处理果皮的目的是什么?
2. 沉淀提取果胶前，为何需调整果胶溶液 pH 值?
3. 若提取的果胶溶液含水量过大，采用何种方法浓缩果胶提取液，以减乙醇用量?
4. 提取果胶后，采用何种方法回收乙醇?
5. 果胶形成凝胶所需的条件是什么?

项目七　油脂酸价的测定

◆**导入任务**

酸价的测定是根据酸碱中和的原理进行的。即以酚酞作指示剂，用氢氧化钾标准溶液进行滴定中和油脂中的游离脂肪酸。

◆**操作流程**

1. 试剂的准备

(1)0.1mol/l 氢氧化钾(或氢氧化钠)标准溶液;

(2)中性乙醚－乙醇(2∶1)混合溶剂:临用前以酚酞作指示剂，用 0.1mol/l 氢氧化钾中和至刚变色;

(3)1%酚酞乙醇指示剂。

氢氧化钠标准溶液

氢氧化钾标准溶液

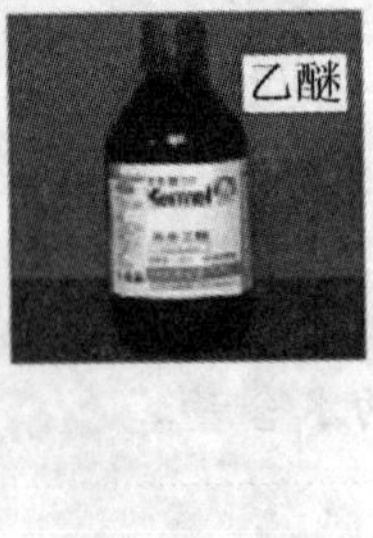

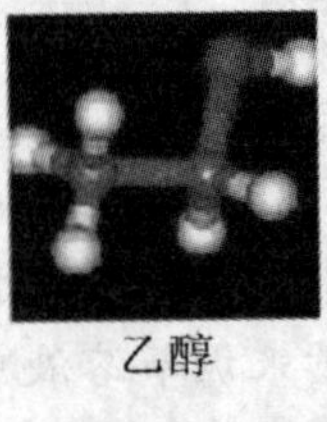

乙醇

酚酞指示剂

2. 仪器及用具的准备

碱式滴定管、250mL 锥形瓶、试剂瓶、容量瓶、移液管、称量瓶、天平(感量 0.001g)、100mL 量筒。

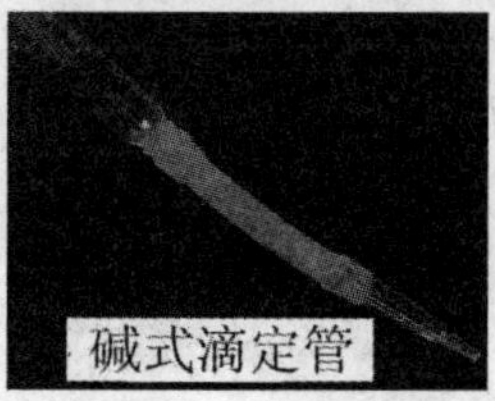
碱式滴定管

锥形瓶

试剂瓶

容量瓶

天秤

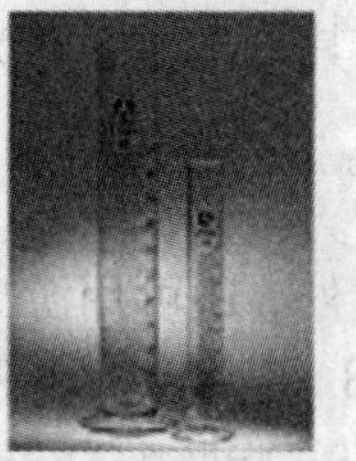
量筒

移液管

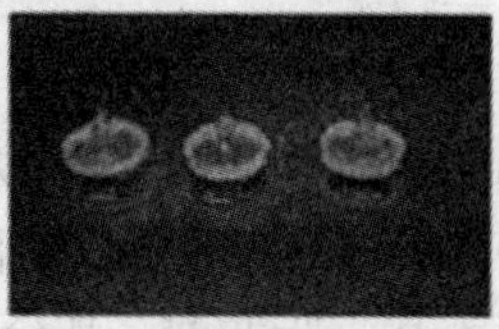
称量瓶

3. 实验进程

知识点拨

本试验是利用碱能使酚酞指示剂变红的原理，在用氢氧化钾标准溶液进行滴定中和油脂中的游离脂肪酸时，只要滴定至出现微红色在30秒内不消失，说明油脂中的游离脂肪酸已被完全中和，达到了滴定终点。选用萃取剂时，只要能把油溶解在溶剂中并且溶剂也能和水相溶就行了，不一定要用无水乙醇，也不一定要乙醇和乙醚的混合物，如，用异丙醇代替乙醇乙醚其效果是一样的。通常选用乙醇和乙醚的混合物是因为乳化剂一般都和乙醇和乙醚互溶的原因。

(1)按表10－5称取均匀的油样注入锥形瓶。

(2)加入中性乙醚－乙醇溶液50mL，摇动，使油样完全溶解。

(3)加2～3滴酚酞指示剂，用0.1mol/L的碱液滴定至出现微红色在30秒内不消失，记下消耗的碱液毫升数。

表10－5　**油样量与估计酸价表**

估计酸价	油样量(g)	准确度
<1	20	0.05
1～4	10	0.02
4～5	2.5	0.01
15～75	0.5	0.001
>75	0.1	0.0002

◆实验结果：

1. 以酸价表示

油脂酸价按下列公式计算：酸价（mgKOH/g 油）= V × C × 56.1/W

式中：V——滴定时消耗的氢氧化钾溶液体积（mL）；

C——氢氧化钾溶液浓度（mol/L）；

56.1——氢氧化钾的摩尔质量；

W——油样质量。

试验结果允许差不超过 0.2mgKOH/g 油，求其平均数，即为测定结果。测定结果取小数点后第一位数。

2. 以百分含量表示

油脂中所含游离脂肪酸的数量除用酸价表示外，还可用游离脂肪酸的百分含量来表示。

FFA% = AV（酸价）× 脂肪酸分子量 ÷ 56.108 × 1 ÷ 10

对于某一脂肪酸，其分子量为常数，于是有 f = 脂肪酸分子量 ÷ 56.108 × 1 ÷ 10

则 FFA% = AV × f

显然不同的脂肪酸，其 f 值各异，由它们表示的百分含量也不同。用酸价换算成 FFA 的百分含量公式如下：

油酸% = 0.503 × AV（最常用的换算关系）

月桂酸% = 0.356 × AV

软脂酸% = 0.456 × AV

蓖麻酸% = 0.530 × AV

芥酸% = 0.602 × AV

亚油酸% = 0.499 × AV

注意事项：

1. 测定蓖麻油时，只用中性乙醇而不用混合溶剂。

2. 测定深色油的酸价，可减少试样用量，或适当增加混合溶剂的用量，以百里酚酞或麝香草酚酞作指示剂，以使测定终点的变色明显。

3. 滴定过程中如出现混浊或分层，表明由碱液带进水过多，乙醇量不足以使乙醚与碱溶液互溶。一旦出现此现象，可补加 95% 的乙醇，促使均一相体系的形成。

◆分析与讨论：

◆思考题：

1. 酸价的测定是根据____________________的原理进行。

2. 油脂的酸价以中和 1 克脂肪中游离酸所消耗的____________________的毫克数表示。

3. 测定深色油的酸价，采用减少试样用量，或适当增加混合溶剂的用量，以百里酚酞或麝香草酚酞作指示剂，其目的是使测定终点的____________________。

4. 酸价的测定中添加乙醇的目的是____________________。

5. 酸价测定中的萃取剂______________定要选用中性乙醚—乙醇（2:1）混合溶剂。

项目八　油脂碘值的测定

◆导入任务

脂肪中，不饱和脂肪酸链上有不饱和键，可与卤素（Cl_2，Br_2，I_2）进行加成反应，不饱和键数目越多，加成的卤素就越多，通常以“碘值”表示。在一定条件下，每100g脂肪所吸收的克数称为该脂肪的“碘值”。碘值越高，表明不饱和脂肪酸的含量越高，它是鉴定和鉴别油脂的一个重要常数。本实验使用溴化碘（IBr）进行碘值测定。IBr的一部分与不饱和脂肪酸起加成作用，剩余部分与碘化钾作用放出碘，放出的碘用硫代硫酸钠滴定。具体反应过程如下：

加成反应：$-CH=CH- + I-Br \longrightarrow C_2H_2IBr$

释放碘：$I-Br + K-I \longrightarrow KBr + I_2$

滴定：$I_2 + 2Na_2SO_4 \longrightarrow 2NaI + Na_2S_4O_6$

◆操作流程

1. 试剂的准备

（1）Hanus 溴化钾溶液：取12.2g碘，放入1500mL锥形瓶内，徐徐加入1000mL乙酸（99.5%），边加边摇，同时在水浴中加热，使碘溶解。冷却后，加溴约3mL。贮于棕色瓶中。

（2）0.1mol/l标准硫代硫酸钠溶液：取结晶硫代硫酸钠25g，溶于经煮沸后冷却的蒸馏水（无CO_2）中。添加Na_2CO_3约0.2g（硫代硫酸钠溶液在pH9～10时最稳定）。稀释到1000mL后，用标准0.1mol/l碘酸钾溶液按下法标定：准确地量取0.1mol/l碘酸钾溶液20mL、10%碘化钾溶液10mL和1mol/l硫酸20mL，混合均匀。以1%淀粉溶液作为批示剂，用硫代硫酸钠溶液进行标定，按下面所列反应式计算硫代硫酸钠溶液的浓度后，用水稀释至0.1mol/l。

$$KIO_3 + 5KI + 3H_2SO_4 \longrightarrow 3K_2SO_4 + 3I_2 + 3H_2O$$
$$I_2 + Na_2S_2O_3 \longrightarrow 2NaI + Na_2S_4O_6$$

（3）纯四氯化碳。

（4）1%淀粉溶液（溶于饱和氯化钠溶液中）。

（5）10%碘化钾溶液。

（6）花生油和猪油。

氯化钠

硫代硫酸钠标准溶液

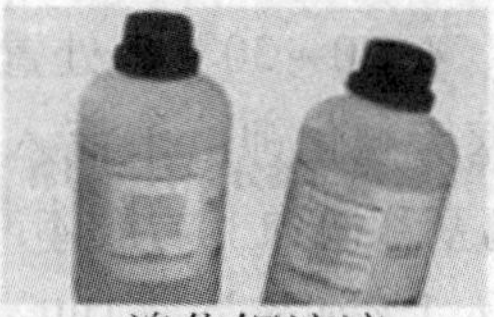
溴化钾溶液

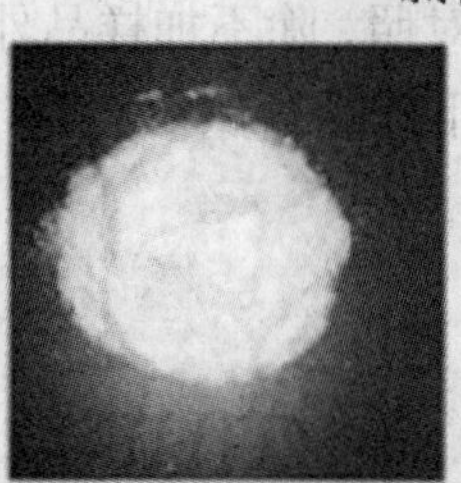
碘化钾

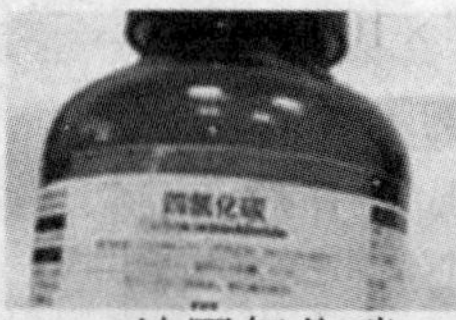
纯四氯化碳

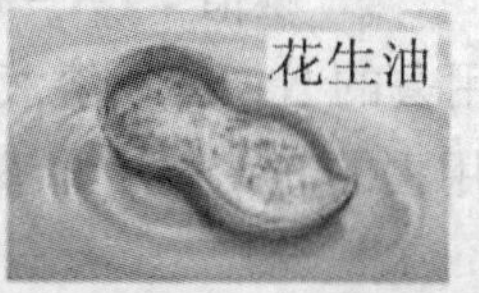
花生油

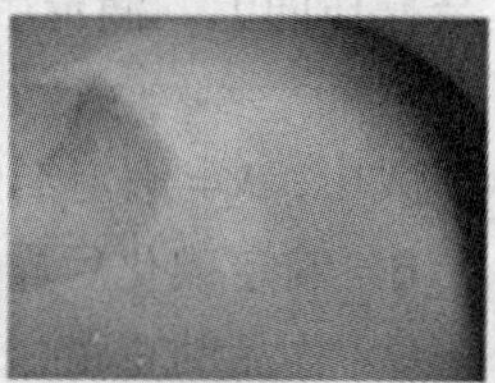
猪油

2. 仪器及用具的准备

碘瓶（或带玻璃塞的锥形瓶），棕色、无色滴定管各 1 支，吸量筒，量筒，天平。

碘瓶

棕色滴定管

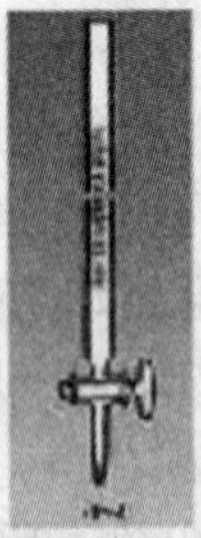

无色滴定管

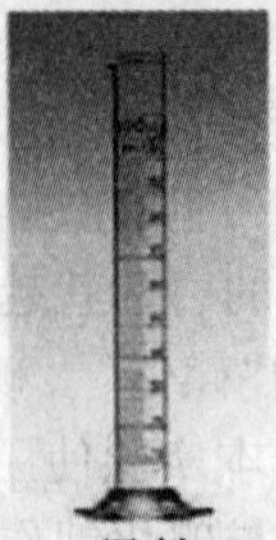

量筒

天秤

锥形瓶

3. 实验进程

知识点拨

本实验是利用碘来和不饱和脂肪酸链上的不饱和键起加成反应，而其中的碘来源于溴化碘和碘化钾反应产生的产物。

准确地称取 0.3 ~ 0.4g 花生油 2 份，置于两个干燥的碘瓶内，切勿使油粘在瓶颈或壁上。加入 10mL 四氯化碳，轻轻摇动，使油全部溶解。用滴定管仔细地加入 25mL 溴化碘溶液，勿使溶液接触瓶颈。盖好瓶塞，在玻璃塞与瓶口之间加数滴 10% 碘化钾溶液封闭缝隙，以免碘的挥发损失。在 20 ~ 30℃ 暗处置 30min，产气时轻轻摇动。放置 30min 后，立刻小心地打开玻璃塞，使塞旁碘化钾溶液流入瓶内，切勿丢失。用新配制的 10% 碘化钾 10mL 和蒸馏水 50mL 把玻璃塞和瓶颈上的液体冲洗入瓶内，混匀。用 0.1mol/L 硫代硫酸钠溶液迅速滴定至浅黄色。加入 1% 淀粉溶液 1mL，继续滴定。将近终点时，用力振荡，使碘由四氯化碳层全部进入水溶液内。再滴定至蓝色消失为止，即达滴定终点。另作 2 份空白对照，除不加样品外，其余操作同上。滴定后，将废液倒入废液缸内，以便回收四氯化碳。按下式计算碘值：

$$碘值 = (A - B) \times T \times 100 \div C$$

式中，A = 滴定空白用去的 $Na_2S_2O_3$ 溶液的平均毫升数；

B = 滴定碘化后样品用去的 $Na_2S_2O_3$ 溶液的平均毫升数；

C = 样品的重量（g）；

T = 1 毫升 0.1mol/L 硫代硫酸钠溶液相当的碘的克数。

注意事项：

1. 碘瓶必须洗净，干燥，否则瓶中的油中含有水分，引起反应不完全。加入碘试剂后，如发现碘瓶中颜色变成浅褐色时，表明试剂不够，必须再添加 10～15mL 试剂。

2. 如加入碘试剂后，液体变浊，这表明油脂在 CCl_4 中溶解不完全，可再加些 CCl_4。

3. 将近滴定终点时，用力振荡是本滴定成败的关键之一，否则容易滴过头或不足。如振荡不够，CCl_4 层会出现紫色或红色。此时应当用力振荡，使碘进入水层。

4. 淀粉溶液不宜加得过早。否则，滴定值偏高。

◆实验结果：

◆分析与讨论：

◆思考题：

1. 测定碘值有何意义？液体油和固体脂碘值之间有何区别？
2. 加入碘化钾溶液后，为何要在暗处存放 30min？
3. 滴定过程中，淀粉溶液为何不能过早加入？
4. 滴定完毕放置一些时间后，溶液返回蓝色，否则表示滴定过量，为什么？

项目九　脂质的提取及薄层色谱

◆导入任务

1. 薄层层析原理

薄层层析是吸附层析的一种，是利用被分离混合物中各组分在两相中吸附能力的大小不同而分离的。

固定相：玻璃薄板上均匀涂抹的吸附剂薄层，通常使用硅胶 G。

流动相：展层剂，通常为有机溶剂。

2. 脂类的薄层层析

将提取的脂类混合液点在薄板上，由于样品各组分的分子结构不同，吸附剂对其吸附力不同，当展层剂流过时，吸附力小的成分移动得快，吸附力大的成分移动得慢，由此将各组分分开。

吸附力的强弱，受分子本身极性影响。极性强的分子，容易被吸附，移动慢，Rf 小，反之，亦然。

3. 生物组织中脂类物质的提取

生物组织中含有多种脂质成分，包括三酰甘油、胆固醇、脑磷脂和卵磷脂等，多与蛋白质合成疏松的复合物，要将这类脂质提取出来并与蛋白质分离，所用抽提液必须包含亲水性成分和具有形成氢键的能力。氯仿—甲醇混合液，就符合生物组织中脂质提取的要求。

生物组织脂质提取液，经过多次水洗，弃去含蛋白质的水层，留下溶有脂质的氯仿层，所提取的脂类即可以在铺有硅胶 G 的玻璃板上进行薄层层析。

◆操作流程

1. 试剂的准备

(1)硅胶 G(200 目)、氯仿、甲醇、乙酸钠、无水 Na_2SO_4 等。

(2)展层剂：正己烷∶乙醚∶冰醋酸 = 80∶20∶1。

硅胶C(200目)

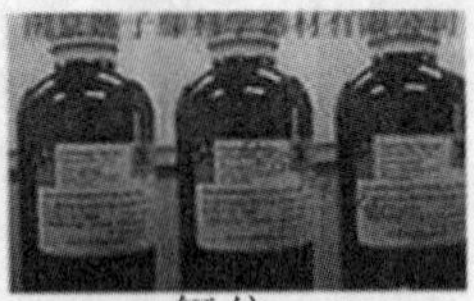
氯仿

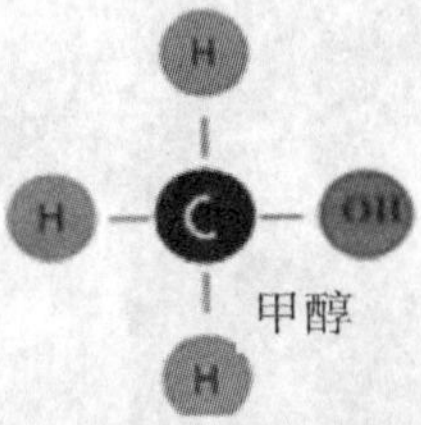
甲醇

乙酸钠

无水硫酸钠

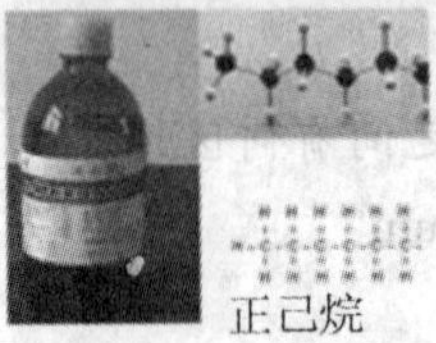
正己烷

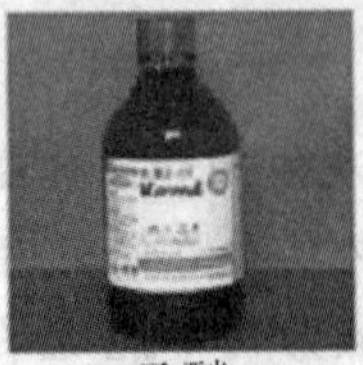
乙醚

冰醋酸

2. 仪器及用具的准备

天平、水浴锅、滤纸、刻度试管、玻璃片、毛细管、层析缸、烘箱、干燥器。

天秤

水浴锅

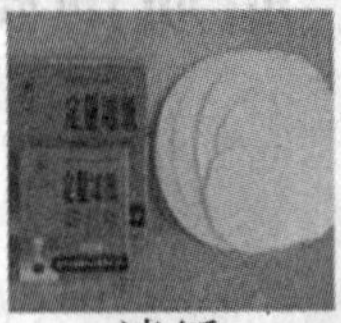
滤纸

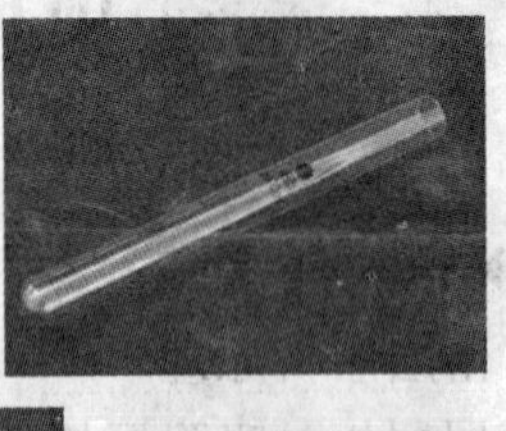

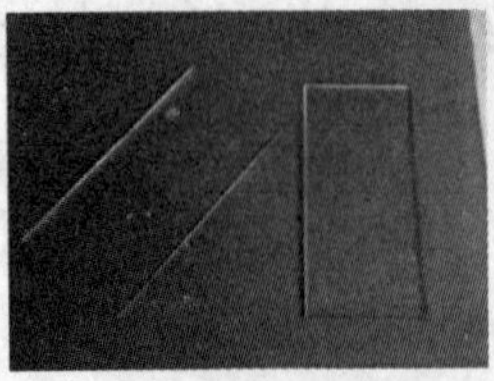

烘箱

3. 实验进程

知识点拨

本实验是利用脂类能溶于有机溶剂而不溶于水，从而将脂类抽提到有机溶剂氯仿中，进而提取出脂质。

(1)蛋黄中脂质的提取

称取煮熟蛋黄2g，在研钵中磨细，另取5倍量的氯仿——甲醇(2∶1，V∶V)混合溶剂，边研磨，边缓慢加入混合溶剂，提取10min。然后，经滤纸过滤到刻度试管中，于滤液中加入1/2体积的水，振摇后静置，溶剂逐渐分为两层，上层为水层，下层为氯仿层，弃去水层，留下氯仿层，继续水洗三四次，同样弃去水层，再加少量的无水 Na_2SO_4，吸取残留水分，直至溶液透明澄清，此澄清液即可供脂质薄层层析点样用。

(2)层析薄板的制备

称取3~4g的200目硅胶G，加0.02mol/L NaAC10~12mL，磨匀，铺板，然后令其自然干燥，再放入烘箱中，在110℃活化30min，保存于干燥器中备用。

(3)点样

在烘干活化的硅胶G板上，于距底部2cm处，用毛细管点上蛋黄提取液，点样直径不要大于3mm，然后用冷风吹干。

(4)展层

层析缸中装展层剂约1cm深，将已点样的硅胶板放入层析缸中，展层，至展层液前沿到达薄层顶端约2cm处时，即可取出硅胶板，记下展层剂前沿线，用热风吹干。

(5)显色

把硅胶板立即放入预先装置有数粒碘片的干净层析缸中，密闭几分钟，已经展层分开的脂质成分将分别吸附碘蒸汽而显黄色斑点。

◆实验结果：

1. 计算各斑点Rf值。
2. 指出各斑点分别应为何种脂质？

◆分析与讨论：

◆思考题：

1. 薄层层析是吸附层析的一种，是利用________________。

2. 玻璃薄板上均匀涂抹的吸附剂薄层，通常使用________。展层剂，通常为________。

3. 将提取的脂类混合液点在薄板上，由于样品各组分的分子结构不同，吸附剂对其吸附力不同，当展层剂流过时，吸附力小的成分________，吸附力大的成分________，由此将各组分分开。

4. 比移值Rf表示组分移动的特性，其定义为：Rf = ________/________ = ________/________。

5. 在薄层、溶剂、温度等各项实验条件恒定的情况下，各物质的Rf值是________，它不随溶剂移动距离的改变而变化。Rf与分配系数K的关系：________，α是由薄层性质决定的一个常数。由此可见，K值愈________，溶质分配于固定相的趋势愈大，而Rf值愈小；

反之，K值愈＿＿＿＿＿＿，则分配于流动相的趋势愈大，Rf值是定性分析的重要指标。在流动相、固定相和展开条件固定时，Rf值是组分的特性，可用以进行定性鉴别。使用时也常将样品与已知纯物质同时展开，比较二者移动情况，进行定性分析。

6. Rf值大的说明物质极性相对较＿＿＿＿＿＿，跟化合物的极性有关，极性越大，同一条件下在薄层板上的迁移值越＿＿＿＿＿＿。

项目十　蛋白质的颜色反应

◆导入任务

蛋白质分子是由许多氨基酸分子结合在一起，其中某种或某些基团能与一些显色剂作用，可产生特定的颜色反应。不同的蛋白质所含有的氨基酸不相同，颜色反应也就不同。颜色反应不是蛋白质的专一反应，一些非蛋白质亦可产生相同的颜色反应，因此不能仅根据颜色反应的结果决定被测物是否是蛋白质。颜色反应是一些常用的蛋白质定量测定的依据。

蛋白质的颜色反应主要包括：

一、双缩脲反应

所谓双缩脲是指二分子尿素加热（约180℃）缩合的产物。此双缩脲在稀碱溶液中能与硫酸铜发生反应，生成紫红色络合物，所以称为双缩脲反应。一切蛋白质和含有两个肽键以上的多肽化合物都能与碱性硫酸铜发生反应，其反应性质及产生的颜色与双缩脲同硫酸铜反应的结果一样，而且肽键越长显色越深，有粉红、紫红、蓝紫色等。

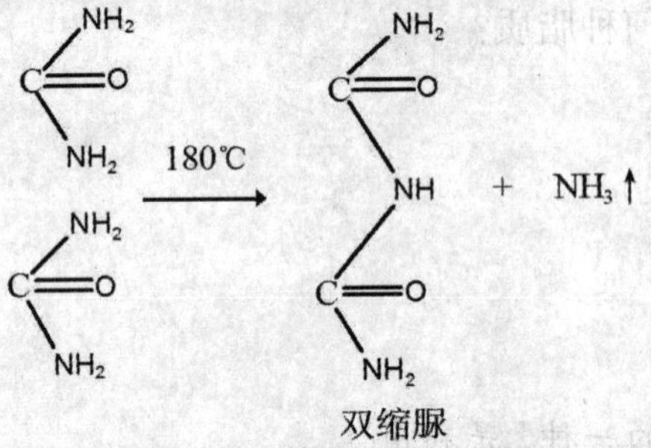

双缩脲

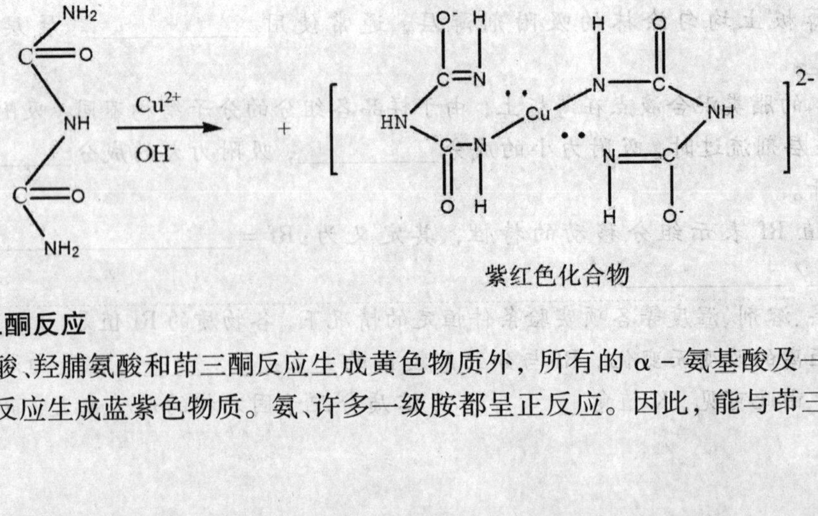

紫红色化合物

二、茚三酮反应

除脯氨酸、羟脯氨酸和茚三酮反应生成黄色物质外，所有的α－氨基酸及一切蛋白质都能和茚三酮反应生成蓝紫色物质。氨、许多一级胺都呈正反应。因此，能与茚三酮呈阳性反应的不一定就是蛋白质或氨基酸。

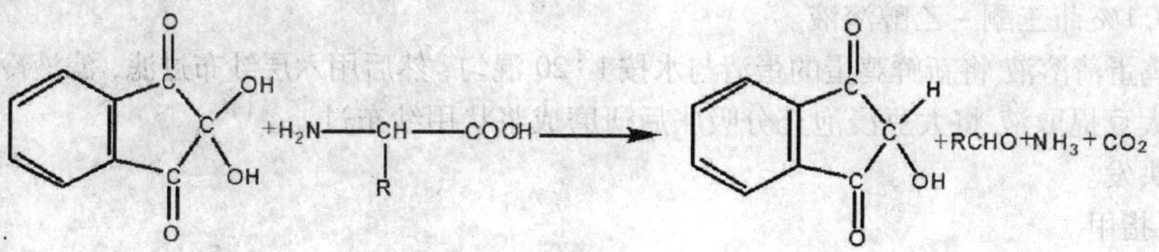

还原型茚三酮

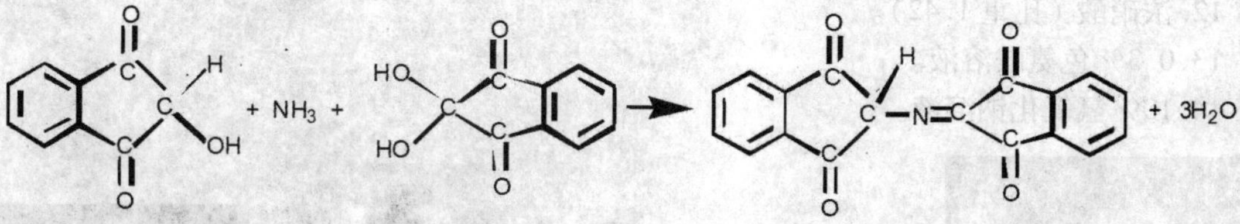

还原型茚三酮　　　　蓝紫色

三、黄色反应

蛋白质分子中含有苯环结构的氨基酸(如酪氨酸、色氨酸等)遇硝酸可硝化成黄色物质，此物质在碱性环境中变为橘黄色的硝苯衍生物。

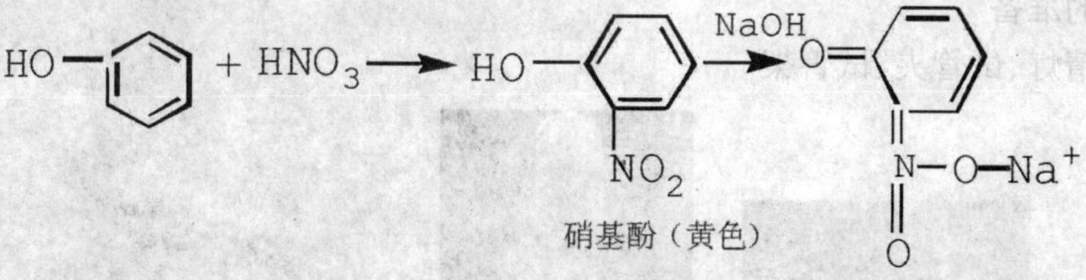

硝基酚（黄色）

邻硝醌酸钠（橙黄色）

注意:苯及苯丙氨酸较难硝化，需用浓硫酸促进硝化。

知识点拨

1. 双缩脲反应中应控制加热时间和加热温度，并认真观察实验现象;再有，就是避免添加过量硫酸铜，否则，过量的硫酸铜与氢氧化钠生成蓝色氢氧化铜，能掩盖络合物的粉红色。

2. 茚三酮反应中要避免茚三酮溶液沾到手上;另外试管一定要清洗干净。

3. 黄色反应中避免把浓酸等沾到手上;另外为了加速反应，可适当摇动试管。

◆操作流程

一、试剂的准备

1. 尿素:如果颗粒粗糙，需要研成粉末状。

2. 1%硫酸铜溶液。

3. 蛋白质溶液:2%卵清蛋白或新鲜鸡蛋清溶液(蛋清:水 =1:9)。

4. 0.5%甘氨酸溶液。

5. 0.1%茚三酮水溶液。

6. 0.1%茚三酮－乙醇溶液。

7. 鸡蛋清溶液 将新鲜鸡蛋的蛋清与水按1∶20混匀，然后用六层纱布过滤，滤液冷藏备用。

8. 大豆提取液 将大豆浸泡充分吸胀后研磨成浆状用纱布过滤。

9. 头发。

10. 指甲。

11. 0.5%苯酚溶液。

12. 浓硝酸（比重1.42）。

13. 0.3%色氨酸溶液。

14. 10%氢氧化钠溶液。

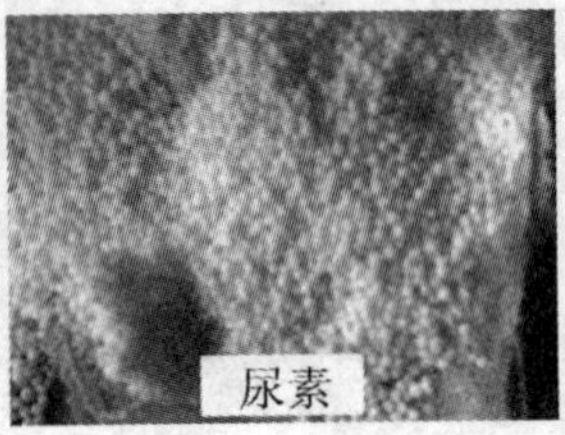

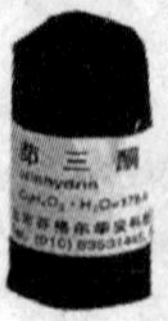

氢氧化钠

二、仪器的准备

试管、酒精灯、试管夹、试管架。

试管

酒精灯

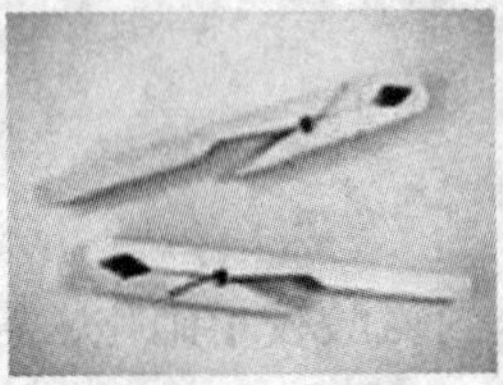
试管夹

三、实验进程

3.1 双缩脲反应

3.1.1 取少量尿素结晶，放在干燥试管中。用微火加热使尿素熔化。熔化的尿素开始硬化时，停止加热，尿素放出氨（释放出的氨可用红色石蕊试纸检验），形成双缩脲。冷后，加10%氢氧化钠溶液约1毫升，振荡混匀，再加1%硫酸铜溶液1滴，再振荡。观察出现的粉红颜色。避免添加过量硫酸铜，否则，生成的蓝色氢氧化铜能掩盖粉红色。

3.1.2 向另一试管加卵清蛋白溶液约1毫升和10%氢氧化钠溶液约2毫升，摇匀，再加1%硫酸铜溶液2滴，随加随摇，观察紫玫色的出现。

注意事项：试管一般与桌面成45°角，加热过程中，禁止试管口对着任何人，要用试管夹夹住试管。

◆**实验结果：**

◆**分析与讨论：**

3.2 茚三酮反应

3.2.1 取2支试管分别加入蛋白质溶液和甘氨酸溶液1毫升，再各加0.5毫升0.1%茚三酮水溶液，混匀，在沸水浴中加热1~2分钟，观察颜色由粉色变紫红色再变蓝。

3.2.2 在一小块滤纸上滴一滴0.5%的甘氨酸溶液，风干后，再在原处滴上一滴0.1%的茚三酮乙醇溶液在微火旁烘干显色，观察紫红色斑点的出现。

◆**实验结果：**

◆**分析与讨论：**

3.3 黄色反应

3.3.1 向6个试管中分别按下表加入试剂，观察各管出现的现象，有的试管反应慢可略放置或用微火加热。待各管出现黄色后，于室温下逐滴加入10%氢氧化钠溶液至碱性，观察颜色变化。

管号	1	2	3	4	5	6
材料	鸡蛋清溶液（4滴）	大豆提取液（4滴）	指甲屑（少许）	头发（少许）	0.5%苯酚（4滴）	0.3%色氨酸（4滴）
浓硝酸	2滴	4滴	2mL	2mL	4滴	4滴
现象						

◆**分析与讨论：**

◆**思考题：**

1. 通过本次试验，你掌握了几种鉴定蛋白质和氨基酸的方法？它们的原理是什么？
2. 从本次实验的每个实验中，应该注意的事项都有哪些？
3. 能否利用茚三酮反应准确判断蛋白质的存在，为什么？
4. 试比较几种蛋白质颜色反应的使用范围。

项目十一　血清蛋白醋酸纤维膜电泳

◆**导入任务**

蛋白质是两性电解质。在pH值小于等电点的溶液中，蛋白质带正电荷，为阳离子，在电场中向阴极移动；反之，在pH大于等电点的溶液中，蛋白质带负电荷，为阴离子，在电场中向阳极移动。在同一pH的溶液中，不同蛋白质分子大小不同，所带电荷的性质和数目不同，在电场中移动的速度不同，故可利用电泳法把它们分离。醋酸纤维薄膜电泳是用醋酸纤维薄膜作为支持物的电泳方法。

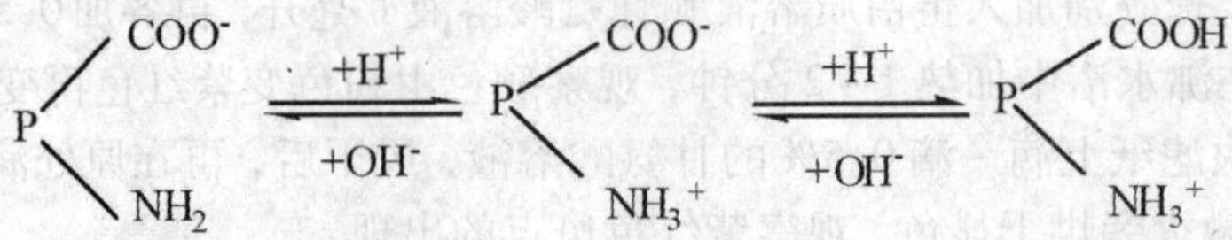

阴离子　　　　兼性离子　　　　阳离子

pH > pI　　　　pH = pI　　　　pH < pI

移向阳极　　　　不移动　　　　移向阴极

本实验是在 pH 为 8.6 的溶液中，血清各蛋白都带负电荷，电泳时都向正极移动。

知识点拨

醋酸纤维薄膜由二乙酸纤维素制成，它具有均一的泡沫样的结构，厚度仅 120μm，有强渗透性，对分子移动无阻力，作为区带电泳的支持物进行蛋白质电泳有简便、快速、样品用量少、应用范围广、分离清晰、没有吸附现象等优点。目前已广泛用于血清蛋白、脂蛋白、血红蛋白、糖蛋白和同工酶的分离及用在免疫电泳中。

◆操作流程

1. 试剂的准备

(1)巴比妥缓冲液(pH8.6)　称取巴比妥 2.76g，巴比妥钠 15.45g，加水至 1000mL。用酸度计校正后使用。

(2)染色液　按氨基黑 10B 0.5g、甲醇 50mL、冰醋酸 10mL、水 40mL 的比例配制。可重复使用。

(3)漂洗液　按甲醇或乙醇 45mL、冰醋酸 5mL、水 50mL 的比例配制。

(4)新鲜血清　无溶血现象。

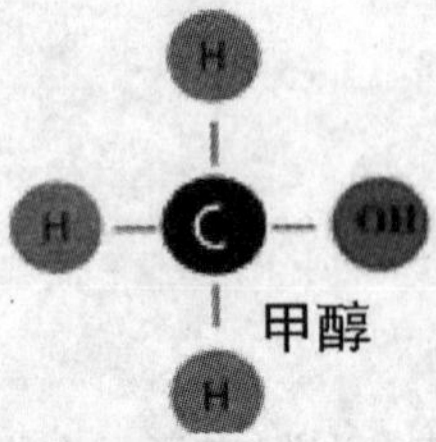
甲醇

冰醋酸

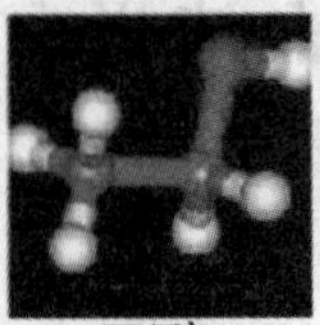
乙醇

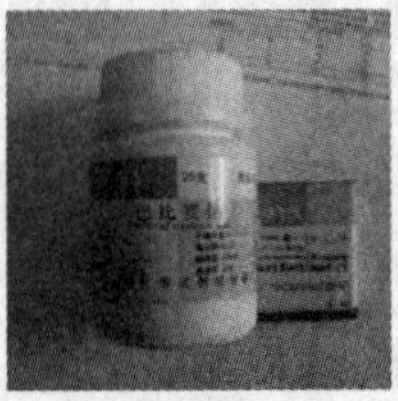

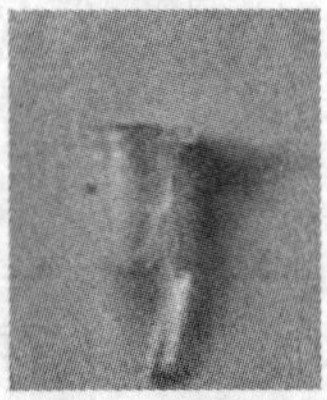

2. 仪器及用具的准备

常压电泳仪及电泳槽；培养皿(染色及漂洗用)；醋酸纤维薄膜(2cm×8cm)；点样器(市售

或自制)；粗滤纸；玻璃板；不锈钢镊子；小表面皿。

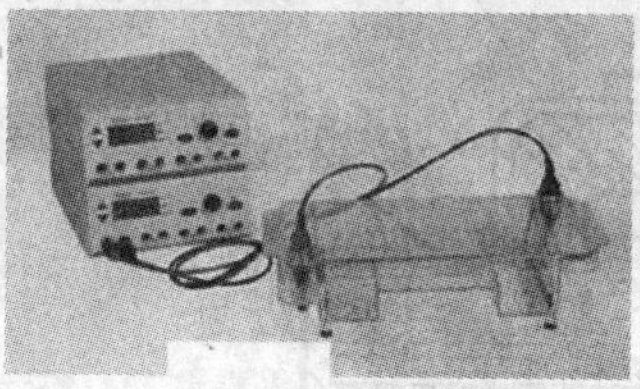

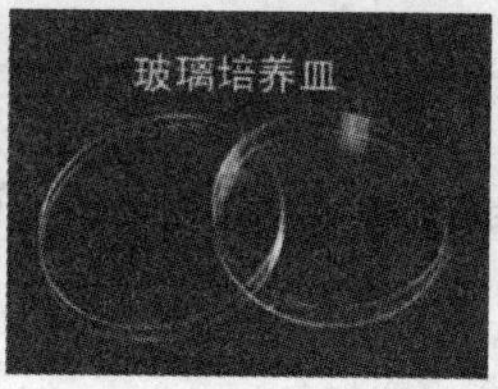

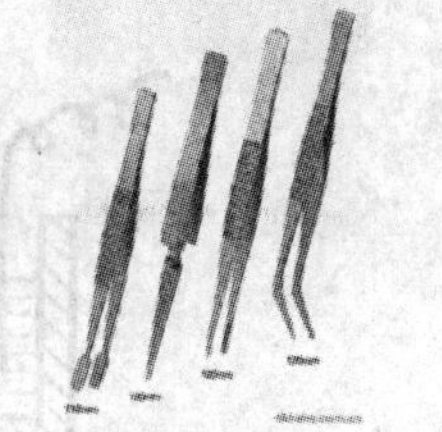

3. 实验进程

3.1 浸泡

用镊子取醋酸纤维薄膜 1 张(识别出光泽面与无光泽面，并在无光泽面角上用铅笔做上记号)放在缓冲液中浸泡 20min。

3.2 点样

把膜条从缓冲液中取出，夹在两层粗滤纸内吸去多余的液体，然后平铺在玻璃板上(无光泽面朝上)，将点样器在装有血清的小表面皿上蘸一下，再在膜条一端2～3cm处轻轻地垂直地落下并随即提起，这样即在膜条上点上了细条状的血清样品。也可用毛细管画线点样(图 10－3)。(点样好坏是电泳图谱是否清晰的关键，可以用盖玻片当点样器，把血清均匀涂抹在盖玻片的边缘上，采取少量多次的办法)

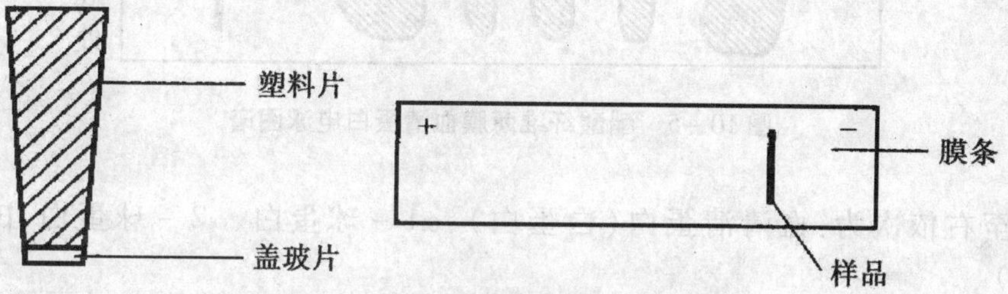

图 10－3　血清样品点样示意

3.3 电泳

先剪取尺寸合适的双层滤纸条，将滤纸条附着在电泳槽的支架上，使它的一端与支架的前沿对齐，而另一端浸入电极槽的缓冲液内。用缓冲液将滤纸全部润湿并驱除气泡，使滤纸紧贴在支架上，即为滤纸桥(它是联系醋酸纤维薄膜和两极缓冲液之间的“桥梁”)。然后，在电泳槽内加入缓冲液，使两个电极槽内的液面等高。将膜条平悬于电泳槽支架的滤纸桥上，膜的无光泽面朝下，点样端靠近负极，血清样不能与滤纸桥接触(图 10－4)。盖严电泳室，平衡 10min，让缓冲液湿润薄膜后通电。调节电压至 160v，电流强度 0.4～0.7mA/cm 膜宽，电泳时间约为 60～90min。电泳装置如图 10－4 所示。

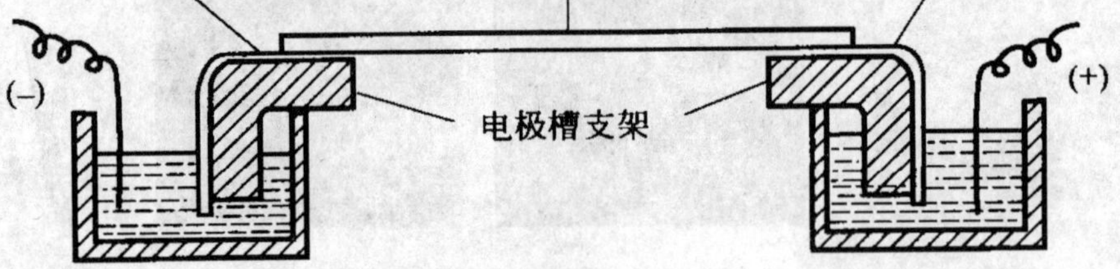

图 10－4　醋酸纤维薄膜电泳装置示意图

3.4 染色

电泳完毕后，将膜条取下并放入培养皿的染色液里浸泡 10min。

3.5 漂洗

将膜条从染色液中取出后移置到培养皿的漂洗液中，每隔几分钟换一次漂洗。漂洗数次至背景无色为止，可得色带清晰的蛋白质电泳图谱(图 10－5)。

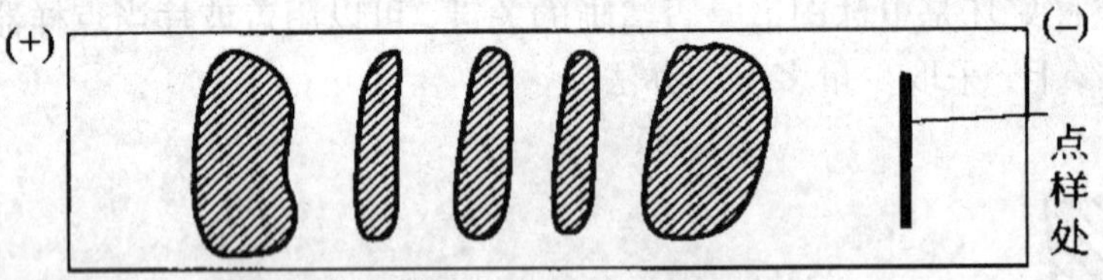

图 10－5　醋酸纤维薄膜血清蛋白电泳图谱

(从左至右依次为：血清清蛋白(白蛋白)、α1－球蛋白、α2－球蛋白、β－球蛋白、γ－球蛋白)

◆**实验结果：**画出漂洗后膜条的图谱。并指出每条电泳图谱各代表哪种蛋白质。

◆**分析与讨论：**

◆**思考题：**

1. 电泳时，点样端置于电场的正极还是负极？为什么？
2. 电泳实验中应该注意什么事项？

项目十二　氨基酸纸色谱

◆导入任务

假设你是一名某氨基酸生产企业研发部门的技术员，你所在的小组接到一项任务：对某一样品中的氨基酸组分进行分离和鉴定。经过细致的分析和比较最终决定采用纸色谱的方法。

纸色谱法是用滤纸为支持物的分配色谱法。纸色谱的扩展剂大多由水和有机溶剂组成。滤纸纤维与水的亲和力强，与有机溶剂的亲和力弱，在扩展时，水是固定相，滤纸是固定相的支持物，有机溶剂是流动相，它沿滤纸移动。

将氨基酸溶液点在滤纸的一端（此点称为原点），由扩展剂经上行法进行扩展，推动氨基酸在两相溶剂中不断进行分配。由于各氨基酸在两相中的分配系数不同，因此移动速度也不同。在固定相中分配趋势较大的溶质随流动相移动得慢，反之在流动相中分配趋势较大的溶质移动速度快。于是在流动相移动一定距离后，形成了离原点距离不等的色谱点。

氨基酸是无色的，利用茚三酮反应，可将氨基酸显色，在滤纸上得到紫色的色谱点。脯氨酸和羟脯氨酸为黄色色谱点。氨基酸在图谱上的位置常用迁移率 Rf 表示。

$$Rf = \frac{\text{原点到层析点中心的距离}}{\text{原点到溶剂前沿的距离}}$$

在一定的条件下，氨基酸的 Rf 值是一常数，不同的氨基酸有不同的 Rf 值。在同样条件下，作标准氨基酸图谱与未知样品氨基酸图谱进行对照，便可确定样品中的氨基酸类型。

知识点拨

混合氨基酸在纸层析上的分配系数与各氨基酸的极性有关，如果氨基酸的极性大，则在固定相的分配系数大，随流动相迁移慢，Rf 值小；反之，如果氨基酸的极性小，则在固定相的分配系数小，随流动相迁移快，Rf 值大。比如混合氨基酸有 Lys、Gly、Pro、Val 和 Leu 五种，因它们的极性按大小排列顺序是 Lys > Gly > Pro > Val > Leu，因此在层析滤纸上它们迁移快慢的顺序是 Leu > Val > Pro > Gly > Lys。

◆操作流程

1. 试剂的准备

（1）扩展剂　将 4 份正丁醇和 1 份冰醋酸放入分液漏斗中，与 3 份水混合，充分振荡，静置后分层。放出下层水层，漏斗内的即为扩展剂。如此制取扩展剂 600mL。或按正丁醇∶冰醋酸∶水 = 12∶3∶5 的比例配制扩展剂。（使用前一定要再充分混合，废液集中处理）

（2）氨基酸溶液　0.5% 的赖氨酸、甘氨酸、脯氨酸、缬氨酸和亮氨酸溶液及它们的混合液（各组分浓度均为 0.5%）各 5mL。

(3)显色剂　0.1%水合茚三酮正丁醇溶液100mL。

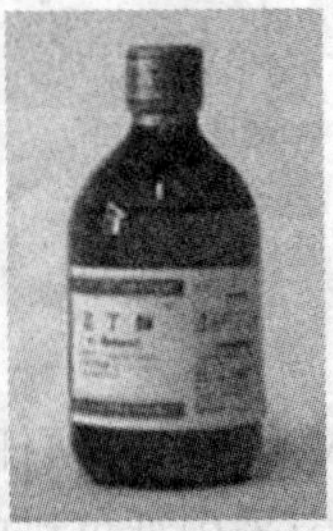

冰醋酸

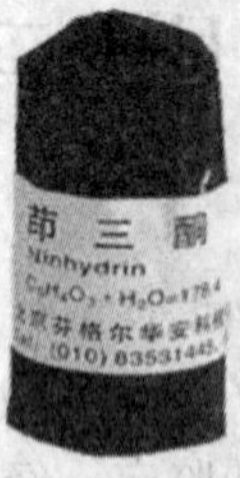

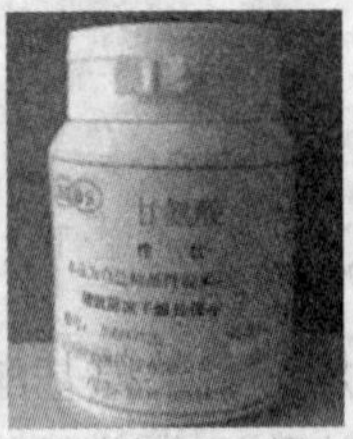

2. 仪器及用具的准备

层析缸(可用保鲜膜、大烧杯代替);毛细管(Φ0.5mm);喷雾器;培养皿;小烧杯;色谱滤纸(新华一号);不锈钢镊子;吹风机或干燥箱;直尺、针、线、铅笔、一次性手套。

层析缸

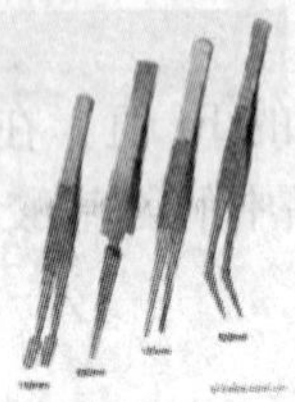

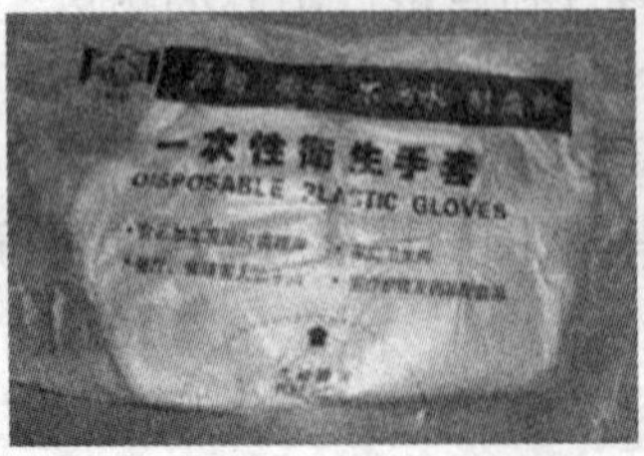

烘箱

3. 实验进程

3.1 戴上一次性手套,防止因手的接触污染色谱纸。

3.2 用镊子夹取层析色谱纸(长22cm、宽14cm)一张。在纸的一端距边缘2~3cm处用铅笔划一条直线,在此直线上每间隔2cm作一记号(如图10-6)。

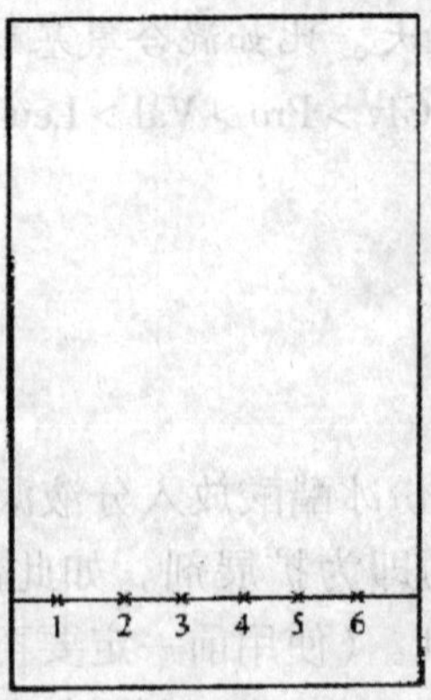

图10-6　纸层析点样标准图

3.3 点样:用毛细管将各氨基酸样品分别点在这 6 个位置上，干后再点一次。

备注:氨基酸的点样量以每种氨基酸 5 ~ 20μg 为宜，每点在纸上扩散的直径最大不超过 3mm。点样时，必须待第一滴样品干后再点第二滴。为使样品迅速干燥，可用吹风机吹干。

3.4 扩展:将点样后的滤纸两侧对齐点样点在滤纸的外侧，用线将滤纸缝成筒状，纸的两边不能接触。避免由于毛细现象溶剂沿边缘快速移动而造成溶剂前沿不齐，影响 R_f 值。将盛有约 20mL 扩展剂的培养皿迅速置于密闭的层析缸中，并将滤纸直立于培养皿中(点样的一端在下，扩展剂的液面需低于点样线 1cm)。待溶剂上升 15 ~ 20cm 时即取出滤纸，用铅笔描出溶剂前沿界线，自然干燥或用吹风机热风吹干。(如图 10 - 7)。

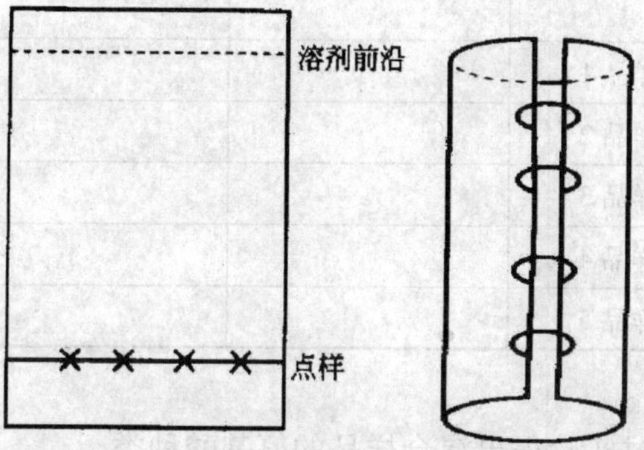

图 10 - 7　氨基酸纸色谱操作示意

知识点拨

毛细作用，是液体表面对固体表面的吸引力。如毛细管插入浸润液体中，管内液面上升，高于管外，毛细管插入不浸润液体中，管内液体下降，低于管外的现象；毛巾吸水，地下水沿土壤上升都是毛细现象。

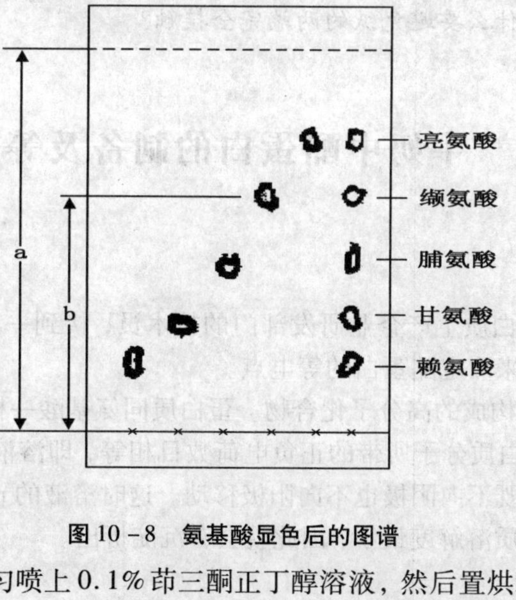

图 10 - 8　氨基酸显色后的图谱

3.5 显色:用喷雾器均匀喷上 0.1% 茚三酮正丁醇溶液，然后置烘箱中烘烤 5min(100℃)

或用热风吹干即可显出各色谱斑点。图 10－8 为各点显色后的纸层析图谱。

◆**实验结果**：计算各标准氨基酸的 Rf 和混合样品中各氨基酸的 Rf。

序号	名称	迁移距离(mm)	溶剂前沿距离(mm)	Rf
1				
2				
3				
4				
5				
6	未知样品 1			
7	未知样品 2			
8	未知样品 3			
9	未知样品 4			
10	未知样品 5			

◆**分析与讨论**：通过实验得出混合样品的氨基酸种类。

◆**思考题**：

1. 何谓纸色谱法？
2. 何谓 Rf 值？影响 Rf 值的主要因素是什么？
3. 怎样制备扩展剂？
4. 在整个实验过程中为什么不能用手接触滤纸？
5. 在缝滤纸筒时为什么要避免纸的两端完全接触？

项目十三　牛奶中酪蛋白的制备及等电点的测定

◆**导入任务**

假定你是一名某蛋白质生产企业研发部门的技术员，接到一项任务：从牛奶中提取出酪蛋白，并设计一个实验来测定酪蛋白的等电点。

蛋白质是由氨基酸构成的高分子化合物。蛋白质同氨基酸一样是两性电解质，调节蛋白质溶液的 pH 值可使蛋白质分子所带的正负电荷数目相等，即溶液中的蛋白质以兼性离子形式存在，在外加电场中既不向阴极也不向阳极移动。这时溶液的 pH 值称为蛋白质的等电点。在等电点条件下，蛋白质溶解度最小，因此就会有沉淀析出。

知识点拨

本实验利用 pH4.7 的醋酸—醋酸钠缓冲液形成了酪蛋白的等电点溶液，此时酪蛋白的溶解度最小而析出沉淀。因此当同温度下的牛奶缓慢倒入 pH4.7 的醋酸—醋酸钠缓冲液时，牛奶中的酪蛋白就沉淀出来了。

◆操作流程

1. 试剂的准备

(1)醋酸—醋酸钠缓冲液:0.2mol/L，pH 值 4.7。

(2)乙醇:95%。

(3)无水乙醇:分析纯。

(4)牛奶:市售，脱脂。

(5)酪蛋白—醋酸钠溶液:将 0.25g 酪蛋白先用少量 1mol/L 氢氧化钠溶解，再加约 10mL 水，温热使其完全溶解后，加入 5mL 1mol/L 的醋酸，混合后转入 50mL 的容量瓶定容、混匀备用(pH8－8.5)。

(6)1mol/L 氢氧化钠。

(7)1mol/L 的醋酸:1mL 冰醋酸用水稀释到 17mL(冰醋酸 17mol/L)。

(8)0.1mol/L 的醋酸:1mL 冰醋酸用水稀释到 170mL。

(9)0.01mol/L 的醋酸:1mL 冰醋酸用水稀释到 1700mL。

乙酸钠

乙醇

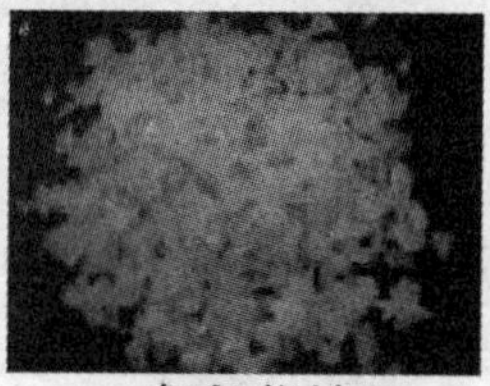
氢氧化钠

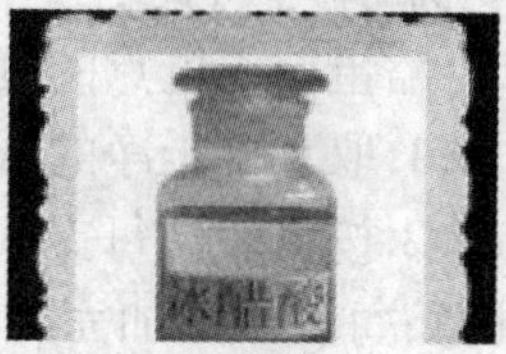

冰醋酸

2. 仪器及用具的准备

恒温水浴锅、托盘天平、离心机、离心管、布氏漏斗及抽滤装置、水银温度计。

水浴锅

托盘天平

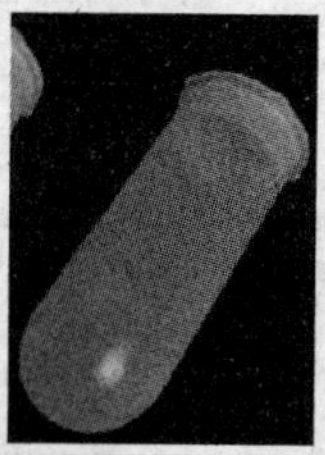

布式漏斗

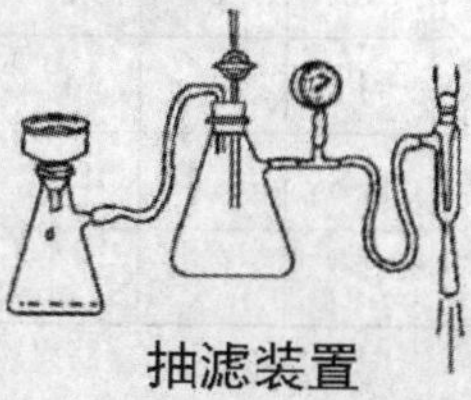
抽滤装置

3. 实验进程

3.1 酪蛋白的提取

3.1.1 取 20mL 牛奶加热至 40℃。在搅拌下将牛奶慢慢加入到预热至 40℃的 pH4.7 约 20mL 的醋酸缓冲液中。将上述悬浮液冷却至室温，离心 15 分钟(3000r /min)，弃去清液，得酪蛋白粗制品。

3.1.2 用水洗沉淀 3 次(每次 10mL)，离心 10min(3000r/min)，弃去上清液。

3.1.3 在沉淀中加入 10mL 乙醇。搅拌片刻，将全部混浊液转移至布氏漏斗中抽滤。用无水乙醇洗沉淀两次，抽干。

3.1.4 将沉淀摊开在表面皿上，风干(每隔 5 分钟称重一次，相邻两次重量一致，为称量终点)得酪蛋白纯品。

注意事项:牛奶与缓冲溶液量取快速、准确;牛奶与缓冲溶液加热到要求温度;搅拌充分，沉淀完全;冷却后，离心平衡正确;选择正确的转速和离心时间;洗涤溶剂加入顺序要正确、准确;抽滤操作正确。

◆实验结果:

$$含量=\frac{酪蛋白重量(g)}{牛奶的取样量(mL)}\times 100$$

含量单位:酪蛋白 g/100mL 牛乳

$$得率=\frac{测的含量}{理论含量}\times 100\%$$

式中理论含量为 3.5g/100mL 牛乳

含量为: 得率为:

◆分析与讨论:

3.2 酪蛋白等电点的测定。

3.2.1 取 9 支干净的试管，分别编号 1 –9。

3.2.2 按下表向每支试管中加入相应的试剂。

注意:每种试剂加完后，要振荡试管混匀溶液。

3.2.3 试剂全部加完后，静置 20min。

3.2.4 观察每支试管溶液的浑浊度，用“ + ”、“ – ”表示沉淀的多少。

3.2.5 判断酪蛋白的 pI 是多少?

试管编号		1	2	3	4	5	6	7	8	9
加入的试剂	水/mL	2.4	3.2	0	2.0	3.0	3.5	1.5	2.75	3.38
	1mol/L 醋酸/mL	1.6	0.8	0	0	0	0	0	0	0
	0.1mol/L 醋酸/mL	0	0	4.0	2.0	1.0	0.5	0	0	0
	0.01mol/L 醋酸/mL	0	0	0	0	0	0	2.5	1.25	0.62
	酪蛋白醋酸钠溶液/mL	1	1	1	1	1	1	1	1	1
溶液最终的 pH		3.5	3.8	4.1	4.4	4.7	5.0	5.3	5.6	5.9
沉淀多少										

◆实验结果：

酪蛋白的等电点为__________。

◆分析与讨论：

◆思考题：

1. 为什么调整溶液的pH值可将酪蛋白沉淀出来？
2. 用有机溶剂沉淀蛋白质的原理是什么？
3. 什么是蛋白质的等电点？在等电点时蛋白质的溶解度最低，为什么？
4. 测定蛋白质的等电点为什么应在缓冲溶液中进行？

项目十四　动物肝脏DNA的提取与检验

◆导入任务

为了研究DNA分子在生命代谢中的作用，常常需要从不同的生物材料中提取DNA。由于DNA分子在生物体内的分布及浓度不同，要选择适当的材料提取DNA。动植物中小牛胸腺、动物肝脏、脾脏、鱼类精子、植物种子的胚中都含有丰富的DNA。

天然状态的DNA是以脱氧核糖核蛋白(DNP)形式存在于细胞核中。要从细胞核中提取DNA时，先把DNP抽提出来，再把蛋白质(P)除去，再除去细胞中的糖、RNA及无机离子等，从中分离DNA。DNP和RNP在盐溶液中的溶解度，受盐浓度的影响而不同。DNP在低浓度盐溶液中几乎不溶解，如在0.14mol/L的氯化钠溶液中溶解度最低，仅为在水中溶解度的1%，随着盐浓度的增加溶解度也增加，至1mol/L氯化钠中溶解度很大，比纯水高2倍。RNP在盐溶液中的溶解度，受盐浓度的影响较小，在0.14mol/L氯化钠中溶解度较大。因此在提取时常用此方法分离这两种核蛋白。

知识点拨

核酸(nucleic acid)是以核苷酸为基本组成的生物大分子。天然存在的核酸有两类，一类为脱氧核苷酸(deoxyribonucleic acid，DNA)，另一类为核糖核酸(ribonucleic acid，RNA)。DNA存在于细胞核和线粒体中，携带遗传信息。RNA存在于细胞质和细胞核内，参与细胞内DNA遗传信息的表达。

进行核酸分离时，最好用新鲜生物组织或细胞样品，若不能马上提取，应将材料贮存于液氮中或-70℃冰箱中。

◆操作流程

1. 材料及试剂的准备

(1)动物肝脏。

(2)0.14mol/LNaCl－0.15mol/L EDTA－Na_2 溶液：NaCl 8.18g 及 EDTA－Na_2 55.8g 溶于蒸馏水稀释到 1000mL。

(3)20% SDS(十二烷基硫酸钠)溶液：20gSDS 溶于 100mL 水中。

(4)95% 乙醇溶液。

(5)80% 乙醇溶液。

(6)氯仿—异戊醇(24：1)混合液。

(7)二苯胺试剂：取 1g 纯的二苯胺溶于 100mL 蒸馏的冰醋酸中，加入 2.75mL 浓硫酸，放置棕色瓶中，此试剂需临时配制。

(8)5% H_2SO_4。

(9)5% $AgNO_3$。

(10)定磷试剂 2% 钼酸铵溶液：钼酸铵 2g 溶于 100mL 10% 硝酸溶液中。

(11)4% 维生素 C。

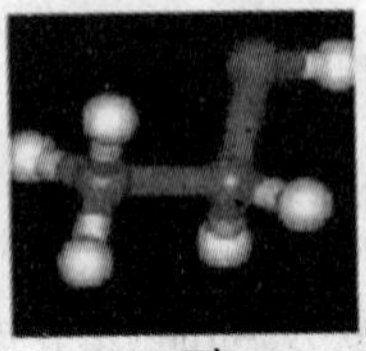
乙醇

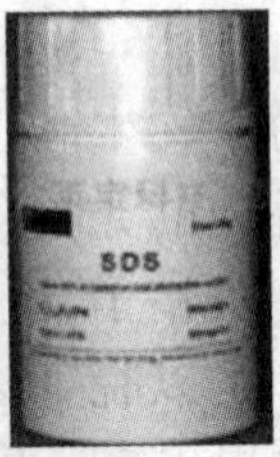

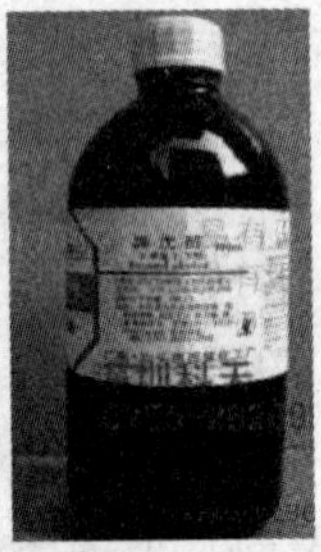

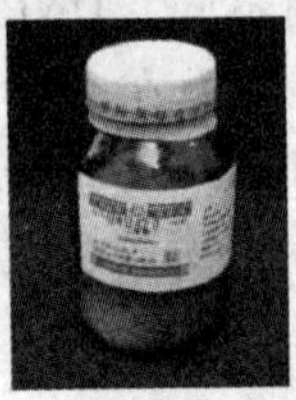

硫酸

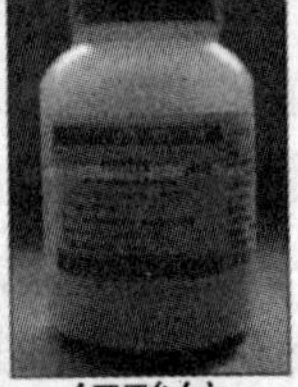
钼酸铵

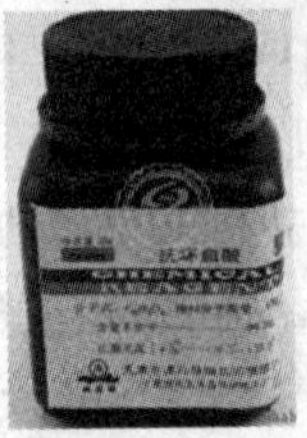

2. 仪器及用具的准备

研钵、离心机、大试管、试管架、移液管、恒温水浴锅。

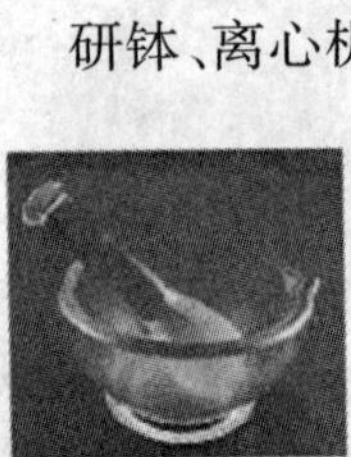
研钵

试管

移液管

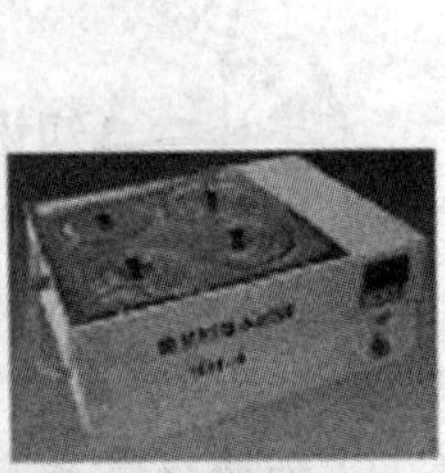
水浴锅

3. 实验进程

3.1 DNA 提取

3.1.1 取新鲜动物肝，称取 2g，切成小块，加入 4mL 0.14mol/L Nacl－0.15mol/L

EDTA－Na_2 溶液，于研钵中研磨至匀浆，4mL 清洗转入离心管中，以 4000r/min 的转速离心 10min。

3.1.2 在上述沉淀物中加入 0.14mol/L NaCl－0.15mol/L EDTA 溶液，使总体积为 4mL，然后在 60℃下，滴加 20% SDS 溶液 2～3 滴，边加边摇动，再摇动 10min，使核酸与蛋白质分离。

3.1.3 加固体氯化钠 0.4g 混匀，使其最终浓度达到 1.4mol/L，混合静置 10 分钟。

3.1.4 加等体积的氯仿—异戊醇，混匀，摇动 5min 以 4000r/min 的转速离心 10min。离心管内的物质分为三层，上层为含 DNA 的水相层，下层为氯仿—异戊醇混合物，中间层为变性蛋白凝胶。

3.1.5 吸出上清液，加入 2 倍体积 95% 乙醇溶液（预冷），产生沉淀。

3.1.6 再以 4000r/min 的转速离心溶液 10min，弃去上清液（沉淀用 80% 乙醇溶液离心洗涤）。

3.1.7 将沉淀置于吸水纸上，除尽乙醇，室温自然干燥后，加入 5% H_2SO_4 4mL，在沸水浴中加热 10min，使 DNA 充分水解，待用。

知识点拨

本实验加入去污剂十二烷基硫酸钠（SDS）溶液，使 DNA 和蛋白质分离开；加入固体氯化钠使其浓度达到 1.4mol/L，使 DNA 溶解；加入氯仿—异戊醇去除蛋白质，也可重复该步操作，得到较纯的 DNA，最后用 95% 乙醇溶液沉淀 DNA。

3.2 DNA 的检验

3.2.1 嘌呤碱的检验

取两支试管，操作见下表。

管号	水解液/滴	5% H_2SO_4/滴	浓氨水/滴	5% $AgNO_3$/滴
对照管	—	20	2－3（呈碱性）	10
测定管	20	—	2－3（呈碱性）	10

摇匀，静置 15min，观察两管中变化。

3.2.2 磷酸的检验

取两支试管，操作见下表。

管号	水解液/滴	5% H_2SO_4/滴	定磷试剂/滴	维生素 C/滴
对照管	—	10	5	6
测定管	10	—	5	6

摇匀，静置数 min，观察两管中颜色变化有何不同。

3.2.3 脱氧核糖的检验

取两支试管，操作见下表。

管号	水解液/滴	5% H_2SO_4/滴	二苯胺试剂/滴
对照管	—	20	30
测定管	20	—	30

摇匀，将两管同时放入沸水浴内加热 10min，观察两管颜色的变化。

◆实验结果：

◆分析与讨论：

◆思考题：

1. 本实验中用了什么方法进行 DNA 的鉴定？

2. 将核酸进行降解，可采取什么方法？本实验为何不用其他方法，而采用酸水解？

知识点拨

去除蛋白质的常用方法：

1. 变性剂法：用 SDS 等去污剂使蛋白质变性，可以直接从生物材料中提取 DNA。

2. 苯酚法：用含水的酚溶液沉淀蛋白质和 DNA，分层、离心。因蛋白质变性，抑制了核酸酶活性，并且操作过程比较缓和，可以得到较好的 DNA 制品。

3. 氯仿法：用含辛醇或异戊醇的氯仿振荡核蛋白，使乳化，离心除蛋白，DNA 在上层水相，用乙醇沉淀上层，可将 DNA 沉淀出来。

项目十五　酵母 RNA 的提取与检验

◆导入任务

酵母含 RNA 达 2.67% ~10.0%，而 DNA 含量仅为 0.03% ~0.51%，因此常以酵母为原料提取 RNA。

一般有苯酚法、去污剂法和盐酸胍法提取 RNA，其中苯酚法是实验室比较常用的方法。上述方法提取的 RNA 有生物活性。工业上常用稀碱法、浓盐法、氨法和自溶法等，这几种方法提取的为变性的 RNA，其工艺简单，适于大规模操作。

本实验采用稀碱法，首先将酵母与稀碱液在研钵中研磨，使得 RNA 溶于稀碱中，再将碱性提取液加入到酸性乙醇中，可得核糖核酸的沉淀出来。沉淀用硫酸水解，可测出核糖核酸的各种组分。

知识点拨

核酸分离纯化原则：保持核酸一级结构的完整性；排除蛋白质、脂类、糖类等其他分子的污染；无杂核酸分子的污染（比如纯化DNA分子时应无RNA分子）。

注意：在低温下进行操作；减少物理因素对核酸的机械剪切力；防止过酸、过碱引起核酸降解，控制pH范围（pH5－9），并要保持一定离子强度；防止核酸的生物降解，细胞内或外来的各种核酸酶能消化核酸链中的磷酸二酯键，破坏核酸一级结构。因此，所用器械和一些试剂需高温灭菌，提取缓冲液中需加核酸酶抑制剂。

◆操作流程

1. 材料及试剂的准备

（1）酵母粉。

（2）95%的乙醇。

（3）无水乙醇。

（4）10%的硫酸。

（5）地衣酚－$FeCl_3$溶液：把100mg地衣酚（苔黑酚）溶于100mL浓盐酸中，然后加入100mg$FeCl_3\cdot6H_2O$，使用前制备。

（6）氨水。

（7）5%的硝酸银。

（8）0.04mol/L氢氧化钠溶液。

（9）酸性乙醇溶液：将0.3mL浓盐酸加入到30mL乙醇中。

（10）定磷试剂2%钼酸铵溶液：钼酸铵2g溶于100mL 10%硝酸溶液中。

乙醇

苔黑酚

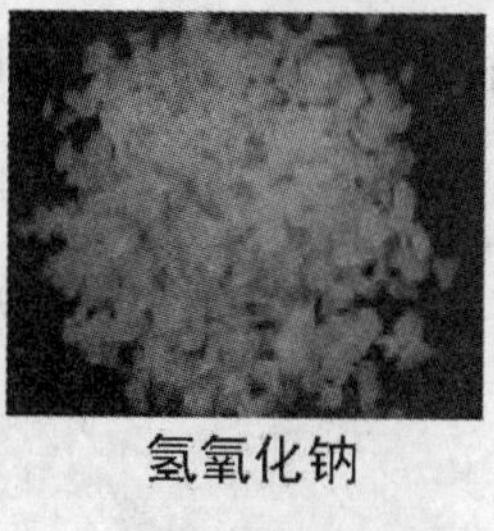
氢氧化钠

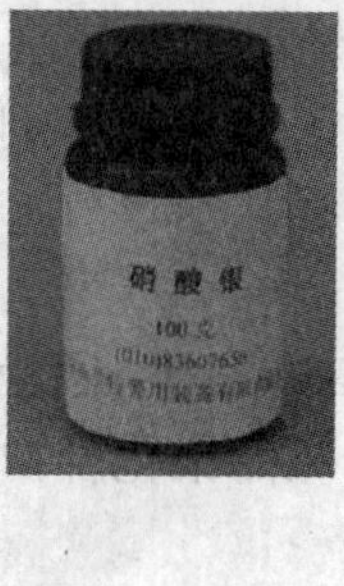

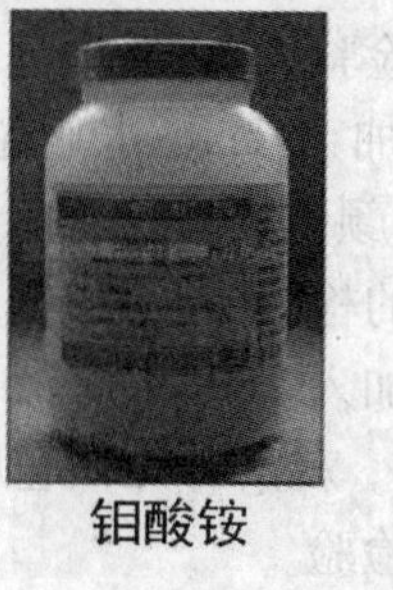
钼酸铵

2. 仪器及用具的准备

研钵、电子天平、离心管、离心机、布氏漏斗及抽滤瓶。

研钵

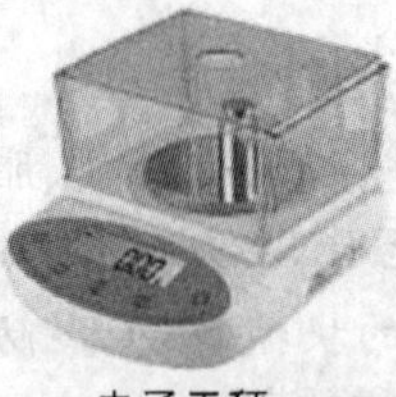
电子天秤

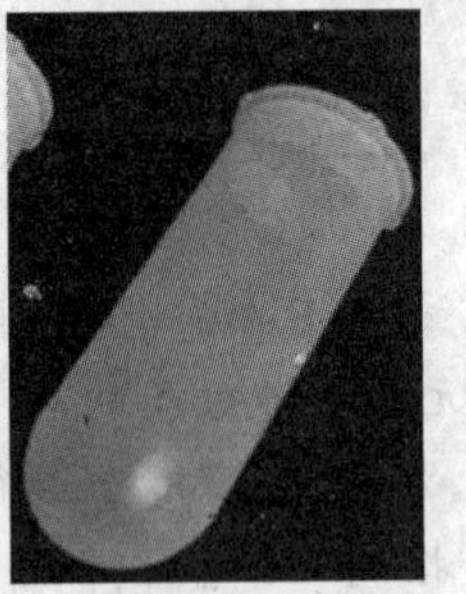

布氏漏斗

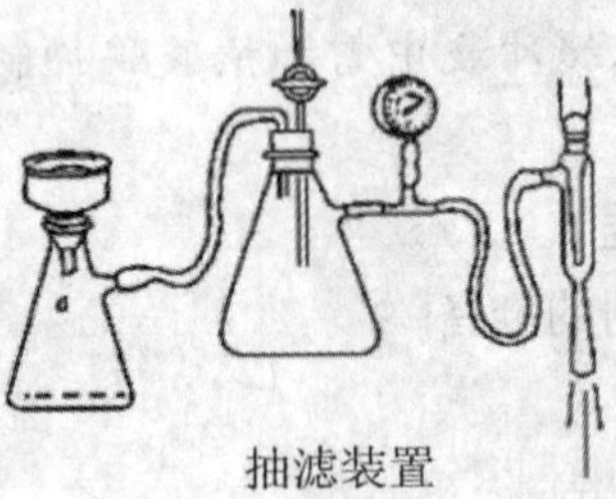
抽滤装置

3. 实验进程

3.1 RNA 的提取

3.1.1 将 5g 左右酵母悬浮于 30mL 0.04mol/L 氢氧化钠溶液中，并在乳钵中研磨均匀。

3.1.2 将悬浮液转移至 150mL 锥形瓶中，并用 10mL 0.04mol/L 氢氧化钠溶液分两次洗涤研钵。在沸水浴中加热 30min 后，冷却。

3.1.3 冷却后，将溶液转移到离心管内，并平衡对应的离心管重量后，3 000r/min 离心 15min，将上清液缓缓倾入 30mL 酸性乙醇溶液的离心管中。注意要一边搅拌一边缓缓倾入。

3.1.4 待核糖核酸沉淀完全后，平衡对应的离心管重量后 3 000r/min 离心 3min。弃去清液。

3.1.5 用 10mL95% 乙醇洗涤沉淀两次（每次洗涤需要平衡对应的离心管重量后 3 000 r/min离心 3min，并弃去洗涤液），再用 10mL 无水乙醇洗涤沉淀一次后，再用无水乙醇将沉淀转移至布氏漏斗中抽滤。沉淀可在空气中干燥。干燥恒重后（每隔 5 分钟称重一次，相邻两次重量一致，为称量终点），记录重量。

3.2 RNA 的检验

取一个干净的烧杯，称取 0.5g 左右 RNA 样品和 10mL 10% 的硫酸，加热水解 10min。

3.2.1 核糖的检验

取一支试管，加入 2mL 水解液和 0. 5 ~ 1mL 地衣酚 - $FeCl_3$ 溶液，混合并加热煮沸 1 ~ 2min，观察溶液颜色的变化。

3.2.2 嘌呤碱的检验

取一支试管，加入 2mL 水解液、1mL5% 硝酸银溶液，再逐滴加入浓氨水至沉淀消失，然后加入 1mL 水解液，观察有无白色嘌呤碱的银化合物沉淀。

3.2.3 磷酸的检验

取一支试管，加入 1mL 水解液和 1mL 定磷试剂，在沸水浴中加热，注意观察溶液颜色的变化。

◆**实验结果：**

◆**分析与讨论：**

◆**思考题：**

1. 在提取 RNA 的过程中，为什么在沸水浴上加热 30min？RNA 会被破坏吗？

2. 此实验是用什么方法提取 RNA？所提 RNA 是否有 DNA 混杂？

项目十六　酶的底物专一性实验

◆**导入任务**

一般催化剂对底物没有严格的要求，能催化多种反应，而酶具有高度的专一性。本实验以唾液淀粉酶和蔗糖酶对淀粉和蔗糖的作用为例，来说明酶的专一性。单糖具有还原性，淀粉和蔗糖无还原性。唾液淀粉酶水解淀粉生成有还原性的麦芽糖，但不能催化蔗糖的水解。而蔗糖酶能催化蔗糖水解产生还原性葡萄糖和果糖，但不能催化淀粉的水解。糖的还原性用 Benedict 试剂检查，如果蓝色溶液产生红色沉淀，就能判断酶的水解反应。

知识点拨

酶催化反应具有高度专一性、高效性、温和性和可调节性的特点。酶的专一性是由酶分子结构特征决定的。因为大多数的酶，其化学本质是蛋白质，在酶的分子结构中有一个特殊的结构空间，是酶和底物结合并起催化作用的部位，我们称之为酶的活性中心。

◆**操作流程**

1. 试剂的准备

(1)2%蔗糖溶液。

(2)称取 1g 淀粉，0.3gNaCl 用少量蒸馏水混匀，倒入 80mL 煮沸的蒸馏水中，冷却后定容至 100mL。

(3)稀释 50～100 倍的新鲜唾液：用蒸馏水漱口两次，以清除食物残渣，再含一口蒸馏水，半分钟后使其流入量筒内，并稀释到 50～100 倍。

(4)蔗糖酶溶液：将啤酒厂的鲜酵母用水洗涤 2～3 次(离心法)，然后放在滤纸上自然干燥。取干酵母 100g 置于乳钵内，添加适量蒸馏水及少量细沙，用力研磨提取约 1h，再加蒸馏水使总体积约为原体积的 10 倍。离心并将上清液保存于冰箱中备用。

(5) Benedict 氏试剂：无水硫酸铜 17.4g 溶于 100mL 热水中，冷却后稀释至 150mL。取柠檬酸钠 173g，无水碳酸钠 100g 和 600mL 水共热，溶解后冷却并加水至 850mL，再将冷却的 150mL 硫酸铜溶液倾人即成，本试剂可长久保存。

蔗糖

淀粉

硫酸铜

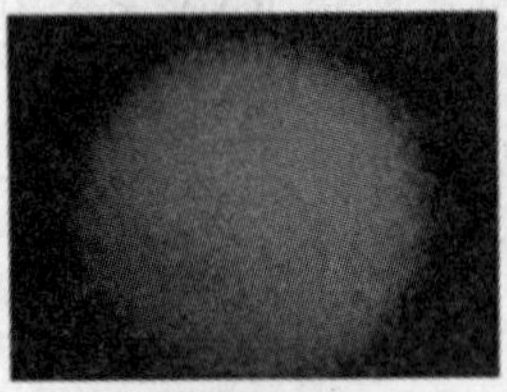
柠檬酸三钠

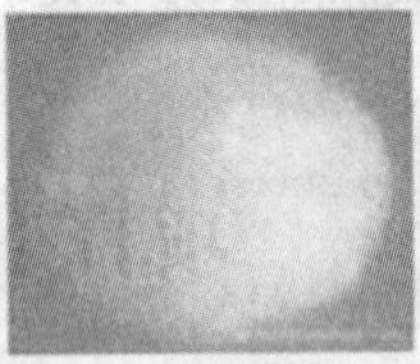
无水碳酸钠

2. 仪器及用具的准备

恒温水浴锅、试管及试管架、大烧杯、移液管。

水浴锅

试管

烧杯

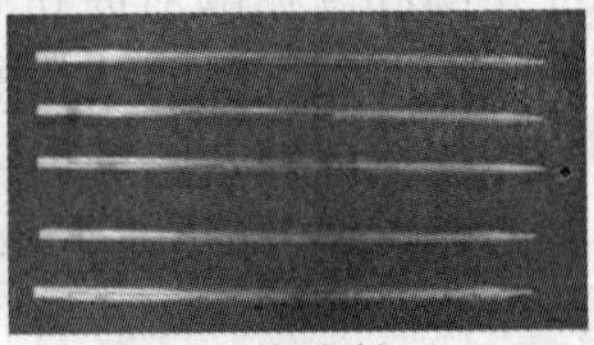
移液管

3. 实验进程

3.1 淀粉酶的专一性

按表 10－3 准备 6 支试管并依次加入各种试剂，反应后观察结果并记录。

表 10－3　　唾液淀粉酶的专一性实验操作和结果记录

管号	1	2	3	4	5	6
1% 淀粉溶液/滴	4	—	4	—	4	—
2% 蔗糖溶液/滴	—	4	—	4	—	4
稀释唾液/mL	—	—	1	1	—	—
煮沸过的稀释唾液/mL	—	—	—	—	1	1
蒸馏水/mL	1	1	—	—	—	—
37℃恒温水浴 15min						
Benedict 氏试剂/mL	1	1	1	1	1	1
摇匀，沸水浴 2～3min						
现象						

3.2 蔗糖酶的专一性

按表 10－4 准备 6 支试管并依次加入各种试剂，反应后观察结果并记录。

表 10－4　　蔗糖酶的专一性实验操作和结果记录

管号	1	2	3	4	5	6
1% 淀粉溶液/滴	4	—	4	—	4	—
2% 蔗糖溶液/滴	—	4	—	4	—	4
蔗糖酶溶液/mL	—	—	1	1	—	—
煮沸过的蔗糖酶溶液/mL	—	—	—	—	1	1
蒸馏水/mL	1	1	—	—	—	—
37℃恒温水浴 15min						
Benedict 氏试剂/mL	1	1	1	1	1	1
摇匀，沸水浴 2～3min						
现象						

◆分析与讨论：

◆思考题：

1. 说明在酶的特性实验中设置对照实验的必要性。
2. 各个处理的作用是什么？
3. 将酶煮沸 10min，重做该实验可能会有什么结果？

项目十七　α－淀粉酶活力的测定

◆导入任务

淀粉是植物中最主要的储藏多糖，也是人和动物的重要食物和发酵工业的基本原料。α－淀粉酶是工业上使用最广泛的酶制剂之一。

知识点拨

α－淀粉酶能将淀粉分子链中的 α－1,4 葡萄糖苷键随机切断成长短不一的短链糊精、少量麦芽糖和葡萄糖，而使淀粉对碘呈蓝紫色的特异性反应逐渐消失，呈红棕色，其颜色消失的速度与酶活力有关，以颜色消失的速度计算酶活力。

◆操作流程

1. 试剂的准备

(1)原碘液

称取碘(I_2)11g，碘化钾(KI)22g，用少量蒸馏水使碘完全溶解，然后定容至500mL，贮于棕色瓶中。

(2)稀碘液

吸取原碘液2.00mL，加碘化钾20g，用水溶解并定容至500mL，贮于棕色瓶中。

(3)20g/L可溶性淀粉溶液

称取可溶性淀粉(以绝干计)2.000g。精确至0.001g，用水调成浆状物。在搅动下缓缓倾入70mL沸水中。冷却转移至100mL容量瓶中，用20mL水分几次冲洗装淀粉的烧杯，洗液并入其中，定容至100mL。此溶液需要当天配制。

(4)磷酸缓冲液(pH6.0)

称取磷酸氢二钠($Na_2HPO_4 \cdot 12H_2O$)45.23g、柠檬酸($C_6H_8O_7 \cdot H_2O$)8.07g，用水溶解并定容至1 000mL。配好后用pH计校正。

(5)标准终点色溶液：a. 称取氯化钴($CoCl_2 \cdot 6H_2O$)40.24g和重铬酸钾0.4878g，用蒸馏水溶解，定容至50mL。

b. 0.04%铬黑T溶液：精确称取铬黑T40mg，用蒸馏水溶解，然后定容至100mL。

取a溶液40.0mL，b溶液5.0mL，混合。取数滴于白色滴板上，此溶液的颜色即为酶反应终点颜色。该溶液在冰箱中保持。15d内使用，过期需要重新配制。

碘

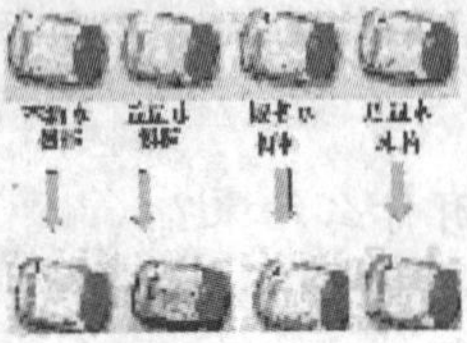

稀碘液

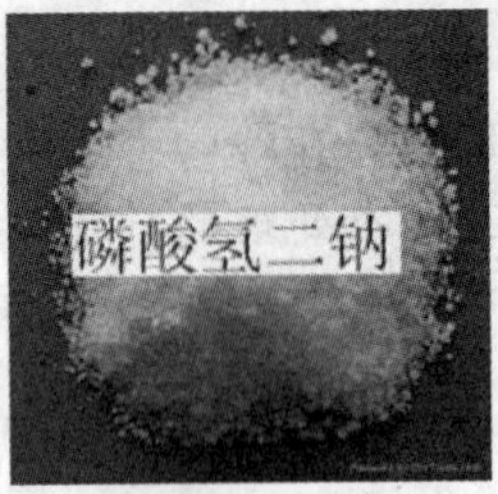

磷酸氢二钠

柠檬酸

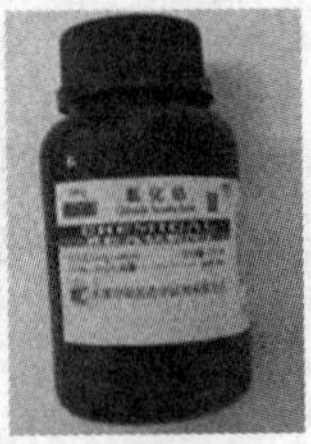

氯化钴

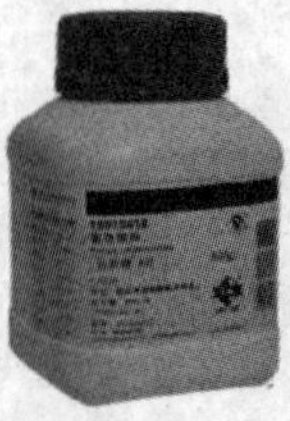

重铬酸钾

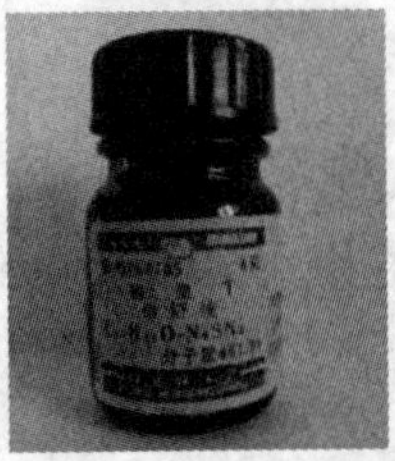

铬黑T

2. 仪器及用具的准备

恒温水浴锅、电子天平、容量瓶、白色滴板。

水浴锅

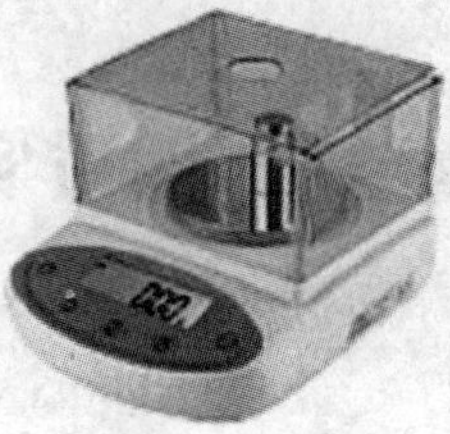

电子天平

容量瓶

3. 实验进程

3.1 待测酶液的制备

称取酶粉 1 ~ 2g，精确至 0.0002g（或吸取液体酶 100mL），先用少量的磷酸缓冲液溶解，并用玻璃搅拌棒捣研，将上清液小心倾入容量瓶中，沉渣部分再加入少量缓冲液，如此捣研 3 - 4 次，最后全部移入容量瓶中，用缓冲液定容至刻度（将估计酶活力除以 4，即酶活力应在 3.7 ~ 5.6IU/mL 范围内），摇匀。通过 4 层纱布过滤，滤液供测定用。

3.2 测定

3.2.1 取数滴标准终点色溶液于白色滴板的一个孔穴内，用作比较颜色的标准，其余孔穴各加 3 ~ 4 滴稀碘液。

3.2.2 吸取可溶性淀粉溶液 20.0mL 于试管中，加入缓冲液 5.00mL，摇匀后，于（60 ± 0.2）℃恒温水浴中预热 5min。

3.2.3 加入稀释好的待测酶液 0.50mL，立刻记时，摇匀，不断搅拌，每 30 秒用滴管取数滴（约 0.5mL）于盛有稀碘液的白色滴板孔内，当孔穴内颜色与标准终点色溶液（红棕色）相同时，即为反应终点，记录下反应时间（T），酶反应时间控制在 1.5 ~ 3min 内。

◆实验结果：

酶活力单位定义：在 60℃，pH6.0 条件下，1 小时液化可溶性淀粉 1g 的酶量为 1 单位，所以每毫升酶活力单位 = (60/T ∗ 20 ∗ 2% ∗ n)/0.5。

式中：n 为稀释倍数

2% 为可溶性淀粉浓度

20 为 2% 为可溶性淀粉的毫升数

60 为 60min

0.5 为测定时所用稀释后的酶液毫升数

T 为反应时间（min）

◆分析与讨论：

◆思考题：

从实验操作技能方面考虑，做好本实验的操作要点是什么？

项目十八　维生素 C 的性质实验

◆导入任务

维生素 C 又叫抗坏血酸，是一种水溶性维生素。英文名称：Vitamin C，Ascorbic Acid。分子式 $C_6H_8O_6$，分子量 176，呈酸性，在溶液中会氧化分解。外观为无色晶体，熔点 190℃～192℃，无沸点，紫外吸收最大值 245nm。

维生素的结构中有 $-C(OH)=C(OH)-$ ，烯醇式结构具有酸性和还原性。淀粉与碘分子反应的本质是生成了一种蓝色包合物(碘分子被包在了淀粉分子的螺旋结构中了，维生素 C 能与碘水和淀粉的溶液中的碘单质反应，使溶液褪色)。

◆操作流程

1. 试剂的准备

(1)维生素 C 片。

(2)石蕊。

(3)碳酸氢钠溶液。

(4)氢氧化钠。

(5)酚酞。

(6)淀粉溶液。

(7)镁条。

(8)碘水。

(9)无水硫酸铜。

(10)碱石灰。

维生素C片

石蕊

酚酞

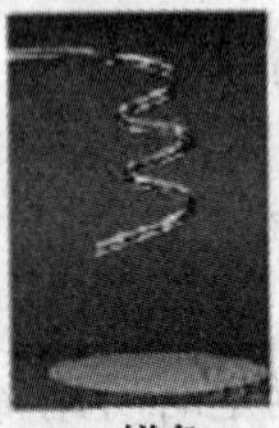

镁条

氢氧化钠

碳酸氢钠

淀粉

2. 仪器及用具的准备

试管、烧杯、量筒、托盘天平、pH 试纸、铂舟、燃烧管、酒精喷灯、研钵。

试管

烧杯

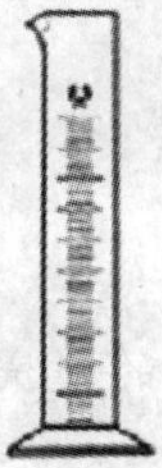
量筒

托盘天平

pH试纸

3. 实验进程

知识点拨

维 C 属烯醇式结构具有酸性和还原性。维 C 能与碘水和淀粉的溶液中的碘单质反应，使溶液褪色。

3.1 维生素 C 水溶液的酸碱性

(1)取维生素 C 片研磨，配成溶液。

(2)滴加紫色石蕊，石蕊变红。

(3)使用 pH 试纸，试纸变红。

(4)滴加碳酸氢钠溶液，产生气泡。

(5)取一小片镁条，滴加少许维生素 C 溶液。

(6)取少许氢氧化钠溶液，滴加酚酞，逐滴加入维生素 C 溶液，红色逐渐褪去。

(7)取少许维生素 C 溶液，滴加酚酞，逐滴加入氢氧化钠溶液，溶液无色变为红色。

3.2 我们日常生活中喝的饮料中维生素 C 含量比较

(1)向试管中加入 2mL 淀粉溶液，滴入 3 滴碘水。

(2)分别滴加不同的饮料，记录使颜色褪去所需的滴数。

(3)分析、比较、讨论不同饮料维生素 C 的含量所用碘水滴数越多，说明饮料中维生素 C 含量越多。

饮料种类	美汁源果粒橙	美汁源热带果肉	芬达橙汁	水溶 C	康师傅冰红茶
所用饮料滴数					

3.3 维生素 C 的组成和有关性质实验：

(1)取维生素 C 样品研碎，称取该试样 0.704g，置于铂舟并放入燃烧管中，不断通入氧气流。用酒精喷灯持续加热样品，样品逐渐消失最后无任何残留物，将生成物(仅有两种物质)先后通过无水硫酸铜和碱石灰，两者分别增重 0.288g 和 1.056g，生成物完全被吸收。

(2)将少许研碎的维生素 C 样品和适量的紫色石蕊试液充分混合后，溶液颜色变红。

◆**实验结果：**

◆**分析与讨论：**

◆**思考题：**

1. 称取的试样中，含有氢原子的物质的量是________mol；碳元素的质量是________g。

2. 维生素C中______(填“含”、“不含”或“无法确定是否”)有氧元素，理由是根据实验数据可知________________。如你回答“含”有，请计算称取的试样中氧原子的物质的量并填入下一空格中；如你回答“不含”等，则下一空格不必填写。称取试样中氧原子的物质的量为________mol。

3. 如果要确定维生素C的分子式，你认为还需要知道的信息是________________。

4. 维生素C和紫色石蕊试液混合后，溶液颜色变红，说明维生素C溶液具有______(填“酸”、“碱”或“中”)性。

5. 维生素C具有还原性。请以淀粉溶液、碘水为试剂，写出验证维生素C具有还原性的实验方法和现象：____。

项目十九　叶绿体色素的提取分离及其性质鉴定

◆**导入任务**

叶绿体含有叶绿体色素，叶绿体色素主要包括有Chla、Chlb、叶黄素和胡萝卜素，可用有机溶剂乙醇、丙酮等将它们提取出来，纸层析法是分离叶绿体色素最简单的方法，它的原理是利用混合色素中各个成分物理、化学性质的差别，分别以不同程度分布于两相中(即固定相和流动相)。由于它们以不同的速度移动，从而达到分离的目的。

叶绿体色素容易受光的破坏，变成褐色。叶绿体色素具有荧光现象，叶绿素分子的镁可被铜替代，形成铜代叶绿素。叶绿体色素对不同波长的光具有吸收作用。

知识点拨

本实验是利用叶绿体色素能溶于有机溶剂乙醇、丙酮等，从而将它们提取出来。再用纸层析法将混合色素中各个成分分离出来。

◆操作流程

1. 试剂的准备

(1)层析液配方：石油醚 20mL + 丙酮 2mL + 苯 1mL。

(2)90% ~95% 乙醇。

(3)汽油。

(4)菠菜、木茨等叶子。

石油醚

丙酮

苯

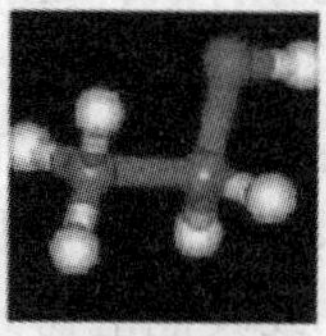

乙醇

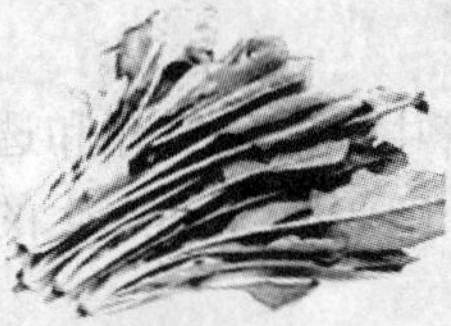

菠菜

木茨

2. 仪器及用具的准备

天平、研钵、烧杯、量筒、滤纸、表面皿、剪刀、漏斗、滴管。

天平

研钵

烧杯

量筒

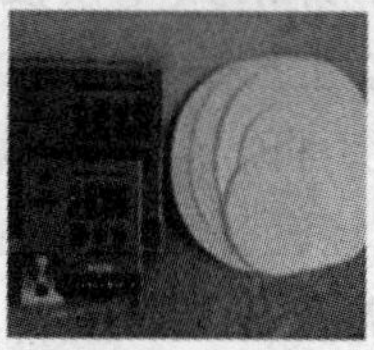

滤纸

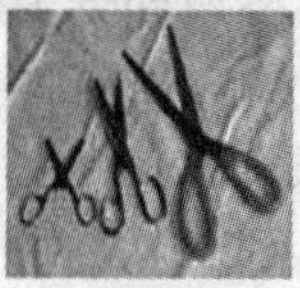

剪刀

漏斗

滴管

3. 实验进程

3.1 纸层析法分离叶绿体色素(方法 1)

(1)称取新鲜叶片(木茨、菜心、菠菜等叶均可)1 克，剪碎，放在研钵中，加乙醇 5ml，共研磨成匀浆，静置 5 分钟。

(2)用滴管吸取上面的色素提取液 4 ~5 滴，一滴一滴地滴在滤纸的中央(滤纸要平放在表面皿或培养皿上)。待色素点风干后，向该色素点上慢慢滴加汽油，使四种色素(叶绿素 a、叶绿素 b、叶黄素、胡萝卜素)在滤纸上分离出来，四种色素在滤纸上的移动速度是胡萝卜素(橙黄色) > 叶黄素(黄色) > 叶绿素 a(蓝绿色) > 叶绿素 b(黄绿色)。

3.2 纸层析法分离叶绿体色素(方法 2)

(1)称 2 克新鲜绿色叶片，剪碎，放在研钵中，加入 5mL 乙醇，共研磨成匀浆，过滤，该滤液即为色素提取液。

(2)取一块预先干燥处理过的定性滤纸，将它剪成长约10cm、宽约1cm的滤纸条。

(3)用毛细管吸取色素提取液。在滤纸条的一端(约距这一端的1cm处)划出一条滤液细线，等滤液干燥后，再重复画4~5次。

(4)将滤纸条的另一端(约距这一端1cm处)拆成"V"字形，并将它挂在放有层析液的烧杯壁上(注意:色素线要略高于层析液面，且滤纸条下端最好不要碰到烧杯壁)，盖上培养皿。

(5)经几分钟后，观察色素带的分布，最上端为胡萝卜素，其次是叶黄素，再次是叶绿素a，最后是叶绿素b。

3.3 叶绿体色素的性质鉴定

(1)叶绿体色素的提取

取菠菜(或其他植物)叶子2g，加石英砂和碳酸钙少许，乙醇约5mL，研磨成匀浆，再加乙醇15mL，用漏斗过滤，即为色素提取液。

(2)叶绿素的荧光现象

取上述色素乙醇提取液少许于试管中，在反射光和透射光下观察色素提取液的颜色有什么不同。反射光下观察到的溶液颜色，即为叶绿素产生的荧光现象。

(3)光对叶绿素的破坏作用

取上述色素乙醇提取液少许，分装在2支试管中，1支试管放在暗处(或用黑纸包裹)，另1支试管放在强光下(太阳光)，经2~3小时后，观察两支试管中溶液的颜色有何不同。

(4)铜在叶绿素分子中的替代作用

取上述色素乙醇提取液少许于试管中，1滴1滴地加入盐酸，直至溶液出现褐绿色。此时叶绿素分子已遭破坏，形成去镁叶绿素. 然后加醋酸铜晶体1小粒，慢慢地在酒精灯上加热溶液，使溶液又产生亮绿色，此即表明铜已在叶绿素分子中替代了原来镁的位置。

(5)黄色素和绿色素的分离

将叶绿体色素的酒精提取液10毫升倒入分液漏斗中，倾斜漏斗，并沿其壁慢慢加入15毫升汽油(或乙醚)，轻轻摇动5分钟，静置片刻后，溶液即分为两层，上层为绿色的汽油层，主要含有叶绿素。为使色素分离完全，从分液漏斗放出下层酒精溶液，将之盛于干燥的试管(A)中，再往留在分液漏斗中的汽油层色素溶液加入95%酒精5mL，轻轻摇动之，弃去下层黄色溶液，并将上层绿色的叶绿素汽油层提取液放入试管(B)中，用棉花塞住试管口. 同样将试管(A)所盛的黄色酒精溶液倒入分液漏斗中，加入汽油5mL，轻轻摇动分液漏斗，将下层黄色溶液放入试管(C)中，塞以棉花。最后用分光镜观察绿色溶液和黄色溶液的吸收光谱。

(6)黄色和绿色溶液的吸收光谱的观察

用手持分光镜观察黄色溶液和绿色溶液的吸收光谱。

◆**实验结果：**将纸层析法分离叶绿体色素的实验结果贴在实验报告纸上。

◆**分析与讨论：**

分析实验结果，并解释叶绿体色素的光学性质。

◆**思考题：**

1. Chla、Chlb、叶黄素和胡萝卜素在滤纸上的分离速度不一样，这与它们的分子量有关吗？

2. 什么叫叶绿素的荧光现象？

3. 将提取的叶绿体色素滤液装入试管中，让一束白光穿过该滤液后经三棱镜对光进行色散，哪条光谱的颜色明显减弱(　　)。

A. 绿光　　B. 黄光　　C. 红橙光、蓝紫光　　D. 黄光

4. 某同学在做“叶绿体中色素的提取和分离”实验时，操作情况如下所述，结果实验失败，请指出其错误所在：

(1)将5g新鲜完整的菠菜叶放入研钵中，加入丙酮、石英砂、碳酸钙以后，迅速研磨，然后按要求过滤。

(2)用毛细吸管吸取少量滤液。沿铅笔线处小心均匀的画上一条滤液细线，并连续迅速地重复画2~3次。

(3)把画好细线的滤纸条插入层析液中，并不断摇晃，以求加快色素在滤纸条上的扩散。

5. 从叶绿体中提取色素，选取的最佳叶片应是(　　)。

A. 肥嫩多汁　　B. 革质叶片

C. 刚刚长出来的小嫩叶　　D. 鲜嫩，色浓绿的叶片

6. 叶绿体的色素能够在滤纸上彼此分离开的原因是(　　)。

A. 色素提取液中的不同色素已经分层

B. 阳光的照射使各种色素能彼此分开

C. 滤纸对各种色素的吸附力不同

D. 丙酮使色素溶解并彼此分离的扩散速度不同

7. 下列关于“叶绿体色素提取和分离”的实验描述中，不属于实验要求的是(　　)。

A. 提取高等植物叶绿体中的色素　　B. 用纸层析法分离色素

C. 了解各种色素的吸收光谱　　D. 验证叶绿体中所含色素的种类

8. 在叶绿体色素的提取实验中，研磨绿叶时要加入丙酮，其目的是(　　)。

A. 防止叶绿素被破坏　　B. 使叶片充分磨碎

C. 使各种色素充分溶解在丙酮里　　D. 为了使叶绿素溶解在丙酮里

9. 下列各项液体，可作为色素溶剂的是(　　)。

A. 水　　B. 氯化氢　　C. 乙醇　　D. 草酸

10. 在进行叶绿素提取和分离的实验时，不能让层析液没及滤液细线的原因是(　　)。

A. 滤纸条上几种色素会扩散不均匀而影响结果

B. 滤纸条上滤液细线会变粗而使色素太分散

C. 色素会溶解在层析液中而使结果不明显

D. 滤纸条上的几种色素会混合起来

11. 纸层析法分离叶绿体色素时，滤纸条上最上端的色素名称和颜色分别是(　　)。

A. 叶绿素a、蓝绿色　　B. 叶绿素b、黄绿色

C. 胡萝卜素、橙黄色　　D. 叶黄素、黄色

12. 在研磨绿叶时，下列哪种物质不需加入(　　)。

A. 丙酮　　B. 层析液　　C. 碳酸钙　　D. 二氧化硅

13. 下列中，哪组是影响叶绿体色素分离效果的关键步骤(　　)。

①选植物绿叶　　②研磨　　③过滤　　④画滤液细线

⑤层析时不要让滤液细线触及层析液　　　　⑥观察色素带

A. ①②⑤　　B. ①②③　　C. ②③④　　D. ②③⑥

14. 在圆形滤纸的中央，滴上叶绿体的色素滤液进行色素分离，可看到近似同心环状的四个色素圈，排列在最外的一个呈(　　)。

A. 蓝绿色　　B. 黄绿色　　C. 黄色　　D. 橙黄色

15. 叶绿体色素随着层析液在滤纸上扩散，其中扩散得最远的是(　　)。

A. 胡萝卜素　　B. 叶黄素　　C. 叶绿素 a　　D. 叶绿素 b

16. 经纸层析后，滤纸条上最窄的色素带(用新鲜菠菜叶作材料)是(　　)。

A. 叶绿素 a　　B. 叶绿素 b　　C. 叶黄素　　D. 胡萝卜素

17. 叶绿体中色素的提取和分离实验主要证明了(　　)。

A. 色素分布在叶绿体片层结构薄膜上

B. 叶绿素含量是类胡萝卜素的四倍

C. 叶绿体中色素的种类和各种色素的颜色

D. 四种色素扩散速度不同

18. 提取和分离叶绿体中色素的正确顺序应该是(　　)。

A. 进行纸层析→制取滤液→在滤纸条上画线→将实验材料研磨

B. 制取滤液→进行纸层析→在滤纸条上画线→制取滤液→再画线

C. 将实验材料剪碎、研磨→在滤纸条上画线→制取滤液→进行纸层析

D. 将实验材料剪碎、研磨→制取滤液→在滤纸条上画线→进行纸层析

项目二十　脂肪转化成糖的定性实验

◆导入任务

糖代谢、脂肪代谢和蛋白质代谢是相互联系的，三类物质可以互相转化。

本实验以休眠的黄豆种子和黄豆芽为材料(也可以用花生种子和花生的黄化幼苗为材料)，定性地了解黄豆(或花生)种子内贮存的大量的脂肪转化成为豆芽(或黄化幼苗)中还原糖的现象。

知识点拨

在生物体的生长过程中，由于植物体中存在乙醛酸体，所以能通过乙醛酸循环途径将其脂肪转换成糖。而动物和人就由于体内无乙醛酸体，也就不能通过乙醛酸循环途径将其脂肪转换成糖。

◆操作流程

1. 试剂的准备。

(1)费林试剂。

(2)碘化钾—碘溶液。

费林试剂

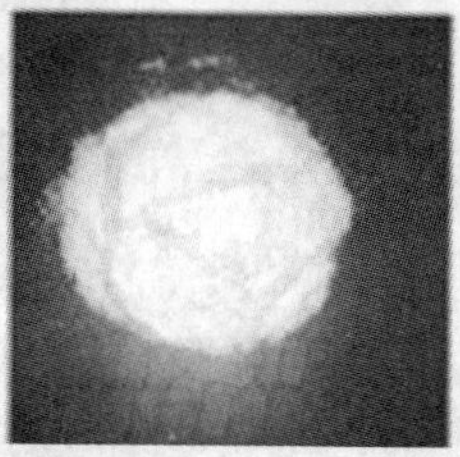
碘人钾

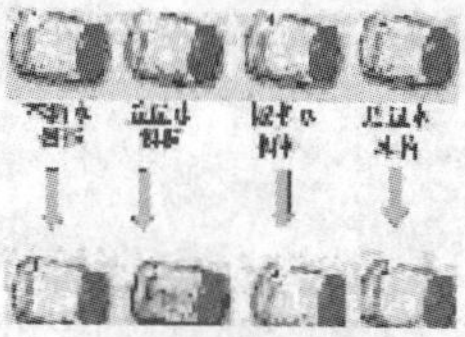
稀碘液

2. 仪器及用具的准备

水浴、研钵、培养暗箱、玻璃器皿等。

水浴锅

研钵

暗箱

玻璃器皿

3. 实验进程

3.1 取5粒黄豆和3棵豆芽，黄豆需用剪刀剪成小块，加入适量的蒸馏水，于研钵中碾碎成糊状(尽量碎些)。而豆芽用剪刀剪碎，无需加水，于研钵中碾碎成糊状。分别取少量黄豆种糊和豆芽糊放在白瓷板，加1滴碘化钾—碘溶液，观察有无蓝色产生？说明了什么？

3.2 将剩下的黄豆种糊与豆芽糊分别放在两小烧杯中，加入15mL蒸馏水，直接加热煮至沸腾，过滤。取2支试管，分别加入上述两种滤液1mL及2mL费林试剂，混匀，在沸水浴中煮2~3min，观察是否出现红色沉淀？说明了什么？

若用花生种子和花生的黄化幼苗为材料，则采用：花生或黄化幼苗→研磨成糊→糖颜色反应。

注意事项：

花生的黄化幼苗要在25℃暗室中培养。

◆实验结果：

◆分析与讨论：

◆思考题：

1. 通过实验观察到蓖麻或花生籽萌发时贮存脂肪能够转化为糖，试写出它们可能的转化途径。这种转化作用是否有普遍意义？

2. 简述生物体内糖、脂肪、蛋白质代谢的相互关系。

参考答案

绪论答案

一、填空题

1. 食物； 2. 食品、食品； 3. 营养功能、感官品质、安全卫生； 4. 生物化学； 5. 食品生物化学； 6. 生物化学、食品化学和营养学； 7. 组成、结构、性质和功能； 8. 代谢途径。

二、判断题

1. √； 2. ×； 3. ×； 4. ×。

模块一答案

一、判断题

1. √； 2. ×； 3. √； 4. ×； 5. √； 6. ×； 7. √； 8. ×； 9. √； 10. ×；
11. √； 12. ×； 13. √。

二、填空题

1. 水活度(Aw)； 2. 平衡相对湿度(ERH)； 3. 矿物质、无机盐； 4. 灰分； 5. 必需元素、非必需元素； 6. 呈酸食品、呈碱食品、不同； 7. 生物有效性； 8. 土壤的肥力的影响、植物的遗传学的影响、植物的生长环境的影响； 9. 食品的强化； 10. 钙； 11. 粪便； 12. 呆小症； 13. 下降。

模块二答案

1. 糖类。 2. 水解。 3. 五、核糖(醛糖)、脱氧核糖(醛糖)、核酮糖(酮糖)、木糖。
4. 红糊精、无色糊精、麦芽糖、葡萄糖。 5. 寡糖。 6. 多糖。 7. 改性淀粉。 8. 糊化作用。 9. 淀粉糊的回生、淀粉的回生。 10. 酸性淀粉。

模块三答案

一、名词解释

1. 单纯脂：是由脂肪酸和醇（甘油、高级一元醇）形成的酯，根据不同的醇基可以分为脂酰甘油酯和蜡。

2. 复合酯：是指除了分子中含有醇和脂肪酸形成的酯外，还含有其他的成分，主要有磷脂、糖脂、硫脂、蛋白脂等。

3. 类脂：主要是指在结构或性质上与油脂相似的天然化合物。它们在动植物界中分布较广，种类也较多，主要包括磷脂、胡萝卜素类、固醇类、脂溶性维生素等。胡萝卜素类和脂溶性维生素类属于萜类。

4. 碘价：是指100g脂肪所能吸收的 I_2 的质量（g）：

$$碘价 = \frac{2 \times 126.9 \times 双键数目}{脂肪酸的平均分子质量} \times 100$$

5. 酸价：是指中和1g油脂中游离脂肪酸所需的KOH的质量（mg）。

6. 皂化反应 ：脂肪在碱性条件下水解生成的脂肪酸会和碱反应生成脂肪酸盐，高级脂肪酸盐被称为皂，因此脂肪在碱性条件下的水解反应又称为皂化反应。

7. 脂肪的酸败：油脂在贮存过程中，由于空气和水分的作用，会发生氧化及水解，产生低分子质量的降解物，发出强烈的刺激性臭味，俗称“哈喇味”。

8. 酯交换：“酯交换”这个术语是指酯和酸间（酸解）、酯与醇间（醇解）或是酯与酯间（转酯作用）的酰基交换。

9. 油脂精炼：油脂精炼（oils and fats refining），亦称“炼油”。清除植物油中所含固体杂质、游离脂肪酸、磷脂、胶质、蜡、色素、异味等的一系列工序的统称。

10. 脂类：Lipid，由脂肪酸和醇作用生成的酯及其衍生物统称为脂类，这是一类一般不溶于水而溶于非极性溶剂的化合物。

二、填空题

1. 脂肪酸、甘油、甘油的三个羟基、三分子脂肪酸、甘油三酯。

2. 主要脂肪酸、次要脂肪酸、稀有脂肪酸、饱和脂肪酸、不饱和脂肪酸。

3. 增高、高。

4. 碘价。

5. 极性磷酸基团的、非极性长链脂肪酸的。

三、简答题

1. 简述脂类的生理功能。

答：(1) 油脂是生物体内重要的贮能物质，1g脂肪彻底氧化可产生 3.9×10^4J的热量，而1g糖或蛋白质彻底氧化只产生 1.7×10^4J的热量。

(2) 油脂具有润滑、保护、隔热等作用。

(3) 磷脂、糖脂、硫脂、固醇等物质是生物膜的重要组成部分。

(4) 一些萜类不仅是组成色素的成分，而且与一些固醇类一样，是一些激素和维生素等生理活性物质的前体。

(5)脂类是脂溶性维生素吸收的载体。

2. 简答脂肪及脂肪酸的性质。

答:脂肪酸的性质:

脂肪酸的碳链越长，双键越少，则越不溶于水;脂肪酸的熔点随着碳链增长而有不规则的增高，偶数碳原子链脂肪酸的熔点比相邻的奇数碳原子链脂肪酸高。不饱和的脂肪酸的熔点低于相同链长的饱和脂肪酸。双键的引入大大降低了脂肪酸的熔点，而顺式异构体又大大低于反式异构体，如顺式油酸熔点16.3℃，反式油酸熔点43.7℃。

脂肪酸的沸点随链长而增加，饱和度不同但碳链长度相同的脂肪酸沸点相近。

不饱和脂肪酸中的双键容易被强氧化剂，如H_2O_2、羟基自由基(—OH)等所氧化，所以含有不饱和脂肪酸较多的生物膜、油脂容易发生脂质过氧化作用。

脂肪的性质:

纯净的油脂是无色透明，天然油脂之所以带有颜色是因为油脂中溶有色素物质;

纯净的油脂是没有气味的，但天然油脂都有其固有的气味，除了极少数是由低级脂肪酸构成的油脂引起外，一般是由所含的非脂成分引起;

固体脂和液体油的混合物具有塑性;

油脂不溶于水，易溶于丙酮、乙醚等有机溶剂;油脂本身也是一种极好的有机溶剂，能溶解某些天然色素、维生素及香味物质等，如胡萝素、维生素A、维生素D等。

天然的油脂多是混合甘油酯，因此不会像单纯的有机化合物那样具有确定的熔点，而是仅有一定的温度范围。

在有乳化剂的情况下，油脂可与水发生乳化作用而形成乳浊液，分为油包水型和水包油型两类。

油脂可以发生水解与皂化反应、加成反应和酸败。

3. 简述磷脂的分类及性质。

答:磷脂是分子中含有磷酸的复合脂，由于其所含的醇不同，又可以分为甘油磷脂和鞘氨醇磷脂两类。

甘油磷脂的两条脂肪烃链构成它的非极性尾部，其余构成极性头部，具有亲水亲油性。作为细胞膜的主要成分。

鞘氨醇磷脂是由鞘氨醇(2-氨基-4-十八碳烯-1,3-二醇)的氨基与一分子脂肪酸以酰胺键相连，另有一羟基与磷酸胆碱以酯键相连所构成。它也有两个非极性的尾部(鞘氨醇的不饱和烃链)和一个极性头部，也是生物膜的组成成分，大量存在于神经及脑组织中。

4. 食品热加工过程中油脂的变化有哪些?

答:(1)增稠，加热导致油脂黏度增大，泡沫增多。

(2)香气产生，油脂高温下发生水解、缩合以及分解反应，过度加热的话产生有毒产物，不利结果。

5. 油脂的酸败有哪几种类型?如何防止油脂酸败?

答:根据发生的原因，油脂酸败可以分为三种类型:水解型酸败、酮型酸败和氧化型酸败。降低油脂的含水量，减少微生物污染，精制油脂、减少食品中的杂质是防止水解型酸败和酮型酸败的措施;不饱和程度越高，受热温度越高，氧气含量越高，其氧化的速度就越快，因此低温、隔氧是防止氧化型酸败的措施。

6. 影响油脂安全贮存的因素有哪些?

答:油脂能否安全储藏,与环境条件密切相关。环境条件适宜,油脂可以较长期地安全储藏;环境条件不适宜,油脂就容易氧化分解、酸败变质,不能安全储藏,通常影响油脂安全储藏的因素有:

(1)水分

油脂是疏水物质,含水量很少。用干燥油料压榨取得的油脂,其含水量甚少。但在目前油脂工业的生产条件下,由于原料水分偏大,设备不完善或操作技术不良等原因,往往会使生产的油脂含水量过多。此外,油脂在运输和储藏过程中,被雨水侵入,也会使油脂水分增高。油脂水分增加,不仅会使油脂水解作用加强,游离脂肪酸增多,还会增加酶的活性,有利于微生物生长繁育。因此,油脂中水分含量过多,就容易促使油脂水解酸败。一般认为,油脂含水量超过0.2%,水解作用就会加强,游离脂肪酸也会增多。含水量越高,水解速度就越快,油脂就会迅速酸败变质,失去食用价值。由此可见,油脂中的水分含量是油脂安全储藏的重要条件,也是引起油脂酸败变质的重要因素。

(2)杂质

油脂中,特别是未精炼的毛油中,常含有各种杂质,如磷脂、蛋白质、蜡、饼末、种皮以及其他不溶于油的油脚固体物等。这些杂质都是亲水物质,可以吸收水分,有利于微生物的生长繁殖,能加速油脂的酸败,对油脂安全储藏十分不利。通常油脂中杂质含量超过0.2%时,就容易引起油脂分解酸败,杂质含量越多,油脂水解酸败速度就越快,也就越容易促使油脂酸败变质,失去食用价值。因此,杂质多的油脂不耐储藏。一般情况下,未精炼的油脂含有大量磷脂,在储藏过程中磷脂能分解出磷脂酸,使油脂质量降低,引起水解变质;黏蛋白会使油脂混浊,颜色变暗,而且有利于微生物繁殖,导致油脂酸败;大豆油、米糠油中都含有蜡质,其含量虽然很少,却能促使油脂混浊,降低质量;饼末、油脚、种皮等物质,有利于微生物繁育,也会加速油脂的酸败。长期储藏的油脂,混有上述各种杂质且其含量超过0.2%时,必须设法除去,使其含量降至0.2%以下,才能保持油脂的储藏稳定性,确保安全储藏。

(3)空气

空气中的氧是引起油脂氧化变质(自动氧化)的主要因素。油脂接触空气,其中不饱和脂肪酸会被空气中的氧气氧化,使过氧化值与游离脂肪酸增加,并继续分解成低级的短碳链的醛、酮类物质,从而使其产生一种特殊的刺激气味,失去食用价值。油脂氧化变质的速度与接触空气表面积的大小、时间的长短以及油脂的组成成分有密切关系。通常油脂接触空气的表面积大、时间长,就容易氧化酸败;反之,装入密闭容器或储存在惰性气体中的油脂,则能提高储藏稳定性,一般不易氧化酸败。

(4)温度

油脂温度升高,可以加速它的氧化反应,增强脂肪酶的活性,促进微生物生长繁育,并分泌蛋白酶、解脂酶,使油脂中不饱和脂肪酸加速氧化分解、酸败变质。温度越高,高温时间越长,油脂酸败变质就越快(在60℃－100℃范围内;一般每升高10℃,油脂酸败速度约可增加一倍),而降低温度则能中止或延缓油脂的酸败过程,提高储藏稳定性,确保安全储藏。

(5)日光

日光中的紫外光,具有较高的能量,有利于氧的活化,能促使油脂氧化酸败变质。油脂暴露于日光中时，在紫外光的照射下，常能形成少量臭氧。当油脂中不饱和脂肪与臭氧作用时，在其双键处能形成臭氧化物。臭氧化物在水分影响下，会进一步分解成醛、酮类物质而使油脂产生哈喇味，失去食用价值。与此同时，在日光照射下，油脂中所含的维生素 E 受到破坏，抗氧化的功能减弱，因而也会加快油脂氧化酸败的速率。

模块四答案

一、名词解释

1. 肽键：一个氨基酸的羧基与另一个氨基酸的氨基缩水形成的共价键，称为肽键。

2. 蛋白质的等电点：使蛋白质解离成正、负离子的趋势相等，即成为两性离子，净电荷为零时溶液的 pH 称为蛋白质的等电点(isoelectric point, pI)。

3. 蛋白质的一级结构：蛋白质的一级结构是指肽链的氨基酸组成及其排列顺序。

4. 蛋白质的二级结构：蛋白质的二级结构是指肽链主链的空间走向(折叠和盘绕方式)，是有规则重复的构象。主要有 α 螺旋、β－折叠、β 转角和无规卷曲四种。

5. 蛋白质的三级结构：三级结构是指多肽链中所有原子和基团的构象。它是在二级结构的基础上进一步盘曲折叠形成的，包括所有主链和侧链的结构。

6. 蛋白质的四级结构：四级结构就是各个亚基在寡聚蛋白的天然构象中空间上的排列方式。

7. 盐析：在蛋白质溶液中加入大量的中性盐以破坏蛋白质的胶体稳定性而使其析出，这种方法称为盐析。

8. 蛋白质变性与复性：天然蛋白因受物理或化学因素影响，高级结构遭到破坏，致使其理化性质和生物功能发生改变，但并不导致一级结构的改变，这种现象称为变性，变性后的蛋白称为变性蛋白。

蛋白质的复性(renaturation)是指蛋白质变性程度较轻，蛋白质分子内部结构的变化不大；去除变性因素后，在适当条件下有些蛋白质仍可恢复或部分恢复其天然构象和生物活性，这种现象称为复性。

9. 必需氨基酸：人体必不可少，而机体内又不能合成，必须从食物中补充的氨基酸，称必需氨基酸。人体的必需氨基酸有 8 种，包括 Lys、Trp、Met、$p^{H}e$、Val、Leu、Ile、Thr。

10. 完全蛋白质：完全蛋白质是一类优质蛋白质。它们所含的必需氨基酸种类齐全，数量充足，彼此比例合适。

二、填空题

1. 氢键。
2. 色氨酸、酪氨酸。
3. 氢键、范德华力、疏水作用、盐键。
4. 一级。
5. 肽、氨基、羧基、酰胺键。
6. 16%、氨基酸、20、甘氨酸、脯氨酸、L－α－氨基酸。
7. α－螺旋、β－折叠、β－转角、无规卷曲。

8. 天冬氨酸、谷氨酸、丝氨酸、苏氨酸、半胱氨酸。

9. 阴极。

10. 带电荷、水化膜。

三、选择题

1. C 2. A 3. D 4. E 5. C 6. D

四、简答题

1. 蛋白质分子中有哪些重要的化学键？它们的功能是什么？

答：二硫键，氢键，离子键，共价键，范德华力，疏水键。维持蛋白质结构稳定性。蛋白质的空间结构分四级，一级结构主要是肽键，二硫键。二级结构是氢键，三级结构是疏水键，离子键，氢键，范德华力，二硫键，由多条肽链构成的蛋白质还有四级结构，四级结构的主要化学键是离子键，氢键。主要的作用是维持蛋白质的空间结构。

2. 蛋白质的氨基酸顺序和它们的立体结构有什么关系？

答：蛋白的一级结构即氨基酸组成及顺序决定蛋白的空间结构。即氨基酸的R基性质如极性大小、分子基团空间大小、电荷性质等决定了由氨基酸组成的蛋白质其空间结构。

3. 举例说明蛋白质的理化性质在实际生活中的应用。

答：(1) 蛋白质具有两性解离性质，大多数蛋白质等电点接近于pH5.0，可利用荷电性质可用电泳法将蛋白质分离：蛋白质在高于或低于其PI的溶液中为带点的颗粒，在电场中能向正极或负极移动。这种通过蛋白质在电场中泳动而达到分离各种蛋白质的技术，称谓电泳；也可利用蛋白质在等电点的溶解度最小来提取牛奶中的酪蛋白。

(2) 蛋白质胶体性质

采用盐析的方法使蛋白质析出（去除蛋白质胶体颗粒表面电荷和水化膜两个稳定因素），如利用硫酸铵沉淀球蛋白和清蛋白。

(3) 蛋白质空间结构破坏而引起变性

临床医学上，变性因素常被应用来消毒及灭菌，如酒精消毒；加热使蛋白质变性，煮熟的鸡蛋容易消化。

(4) 蛋白质在紫外光谱区有特征性吸收峰

蛋白质在280nm处有最大吸收，可作蛋白质的定量测定。

(5) 应用蛋白质呈色反映可测定蛋白质溶液含量

如茚三酮反映、双缩脲反映等。

4. 食物体系中都有哪几种蛋白质？其主要性质是什么？

答：(1) 肉类蛋白质

主要存在于肌肉中，其中人体所需的必需氨基酸含量丰富，而且必需氨基酸的比例适当，属于完全蛋白质，是人类优质蛋白质的主要来源。肉类蛋白质可分为三部分：肌浆中的蛋白质、肌原纤维中的蛋白质和基质蛋白质。

肌浆蛋白约占肌肉总蛋白的20%～30%，肌浆蛋白黏度低，常称为肌肉的可溶性蛋白质。主要参与肌肉纤维中的物质代谢。

肌原纤维蛋白主要包括肌球蛋白、肌动蛋白、肌动球蛋白等。这些蛋白质占肌肉蛋白质总量的51%～53%，它们与肉及肉制品的物理性质密切相关。

基质蛋白质主要成分是硬蛋白类的胶原蛋白、弹性蛋白、网状蛋白等。不溶于水和盐溶液，为不完全蛋白质。

(2)胶原蛋白

胶原蛋白也称胶原，是皮、骨和结缔组织中的主要蛋白质。是细胞外基质的一种结构蛋白质，对机体和脏器起着支持、保护、结合以及形成界隔等作用。除了生物力学方面的以外，还具有诸如信号转导、生长因子与细胞因子的运输等功能。

(3)明胶

工业生产明胶就是把胶原含量高的组织如皮、骨于加碱或加酸的热水中长时间的提取而制得。明胶不溶于冷水，而溶于热水中，冷却时凝固成富有弹性的凝胶，其等电点为8～9。凝胶具有热可逆性，加热时熔化，冷却时凝固，其溶胶是典型的亲水胶体。

(4)乳蛋白质

乳蛋白质是乳汁中重要的组成成分，它是一种完全蛋白质，乳蛋白质的成分随品种而变化。

(5)种子蛋白质

人类食用的植物蛋白质主要来源于谷类、豆类及其他油料种子中，所以称它们为种子蛋白质(seed－protein)。例如，大豆、麻、扁豆、南瓜、向日葵、蓖麻等的种子，在其子叶或胚乳中形成粒(糊粉层)，其中贮藏着特定的蛋白质。主要根据种子蛋白质的溶解性分为4种：种子球蛋白、种子清蛋白、醇溶谷蛋白和谷蛋白。

(6)单细胞蛋白质

单细胞蛋白质(single cell protein；缩写SCP)是一些单细胞或多细胞生物蛋白质的统称，它主要由某些酵母、真菌与细菌等食用微生物和藻类提供。以单细胞蛋白作为补充人类膳食蛋白质的来源，早已被肯定。

(7)叶蛋白

叶蛋白(leaf protein)，又称绿色蛋白浓缩物，是以新鲜牧草或其他青绿植物的茎叶为原料，经压榨后，从其汁液中提取的浓缩粗蛋白质产品，为灰白色或绿色粉末，蛋白质含量一般在60%左右，不饱和脂肪酸含量20%～30%。

5.蛋白质胶体稳定的因素有哪些？请说明各因素是如何影响蛋白质胶体稳定性？

答：(1)带电荷，蛋白质溶液的p^H大于等电点时，该蛋白质颗粒带负电荷，反之则带正电荷。蛋白质由于带电荷，使分子之间有斥力作用而保持一定距离；

(2)水化膜，蛋白质分子表面有亲水基团如—OH，—SH，—COOH，—NH_2等，可以和水通过氢键形成水化膜。

以上两个因素使蛋白质胶体保持稳定。

6.简述蛋白质的二级结构的要点。

答：蛋白质的肽链卷曲折叠形成二级结构单元，主要有α－螺旋、β－折叠、β－转角和无规卷曲四种。

α螺旋模型是Pauling和Corey等研究α－角蛋白时于1951年提出的。主要有以下特征：

(1) α螺旋模型中，每隔3.6个氨基酸残基螺旋上升一圈，相当于向上平移0.54nm。螺旋的直径是1.1nm。螺旋上升时，每个氨基酸残基沿轴旋转100°，向上平移0.15nm，比完全伸展的构象压缩2.4倍，见图4-14。

(2)在α螺旋中氨基酸残基的侧链伸向外侧，相邻的螺圈之间形成链内氢键，氢键的取向几乎与中心轴平行。氢键是由肽键中氮原子上的氢与其N端第四个羰基上的氧之间形成的。α螺旋的结构允许所有的肽键都参与链内氢键的形成，因此相当稳定。

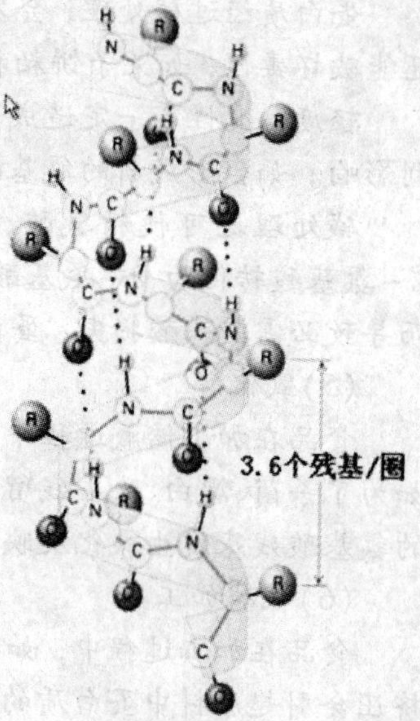

(3) α-螺旋由氢键构成一个封闭环，其中包括四个残基，共13个原子，称为3.6_{13}螺旋。

(4) α螺旋是一种不对称的分子结构，具有旋光能力。α螺旋的比旋不等于其中氨基酸比旋的简单加和，因为它的旋光性是各个氨基酸的不对称因素和构象本身不对称因素的总反映。天然α螺旋的不对称因素引起偏振面向右旋转。

β-折叠有两种类型，一种是平行式，即所有肽链的氨基端在同一端；另一种是反平行式，所有肽链的氨基端按正反方向交替排列。从能量上看，反平行式更为稳定。反平行式的重复距离是0.7nm(两个残基)，平行式是0.65nm。

β转角使肽链形成约180°的回转，第一个氨基酸的羰基与第四个氨基酸的氨基形成氢键。这种结构在球状蛋白中广泛存在，可占全部残基的1/4。

无规卷曲指没有一定规律的松散肽链结构。此结构看来杂乱无章，但对一种特定蛋白又是确定的，而不是随意的。

7. 氨基酸等电点在实际生产中有何应用?

答:氨基酸在等电点时溶解度最小，容易沉淀下来，如牛奶中酪蛋白的提取;等电聚焦电泳分离不同的蛋白质。

8. 食品加工储藏对蛋白质有什么影响?

答:(1)加热处理

加热方法的有益作用主要有:可使蛋白质变性、杀灭微生物、钝化引起食品腐败的酶，提高蛋白质的消化率和营养价值。另外，食品的热加工，还可破坏其中的某些嫌忌成分，如加热可破坏大豆的胰蛋白酶抑制剂和植物血球凝集素等，这些都是食品加工对蛋白质的有益作用。然而，加热过度则又会降低蛋白质的营养价值。

(2)低温保藏

对食品进行冷藏和冷冻加工能抑制微生物的繁殖、酶活性及化学变化，从而延缓或防止蛋白质的腐败，有利于食品的保存。在冷藏或冷冻食品时，细胞内和细胞间隙的自由水和一部分结合水结冰，从而使存在于原生质中的蛋白质分子的一部分侧链暴露出来。同时由于水变成冰导致体积膨胀，冰晶的挤压使蛋白质质点互相靠近、凝聚沉淀，发生变性。因此冷冻会引起食品中蛋白质变性，造成食物性状的改变。

(3)脱水与干燥

食品经过脱水干燥，有利于储藏和运输。但过度脱水，或干燥时温度过高、时间过长，蛋白质中的结合水受到破坏，则引起蛋白质的变性，特别是过度脱水时蛋白质受到热、光和空气中氧的影响，会发生氧化等作用。因而食品的复水性降低、硬度增加、风味变劣。

(4)碱处理

蛋白质经过碱处理，会发生许多变化，在碱度不高的情况下能改善溶解度和口味，有的还能破坏毒性，如菜子饼粕和棉子饼粕用碱处理可以去除芥子苷和棉酚。

轻度碱变性不一定造成蛋白质品质劣化，但长时间，较强碱性加热时，更多的是产生不利影响。如会形成新的氨基酸，易发生变化的氨基酸是胱氨酸、丝氨酸、赖氨酸、精氨酸。

碱处理还可使精氨酸、胱氨酸、色氨酸、丝氨酸和赖氨酸等发生构型变化，由天然的L－氨基酸转化为D－氨基酸，而D－型氨基酸不利于人体内酶的作用，人体也难以吸收，从而导致必需氨基酸损失，蛋白质消化吸收率降低。

(5)氧化

食品在加工储藏过程中，蛋白质与空气中的氧、脂质过氧化物和氧化剂发生氧化反映。如为了杀菌、漂白、除去残留农药等，常常使用一定量的氧化剂。各种氧化剂会导致蛋白质中的氨基酸残基发生氧化反映，氨基酸遭到破坏。

(6)机械加工

食品在加工过程中，如果受到机械的挤压，例如油料种子在进行轧胚时，因受到轧辊的挤压会引起原料中蛋白质的立体结构遭到破坏，也会发生变性，这种变性对于油脂制取是有利的。

模块五答案

一、名词解释

1. 磷酸二酯键：一个核苷酸的3′－羟基和相邻核苷酸的5′－磷酸脱水缩合过程的酯键称为3′, 5′－磷酸二酯键。

2. 碱基互补规律：在DNA分子中A与T通过形成两个氢键互相配对，G与C通过形成三个氢键互相配对；在RNA分子中A与U通过形成两个氢键互相配对，G与C通过形成三个氢键互相配对。

3. 反密码子：tRNA分子的二级结构中位于下方的环称反密码环。环中间的3个碱基称为反密码子，可与mRNA上相应的三联体密码子碱基互补。

4. 核酸的变性与复性：DNA变性是指核酸双螺旋区的氢键断裂，变成单链的过程，并不涉及共价键的问题。变性DNA在适当条件下，又可使两条彼此分开的链重新缔合成为完整的双螺旋结构，这一过程称DNA的复性。DNA复性后，许多物理性质又得到回复。

5. 增色效应：DNA变性后，260nm区紫外吸光值升高，这种效应称为增色效应。

6. 退火：DNA热变性后缓慢冷却处理过程使无规线团重新通过碱基互补配对形成双螺旋的过程称退火。

7. 核酸的一级结构：是指DNA或RNA中的核苷酸的排列顺序，即各核苷酸残基沿多核苷酸链的排列顺序。

8. DNA的二级结构：DNA分子由两条脱氧核糖核酸链组成。两条链反向平行，以右手螺旋方式围绕共同中心轴平行旋转，两条链方向相反，一条链为3′→5′方向，另一条链为5′→3′方向，双螺旋表面形成深沟和浅沟。

9. DNA的熔解温度：DNA变性的特点是爆发式的，变性作用发生在一个很窄的温度范围内，有一个相变的过程。通常把加热变性使DNA的双螺旋结构失去一半时的温度称为该DNA的熔点或熔解温度，用T_m表示。

10. 超螺旋：是指DNA双螺旋的链通过扭曲再次形成螺旋时的构象，即超螺旋，包括不同二级结构单元间的相互作用、单链与二级结构单元间的相互作用及DNA的拓扑特征。

二、填空题

1. 1953、反向平行的右手双螺旋。
2. 核苷酸、3′,5′－磷酸二酯键。
3. 细胞核、细胞质。
4. 200个PolyA、7－甲基鸟苷三磷酸。
5. 25%、25%。
6. 增加、降低、升高、丧失。
7. 260nm、嘌呤碱、嘧啶碱。
8. 核苷、磷酸。
9. 核糖、碱基。

三、选择题

1. B　2. D　3. C　4. A　5. D　6. A　7. C　8. A　9. A　10. B　11. C　12. A　13. C　14. C　15. D　16. B　17. A　18. D

四、简答题

1. DNA和RNA在化学组成、分子结构、细胞内分布和生理功能上的主要区别是什么？

答：

名称	化学组成	分子结构	细胞内分布	生理功能
DNA	T	二级结构典型的右手双螺旋结构	细胞核	遗传信息的携带者
RNA	U	m RNA单链线性 t RNA三叶草 r RNA与蛋白质结合	细胞质	遗传信息的传递及表达

2. DNA双螺旋结构有些什么基本特点？这些特点能解释哪些最重要的生命现象？

答：DNA分子由两条脱氧核糖核酸链组成。两条链反向平行，以右手螺旋方式围绕共同中心轴平行旋转，两条链方向相反，一条链为3′→5′方向，另一条链为5′→3′方向，双螺旋表面形成深沟和浅沟。

(1)螺旋的直径2nm，碱基平面垂直于纵轴。相邻碱基之间的堆积距离为0.34nm，其螺旋夹角为36°，即每10个碱基多脱氧核苷酸链就旋转一周，成为螺距，其距离为3.4nm。

(2)两条主链由磷酸及脱氧核糖借磷酸二酯键交替相连，位于螺旋的外侧，嘌呤和嘧啶碱则位于螺旋的内侧。

(3)两条链间以A和T或G和C形呈碱基配对关系。碱基之间依靠氢键连接(图5－8)，

A 和 T 之间有两个氢键(A＝T);G 和 C 之间有三个氢键(G≡C)，这种配对规律，称为碱基互补原则，每一碱基对的两个碱基称为互补碱基，同一 DNA 分子的两条多核苷酸链称为互补链。碱基对之间的氢键也是 DNA 双螺旋结构稳定的重要因素。

该模型揭示了 DNA 作为遗传物质的稳定性特征，最有价值的是确认了碱基配对原则，这是 DNA 复制、转录和反转录的分子基础，也是遗传信息传递和表达的分子基础。该模型的提出是本世纪生命科学的重大突破之一，它奠定了生物化学和分子生物学乃至整个生命科学飞速发展的基石。

3. 比较 tRNA、rRNA 和 mRNA 的结构和功能。

答:3.1 信使 RNA 的结构

(1)具有 5′端帽子结构　即在 5′端加上一个 7－甲基鸟苷;且原来第一个核苷酸 C_2′也是甲基化，这种 mGpppGm 即为帽子结构。

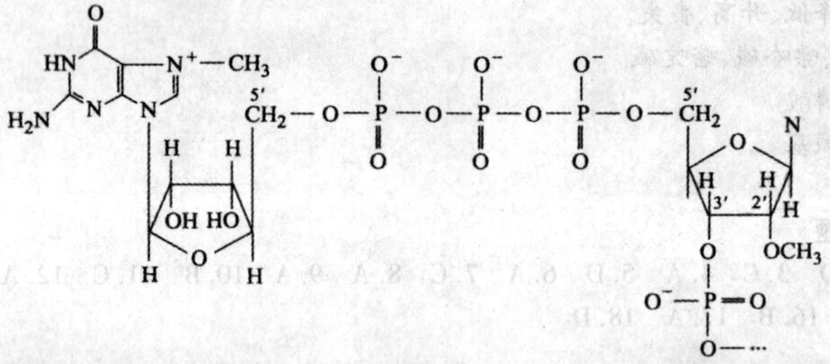

(2)3′端多聚腺苷酸尾　在 mRNA3′端有一段多聚腺苷酸节段，是在转录后切掉一段多余的 RNA 后逐个添加上去的，这个多聚尾可能与 mRNA 从核内向细胞质的转位及 mRNA 的稳定性有关。

(3)开放阅读框　mRNA 的编码区中从 5′－末端 AUG 开始，每 3 个核苷酸为一组，决定相应多肽链中某一个氨基酸，称为三联体密码或密码子。

3.2 转运 RNA(tRNA)的结构

tRNA 是相对分子质量最小的一类核酸，约占 RNA 总量的 15%。已知的 100 多种 tRNA 都是由 70～95 个核苷酸构成。tRNA 具有如下结构特点:

(1)tRNA 分子中富含稀有碱基　每个 tRNA 分子一般含有 7～15 个稀有碱基，含量为 10%～20%，稀有碱基是指除 A、G、U、C 之外的一些碱基，包括双氢尿嘧啶(DHU)和假尿嘧啶(ψ)等。

(2)tRNA 分子呈发夹结构或茎－环样结构　tRNA 分子的二级结构含 4 个局部互补配对的区域，形成局部双链，呈发夹结构或茎－环样结构，又称三叶草形结构，见图 5－12，左右两环根据其含有的稀有碱基，分别称为 DHU 环和 TψC 环，位于下方的环称反密码环。环中间的 3 个碱基称为反密码子，可与 mRNA 上相应的三联体密码子碱基互补。携带特异氨基酸的 tRNA 依据其特异的密码子来识别结合 mRNA 上相应的密码子，使氨基酸由密码子指导，正确地定位在合成的肽链上。

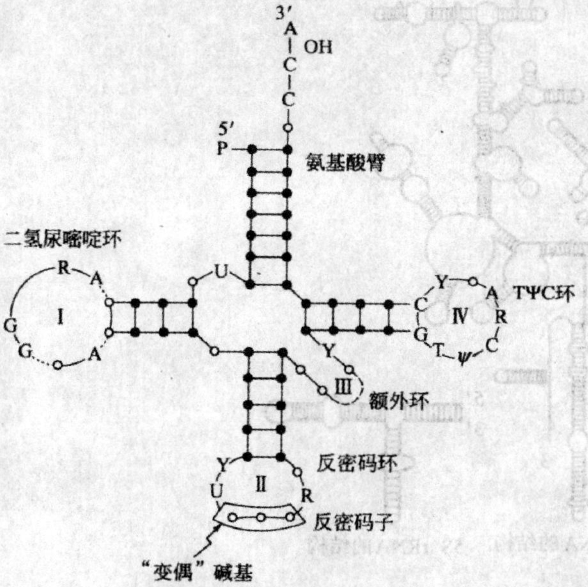

图 5 - 12　tRNA 的二级结构

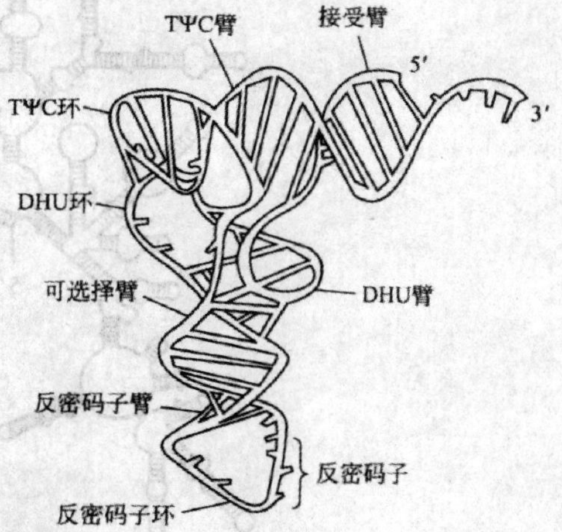

图 5 - 13　tRNA 的三级结构

(3) tRNA 分子 3′ - 末端有氨基酸臂 tRNA 的 3′ - 末端均是 CCA - OH，称为氨基酸臂，其作用是接受活化的氨基酸。X 射线衍射实验发现，tRNA 三级结构的形状像一个倒写的 L 形字母，见图 5 - 13。

3.3 核蛋白体 RNA(rRNA) 的结构

rRNA 在细胞内含量很多，约占 80%，在细胞中作为蛋白质的合成场所。原核生物和真核生物的核蛋白体均由易于解聚的大、小亚基组成。

原核生物共有 5S、16S、23S 三种 rRNA(S 是大分子物质在超速离心沉降中的一个物理学单位，可间接反映相对分子质量的大小)。其中核蛋白体的小亚基(30S)由 16SrRNA 与 20 多种蛋白质构成；大亚基(50S)由 5S、23S 以及 30 多种蛋白质构成。

真核生物有 5S、5.8S、18S 和 28S 四种 rRNA。真核生物的核蛋白体小亚基(40S)由 18S rRNA 与 30 多种蛋白质构成；大亚基(60S)由 5S、5.8S 和 28S 以及 50 多种蛋白质构成。

根据各种 rRNA 的碱基系列测定结果，推测出 rRNA 二级结构的特点是含有大量茎 - 环结构，大肠杆菌 16S rRNA 和 5S rRNA 的结构如图 5 - 14，它们是核蛋白体蛋白的结合和组装的结构基础。

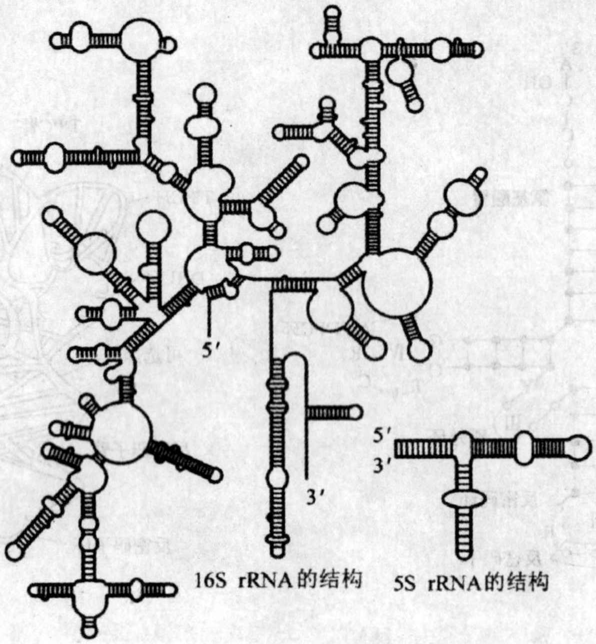

图 5-14　16S rRNA 和 5S rRNA 的结构

4. 核酸水解后有哪些产物?

答:核酸水解后的产物有核苷酸、核苷、磷酸、碱基和核糖。

5. 从两种不同细菌提取得 DNA 样品，其腺嘌呤核苷酸分别占其碱基总数的 32% 和 21%，计算这两种不同来源的 DNA 中四种核苷酸的相对百分组成。

答:第一种细菌:AMP32%，TMP32%，GMP18%，CMP18%。

第二种细菌:AMP21%，TMP21%，GMP29%，CMP29%。

6. 计算(1)相对分子质量为 6×10^8 的双股 DNA 分子的长度;(2)这种 DNA 分子占有的螺旋圈数。(一个互补的脱氧核苷酸残基对的平均相对分子质量为 618)

答:$6\times10^8\div618\times0.34\text{nm}=3.3\times10^5\ \text{nm}$

$3.3\times10^5\div10=3.3\times10^4$

双股 DNA 分子的长度是 3.3×10^5 nm，DNA 分子占有的螺旋圈数 3.3×10^4。

模块六答案

一、名词解释

1. 酶:酶(enzyme)是生物体活细胞产生的、具有催化活性和高度专一性的生物大分子，绝大部分的酶是蛋白质，还有少量的 RNA 或 DNA。

2. 核酶:一些 RNA 也具有酶的催化作用，在完全无蛋白质的情况下能进行自我拼接，说明 RNA 具有类似酶的性质，被称为核酶(ribozyme)。

3. 全酶:酶蛋白和辅因子结合形成的复合物称为全酶。只有全酶才有催化活性。

4. 辅酶和辅基：酶的辅因子按其与酶蛋白结合的紧密程度不同可分为辅酶和辅基，与酶蛋白松弛结合的辅因子称为辅酶，可用透析或超滤的方法将全酶中的辅酶除去。在少数情况下，有的辅因子是以共价键或络合的形式和酶蛋白牢固结合在一起的，不易透析除去，这种辅因子称为辅基。

5. 酶的必需基团：与酶的活性密切相关的基团称为酶的必需基团，包括—COOH、—NH_2、—OH、—SH 等。必需基团包括活性部位，但必需基团不一定就是活性部位，还有在活性中心以外的维持酶分子高级结构所需的基团，其不和底物结合或催化底物变成产物。

6. 酶的活性中心：酶分子中直接与底物特异性结合，并催化底物变成产物的空间区域称为酶的活性中心。

7. 酶原：有些酶在分泌的时候是无活性的，我们把这种无活性的酶的前体称为酶原。

8. 酶原的激活：酶原激活是酶原变成有活性的酶的过程。

9. 同工酶：同工酶是指能催化相同的化学反映，但酶蛋白的结构、理化性质及免疫学性质不同的一组酶。这类酶大多由两个或两个以上的亚基聚合而成。

10. 酶促反映的最适温度：在某一温度下，反映速率达到最大值，这个温度称为酶反映的最适温度。

11. 酶促反应的最适 pH ：通常将表现出酶最大活力的 pH 称为该酶的最适 pH。

12. 酶的抑制剂：使酶的活性降低或丧失的现象，称为酶的抑制作用。能够引起酶的抑制作用的化合物则称为抑制剂。

13. 酶的激活剂：凡能提高酶活性的物质，都称为激活剂，激活剂不同于辅因子，辅因子通常参与活性部位的形成；而激活剂通常是与酶的活性部位以外的部分结合，通过结合使酶的活性部位更适于与底物结合，提高活性，加速反应。

14. 酶的活力：酶活力（enzyme activity）是指酶催化化学反应的能力。酶活力的大小可用在一定条件下，催化化学反应的速度来表示，酶催化反应速度愈大，酶活力愈高。

15. 酶的活力单位：在最适的反应条件下（温度、底物浓度和溶液的 pH 均处于最适值），每分钟内催化 1 umol 底物转化为产物的酶量定为一个酶活力单位（U），即：

$$1U = 1\ umol/min$$

16. 不可逆性抑制作用：抑制剂与酶共价结合，不能用透析、超滤等简单物理方法解除抑制来恢复酶的活性，这类抑制作用称为不可逆抑制作用。

17. 可逆性抑制作用 ：抑制剂与酶非共价结合，可以用透析、超滤等简单物理方法除去抑制剂来恢复酶的活性，这类抑制作用称为可逆的抑制作用。

18. 竞争性抑制作用 ：这类抑制剂的化学结构与底物相似，因而能与底物竞争与酶活性中心结合，当抑制剂与活性中心结合后，底物被排斥在活性中心之外，其结果是酶的催化活性降低了。

19. 非竞争性抑制作用：非竞争性抑制剂与底物结构不相似，两者没有竞争关系，抑制剂不影响酶和底物的结合，酶和底物的结合也不影响酶与抑制剂的结合。换句话说，抑制剂和底物可以同时和酶的不同部位结合，底物结合酶的活性中心，抑制剂结合活性中心外的部位，但形成的酶－底物－抑制剂复合物不能形成产物。

20. 反竞争性抑制作用：此类抑制剂的特点是酶先和底物结合，然后才与抑制剂结合，换句话说，抑制剂只和酶－底复合物结合，但形成的酶－底－抑制剂复合物既不能生成产物，也不能解离出游离酶。

二、填空题

1. 氧化还原酶类、转移酶类、水解酶类、裂合酶类、异构酶类、合成酶类。

2. 绝对特异性、相对特异性、立体异构特异性。

3. 单纯酶、结合酶。

4. 酶蛋白、辅因子。

5. 结合部位基团、催化部位基团、前者、后者。

6. 可逆的抑制、不可逆的抑制。

7. 竞争性抑制、非竞争性抑制、反竞争性抑制。

8. $v=\dfrac{v_{max}[S]}{k_m+[S]}$。

9. 高效性、专一性、敏感性、可调控性。

10. 底物浓度、酶浓度、p^H、温度、激活剂、抑制剂。

三、简答题

1. 比较酶和蛋白质之间的不同点。

答:绝大多数的酶其化学本质是蛋白质。

酶分为单纯酶和结合酶。结合酶由蛋白质部分和非蛋白质部分组成,前者称为酶蛋白,后者称为辅因子。酶蛋白指酶的纯蛋白部分,是相对于辅因子而言,又称为脱辅基酶蛋白,其单独存在时不具有催化活性,与辅因子结合形成全酶后才显示催化活性。

蛋白酶指催化蛋白质水解的酶类。种类很多,重要的有胃蛋白酶、胰蛋白酶、组织蛋白酶、木瓜蛋白酶和枯草杆菌蛋白酶等。蛋白酶对所作用的反应底物有严格的选择性,一种蛋白酶仅能作用于蛋白质分子中一定的肽键,如胰蛋白酶催化水解碱性氨基酸所形成的肽键。

2. 简述酶作为生物催化剂与一般化学催化剂的相同点和不同点。

答:相同点:(1)用量少而催化效率高

酶与一般催化剂一样,虽然在细胞中的相对含量很低,却能使反应速率指数成倍增加。

(2)不改变化学反应的平衡点

和一般催化剂一样,酶仅改变化学反应的速率,而不改变化学反应的平衡点,酶本身在反应前后也不发生变化。

(3)降低化学反应的活化能

酶和一般催化剂加速反应的机制相同,即降低化学反应的活化能,使普通分子吸收较少的能力就进入活化态,但不改变反应过程中自由能的变化。

不同点:由于酶在本质上是蛋白质,具有生物大分子的特性,因此,它又具有一般催化剂没有的特点。

(1)高效性

酶促反应速率通常比非催化反应高出 $10^8 \sim 10^{20}$ 倍,比一般催化反应高 $10^7 \sim 10^{13}$ 倍,如用尿酶水解尿素的速度比酸水解尿素高 7×10^{12} 倍左右。

(2)专一性

酶对其所催化的底物具有严格的选择性，称为酶的专一性或特异性。酶的专一性可分为如下两类：

①结构专一性

按照专一性程度可分为绝对专一性、族专一性和键专一性。

a. 绝对专一性

这类酶只作用一种底物催化一种反应，即对化学键及键两侧的基团种类都有要求。例如脲酶只催化尿素的分解，过氧化氢酶只催化过氧化氢的分解。

b. 族专一性

这种酶作用于一类化合物，即对化学键的种类及一侧的基团种类有要求。如α-葡萄糖苷酶只能作用于α-葡萄糖苷键。

c. 键专一性

这种酶作用于某种化学键，即只对化学键的种类有要求。如脂酶能水解不同脂酸与醇所合成的酯键，二肽酶可水解由不同氨基酸所组成的二肽的肽键。

②立体异构专一性

按照立体异构的种类又分为旋光异构专一性和顺反异构专一性。

a. 旋光异构专一性

这类酶只对某一构型的化合物作用，而对其对映体无作用。例如L-精氨酸酶只对L-精氨酸起作用，而对D-精氨酸无作用。

b. 顺反异构专一性

这类酶只对顺式或反式双键起作用，如延胡索酸酶只能催化反丁烯二酸的水化反应，对顺丁烯二酸则无作用。

(3) 可调性

生物体为了保证正常的生命活动，在漫长的进化过程中，形成了自动调控酶活性的系统。调节控制酶活性的方式有多种，包括酶原的激活、酶的共价修饰调节、抑制剂调节、反馈调节和激素调节等。

(4) 敏感性

酶的化学本质是蛋白质，在强酸、强碱、高温、高压等环境中易变性失活，故酶促反应一般要求在比较温和的条件下进行，如常温、常压、生理酸碱度等。

3. 酶的化学本质是什么？如何证明？能否说明有催化能力的生物催化剂都是蛋白质？

答：酶的化学本质是蛋白质，1926 年美国生物化学家 James B. Sumner 第一次从刀豆中分离得到脲酶结晶，同时通过化学实验证明了脲酶的蛋白质本质。Sumner 因此荣获了 1964 年的诺贝尔化学奖。以后几十年对陆续发现的 2000 多种酶的研究，也证明了酶的本质是蛋白质。

证明：蛋白酶具有蛋白质属性主要表现在：酶的化学组成中，氮元素含量在 16% 左右；酶具有两性解离的性质，有确定的等电点；酶的相对分子质量很大，其水溶液具有亲水胶体的性质，不能透析；酶分子具有一、二、三、四级结构；受某些物理因素（加热、紫外线照射等）及化学因素（酸、碱、有机溶剂等）的作用变性或沉淀而丧失酶活性。

不能说明有催化能力的生物催化剂都是蛋白质，1982 年美国科罗拉多大学 Cech 等人发现了四膜虫的 26S rRNA 前体在有鸟苷存在，而完全无蛋白质的情况下能进行自我拼接，说明 RNA 具有类似酶的性质，被称为核酶（ribozyme）。因此 Cech 首次提出了 RNA 具有酶活性的概念。1983 年 Altman 和 Pace 的实验分别证实了 Cech 的发现，1986 年 Cech 又发现 L19RNA 也有酶促作用的特征。

1994 年 Toyce 等人的研究证实了具有酶活性的 DNA 的存在。最小的 DNA 催化剂是由47个核苷酸组成的单链 DNA—E_{47}，用于连接两段底物 DNA：S_1 和 S_2。由 E_{47} 催化 S_1 和 S_2 的连接反应比无模板的情况至少快 10^{15} 倍，这样使人们认识到除了蛋白质和 RNA 具有酶的功能外，某些 DNA 也具有酶的功能。

4. 解释酶的活性部位、必需基团二者之间的关系。

答：必需基团分为两个部分，一部分形成酶的活性中心（部位），另一部分在活性中心以外，是维持酶的特定空间构象所必需的基团。

5. 什么是酶原激活？举例说明其活性中心是怎样形成的？

答：有些酶在分泌的时候是无活性的，我们把这种无活性的酶的前体称为酶原。酶原激活是酶原变成有活性的酶的过程。比如使蛋白质水解的消化酶在胃和胰脏中作为酶原合成，激活后成为蛋白水解酶。再如血液凝固系统的许多酶也是以酶原形式被合成的，被激活后起作用。

比如，胰蛋白酶刚从胰腺细胞分泌出来的时候，并不具有活性，随着食物一起流到小肠后，在 Ca^{2+} 环境下，受肠激酶的作用，切去 N 端的6肽，从而使肽链螺旋度增加，组氨酸、丝氨酸、缬氨酸、异亮氨酸等残基相互靠近，形成新的活性中心，于是，无活性的胰蛋白酶原就变成了有活性的胰蛋白酶（见下图）。

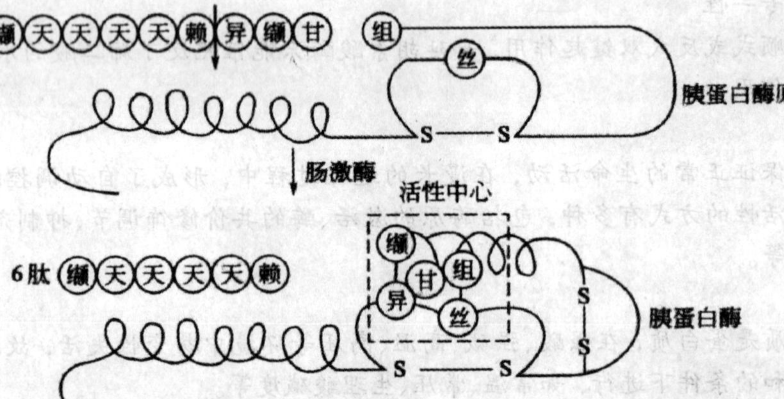

6. 简述酶原激活的生物学意义。

答：(1) 避免细胞产生的酶对细胞进行自身消化，并使酶在特定的部位和环境中发挥作用，保证体内代谢正常进行。比如，胰脏中有丰富的胰蛋白酶抑制剂抑制蛋白酶的活性，酶原在胰脏中提前活化是胰腺炎的特征，临床上用胰蛋白酶抑制剂治疗。

(2) 有的酶原可以视为酶的贮存形式。在需要时，酶原适时地转变成有活性的酶，发挥其催化作用。

7. 辅酶与辅基有何不同？它们与激活剂有何区别？

答：酶的辅因子按其与酶蛋白结合的紧密程度不同可分为辅酶和辅基，与酶蛋白松弛结合的辅因子称为辅酶，可用透析或超滤的方法将全酶中的辅酶除去。在少数情况下，有的辅因子是以共价键或络合的形式和酶蛋白牢固结合在一起的，不易透析除去，这种辅因子称为辅基，如 K^+、Na^+、Mg^{2+}、Fe^{2+}、Zn^{2+} 等金属离子，对酶蛋白的构象有稳定作用。

辅酶或辅基数量有限，而酶蛋白种类多，每一种酶蛋白只能与特定的辅因子结合，即对辅酶或辅基有一定的选择性，如谷氨酸脱氢酶需辅酶Ⅰ，若换做辅酶Ⅱ则失去活性。同一种辅酶（基）往往可与多种不同的酶蛋白结合而表现出多种不同的催化作用，例如乳酸脱氢酶与苹果酸脱氢酶有同样的辅酶（NAD^+），但酶蛋白不同，催化不同的底物脱氢。

凡能提高酶活性的物质，都称为激活剂，激活剂不同于辅因子，辅因子通常参与活性部位的形成；而激活剂通常是与酶的活性部位以外的部分结合，通过结合使酶的活性部位更适于与底物结合，提高活性，加速反应。

激活剂多为一些无机离子或简单的有机化合物。作为激活剂的无机离子有 Na^+、K^+、Ca^{2+}、Mg^{2+}、Cu^{2+}、Zn^{2+}、Co^{2+}、Cr^{2+} 及 Fe^{2+} 等，无机阴离子如 Cl^-、Br^-、I^-、CN^-、NO^{3-}、PO_4^{3-} 等，如糖激酶需要 Mg^{2+} 来激活，唾液淀粉酶需要 Cl^- 来激活。一些小分子有机化合物如半胱氨酸、还原型谷胱甘肽等还原剂对某些含巯基的酶有激活作用，它们可使酶分子中的巯基维持还原状态而维持酶的活性。

8. 影响酶促反应速率的因素有哪些？试用曲线说明它们各自对酶活力有何影响？

答：影响酶促反应速率的因素有：底物浓度、酶浓度、pH、温度、激活剂和抑制剂。

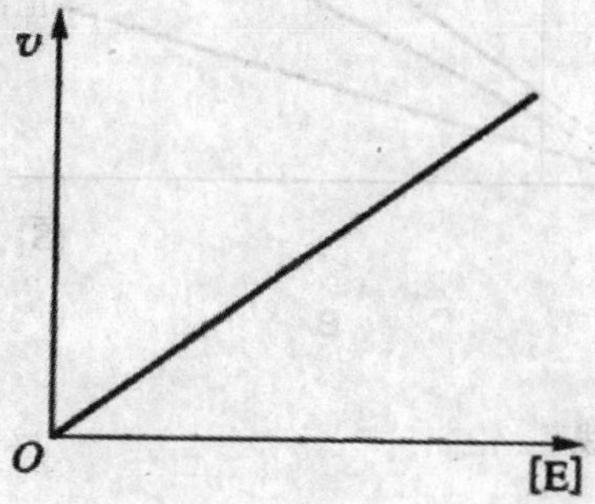

图1　酶浓度对酶促反应速率的影响

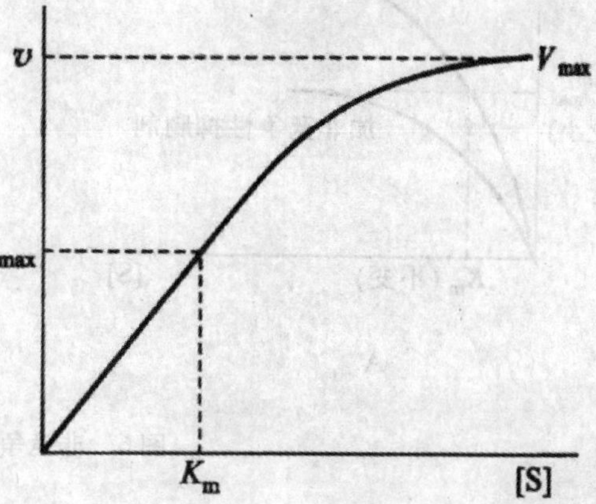

图2　底物浓度对酶促反应速率的影响

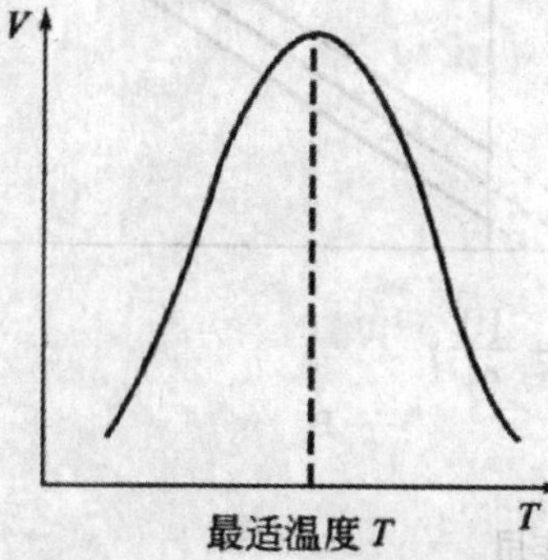

图3　温度对酶促反应速率的影响

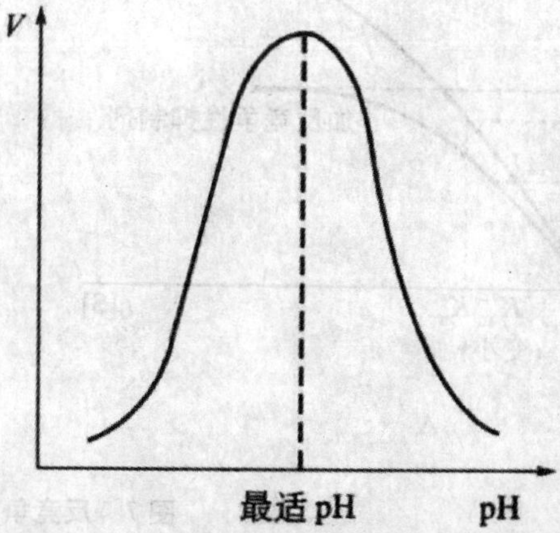

图4　pH 对酶促反应速率的影响

激活剂使酶的活力增加，抑制剂使酶的活力降低。

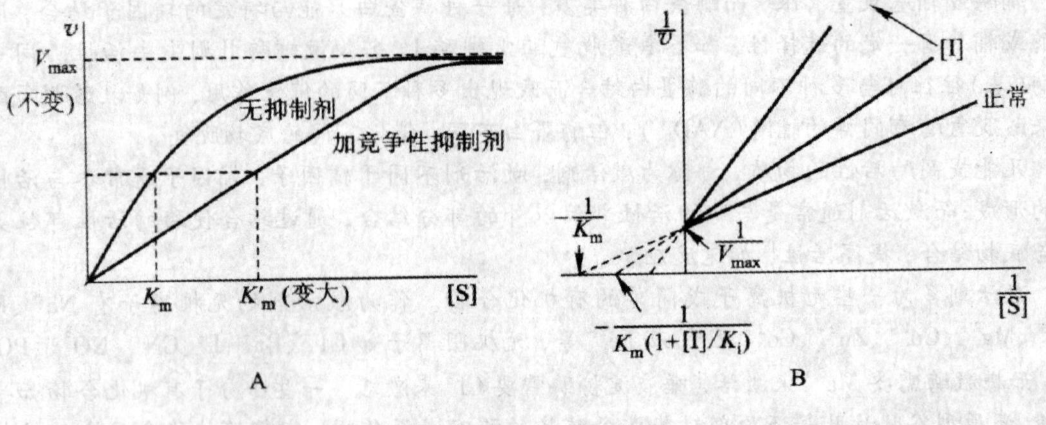

图 5　竞争性抑制曲线

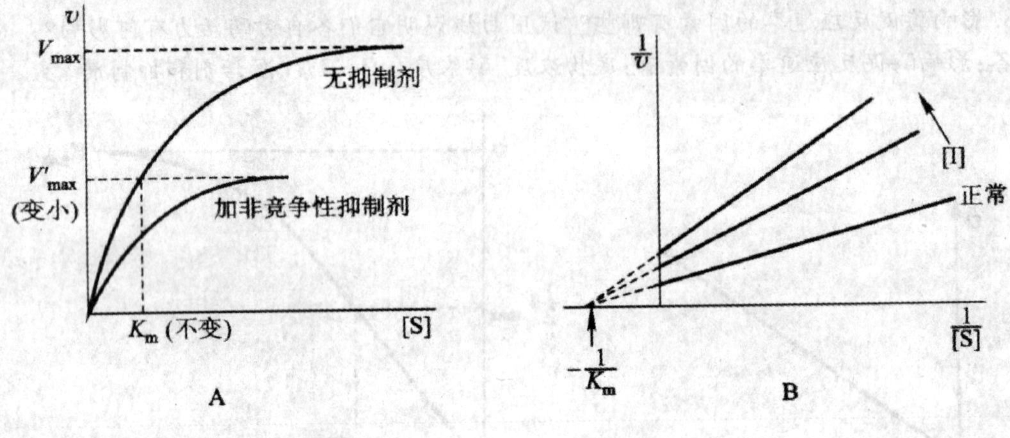

图 6　非竞争性抑制曲线

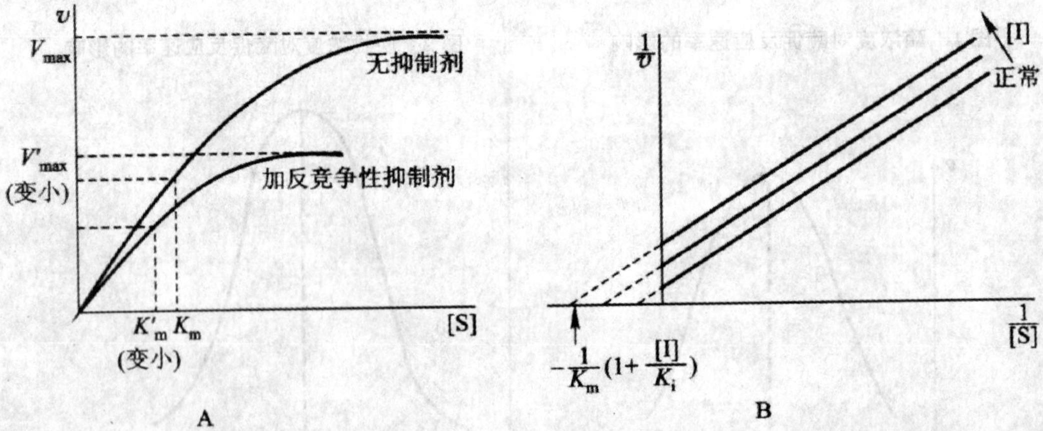

图 7　反竞争性抑制作用

9. 说明米氏常数的意义及应用。

答:(1)由米氏方程可知，当反应速率等于最大反应速率一半时，即 $V=1/2V_{max}$，$K_m=[S]$，由此可得米氏常数的物理意义，即 K_m 是反应速率达到最大速率一半时的底物浓度。因此，米氏常数的单位为 mol/L。

(2) K_m 是酶的一个特征性常数，K_m 的大小只与酶的性质有关，而与酶浓度无关。K_m 值随测定的底物、反应的温度、pH 及离子强度而改变。因此，K_m 作为常数只是对一定的底物、pH、温度和离子强度等条件而言。故对某一酶促反应，在一定条件下都有特定的 K_m 值，可用来鉴别酶。

(3) K_m 值表示酶与底物之间的亲和程度，K_m 值大表示亲和程度小，酶的催化活性低；K_m 值小表示亲和程度大，酶的催化活性高。若一种酶可催化几种底物的反应，每种底物各有相应的 K_m 值，K_m 值小的底物是该酶的最适底物。

(4) V_{max} 是酶完全被底物饱和时的反应速率，与酶浓度呈正比。

10. 为什么测酶活力时以测初速度为宜，并且底物浓度应大大超过酶浓度？

答:酶活力(enzyme activity)是指酶催化化学反应的能力。酶活力的大小可用在一定条件下，催化化学反应的速度来表示，酶催化反应速度愈大，酶活力愈高。

我们用酶促反应的初速率，即[S]消耗<5%[S_0]时的速率，来表示酶活力的大小。

因为大量数据分析证明，随着反应时间的延长，反应速率会逐渐降低。这是诸多因素影响的结果，如随着反应的进行底物浓度降低，产物的生成逐渐增大了逆反应的发生，酶本身在反应中失活，产物的抑制等。所以，为了正确测定酶促反应速率并避免以上因素的干扰，就必须测定酶促反应初期以上因素还来不及作用时的速率，即“反应初速率”。(即[S]消耗<5%[S_0]时的速率)。

底物浓度大大超过酶浓度是为了保证有足够的底物参加反应，使酶能够被底物结合完全，保证速率与酶的浓度呈正比关系，当酶浓度一定时，pH、温度等条件固定不变的情况下，测得的反应初速率才能表示酶的活力。

11. 试述酶的可逆性抑制的种类及其作用机制。

答:可逆抑制作用可分为三种类型。

(1)竞争性抑制剂　这类抑制剂的化学结构与底物相似，因而能与底物竞争与酶活性中心结合，如图8。

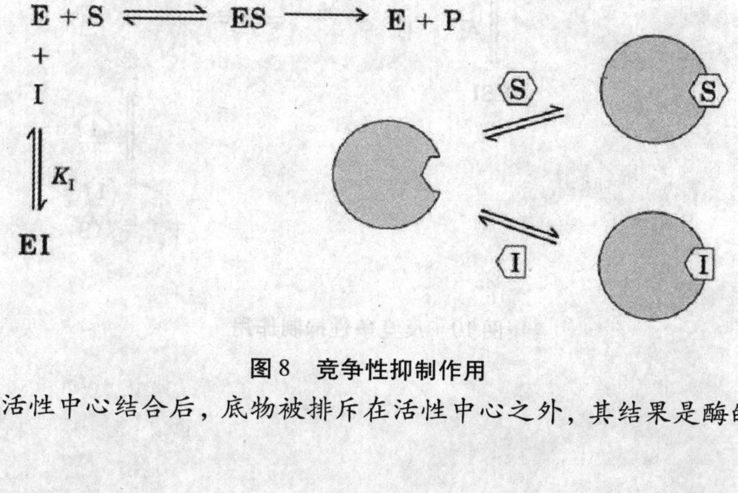

图8　竞争性抑制作用

当抑制剂与活性中心结合后，底物被排斥在活性中心之外，其结果是酶的催化活性降低了。底物与酶的结合也可阻止抑制剂与酶的结合，就是说底物和抑制剂与酶的结合是竞争性的。当底物和抑制剂都存在于溶液中时，酶能够形成酶－底物复合物的比例取决于底物和抑制剂的相对浓度以及酶对它们的亲和性。竞争性抑制通常可以通过增大底物浓度，即提高底物的竞争能力来消除。反应示意图见图8。

(2)非竞争性抑制剂　非竞争性抑制剂与底物结构不相似，两者没有竞争关系，抑制剂不影响酶和底物的结合，酶和底物的结合也不影响酶与抑制剂的结合。换句话说，抑制剂和底物可以同时和酶的不同部位结合，底物结合酶的活性中心，抑制剂结合活性中心外的部位，但形成的酶－底物－抑制剂复合物不能形成产物。非竞争性抑制作用的强弱取决于抑制剂的绝对浓度，不能用增强底物浓度的方法来消除抑制作用。其反应示意图见图9。

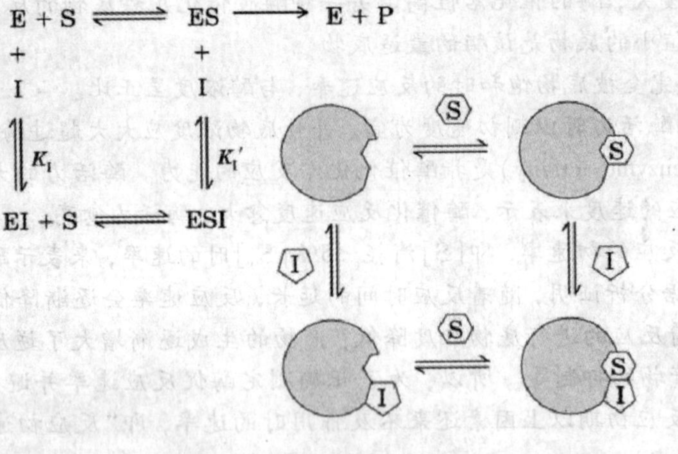

图9　非竞争性抑制作用

(3)反竞争性抑制剂　此类抑制剂的特点是酶先和底物结合，然后才与抑制剂结合，换句话说，抑制剂只和酶－底复合物结合，但形成的酶－底－抑制剂复合物既不能生成产物，也不能解离出游离酶，其反应示意图见图10。

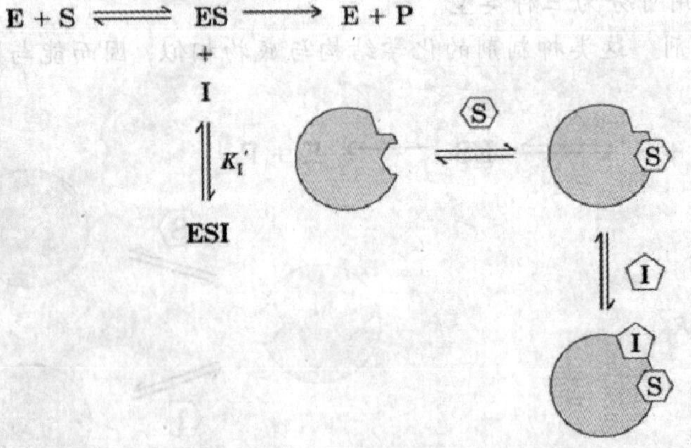

图10　反竞争性抑制作用

模块七答案

一、名词解释

1. 维生素：维生素是维持机体正常生命活动所必需的、但需要极微量的一类有机化合物。

2. 类维生素：除上述13种维生素外，还有一些物质，从目前的研究材料还不能完全证明它们属于维生素，但不同程度上具有维生素的属性，将这类物质称为类维生素。

二、填空题

1. 维生素A、维生素D、维生素E、维生素K。

2. 维生素B_1、维生素B_2、维生素B_3、维生素PP、维生素B_6、生物素、叶酸、维生素B_{12}、维生素C。

三、选择题

1. × 2. × 3. × 4. √ 5. √

四、思考题

1. 维生素在化学上，并不是同一类化合物，有胺，酸、醇、醛等物质，因此，不能按其化学结构进行分类。一般按其溶解性质可将维生素分为水溶性和脂溶性维生素两大类。脂溶性维生素主要包括维生素A、维生素D、维生素E、维生素K。水溶性维生素主要包括B族维生素和维生素C。B族维生素有维生素B_1、维生素B_2、维生素B_3、维生素PP、维生素B_6、生物素、叶酸、维生素B_{12}。

2. 维生素对机体健康很重要，是人体必需的营养要素，当机体缺少某种或多种维生素时，就会使物质代谢过程发生紊乱，生物不能正常生长，导致不同类型的维生素缺乏症。例如：缺乏维生素B_1会导致脚气病；缺乏维生素B_5会导致糙皮病，缺乏维生素C会导致坏血病；缺乏维生素A会导致干眼病、角膜软化症；缺乏维生素D会导致佝偻病、软骨病等。

3. 维生素在加热过程中会有一定量的损失，热烫和热加工造成维生素损失是由温度，时长和加热方式决定的。温度越高，损失越大；加热时间越长，损失越多；加热方式不同，损失亦不同。

4. 维生素在有氧条件下会发生氧化降解，易被氧化分解的维生素有维生素C、维生素B_1、维生素B_6、维生素H、维生素A、维生素D、维生素E等，可采用气调储存的方法减少维生素在储藏过程中的损失。

模块八答案

一、名词解释

1. 呼吸链：是由一系列的递氢反应和递电子反应按一定的顺序排列所组成的连续反应体系，它将代谢物脱下的成对氢原子交给氧生成水，同时有ATP生成。

2. 糖酵解：在无氧条件下，葡萄糖或糖原分解形成丙酮酸并产生能量的过程称为糖酵解。

二、填空题

1. 糖酵解途径、有氧氧化途径、磷酸戊糖途径、糖醛酸途径。

2. 尸僵前期、尸僵期、尸僵后期。

三、判断题(请在正确的括号里打"√",错误的括号里打"×")

1. ×　2. ×　3. √　4. ×　5. ×

四、思考题

1. 第一阶段:葡萄糖分解成丙酮酸;第二阶段:丙酮酸氧化脱羧生成 CoA;第三阶段:三羧酸循环。

2. 过程:

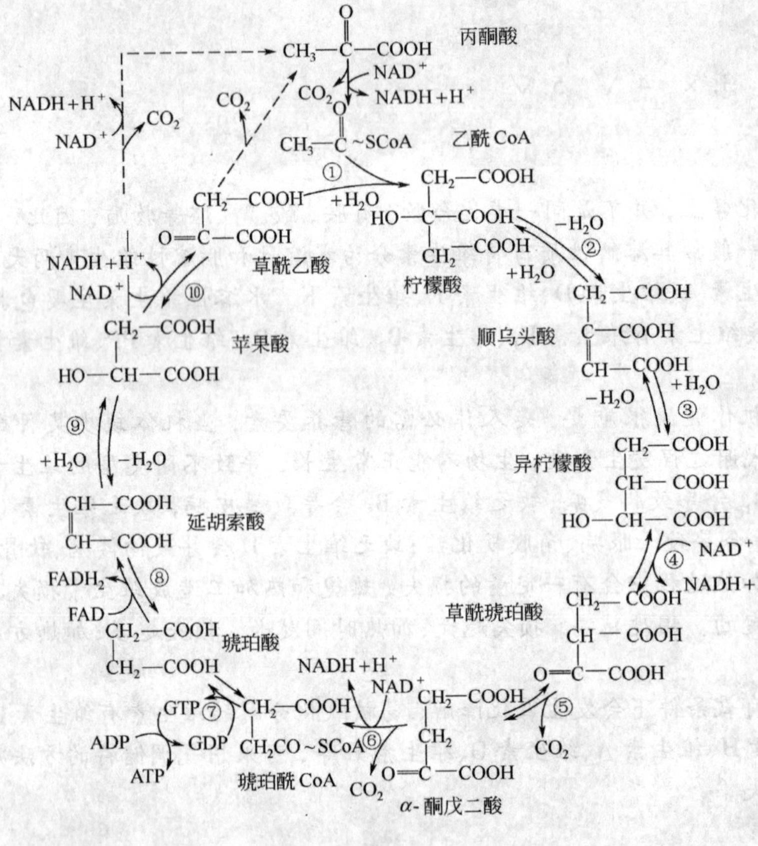

意义:①是糖、脂肪和蛋白质三大营养物质在体内彻底氧化分解的共同途径;②是糖的有氧分解代谢的最重要阶段,是生物体获取能量的主要方式;③是物质转化的枢纽。

3. 在生物体内,糖可以转变为非必需氨基酸,生成糖的氨基酸在体内分解代谢转变成糖;糖分解代谢产生的乙酰 CoA,可转变成脂肪;脂肪水解后生成甘油和脂肪酸,可进一步转变为草酰乙酸、α－酮戊二酸,转变为氨基酸。

4. 乙酰辅酶 A 是能源物质代谢的重要中间代谢产物,在体内能源物质代谢中是一个枢纽性的物质。糖、脂肪、蛋白质三大营养物质通过乙酰辅酶 A 汇聚成一条共同的代谢通路——

三羧酸循环和氧化磷酸化，经过这条通路彻底氧化生成二氧化碳和水，释放能量用以 ATP 的合成。乙酰辅酶 A 是合成脂肪酸、酮体等能源物质的前体物质，也是合成胆固醇及其衍生物等生理活性物质的前体物质。

模块九答案

一、名词解释

1. 色素:食品中能够吸收和反射可见光波进而使食品呈现各种颜色的物质统称为食品色素。

2. 褐变:食品在加工、贮藏过程中，经常会发生变色现象，原有的颜色变深，或者变成褐色，就称为褐变。

3. 味觉:味觉是指食物在人的口腔内对味觉器官化学感受系统的刺激并产生的一种感觉。这种刺激有时是单一性的，但是多数情况下是复合性的。

4. 嗅觉:嗅觉是指挥发性物质刺激鼻腔的嗅觉神经而在中枢引起的一种感觉。其中产生的令人愉快的挥发性物质称为香气，产生令人厌恶的挥发性物质称为臭气。

二、填空题

1. 甜味、酸味、咸味、苦味、咸味。

2. 植物色素、动物色素、微生物色素。

3. 多酚类物质、多酚氧化酶、氧气。

4. 味蕾、自由神经末梢、减少、降低。

5. 咸、甜、酸、苦、辣。

6. 味的对比现象、味的相乘作用、味的消杀作用、味的变调作用、味的疲劳作用、味的阻塞。

7. 甜度、蔗糖。

8. H^+、磷脂。

9. 柠檬酸、3 - 羟基 - 3 - 羧基戊二酸、枸橼酸、L - 二羟基丁二酸、L - (+) - 2,3 - 二羟基丁二酸。

10. 醛、酮、硫、硫氰、丙酮酸。

三、简答

1. 色素的发色原理是什么?

答:各种色素都是由发色基团和助色基团组成的。凡是有机化合物分子在紫外及可见光区域内(200 ~ 700nm)有吸收峰的基团都称为发色基团，如—C ═ C—、—C ═ O、—CHO、—COOH、—N ═ N—、—N ═ O、$—NO_2$、—C ═ S 等。有些基团的吸收波段在紫外区，不可能发色，但当他们与发色团相连时，可使整个分子对光的吸收向长波方向移动，这类基团被称为助色团。如:—OH、—OR、$—NH_2$、$—NR_2$、—SH、—Cl、—Br。不同色素的颜色差异和变化主要取决于发色基团和助色基团。

2. 叶绿素在食品加工与储藏中的变化。

答:叶绿素在酸的作用下能生成脱镁叶绿素，颜色由绿色向褐色转变。如蔬菜在收获后，由于植株体内有机酸的存在，生成脱镁叶绿素，颜色变黄甚至变褐，腌制蔬菜时颜色的变化则由乳酸而致。许多酶能促进叶绿素的破坏，如脂酶、蛋白酶，叶绿素酶直接以叶绿素为底物。

叶绿素对酸敏感，在酸性条件下，叶绿素中的镁原子会被氢原子代替而形成暗绿色或绿褐色的去镁叶绿素，但在碱性溶液中叶绿素会被水解为仍为鲜绿色的叶绿酸盐，且形成的绿色更为稳定 。

3. 虾蟹经烹煮后变色的原因是什么？

答：虾和蟹的甲壳中虽有各种不同的色素细胞，但以含有虾红素（类胡萝卜素的一种）的细胞为多。经过蒸煮的虾蟹，它们的身体变成橘红色，这是因为大部分色素在高温下遭到破坏发生了分解，唯独虾红素没有遭到破坏就呈现出橘红色。

4. 新鲜的活鱼具有优美的芳香，但当鱼的新鲜度稍差后会呈现出一种以腥臭味为主的特殊气味，在烹调时怎么处理这种腥臭味？

答：鱼腥臭气味物质绝大多数是碱性化合物，在烹调时可用食醋中和这些物质，使其生成醋酸盐而失去腥味。

5. 什么是甜味？常见的甜味物质有哪些？

答：甜味是人们最喜好的基本味感，常用于改进食品的可口性和风味。

(1) 糖类甜味剂

糖类甜味剂包括糖、糖浆、糖醇。如蔗糖、果糖、葡萄糖、山梨糖醇、木糖醇、淀粉糖浆、异构糖浆等。

(2) 非糖天然甜味剂

主要有甘草苷、甜叶菊苷等。

(3) 天然的衍生物甜味剂

主要有二肽和氨基酸衍生物、二氢查尔酮衍生物等。

(4) 合成甜味剂

很多合成甜味剂对哺乳动物有致癌、致畸作用，我国目前仅准许使用邻甲苯酰磺酰亚胺，俗称糖精。

模块十答案

项目一答案

1. 要用饱和溶液作参比，以确定重量的改变，而且会减少一些可溶性杂质的干扰。
2. 前后两次称量不超过 0.5mg。
3. 水分活度 Aw。
4. 酒精。

项目二答案

1. 还原糖。
2. 红、紫、蓝、甲瓒。
3. 2，3，5－三苯基四唑氯化物、2，3－二苯基－3－邻联苯基氯化物（邻联苯紫）和2，2－

二联苯基-5，5-(3，4-二甲氧苯基)-3，3-二甲基-4，4联苯四唑盐(甲氧苯四唑蓝)。

4. 红色、红色、无色、微红色。

5. 本尼迪克特试、弱、高。

6. 红紫色物质、紫环反应。

7. 无、有、有。

项目三答案

1. 试管1中的淀粉未水解，淀粉遇碘变成蓝色；试管2中淀粉在酸的催化作用下水解了，所以无明显现象；不同现象的原因是：淀粉在酸性条件并加热的条件下发生了水解反应。

2. 不能发生银镜反应或者不能还原氢氧化铜来验证。

3. 用唾液作催化剂水解淀粉时，温度不得超过45℃，因为温度过高，唾液酶易失去活性，最适宜的温度是37-40℃。

4. 从咬劲、耐煮性两方面加以分析。

5. 淀粉的老化。

项目四答案

1. 不是。脂肪只有在碱水解时才能生成皂。

2. 丙烯醛试验。

项目五答案

1. 由于卵磷脂不溶于丙酮，加入丙酮可进一步提纯卵磷脂，除去油脂等有机分子。

2. 在乳化剂选择合适而用量折衷或较低的情况下，采用如下仪器：最好的是超高压均质机、高压均质机、超高剪切乳均(化)机、高剪切乳均机、超声波乳化器、胶体磨。后三者粒子尺寸想全面小于5UM难度较大，易乳化油除外，而且不同厂家的产品性能良莠不齐，特别是工业化产品。至于膜乳化器的性能未历见亦不敢妄言。总之高压均质机能基本应对普通剪切式乳化设备所不能稳定的乳液而且对物性损伤小。

3. 没有、有。

4. 大、小、小、大。

5. 相反、右上。

6. 目镜的放大倍数乘以物镜的放大倍数的积。

7. 薄。

8. 一个方向、旋转、吹风球、光轴、增透膜、物象、目镜。

9. 光轴、旋转。

10. 反比、小。

11. 入射光线、变压器、强度。

12. 水分、材料。

项目六答案

1. 杀灭果胶酶。

2. 中和果胶所带的负电荷，减少果胶分子变成阴离子的作用，促进它聚结成网状结构，而形成凝胶。

3. 盐析法。

4. 利用蒸馏装置进行回收乙醇。

5. 当果胶的酯化度 DE >50% 时，形成凝胶的条件是可溶性固形物含量(一般是糖)超过 55%，pH2.0 ~3.5。当果胶的酯化度 DE≤50% 时，通过加入 Ca^{2+} 形成凝胶，可溶性固形物为 10% ~20%，pH 为 2.5 ~6.5。

项目七答案

1. 酸碱中和。

2. 氢氧化钾。

3. 变色明显。

4. 使乙醚与碱溶液互溶。

5. 不一。

项目八答案

1. 测定碘值的意义是:碘值越高，表明不饱和脂肪酸的含量越高。液体油和固体脂碘值之间的区别是:一般来说，液体油中所含的不饱和双键比固体脂肪要高，因此碘值更大。

2. 本试验是利用碘来和不饱和脂肪酸链上的不饱和键起加成反应，而碘来源于溴化碘与碘化钾的生成物，由于溴化碘与碘化钾的反应条件就是要在暗处才能进行，大约要 30min 才能反应完成，而产生的 I_2 在空气中会升华(即易挥发)，再加之，空气中的 O_2 能与 I^- 发生一系列副反应，如，$O_2 + 4I^- + 2H_2O = 2I_2 + 4OH^-$，从而影响测量的准确性，所以加入碘化钾溶液后，要在暗处存放 30min。

3. 会发生氧化反应。

4. 变蓝是由于空气氧化所引起的。如果放置一段，溶液未变蓝，说明 I^- 被空气氧化成 I_2 后，继续与 $Na_2S_2O_3$ 发生反应，而不与淀粉反应生成蓝色，即 $Na_2S_2O_3$ 过量。

项目九答案

1. 被分离混合物中各组分在两相中吸附能力的大小不同而分离的。

2. 硅胶 G、有机溶剂。

3. 移动得快、移动得慢。

4. 组分移动的距离、溶剂前沿移动的距离、原点至组分斑点中心的距离、原点至溶剂前沿的距离。

5. 不变的、$Rf = 1/(1 + \alpha K)$、大、小。

6. 小 、小。

项目十答案

1. 通过本次试验，你掌握了几种鉴定蛋白质和氨基酸的方法？它们的原理？

答：三种，主要包括：

①双缩脲反应

所谓双缩脲是指二分子尿素加热（约180℃）缩合的产物。此双缩脲在稀碱溶液中能与硫酸铜发生反应，生成紫红色络合物，所以称为双缩脲反应。一切蛋白质和含有两个肽键以上的多肽化合物都能与碱性硫酸铜发生反应，其反应性质及产生的颜色与双缩脲同硫酸铜反应的结果一样，而且肽键越长显色越深，有粉红、紫红、蓝紫色。

②茚三酮反应

除脯氨酸、羟脯氨酸和茚三酮反应生成黄色物质外，所有的α－氨基酸及一切蛋白质都能和茚三酮反应生成蓝紫色物质。

③黄色反应

蛋白质分子中含有苯环结构的氨基酸（如酪氨酸、色氨酸等）遇硝酸可硝化成黄色物质，此物质在碱性环境中变为橘黄色的硝苯衍生物。

注意：苯及苯丙氨酸较难硝化，需用浓硫酸促进硝化。

2. 从本次实验的每个实验中，应该注意的事项都有哪些？

答：①双缩脲反应中，应控制加热时间，并认真观察实验现象；再有，就是避免添加过量硫酸铜，否则，生成的蓝色氢氧化铜能掩盖粉红色。

②茚三酮反应中，避免茚三酮溶液沾到手上，另外，试管一定要清洗干净。

③黄色反应中，避免把浓酸等沾到手上，另外，为了加速反应，可适当摇动试管。

3. 能否利用茚三酮反应准确判断蛋白质的存在，为什么？

答：不能，因为除脯氨酸、羟脯氨酸和茚三酮反应生成黄色物质外，所有的α－氨基酸及一切蛋白质都能和茚三酮反应生成蓝紫色物质。氨、许多一级胺都呈正反应。因此，能与茚三酮呈阳性反应的不一定就是蛋白质或氨基酸。

4. 试比较几种蛋白质颜色反应的使用范围？

答：双缩脲反应和黄色反应，可鉴定蛋白质的存在；而茚三酮反应可鉴定出蛋白质中可能含有那些氨基酸。

项目十一答案

1. 电泳时，点样端置于电场的正极还是负极？为什么？

答：负极，因为在pH8.6的缓冲溶液环境下，蛋白质都带上了负电荷，向正极移动，所以，点样端置于电场的负极。

2. 电泳实验中应该注意什么事项？

答:最重要的是点样环节，点样量不能多，即点样线不能太宽，否则分离不出来，并且点样在粗糙面;

其次，醋酸纤维薄膜一定要浸泡充分，放置正确;

最后，要注意电泳时间和电压的控制，电流强度太大，会使醋酸纤维薄膜变干，从而导致实验失败。

项目十二答案

1. 何谓纸色谱法?

答:纸色谱法是用滤纸为支持物的分配色谱法。纸色谱的扩展剂大多由水和有机溶剂组成。滤纸纤维与水的亲和力强，与有机溶剂的亲和力弱，在扩展时，水是固定相，滤纸是固定相的支持物，有机溶剂是流动相，它沿滤纸移动。

2. 何谓 Rf 值? 影响 Rf 值的主要因素是什么?

答:氨基酸的迁移率用 Rf 表示。

$$\mathrm{Rf}=\frac{\text{原点到层析点中心的距离}}{\text{原点到溶剂前沿的距离}}$$

影响的因素有，氨基酸的极性、大小、形状，极性大，迁移慢;形状接近球形，迁移快。

3. 怎样制备扩展剂?

答:将 4 份正丁醇和 1 份冰醋酸放入分液漏斗中，与 3 份水混合，充分振荡，静置后分层。放出下层水层，漏斗内的即为扩展剂。或按正丁醇:冰醋酸:水 =12:3:5 的比例配制扩展剂。

4. 在整个实验过程中为什么不能用手接触滤纸?

答:因为，手的表面如果接触滤纸，会污染滤纸，用茚三酮显色时，皮屑等污染物使滤纸上到处显蓝色，进而影响实验结果。

5. 在缝滤纸筒时为什么要避免纸的两端完全接触?

答:如果，滤纸两端接触上，会发生毛细现象，从而造成溶剂前沿不一致，无法测量氨基酸的迁移率。

项目十三答案

1. 为什么调整溶液的 pH 值可将酪蛋白沉淀出来?

答:因为蛋白质是具有两性的物质，调整溶液的 pH 值可接近蛋白质的等电点，蛋白质在等电点的 pH 值时，溶解度最低，所以会沉淀下来。

2. 用有机溶剂沉淀蛋白质的原理是什么?

答:蛋白质能溶解在水里，是因为蛋白质和水能形成一层水化膜，当加入有机溶剂后，破坏了蛋白质的水化膜，从而造成了加入有机溶剂后，蛋白质会沉淀的现象。

3. 什么是蛋白质的等电点? 在等电点时蛋白质的溶解度最低，为什么?

答:调节蛋白质溶液的 pH 值可使蛋白质分子所带的正负电荷数目相等，即溶液中的蛋白质以兼性离子形式存在，在外加电场中既不向阴极也不向阳极移动。这时溶液的 pH 值称为蛋白质的等电点。在等电点条件下，蛋白质没有了电荷，从而失去了水化膜，溶解度降低，因此相互聚集，就会有沉淀析出。

4. 测定蛋白质的等电点为什么应在缓冲溶液中进行?

答：因为，缓冲溶液具有一定的缓冲能力，当加入少量的酸或碱的情况下，溶液的 pH 值基本保持不变，从而使蛋白质不易变性，进而能更加准确的测定出蛋白质的等电点。

项目十四答案

1. 本实验中用了什么方法进行 DNA 的鉴定？

答：加入二苯胺试剂，加热看试管中颜色有无变化，如果试管的颜色变为蓝色，说明 DNA 分子中的脱氧核糖核酸和浓硫酸作用，脱水生成 ω－羟基－γ－酮基戊醛，与二苯胺反应生成蓝色化合物。

2. 将核酸进行降解，可采取什么方法？本实验为何不用其他方法，而采用酸水解？

答：可采取酸水解、碱水解和酶水解；采用酸水解，利于后面的磷酸基、碱基和糖基的鉴定。

项目十五答案

1. 在提取 RNA 的过程中，为什么在沸水浴上加热 30min？RNA 会被破坏吗？

答：在沸水浴上加热 30min 充分使蛋白质变性沉淀而离心去除，DNA 也会在加热的作用下，热变性而使溶解度降低，沉淀去除。

2. 此实验是用什么方法提取 RNA？所提 RNA 是否有 DNA 混杂？

答：稀碱法提取；通过在乳钵中研磨均匀使得 RNA 释放到稀碱溶液中；含有微量的 DNA，因为酵母中还含一定量的 DNA。

项目十六答案

1. 说明在酶的特性实验中设置对照实验的必要性。

答：通过对照实验，可以排除实验中其他试剂的干扰因素，说明产生的实验现象时是因为酶的存在，并发生了反应，因此，一定要设置对照实验。

2. 各个处理的作用是什么？

答：没有添加酶或煮沸酶的处理，用来说明蔗糖、淀粉和 Benedict 氏试剂不反应；加入酶后的处理与 Benedict 氏试剂反应，有现象发生；加入煮沸过的酶处理与 Benedict 氏试剂不反应，无现象。

3. 将酶煮沸 10min，重做可能会有什么结果？

答：都没有现象，说明酶是有活性的，加热会使酶的活性丧失。

项目十七答案

从实验操作技能方面考虑，做好本实验的操作要点是什么？

答：第一，充分摇匀试管，使试管内温度一致，反应均匀；

第二，严格控制时间，操作熟练。

项目十八答案

1. 0.032;0.28;2. 含;氢、碳的质量之和小于所取样品的质量(合理答案均可);0.024;3. 维生素C的相对分子质量;4. 酸;取少许淀粉溶液，加入数滴碘水呈蓝色，再加入维生素C振荡后溶液蓝色退去(合理答案均可);5. 取少许淀粉溶液,加入数滴碘水呈蓝色,再加入维生素C，振荡后溶液蓝色褪去。

试题分析:

1. 生成物通过无水硫酸铜吸水，通过碱石灰吸收二氧化碳，根据质量变化计算出水和二氧化碳的量，$n(H) = 2n(H_2O) = 0.288 \div 18 \times 2 = 0.32mol$，$n(C) = n(CO_2) = 1.056 \div 44 = 0.024\ mol$，$m(C) = 0.024 \times 12 = 0.228g$。

2. 根据水和二氧化碳的量计算出维生素C含有的氢元素和碳元素的质量和，与样品的质量比较，即可得出，$m(H) + m(C) = 0.32 \times 1 + 0.288 = 0.608g < 0.704g$，所以确定含有氧元素，并能计算出氧元素的物质的量，得出C、H、O元素的物质的量比，再结合维生素C摩尔质量得出分子式。

3. 石蕊变红，说明维生素C溶液具有酸性;验证其具有还原性，利用碘的氧化性即可，取少许淀粉溶液，加入数滴碘水呈蓝色，再加入维生素C，振荡后溶液蓝色褪去。

项目十九答案

1. Chla、Chlb、叶黄素和胡萝卜素在滤纸上的分离速度不一样，这与它们的分子量有关。在叶绿体色素提取、分离的实验中，提取色素为什么用丙酮等有机溶剂，分离的色素在滤纸条上的位置为什么由上而下依次是胡萝卜素、叶黄素、叶绿素a、叶绿素b呢？我们可以运用渗透物质相似相溶原理(非极性溶质一般能溶于非极性溶剂，极性溶质一般能溶于极性溶剂)。分析生物膜的基本骨架是磷脂双分子层，其表面是磷脂分子的亲水端，内部是磷脂分子疏水的脂肪酸链。使膜两侧的水溶性物质不能自由通过，脂溶性物质易通过。而叶绿体中四类色素都是脂溶性化合物，在叶绿体中与类囊体膜类脂相结合不溶于水，可通过范德华力与有机溶剂相互吸引，故必须用有机溶剂提取。而四种色素在层析液中(脂溶性很强的有机溶剂)溶解度不同，扩散速度不同。胡萝卜素分子最小，且是单纯的碳氢化合物，溶解度最大，扩散速度最快。叶黄素中有两个—OH、极性增加，其分子量稍大于胡萝卜素，低于叶绿素，所以扩散速度仅次于胡萝卜素。叶绿素a、叶绿素b都有一个亲水的“头部”，扩散速度慢，但叶绿素a扩散速度快于叶绿素b，所以叶绿素b扩散得最慢。

2. 荧光现象是指叶绿素在透射光下为绿色，而在反射光下为红色的现象，这红光就是叶绿素受光激发后发射的荧光。叶绿素溶液的荧光可达吸收光的10%左右。而鲜叶的荧光程度较低，指占其吸收光的0.1%~1%左右。

3. 解析:关键是白光穿过叶绿体色素滤液后，叶绿体中的色素吸收何种光谱，课本告诉我们叶绿素吸收红橙光和蓝紫光，胡萝卜素吸收蓝紫光，则红橙光和蓝紫光由于被色素吸收而变弱。答案:C。总结:对叶绿素的光学性质的认识是本题的解题关键。

4. 解析:对新鲜绿叶应除去粗的叶脉后再行称重，以增加单位重量叶片所含的叶绿素;此外，还需将叶尽量剪碎，提高研磨效果;画滤液线时，须待所画的滤液线干燥后再重复画线，否则会造成画线过粗和色素浓度低的情况；滤纸条插入层析液后，由于摇晃，使层析液接触滤液线而将色素溶解，会严重影响实验结果。答案：(1)未去除粗叶脉和将叶剪碎，降低了叶绿素的提取率；(2)上一次滤液细线未干燥，即画下一次线，使滤液线过粗或线上色素量较低；(3)由于摇晃，层析液接触滤液线，溶解了色素。

5. D　6. C　7. C　8. D　9. C　10. C　11. C　12. B　13. A　14. D　15. A　16. D　17. C　18. D

项目二十答案

略。

主要参考文献

[1]王镜岩、朱圣庚、徐长法. 生物化学，第三版. 北京：高等教育出版社，2002
[2] 张忠. 食品生物化学. 北京：中国轻工业出版社，2009
[3]谢达平. 食品生物化学. 北京：中国农业出版社，2004
[4]胡耀辉. 食品生物化学. 北京：化学工业出版社，2009
[5]潘宁、杜克生. 第二版，食品生物化学. 北京：化学工业出版社，2010
[6] 郝涤非、杨霞. 食品生物化学. 辽宁：大连理工大学出版社，2011
[7]刘孝民. 生物化学. 北京：中国轻工业出版社，2008
[8]陆联高. 储糖生物化学. 中国财政经济出版社，1981
[9] 黄卓烈、朱利泉. 生物化学. 北京：中国农业出版社，2006
[10] 阚建全、庞杰、刘欣. 食品化学. 北京：中国农业大学出版社，2006
[11] 杜克生. 食品生物化学. 北京：中国轻工业出版社，2009
[12] 胡耀辉、陈晓平、胡鑫. 食品生物化学. 北京：化学工业出版社，2009
[13]廖世荣、张延明. 食品生物化学. 北京：科学出版社，2008
[14]王新艳. 不同加工方法对食品中蛋白质的影响[J]. 河南科技，2011(6)：57
[15]张峰、蔡云飞. 食品生物化学. 北京：中国轻工出版社，2012
[16]张跃林、陶令霞. 生物化学. 北京：化学工业出版社，2010
[17]王镜岩、朱圣庚. 生物化学(上册). 北京：高等教育出版社，2004